中 国 国 家 标 准 汇 编

465

GB 25294～25322

（2010 年制定）

中国标准出版社　编

中国质检出版社

中国标准出版社

北　京

图书在版编目（CIP）数据

中国国家标准汇编：2010年制定．465：GB 25294～25322/中国标准出版社编．—北京：中国标准出版社，2012
ISBN 978-7-5066-6504-9

Ⅰ．①中… Ⅱ．①中… Ⅲ．①国家标准-汇编-中国-2010 Ⅳ．①T-652.1

中国版本图书馆CIP数据核字(2011)第187722号

中国质检出版社
中国标准出版社 出版发行
北京市朝阳区和平里西街甲2号(100013)
北京市西城区三里河北街16号(100045)
网址:www.spc.net.cn
总编室:(010)64275323 发行中心:(010)51780235
读者服务部:(010)68523946
中国标准出版社秦皇岛印刷厂印刷
各地新华书店经销
*
开本 880×1230 1/16 印张 29.5 字数 776 千字
2012年1月第一版 2012年1月第一次印刷
*
定价 220.00 元

出 版 说 明

1.《中国国家标准汇编》是一部大型综合性国家标准全集。自1983年起，按国家标准顺序号以精装本、平装本两种装帧形式陆续分册汇编出版。它在一定程度上反映了我国建国以来标准化事业发展的基本情况和主要成就，是各级标准化管理机构，工矿企事业单位，农林牧副渔系统，科研、设计、教学等部门必不可少的工具书。

2.《中国国家标准汇编》收入我国每年正式发布的全部国家标准，分为"制定"卷和"修订"卷两种编辑版本。

"制定"卷收入上一年度我国发布的、新制定的国家标准，顺延前年度标准编号分成若干分册，封面和书脊上注明"20××年制定"字样及分册号，分册号一直连续。各分册中的标准是按照标准编号顺序连续排列的，如有标准顺序号缺号的，除特殊情况注明外，暂为空号。

"修订"卷收入上一年度我国发布的、修订的国家标准，视篇幅分设若干分册，但与"制定"卷分册号无关联，仅在封面和书脊上注明"20××年修订-1,-2,-3,……"字样。"修订"卷各分册中的标准，仍按标准编号顺序排列(但不连续)；如有遗漏的，均在当年最后一分册中补齐。需提请读者注意的是，个别非顺延前年度标准编号的新制定的国家标准没有收入在"制定"卷中，而是收入在"修订"卷中。

读者配套购买《中国国家标准汇编》"制定"卷和"修订"卷则可收齐上一年度我国制定和修订的全部国家标准。

3. 由于读者需求的变化，自1996年起，《中国国家标准汇编》仅出版精装本。

4. 2010年我国制修订国家标准共2846项。本分册为"2010年制定"卷第465分册，收入国家标准GB 25294～25322的最新版本。

中国标准出版社

2011年8月

目　　录

ICS 31.240
K 05

中华人民共和国国家标准

GB/T 25294—2010

电力综合控制机柜通用技术要求

General technical requirements for cabinets of synthesized control equipments in electrical power system

2010-11-10 发布　　2011-05-01 实施

中华人民共和国国家质量监督检验检疫总局
中国国家标准化管理委员会　发布

前　言

本标准按照 GB/T 1.1—2009 给出的规则起草。

请注意本文件的某些内容可能涉及专利。本文件的发布机构不承担识别这些专利的责任。

本标准由全国电工电子设备结构综合标准化技术委员会(SAC/TC 34)提出并归口。

本标准起草单位:四方电气(集团)有限公司、国网电力科学研究院、国电南京自动化股份有限公司、南京南瑞继保电气有限公司、许继电气股份有限公司。

本标准主要起草人:张开国、田蘅、张钰、吴蓓、尹东海、黄平、李相焕、范志刚、包安群、朱云霄、刘斌。

电力综合控制机柜通用技术要求

1 范围

本标准规定了电力综合控制机柜的设计准则，要求，试验方法，检验规则，标志、包装、运输、贮存和供货的成套性。

本标准适用于电力系统信号装置、控制装置、保护装置、监测装置、安全装置、自动化装置和通信装置等综合控制机柜。

2 规范性引用文件

下列文件对于本文件的应用是必不可少的。凡是注日期的引用文件，仅所注日期的版本适用于本文件。凡是不注日期的引用文件，其最新版本(包括所有的修改单)适用于本文件。

GB/T 708—2006 冷轧钢板和钢带的尺寸、外形、重量及允许偏差

GB/T 1182—2008 产品几何技术规范(GPS) 几何公差 形状、方向、位置和跳动公差标注(ISO 1101:2004,IDT)

GB/T 1958—2004 产品几何量技术规范(GPS) 形状和位置公差 检测规定

GB 4208—2008 外壳防护等级(IP 代码)(IEC 60529:2001,IDT)

GB/T 4798.3—2007 电工电子产品应用环境条件 第 3 部分:有气候防护场所固定使用(IEC 60721-3-3:2002,MOD)

GB/T 4798.4—2007 电工电子产品应用环境条件 第 4 部分:无气候防护场所固定使用(IEC 60721-3-4:1995,MOD)

GB/T 5095.2—1997 电子设备用机电元件基本试验规程及测量方法 第 2 部分:一般检查、电连续性和接触电阻测试、绝缘试验和电压应力试验(idt IEC 60512-2:1994)

GB/T 5169.16—2008 电工电子产品着火危险试验 第 16 部分:试验火焰 50 W 水平与垂直火焰试验方法(IEC 60695-11-10:2003,IDT)

GB/T 7267—2003 电力系统二次回路控制、保护屏及柜基本尺寸系列

GB/T 8582—2008 电工电子设备机械结构术语

GB/T 9279—2007 色漆和清漆 划痕试验(ISO 1518:1992,IDT)

GB/T 9286—1998 色漆和清漆 漆膜的划格试验

GB/T 9753—2007 色漆和清漆 杯突试验(ISO 1520:2006,IDT)

GB/T 9761—2008 色漆和清漆 色漆的目视比色(ISO 3668:1998,IDT)

GB/T 13306—1991 标牌

GB/T 13384—2008 机电产品包装通用技术条件

GB/T 13452.2—2008 色漆和清漆 漆膜厚度的测定(ISO 2808:2007,IDT)

GB 14598.27—2008 量度继电器和保护装置 第 27 部分:产品安全要求(IEC 60255-27:2005,MOD)

GB/T 17045—2008 电击防护 装置和设备的通用部分(IEC 61140:2001,IDT)

GB/T 18663.1—2008 电子设备机械结构 公制系列和英制系列的试验 第 1 部分:机柜、机架、插箱和机箱的气候、机械试验及安全要求(IEC 61587-1:2007,IDT)

GB/T 18663.2—2007 电子设备机械结构 公制系列和英制系列的试验 第2部分：机柜和机架的地震试验(IEC 61587-2:2000,IDT)

GB/T 18663.3—2007 电子设备机械结构 公制系列和英制系列的试验 第3部分：机柜、机架和插箱的电磁屏蔽性能试验(IEC 61587-3:2006,IDT)

GB/T 19183.2—2003 电子设备机械结构 户外机壳 第2部分：箱体和机柜的协调尺寸(IEC 61969-2:2000,IDT)

GB/T 19183.3—2003 电子设备机械结构 户外机壳 第2-1部分：机柜尺寸(IEC 61969-2-1:2000,IDT)

GB/T 19183.5—2003 电子设备机械结构 户外机壳 第3部分：机柜和箱体的气候、机械试验及安全要求(IEC 61969-3:2001,IDT)

GB/T 19290.3—2008 发展中的电子设备构体机械结构模数序列 第2-1部分：分规范 25 mm 设备构体的接口协调尺寸 详细规范 机柜和机架的尺寸(IEC 60917-2-1:1993,IDT)

GB/T 20138—2006 电气设备外壳对外界机械碰撞的防护等级(IK代码)(IEC 62262:2002,IDT)

GB/T 21556—2008 锁具安全通用技术条件

GB/T 23687—2009 信息通信技术和消费电子产品的环境意识设计导则

IEC 60297-3-100:2008 电子设备机械结构 482.6 mm(19 in)系列机械结构尺寸 第3-100部分：面板、插箱、机箱、机架和机柜的基本尺寸(Mechanical structures for electronic equipment—Dimensions of mechanical structures of the 482,6 mm(19 in) series—Part 3-100:Basic dimensions of front panels, subracks, chassis, racks and cabinets)

3 术语和定义

GB/T 8582—2008 界定的术语和定义适用于本文件。

4 设计准则

4.1 机柜应从机械结构方面满足所承载的电气产品的性能要求，并提供必需的机电接口。

4.2 机柜应为插箱、机箱、抽屉等部件的安装提供必要的紧固、锁紧和限位机构。

4.3 机柜应为电气装置、元器件及其附件的安装提供方便，并在机柜说明书中指明所提供的安装面位置、安装方式及注意事项。

4.4 机柜的整体应有足够的刚度和强度，能够满足机柜中装置、元器件、配线及其附件的安装、调试及运行要求，以及成套设备组装后的吊装、搬运、并柜等要求。

4.5 机柜外壳和结构零部件应能承受产品运行中机械的、电的和热的应力影响，而不降低其性能。

4.6 机柜中用工程塑料制造的零部件应具有一定的热稳定性、抗老化性、阻燃性。

4.7 机柜应能满足设备对环境防护的要求。

4.8 机柜各散热、隔热、防尘、防护、屏蔽、接地、减震等设施应能保证发挥其效能。

4.9 机柜的设计应考虑人机工程学的要求。

4.10 机柜设计应充分考虑制造的工艺性要求。

4.11 机柜应满足自身的以及产品的安全要求，这些要求包括电击防护、机械危险防护、着火危险防护、外壳防护等，并按照用户的需求提供防火隔离。

4.12 机柜应根据产品的热特性需要提供适当的散热措施。

4.13 机柜应遵循 GB/T 23687—2009 规定的环境意识设计要求。

5 要求

5.1 使用条件

5.1.1 正常工作大气条件

a) 环境温度：
   户内：−10 ℃～＋55 ℃；
   户外：−25 ℃～＋55 ℃。
b) 相对湿度：5%～95%（机柜内部既无凝露，也不应结冰）；
c) 大气压力：80 kPa～110 kPa。

5.1.2 贮存、运输大气条件

机柜在贮存、运输中环境温度的极端范围宜为−40 ℃～＋70 ℃，相对湿度不大于85%；长期存放的环境温度宜为−10 ℃～＋55 ℃。温度恢复后，其性能应符合本标准第5章的规定。

5.1.3 其他条件

机柜的其他使用条件要求如下：

——使用地点无爆炸、腐蚀、导电、破坏绝缘和表面涂覆层的介质，不允许有严重的霉菌存在；

——使用地点不应出现超过GB/T 18663.1—2008规定的严酷等级为DL4级的机械振动和冲击、严酷等级为K2级的碰撞。

5.1.4 特殊使用条件

特殊使用条件由供需双方协商并在供货合同中规定。

5.2 机柜类型

5.2.1 按前门的结构形式，机柜可分为：

——门为嵌入式：机柜的前门在主体尺寸（框架）的投影范围之内（即GB/T 19290.3—2008中的A型机柜）；

——门为外挂（外覆）式：机柜的前门凸出于主体尺寸（框架）之外（即GB/T 19290.3—2008中的B型机柜）。

无论采取哪种型式，在同一工程的设备配套中，机柜的结构型式应力求一致。

5.2.2 按框架的组装方式，机柜可分为：

——拼装式；

——焊接式；

——拼装与焊接混合式。

5.2.3 按使用环境，机柜可分为：

——户内式；

——户外式。

5.3 尺寸和形位公差

5.3.1 外形及安装尺寸

机柜的外形及安装尺寸应符合GB/T 7267—2003的规定，机柜的门宜为5.2.1中的外挂（外覆）式门。具体尺寸见图 1 和表 1。对于有特殊要求的机柜，宜参照 GB/T 19290.3—2008（户内机柜）和 GB/T 19183.3—2003 或 GB/T 19183.2—2003（户外机柜），由用户与制造厂协商以确定具体的尺寸。

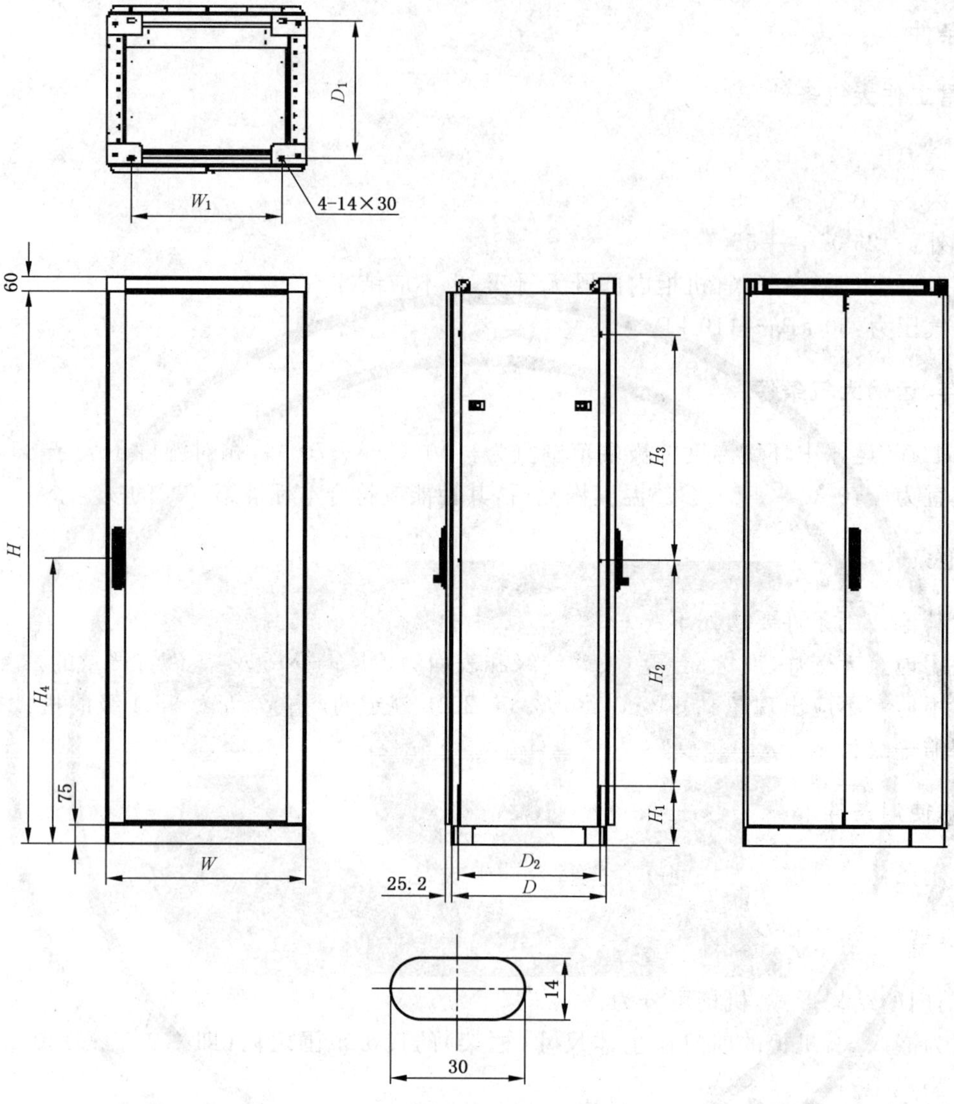

注：机柜的安装孔也可为 13×20(mm)。

图 1

表 1 机柜外形尺寸

单位为毫米

序号	尺寸符号				
	H	W	D	W_1	D_1
1	2 000	600	600	400	550
			800		750
		800	600	600	550
			800		750

表 1 机柜外形尺寸(续)

单位为毫米

序号	尺寸符号				
	H	W	D	W_1	D_1
2	2 200	600	600	400	550
			800		750
		800	600	600	550
			800		750

注:尺寸符号的意义:

H ——机柜高度尺寸(不包括另外加装的上眉板的高度尺寸 60 mm);

W ——机柜宽度尺寸(不包括外挂的侧板或侧门的厚度);

D ——机柜深度尺寸(不包括外挂式门的厚度);

W_1——宽度方向的安装孔中心距尺寸;

D_1——深度方向的安装孔中心距尺寸。

5.3.2 尺寸和公差

机柜的外形尺寸公差见表 2。

表 2 外形尺寸的公差

单位为毫米

基本尺寸	公差		
	H	W	D
600	—	0 −1.5	±1
800			
2 000	±1.5	—	—
2 200			

5.3.3 形状和位置公差

a) 机柜面板的平面度公差值为:每平方米不大于 1.5 mm;

b) 机柜高度方向的垂直度公差值为:2 mm。

5.3.4 机柜的并柜孔和前后门门锁的位置尺寸见图 1 和表 3。

表 3 并柜孔及前后门门锁的位置尺寸

单位为毫米

序号	尺寸符号						
	H	D	D_2	H_1	H_2	H_3	H_4
1	2 000	600	575	200	800	800	1 050
		800	775				
2	2 200	600	575	200	900	900	1 050
		800	775				

注 1:用于并柜的孔尺寸为 Φ6.5 或 M6。

注 2:尺寸符号的意义如下:

$H_1 \sim H_3$——机柜并柜孔的位置尺寸;

H_4——机柜门锁的位置尺寸(以门锁的中心为基准)。

5.3.5 机柜内部用于安装 482.6 mm(19 in)系统的插箱、机箱、面板的尺寸，应符合 IEC 60297-3-100：2008 的规定。安装米制系统的插箱、机箱和面板的尺寸应符合 GB/T 19290.3 的规定。

5.4 机柜型钢要求

机柜型钢的要求见附录 A。

5.5 结构和外观要求

5.5.1 外观及一般要求

5.5.1.1 机柜的结构布局应简洁、合理，使用维护方便，符合人机工程学的要求。

5.5.1.2 机柜造型美观，色彩协调，满足运行人员的监控要求。

5.5.1.3 机柜焊接件的焊缝应牢固可靠，无裂纹，无明显的未熔合、气孔、夹渣等缺陷。外表面应打磨平整。

5.5.1.4 机柜各结合处及门、覆板的缝隙应匀称，1 m 之内同一缝隙的宽度之差不应大于 1.0 mm，大于 1 m 的缝隙的宽度之差不应大于 1.5 mm。

5.5.1.5 机柜中的固定连接部位应牢固可靠，不应有松动现象；不拆卸的螺纹连接处应有防松措施；可拆卸连接应连接可靠，拆卸方便，拆卸后不影响再装配的质量，且不增加再装配的难度。

5.5.1.6 对于既作连接又作导电用的零件(构成保护电路的连接件除外)，应采用铜质材料。

5.5.1.7 粘接连接应可靠，粘接件不应有脱落或部分脱落现象。

5.5.1.8 机柜的可运动部件应按设计要求活动自如、可靠，不得有影响运动性能的松动。在规定的运动范围内不应与其他零件碰撞或摩擦。

5.5.1.9 装有弹性零件的机构应操纵灵活，具有足够的弹性，反复操作不应有卡死现象，不应有影响性能的永久变形。

5.5.1.10 机柜门开启、关闭应灵活自如，锁紧应可靠。门的开启角度不应小于 120°，必要时宜设置柜门的限位机构。

机柜门宜采用多点锁紧方式，以确保安全、可靠。机柜宜具有左、右开门形式，以满足不同的工程需求。

机柜宜设置钥匙的存放位置，以方便其放置及避免在交付的过程中丢失。

5.5.1.11 对机柜门锁的要求如下：

a) 机柜门锁的防护等级不应低于机柜的防护等级；
b) 门锁上宜设置铅封孔；
c) 门锁应达到 GB/T 21556—2008 规定的要求。

5.5.2 表面涂覆和防护要求

5.5.2.1 所有紧固件均应具有防腐蚀镀层或涂层，且表面光洁，无缺陷、破裂等现象。

5.5.2.2 各金属结构件应有相应的防腐蚀镀层或涂覆层，也可采用无需表面处理的材料制造。镀覆或涂覆后的表面不应有灰尘、杂质、油污、划痕、镀覆或涂覆缺陷等质量问题。镀层及涂覆层的类别、厚度及要求等应符合企业标准及设计图样的规定。

5.5.2.3 需要涂覆的机柜框架、侧板、门板等表面均应有良好的涂覆层。涂覆层应完整、均匀一致，不应存在杂质及灰尘(粒)、起皱、流涎、斑点、气泡、磨痕、刷痕、划痕、针孔、斑点、发花、渗色等质量缺陷。

5.5.2.4 涂覆层的附着力不应低于 GB/T 9286—1998 规定的 1 级性能要求。

5.5.2.5 同一机柜及用于同一工程的机柜的涂覆层不应有明显的色差，色差不应低于 GB/T 9761—2008 附录 B 规定的 1 级要求。涂覆层不应有炫目、反光等现象存在，一般宜选用亚光涂料。

5.5.2.6 户外机柜的涂覆层应有良好的抗日晒和抗气候能力，应能够经受 GB/T 19183.5—2003 中 5.3 规定的抗化学活性物质试验。

5.5.2.7 机柜的颜色推荐采用中性色调。

5.5.3 铭牌、标牌及标志

5.5.3.1 机柜应以规定的方式为所承载的成套设备提供铭牌、标牌及标志的安装。机柜的铭牌（即参数牌）、标牌和标志的种类及位置的一般要求如下：

a) 产品铭牌，宜置于机柜前门或机柜前面板的下方（或右下角）；

b) 现场运行的单元名称标牌，宜置于机柜柜头构件上；

c) 机柜所承载产品的名称标牌，宜置于机柜柜头构件的下方；

d) 装置及元器件的标牌，应就近置于醒目、不宜混淆的位置；

e) 安全标志宜置于机柜的相应部位，并符合 GB 14598.27—2008 的要求（见 5.11.6）；

f) 企业名称标志，宜置于机柜门的下部，或与 c）集成在一起。

5.5.3.2 设备的铭牌、标牌及标志应清洁、平整，表面无擦伤、划痕，无明显修整痕迹和其他影响美观的缺陷，并满足 GB/T 13306—1991 的要求。

5.5.3.3 铭牌、标牌及标志的图案和字迹应清晰、美观、醒目、耐久。

5.5.3.4 铭牌、标牌及标志的图案及字体以及大小、颜色、位置等，由下一级标准规定。

5.6 环境适应性要求

5.6.1 户内机柜

5.6.1.1 一般大气环境要求

机柜应满足 GB/T 18663.1—2008 中表 2 规定的 C1 等级的要求。

如果对机柜有其他的大气环境要求，宜参照 GB/T 18663.1—2008 和 GB/T 4798.3—2007 由用户与制造厂协商确定。

5.6.1.2 工业大气环境要求

对于户内使用的机柜，一般不对工业大气环境提出要求。

如果有其他的工业大气环境要求，宜参照 GB/T 18663.1—2008 和 GB/T 4798.3—2007 由用户与制造厂协商确定。

5.6.1.3 腐蚀及其他特殊环境要求

如果对机柜有耐环境腐蚀和特殊的防护要求，宜参照 GB/T 18663.1—2008 和 GB/T 4798.3—2007 规定的严酷等级选择。如果对机柜有其他特殊的环境要求，宜参照 GB/T 4798.3—2007 由用户与制造厂协商确定。

5.6.2 户外机柜

对于户外使用机柜的要求如下：

a) 户外机柜应符合 GB/T 19183.5—2003 中表 1 规定的 1 级要求；

b) 如果对户外机柜有生物防护的要求，应符合 GB/T 19183.5—2003 表 2 中的 1 级规定；

c) 如果对户外机柜有化学活性物质的防护要求，应符合 GB/T 19183.5—2003 表 3 中 1 级的规定；

d) 如果对户外机柜有机械活性物质的防护要求，应符合 GB/T 19183.5—2003 表 4 中 1 级的规定；

e) 如果对户外机柜有其他的要求，宜参照GB/T 19183.5—2003和GB/T 4798.4—2007由用户与制造厂协商确定。

5.7 机械性能

5.7.1 静载荷

按照额定的静载荷，户内和户外机柜应符合GB/T 18663.1—2008中5.2.1和表4中SL5或SL6等级的提吊试验要求，以及该标准中5.2.2和表4中相应的刚度试验要求(见表4)。

表4 机柜的静载荷要求

性能等级	机柜载荷 L_1 kg	提吊试验 P_1 N	刚度试验 P_2 N
SL5	200	3 000	500
SL6	400	6 000	1 000
注：额定载荷是所规定的机柜载荷。			

5.7.2 动载荷

5.7.2.1 户内机柜的动载荷性能应符合GB/T 18663.1—2008中表8规定的DL4和表12规定的K2等级要求。

5.7.2.2 户外机柜的动载荷性能应符合GB/T 19183.5—2003中表5规定的1级要求。

5.7.2.3 机柜的抗地震性能应符合GB/T 18663.2—2007中规定的A型或B型合成波形的要求，并由制造厂指明。

5.8 配置要求

5.8.1 当机柜排列成一排安装时，如果需要防火隔离，应添加防火隔板。否则，相邻机柜间的隔板允许取消，但柜列中左右两端机柜的两个外侧面应安装侧板封闭。需要时，相邻机柜间侧板或隔板的上下两处可设置穿线孔。

5.8.2 机柜的顶部应设置供起吊使用的吊环类装置。

5.8.3 机柜的两侧应设置位置和规格统一的并柜孔(见图1和表3)。

5.8.4 机柜的底部宜设置供使用叉车搬运时的叉装结构及其外侧的装饰封板。

5.8.5 根据柜内温湿度控制要求，可加装风机、空调机、加热器、热交换器等设备，并宜协调机柜整体的通风和防护间的矛盾。

5.9 机电接口要求

5.9.1 接地

5.9.1.1 机柜框架和可拆卸的门及其他部件均应有专用接地螺钉，以保证保护接地的连续性。

5.9.1.2 在机柜设计中，功能地宜与保护地(安全地)分开设置并绝缘，至少以双重绝缘或加强绝缘与危险带电部分隔离。

5.9.1.3 用于功能地的接地母排应采用整体铜质材料，其截面积不应小于100 mm^2。接地母排设置在机柜的下部，其下端与机柜安装平面的距离不宜小于100 mm，与接地母线排连接的紧固件可采用钢制件或铜制件。

5.9.1.4　接地线应为黄绿双色导线，或在接地导体上附设黄绿双色的套管。接地导体的截面积应符合表5的规定。

表5　接地导体的最小截面积

单位为平方毫米

电路上的导线截面积 S	相应的接地导体的最小截面积
$S<16$	S[a]
$16\leqslant S\leqslant 35$	16
$S>35$	$S/2$
[a] 但不宜小于 4 mm^2。	

5.9.1.5　根据机柜内部安装的电子设备的防静电要求，宜考虑在框架上增设防静电插孔（$\Phi 3.4\times 15$）并可靠接地，以利于防静电腕带等设施的接插。

5.9.2　端子排安装及配线

机柜应为端子排提供安装条件。安装于柜（屏）内两侧的端子排距柜（屏）后框架边缘的距离不宜小于150 mm；每侧端子排的上端，距机柜的顶部一般不小于100 mm；其最后一节端子距该柜（屏）的基础（安装）面，一般不宜小于200 mm。

当同一侧确实需要安装两列端子排时，两列端子外沿的空间距离不宜小于150 mm。

5.9.3　小母线安装

5.9.3.1　机柜应为小母线的安装提供条件。

5.9.3.2　按照第一根小母线中心距离机柜框架前表面90 mm，由前往后依次布置小母线。相邻小母线之间的距离为25 mm。

5.9.3.3　当在机柜内部布置时，小母线与机柜顶面的距离为50 mm。

5.9.3.4　当需要分两层布置时，两层小母线的中心距为50 mm。

5.9.3.5　必要时宜对机柜的小母线加装小母线防护罩。

5.9.4　电缆进线及固定

机柜的底板上应提供电缆进入的进线孔及密封圈，在机柜内部应为内部配线及电缆进线的固定提供条件。

必要时，机柜还应为光纤接线提供安装、固定及盘绕附件。

5.9.5　柜内元器件安装

机柜宜以下述方式为诸如网关、继电器、档位转换器、电源、开关、表计、调节器等电气元器件的安装提供条件：

a)　直接在机柜内立柱或摇架上安装（一般适用于插箱或机箱式的装置）；

b)　面板安装方式（突出式或嵌入式）；

c)　柜内安装板安装方式；

d)　柜内框架式安装方式。

5.9.6　行线槽

机柜内宜为纵向和横向的行线槽布线方式提供安装条件。

5.9.7　调试用穿线孔

机柜宜根据需要在前面板下部设置穿线孔，以供调试和检测时接线使用。穿线孔的直径不宜小于40 mm。

5.9.8　当机柜内需要加装照明设施时，应便于在不中断设备正常运行的情况下更换灯泡。

5.10 电磁屏蔽要求

5.10.1 性能要求

对于有电磁屏蔽要求的机柜，其电磁屏蔽性能不应低于 GB/T 18663.3—2007 中规定的 1 级要求。

5.10.2 电磁兼容(EMC)设计

机柜结构的 EMC 设计包括电磁屏蔽、功能性接地和静电放电防护。

机柜采取以下的电磁屏蔽措施，以保证设备的正常运行：

a) 机柜结构所有外露的可导电部分应实现导电性互连并可靠接地，各接点的接触电阻不应大于 0.1 Ω；

b) 屏蔽机柜的缝隙(包括并柜处)和电缆进出口宜选用合适的电磁密封材料来减少电磁泄漏，例如采用指形簧片、导电橡胶、导电泡棉等；

c) 通风窗口宜使用截止波导通风板来实现电磁屏蔽。

5.11 安全要求

5.11.1 外壳防护

5.11.1.1 机柜的外壳防护应按照 GB 4208—2008 的规定并至少达到 IP30 级，对于有防水防尘要求的，应达到 IP54 级。

5.11.1.2 机柜外壳承受碰撞的能力应达到以下要求：

——机柜的门玻璃达到 GB/T 20138—2006 中的 IK 02 级(碰撞能量为 0.2 J)要求；

——机柜的其他部分达到 GB/T 20138—2006 中的 IK 07 级(碰撞能量为 2 J，即本标准 5.7.2.1 中的 K2 级)要求。

5.11.2 电击防护

一般来说，设备的电击防护是按照Ⅰ类安全设备(参见 GB/T 17045—2008)的要求设计的。对用于Ⅰ类安全设备机柜的电击防护要求如下：

a) 机柜所有外露的可导电部分应实现导电连续性联结；

b) 实现导电性互连的机柜应设置安全接地点或安全接地端子，并应有明显的保护接地标志(见 GB 14598.27—2008)，以便机柜在现场安装时与大地实现导电互连；

c) 机柜中外露的可导电部分与保护接地端子或接地点之间的电阻不应大于 0.1 Ω；

d) 接地连接处应有防锈蚀、防松脱及绝缘层刺破的措施，以确保接地连接的可靠性；

e) 保护接地线应采用黄绿双色的软导线或编织线，接地导线线径不应小于 4 mm^2；

f) 对于电击防护来说，金属表面的涂覆层不应视为可靠的绝缘防护。

5.11.3 着火危险防护

5.11.3.1 机柜应能使故障时冒出的火焰、滴落的熔融物和灼热颗粒造成的危害降到最低程度，外壳的通风孔应装设挡板、筛网等加以防护。防火筛的网眼尺寸不应大于 2×2 mm^2，金属丝的直径不应小于 0.45 mm。

5.11.3.2 用于电气绝缘的结构件所选用材料的可燃性等级不应低于 GB/T 5169.16—2008 中的 V1 级(垂直燃烧)。外购件的着火危险防护可由配套厂家提供试验并提供报告。

5.11.3.3 机柜应按照用户的要求提供机柜之间的防火隔离。

5.11.4 **机械安全**

5.11.4.1 机柜及其零部件的可触及部分不应有锐边和棱角、毛刺及粗糙的外表，以防止在机柜装配、安装、使用和维护中对人身安全带来伤害。

5.11.4.2 机柜的传动、旋转、摆动等运动部件应有限制或防止人员受到伤害的安全防护措施。

5.11.4.3 机柜应具有足够稳定性和牢固的连接及安装，以避免在运行和维护中对人体造成伤害，同时应考虑运输过程中的安全。

5.11.5 **户外机柜的附加安全要求**

户外机柜应有可靠的锁装置，并只应由被授权的人员按照规定的程序锁闭和开启。根据需要，可依据 GB/T 19183.5—2003 选择性地考虑户外机柜抗破坏的要求。

5.11.6 **安全标志及说明**

5.11.6.1 安全标志的分类

安全标志主要应给出以下信息：

a) 有关安全的指示性标识；

b) 有关安全的警示性标识。

5.11.6.2 安全标志的一般要求

常用的安全标志的符号及标识应符合 GB 14598.27—2008 中表 9 和表 10 及第 9 章的规定。

作为警示性或提示性的安全措施，是对直接或间接的安全措施进行的补充，可按实际情况及需要标注在产品外壳上、标牌上并在说明书中指明。该类标志包括电源、警示、提示、安全等级、接地、介质强度试验及冲击电压试验等。

5.11.6.3 在提供安全标志的同时，还应在说明书中对这些标志做出解释。

5.11.6.4 说明书中还应对以下有关的安全信息予以说明：

a) 潜在的危险以及应采取消除危险的措施；

b) 用户有责任保证对保护接地联结完整性的声明；

c) 包括 IP 和 IK 在内的机柜的外壳防护等级。

6 试验方法

6.1 试验条件

机柜试验的环境条件如下：

a) 环境温度为 15 ℃～35 ℃；

b) 相对湿度为 15%～75%；

c) 大气压力为 80 kPa～110 kPa。

目测检查的条件为：

a) 在白天的漫射日光或照度不低于 200 lx(40 W 日光灯，距离 0.5 m)的人工光源下；

b) 检验人员的视力、色觉正常，视距 0.4 m～0.5 m(测外观缺陷)，或 0.5 m～1 m(测颜色和色差)；

c) 必要时可借助 5～10 倍的放大镜观察。

6.2 尺寸及形位公差检验

按照 5.2 尺寸及公差的要求，用钢板尺、卷尺或卡尺结合目测检验，必要时可以数字显示的卡尺检验。

形位公差的检验需要借助标准平台和线性尺寸测量工具，按照 GB/T 1958—2004 规定的方法进行。

型钢的外圆角、平面度、直线度和垂直度等的检验，应借助标准平台和线性尺寸或圆角测量工具，按照 GB/T 1182—2008 和 GB/T 1958—2004 规定的方法进行测量。

6.3 外观和一般要求检验

机柜的外观和一般要求的检验采用目测的方法进行。

6.4 涂覆层的检验

6.4.1 涂覆层的外观检查采用目视的方法进行。

6.4.2 涂覆层的色度和色差检查，采用 GB/T 9761—2008 规定的方法进行；或者采用色度/色差分析仪测量。

6.4.3 涂覆层的厚度采用 GB/T 13452.2—2008 规定的方法进行；或者采用涂覆层厚度测试仪测量。

6.4.4 涂覆层的附着力采用 GB/T 9279—2007 或 GB/T 9753—2007 规定的方法进行。

6.4.5 户外机柜的涂覆层除了上述的检验外，还需要采用 GB/T 19183.5—2003 规定的方法进行试验。

6.4.6 涂覆层的检验可以选取机柜中相应的零部件进行。只要在材料和表面构造上相同，可以使用样品单元代替整体机柜进行涂覆层的检验。

6.5 金属镀层的检验

6.5.1 机柜中金属零件的镀层厚度，可采用厚度测试仪进行测量。

6.5.2 金属镀层的外观质量采用人工肉眼的方式检查。

6.5.3 金属镀层的物理和化学性能检验，按照相应的镀层标准规定的方法进行检验和试验。

6.5.4 金属镀层的检验可以选取机柜中相应的零部件进行。

6.6 铭牌、标牌和标志的检验

按照 5.5.3 的要求，采用目测的方法对铭牌、标牌及标志进行检验。

6.7 环境适应性试验

6.7.1 按照 5.6.1 的要求，以 GB/T 18663.1—2008 规定的方法，对机柜进行户内环境适应性试验。

6.7.2 按照 5.6.2 的要求，以 GB/T 19183.5—2003 规定的方法，对机柜进行户外环境适应性试验。

6.8 机械试验

6.8.1 按照 5.7.1 的要求，以 GB/T 18663.1—2008 规定的方法，对机柜进行静载荷试验。

6.8.2 按照 5.7.2.1 的要求，以 GB/T 18663.1—2008 规定的方法，对户内机柜进行动载荷试验。

6.8.3 按照 5.7.2.2 的要求，以 GB/T 19183.5—2003 规定的方法，对户外机柜进行动载荷试验。

6.8.4 按照 5.7.3 的要求，以 GB/T 18663.2—2007 规定的方法，对机柜进行地震试验。

6.9 机柜配置检验

按照 5.8 的要求，以目测方式对机柜的配置要求进行检验。

6.10 机柜的机电接口检验

按照 5.9 的要求，以目测方式对机柜的机电接口进行检验。

6.11 电磁屏蔽试验

按照5.10的要求，以GB/T 18663.3—2007规定的方法，对机柜的电磁屏蔽性能进行试验。

6.12 安全试验

6.12.1 外壳防护试验

6.12.1.1 按照5.11.1.1的要求，采用GB 4208—2008规定的方法，对机柜进行IP防护试验。

6.12.1.2 按照5.11.1.2的要求，采用GB/T 20138—2006规定的方法，对机柜进行IK防护试验。

6.12.2 电击防护试验

6.12.2.1 按照5.11.2的要求，采用GB 14598.27—2008中的10.5.3或GB/T 5095.2—1997规定的方法对机柜进行导电连续性的试验和联结电阻的试验。

6.12.2.2 按照5.11.2的要求，采用目测的方法对其他电击防护要求进行检查。

6.12.3 着火危险防护试验

按照5.11.3的要求，采用GB/T 5169.16—2008的垂直燃烧方法，对机柜的着火危险防护进行试验。

6.12.4 机械危险防护检验

按照5.11.4的要求，采用目测的方法对机柜进行机械危险防护检验。

6.12.5 户外机械安全的附加试验

按照5.11.5的要求，采用GB/T 19183.5—2003规定的以及目测的方法，对户外机柜进行附加的机械危险防护检验。

6.12.6 安全标志检验

按照5.11.6的要求，采用GB 14598.27—2008以及目测的方法对机柜的安全标志进行检验。

7 检验规则

7.1 试验的分类

机柜结构的试验分为型式试验和例行(出厂)试验两种。

7.2 型式试验

7.2.1 凡遇下列情况之一时，应进行型式试验：

a) 新设计投产或转厂生产的机柜结构，在鉴定或定型前；
b) 机柜正式投产后，如果由于设计、工艺、材料有较大改变而影响机柜结构性能时，应对首批生产的机柜进行型式试验；
c) 正常生产时，定期或累计一定产量后，应周期性进行型式检验，周期性检验时间由企业标准规定；
d) 国家质量监督机构提出要求时；
e) 合同约定时。

7.2.2 型式试验的项目

型式检验的项目见表 6。

7.2.3 型式检验的抽样

型式检验的样品应从例行检验合格的成品中抽取。每次抽取两台作为型式试验的试品，分组进行检验。其中第一台样品按表 6 的序号 1、3、5～9 逐项进行检验，第二台样品按表 6 规定的序号 2、4、14～19 逐项进行检验。

只要有可能，宜使用同一试品作全部项目的试验。

7.2.4 合格评定

7.2.4.1 缺陷的分类

机柜结构的主要缺陷是指安全试验项目、需经更换重要零部件后才能消除缺陷的项目，以及在一般情况下不可能修复的缺陷；其余的缺陷作为一般缺陷。如果一般缺陷数超过检查项目总数量的 20%，则应作为主要缺陷。

7.2.4.2 型式试验的合格判定

型式试验的合格判据如下：

a） 型式检验时，如果发现有主要缺陷，则判定为不合格。

b） 如果发现有一般缺陷，则应进行第二次抽样，第二次抽样的数量应加倍，并对相应的不合格项进行第二次试验。如果未发现缺陷，则判定为合格。如果第二次抽取的样品经试验后仍然发现缺陷，则判定为不合格。

型式检验不合格，则该类机柜不能投产，已在生产的应停产。直到查明原因，并采取措施消除造成不合格的因素，且经再次检验合格后方能恢复生产。

7.3 例行（出厂）试验

7.3.1 每台机柜在出厂前应经制造厂的质量检验部门进行例行试验，全部检验项目合格才能确认合格，合格后方能出厂。

7.3.2 例行试验项目见表 6。

7.3.3 在例行试验中，允许对不合格项进行修复或更换，直至合格。

7.3.4 检验合格出厂的机柜应具有合格证。

表 6 试验检验一览表

序号	检验项目	要求的条款	试验方法的条款	参考标准	型式试验	例行试验	备注
1	尺寸和形位公差	5.3	6.2	GB/T 1958—2004	√	√[a]	
2	机柜型钢	5.4 和附录 A	6.2		√	√[b]	
3	外观和一般要求	5.5.1	6.3		√	√	
4	表面防护	5.5.2	6.4,6.5	GB/T 9279—2007 GB/T 9753—2007 GB/T 9761—2008 GB/T 13452.2—2008	√	√[c]	

表 6 试验检验一览表（续）

序号	检验项目	要求的条款	试验方法的条款	参考标准	型式试验	例行试验	备注
5	铭牌、标牌、标志	5.5.3	6.6	GB/T 13306—1991	√	√[b]	
6	户内环境适应性	5.6.1	6.7.1	GB/T 18663.1—2008	√	—	
7	户外环境适应性	5.6.2	6.7.2	GB/T 19183.5—2003	√	—	
8	静载荷	5.7.1	6.8.1	GB/T 18663.1—2008	√	—	
9	动载荷	5.7.2	6.8.2,6.8.3	GB/T 18663.1—2008	√	—	
10	地震	5.7.2.3	6.8.4	GB/T 18663.2—2007	√	—	
11	机柜配置	5.8	6.9		√	√	
12	机电接口	5.9	6.10		√	—	
13	电磁屏蔽	5.10	6.11	GB/T 18663.3—2007	√	—	
14	外壳防护	5.11.1	6.12.1	GB 4208—2008 GB/T 20138—2006	√	—	
15	电击防护	5.11.2	6.12.2	GB 14598.27—2008 GB/T 5095.2—1997	√	√[d]	
16	着火危险防护	5.11.3	6.12.3	GB/T 5169.16—2008	√	—	
17	机械安全	5.11.4	6.12.4		√	√	
18	户外机柜安全附加要求	5.11.5	6.12.5	GB/T 19183.5—2003	√	—	
19	安全标志	5.11.6	6.12.6	GB 14598.27—2008	√	√	

注：符号√为需要进行的试验项目。

[a] 例行试验中的形位公差检验，可以只检查机柜各表面的对角线之差，其值由企业标准规定。

[b] 例行试验中可对型钢尺寸和公差进行抽检。

[c] 对表面防护层的例行试验可只检查外观质量。

[d] 电击防护的例行试验只进行低电流的连续性试验，不进行保护联结阻抗(电阻)的测量。

8 标志、包装、运输、贮存

8.1 标志

8.1.1 每台机柜应在合适的部位设置铭牌，其内容包括：

a) 机柜型号和名称；

b) 制造厂的商标、厂名；

c) 制造年、月和出厂编号。

8.1.2 机柜执行的标准应在说明书中予以明示。

8.1.3 标志应清晰、耐久、便于观察。

8.2 包装、运输、贮存

8.2.1 包装

8.2.1.1 机柜的包装环境应保持通风、清洁、干燥、无有害介质。机柜包装应在室温条件下、相对湿度不大于75%的环境内进行。

8.2.1.2 机柜的包装材料和包装容器应保持干燥、整洁,与机柜直接接触的包装材料应无腐蚀作用及其他有害影响。

8.2.1.3 机柜在包装容器内不应产生松动、碰撞或转动。为降低运输时对机柜的冲击和震动影响,周围用防震材料垫实放于外包装箱内。

8.2.1.4 机柜的包装箱应符合 GB/T 13384—2008 的规定。

8.2.1.5 机柜应与其备品配件、装箱单及配套文件一并装箱。随同出厂的附件及文件应装入防潮文件袋中,再放入包装箱内。

8.2.2 运输

机柜在运输过程中应小心轻放并按包装箱标记规定的方向放置,应避免强烈振动、冲击和碰撞。

8.2.3 贮存

8.2.3.1 贮存机柜的场所应干燥、清洁、空气流通,并能防止各种有害气体的侵入,严禁与腐蚀性的物品存放在同一场所。

8.2.3.2 包装后的机柜的存放场所应符合 5.1.2 的规定。

8.2.3.3 包装好的机柜的堆垛方向和层数应符合包装箱上的标识规定。

9 供货的成套性

随同机柜产品一起供应的应有:

a) 随机文件(例如说明书、装箱单、备品备件清单等);

b) 出厂合格证书;

c) 按备品备件清单或合同规定提供的备品、备件、安装附件、专用工具等。

附 录 A
（规范性附录）
对机柜型钢的要求

A.1 型钢尺寸的极限偏差

机柜型钢的线性尺寸的极限偏差不应超过表 A.1 的规定。

表 A.1 型钢线性尺寸的极限偏差

单位为毫米

基本尺寸	极限偏差
≤500	±0.2
>500～1 000	±0.3
>1 000～2 000	±0.4
>2 000～2 400	±0.8

A.2 型钢的直线度、平面度

机柜型钢的直线度、平面度不应超过表 A.2 的规定。

表 A.2 型钢直线度和平面度的极限偏差

<table>
<tr><th>基本尺寸</th><th>直线度
mm</th><th>平面度
mm/m²</th></tr>
<tr><td>≤500</td><td>≤0.4</td><td rowspan="2">≤1.0</td></tr>
<tr><td>>500～1 000</td><td>≤0.5</td></tr>
<tr><td>>1 000～1 500</td><td>≤0.8</td><td rowspan="2">≤1.0</td></tr>
<tr><td>>1 500～2 000</td><td>≤1.0</td></tr>
<tr><td>>2 000</td><td>≤1.5</td><td>≤1.5</td></tr>
</table>

A.3 型钢外圆角半径

机柜型钢 90°弯曲的外圆角半径应符合表 A.3 的规定。

表 A.3 外圆角半径

单位为毫米

壁厚	外圆角半径
1.0	≤1.2
1.2	≤1.5

表 A.3 外圆角半径(续)

单位为毫米

壁厚	外圆角半径
1.5	≤2.0
2.0	≤2.5

A.4 型钢模数孔在 1 m 之内任意两孔的中心距偏差不应大于±0.4 mm。

A.5 型钢材料的厚度公差不应超过 GB/T 708—2006 的规定。

ICS 29.020
K 09

中华人民共和国国家标准

GB/T 25295—2010

电气设备安全设计导则

Guidelines on safety designs for electric equipments

2010-11-10 发布　　　　2011-05-01 实施

中华人民共和国国家质量监督检验检疫总局
中国国家标准化管理委员会　发布

前　言

本标准依据GB 19517《国家电气设备安全技术规范》制定。

本标准由全国电气安全标准化技术委员会(SAC/TC 25)提出并归口。

本标准主要起草单位:机械工业北京电工技术经济研究所、上海电动工具研究所、四方电气(集团)有限公司、正泰电气股份有限公司、上海电器科学研究所(集团)有限公司、山东艾诺仪器有限公司。

本标准主要起草人:李锋、包革、李邦协、方晓燕、季慧玉、田蘅、曾雁鸿、刘江、赵涛、颜景新、杨之峰。

电气设备安全设计导则

1 范围

本标准规定了交流 1 000 V 以下，直流 1 500 V 以下的电气设备安全设计的基本准则要求。

本标准适用于电气设备的安全设计。

专业的或产品的安全设计应依据相应的标准规定。没有专业的或产品的安全设计方法时，可依据本标准。

注 1：电气设备包括输、配、贮存、测量、监督、控制、调节、转换和消费电能的产品及信息技术领域中与其组成一体的电气装备、电气装置、电气器具。

注 2：即使设计者按照本标准规定的内容完成了电气设备的设计，也不意味着电气设备符合了安全的要求。电气设备只有经过了规定的检验或试验，并经过合格评定后，方可认为是安全的。

2 规范性引用文件

下列文件中的条款通过本标准的引用而成为本标准的条款。凡是注日期的引用文件，其随后所有的修改单(不包括勘误的内容)或修订版均不适用于本标准，然而，鼓励根据本标准达成协议的各方研究是否可使用这些文件的最新版本。凡是不注日期的引用文件，其最新版本适用于本标准。

GB 4208 外壳防护等级(IP 代码)(GB 4208—2008，IEC 60529：2001，IDT)

GB/T 4776 电气安全术语

GB/T 5465.2—2008 电气设备用图形符号 第 2 部分：图形符号(IEC 60417 DB：2007，IDT)

GB/T 22696(所有部分) 电气设备的安全 风险评估和风险降低

3 术语和定义

GB/T 4776 确立的术语和定义适用于本标准。

4 电气安全设计的原则

4.1 概述

4.1.1 国家电气安全的法律法规，包括强制性标准，其内容及所认定的符合性标准是电气设备安全设计的基本依据，符合性标准会随着技术的发展而不断更新。

注：例如 GB 19517，反映了安全的技术概念与人们行为之间的差别，即“在正常的条件下使用或在其他由制造商预见到的误用条件下使用，可以合法地要求某些产品、加工过程或服务具有一定程度的风险，但不会危及人员的健康、环境的质量等”。其附录 A 所列符合性标准，即各类专业产品的安全标准，是国家强制性技术规范认定的技术标准。一般情况，符合性标准是遵照国家强制性安全技术规范中的要求，结合专业产品的特性进行具体化、量化要求，并能指导产品在设计阶段就采取必要的预防措施。

4.1.2 在设计过程中，如果设计者认为存在有新的风险，并且新的风险对安全构成明显的危害，则应注意：

a) 分析研究安全与风险的关系。安全与风险总是相伴而存的，安全不能免除全部风险，即绝对的安全是不可能的。

b) 根据风险评估做出安全的判断，依据 GB/T 22696 的规定。

c) 风险评估和判断安全是十分复杂的过程，往往设计者很难有能力单独完成。

4.2 基本准则

4.2.1 危险因素的区分和安全要求的一般原则

电气设备的危险因素有自身的危险因素和外界的危险因素。自身的危险因素，例如电击危险等。

外界的危险因素，例如环境、过载、振动、冲击、异物、辐射危险等。

安全要求的一般原则是在以下条件下电气设备的使用是安全的：

a） 在整个生命周期；

b） 在技术标准的规定正常使用条件和单一故障条件下；

c） 在合理预见的设计目的；

d） 在正确安装、运行和维护的条件下。

或：

——如无特殊要求，按一般环境，或运行条件设计制造；

——在使用时可采用专门的与电气设备的特性和功能无关的安全技术措施。

4.2.2 安全水平与经济性

电气设备的安全水平一般由专业的安全技术标准决定，安全的设计实质上是实现专业的安全技术标准的要求，以达到必要的安全水平。

在安全设计时可能会遇到为了安全不得不限制某些技术的应用，而技术的创新又不应该受到制约，此时确定合理的安全是必要的。就设计而言，安全是第一的，即新技术的应用只能促进安全水平的提高，或者新技术的应用要以保证安全为前提。

注：正是因为没有任何产品和活动是绝对安全的。因此，制定绝对安全的标准是不可能的。反过来，消费者或用户也不会接受一项客观的、始终不变的安全标准。而要取得一项渐进的安全标准，则必须研究有关发生伤害的可能性或伤害发生率及发生伤害导致严重后果、社会因素、经济成本等之间的平衡因素。

但多数情况下，影响安全水平的因素本身往往是非常不明确，因此，完全用量值来表示相应的安全水平是困难的。因此，设计者应该注意到安全技术标准是为了保证和满足使用的要求，对成功经验进行的记录，而没有确切地提出达到的安全水平。

注：例如爬电距离和电气间隙确定就是典型，安全技术标准中给出的量值应视为经验的数值，供设计时参考。

如果在设计上不能将已知的危险排除在可以避免的程度，则应该做出设计的说明，或者给出必要的文件，例如产品的安装使用说明书，或者标志、标识等，以起到：

——防护电气设备的危险，保护面临风险的人员；

——针对防护不完全，或无防护的情况，警告面临风险的人员，保持对危险的警觉，或提示应当采取的适当行动；

——为面临危险的人员进行培训。

4.2.3 共性设计原则和个性设计原则

共性安全要求是由各类电气设备的安全特性(要求)加以提炼、概括、综合、提升而成，这些共性的安全技术要求、指标和检验方法，使各类电气设备的安全控制在可接受的水平上，成为共同应遵守、达到的准则。

设计者应熟悉并掌握共性安全要求的规律，特别要注意研究要求、指标与检验方法之间的关系，即所有的设计应该针对要求与指标，但必须通过检验才能确定是否达到了要求与指标。

注：共性的规定或要求、指标和相应的测量、试验方法并不意味着所有的电气设备都要达到全部要求，而是应根据不同电气设备的特性、使用的场所进行选择适用的、必须的要求、指标。例如手持式、可移式、固定式使用的电气设备的安全要求是不全部相同，达到的项目也是不一样的。

个性安全要求是结合产品的特性、要求而具体化、量化的产品的安全技术要求，包括发生危险的控制指标，考核、检验、指标的测量、试验中的参数规定等。考虑到个性设计的检验不确定性(例如介质强度的检验)，因此要求设计者更加关注检验方法，以使设计满足检验的要求。

注1：例如介质强度是各类电气设备都应控制的共性要求，但不同种类的电气设备、使用的不同电压等级、使用的场所不同，有的电气设备仅考核工频耐电压能力，有的还要考核匝间介质强度。对工频耐电压能力，不同用途、不同电压等级的电气设备，施加的工频试验电压值也不一样。

注2：例如防潮性，应用在不同环境条件下电气设备的防潮性的考核是不一样的。

4.2.4 **安全性技术的分类**

4.2.4.1 电气设备的安全性可分为：

a) 设计制造时的安全性，包括设计、加工、装配、运行、运输、拆卸时的安全。

b) 使用时的安全性，指与电气设备的特性和功能无关的安全技术，往往指电气设备在使用时采取的专门措施，例如在电气设备运行中：

——限制随便触及电气设备；

——只限于专业人员或受过初级训练人员应用电气设备。

4.2.4.2 电气设备的安全设计技术可分为：

a) 直接安全技术，即用设计制造技术防止危险，将电气设备制造得没有危险存在。

b) 间接安全技术，即用外设防护措施避免危险，是直接安全技术解决办法不可能或不完全可能防止危险时所设计的专门的安全技术手段。所谓的专门的安全技术手段是由在电气设备中或电气设备上不设附加功能就能达到和保证无危险地应用的装置实现。

c) 提示性安全技术，即用告知风险、培训、使用人身防护设备等方法防止危险，即在 a)和 b)的安全技术不能达到目的或不能完全达到目的的情况，说明电气设备无危险应用的条件。例如提供中文的，通俗易懂的使用和操作说明，或在电气设备的运输、储存、安装、定位、接线或运行的方式中给以足够的说明。

4.2.5 **电击防护类型**

电气设备按电击防护的方法可设计制造成 0 类电气设备、Ⅰ类电气设备、Ⅱ类电气设备、Ⅲ类电气设备。

0 类电气设备：防止电击保护依赖基本绝缘，即没有把可触及的导电部分连接到电气设备的固定布线中保护导体的措施，一旦基本绝缘失效，电击保护则依赖于环境。

Ⅰ类电气设备：防止电击保护不仅依靠基本绝缘，而且它还包含一个附加的安全保护措施，将可触及的导电部分与电气设备中固定布线的保护接地导线连接起来，使可触及的导电部分在基本绝缘损坏时不能变成带电体。

Ⅱ类电气设备：防止电击保护不仅依靠基本绝缘，而且还包含附加的安全保护措施，例如双重绝缘或加强绝缘，不提供保护接地或不依靠电气设备条件。

Ⅱ类电气设备可分为下列类型之一：

a) 绝缘外壳Ⅱ类电气设备。电气设备有坚固的、基本上连续的绝缘材料外壳，除了一些小零件外，例如铭牌、螺钉和铆钉，外壳遮封了所有金属部分，这些小零件由至少相当于加强绝缘与带电部分隔开。

b) 金属外壳Ⅱ类电气设备。电气设备有基本上连续的金属外壳，除了应用双重绝缘显然是行不通而使用加强绝缘的那些部分外，在这类电气设备中全部使用双重绝缘。

c) 组合的Ⅱ类电气设备。类型 a)和 b)组合的电气设备。

Ⅲ类电气设备：防止电击保护依靠安全特低电压(SELV)供电，电气设备中不产生高于特低电压的电压。

注：罗马字Ⅰ、Ⅱ、Ⅲ仅代表电气设备在设计制造时采用的安全技术方法，即Ⅰ类设备的电击防护采用等电位保护方法，Ⅱ类设备采用的绝缘保护方法，Ⅲ类设备采用三重保护原理的方法(基本绝缘、特低电压、与供电电源隔离)。在理论上，这些方法都是安全的。所以Ⅰ、Ⅱ、Ⅲ仅代表采用方法而不是指安全的等级。

4.2.6 **预期寿命**

一般情况，电气设备在正确使用和维护情况下，整个使用期间应该能够保证安全。但事实上，电气绝缘，即使达到最好的性能也会随着时间和正常使用中力学的、热的、电的、化学的及其复合的作用下，性能会逐渐下降，材料老化而破坏，造成危险。所以，合理的预期寿命是重要的。

4.2.7 **电压区段的划分**

一些装置规则，特别是有关电击防护的措施，取决于所使用的电压值，由于不可能也没有必要考虑实际应用中出现的每一具体电压值，因此只需为每一个特定的电压区段制定通用要求。

区段Ⅰ包含了：

——在某些条件下，依据电压值提供电击防护装置；

——由于运行上的原因，电压受到限制的装置（如电信、信号、电铃、控制和报警装置）。

区段Ⅱ包含了：

家用、商用和工业用装置的供电电压，这一区段包含了公用配电系统的所有电压。

所规定的电压区段主要与装置的一些规则结合使用，但也可在制定电气设备的要求时使用（见表1和表2）。

表1 交流电压区段

区段	接地系统		不接地或非有效接地系统
	相对地	相间	相间
Ⅰ	$U \leqslant 50$ V	$U \leqslant 50$ V	$U \leqslant 50$ V
Ⅱ	50 V$<U\leqslant$600 V	50 V$<U\leqslant$1 000 V	50 V$<U\leqslant$1 000 V

表2 直流电压区段

区段	接地系统		不接地或非有效接地系统
	极对地	极间	极间
Ⅰ	$U \leqslant 120$ V	$U \leqslant 120$ V	$U \leqslant 120$ V
Ⅱ	120 V$<U\leqslant$900 V	120 V$<U\leqslant$1 500 V	50 V$<U\leqslant$1 500 V

4.2.8 固体绝缘的失效机理

由于固体绝缘的电气强度远远大于空气的强度，另一方面，通过固体绝缘材料的绝缘距离通常大大地小于电气间隙而产生高的电场强度。

在绝缘系统中，电极与绝缘之间；不同的绝缘层之间均可能会产生间隙，或绝缘材料本身有气隙。在这些间隙或气隙中，尽管电压远小于击穿水平，仍可能发生局部放电，这就会影响固体绝缘的使用寿命。

与气体相比，固体绝缘不是一种可恢复的绝缘介质，例如偶尔发生的高压峰值就可能对固体绝缘造成破坏性效果。绝缘损坏的积累会造成最终的固体绝缘失效。由此形成复杂的过程，且最终导致绝缘老化。所以电场强度和其他应力（例如，热、环境）的叠加造成了绝缘老化。可用适当条件组成的短期试验来模拟固体绝缘的长期性能。

固体绝缘的厚度与前面所述的失效机理之间基本上没有关系。

4.2.9 局部放电原理

常用的固体绝缘物总不可能做得十分纯净致密，总会不同程度地包含一些分散性的异物，如各种杂质、水分、小气泡等。有些是在制造过程中未去净的，有些是在运行中绝缘物的老化、分解等过程中产生的。

由于这些异物的电导和介电常数不同于绝缘物，故在外施电压作用下，这些异物附近将具有比周围更高的场强。当外施电压升高到一定程度时，这些部位的场强超过了该处物质的游离场强，该处物质就产生游离放电，称之为局部放电。

气泡的介电常数比周围绝缘物的介电常数小得多，气泡中的场强较大；气泡的击穿场强又比周围绝缘物的击穿场强低得多，所以，分散在绝缘物中的气泡常成为局部放电的发源地。如外施加电压为交变的，则局部放电就具有重复的、发生与熄灭相交替的特征。

由于局部放电是分散地发生在极微小的空间内，所以它几乎并不影响当时整体绝缘物的击穿电压，但是，局部放电时产生的电子、离子往复冲击绝缘物，会使绝缘物逐渐分解、破坏，分解出导电性的和化学活性的物质来，使绝缘物氧化、腐蚀；同时，使该处的局部电场畸变，进一步加剧局部放电的强度；局部放电处也可能产生局部的高温，使绝缘物老化、破坏。如果绝缘物在正常工作电压下就有一定程度的局部放电，则这种过程将在其正常工作的全部时间中继续和发展，这显然将加速绝缘物的老化和破坏，发展到一定程度时，就可能导致绝缘物的击穿。

所以，测定绝缘物在不同电压下局部放电强度的规律，能预示绝缘的情况，也是估计绝缘电老化速度的重要根据。

4.2.10 绝缘配合

电气设备绝缘配合是电气基础安全措施之一，它指导有关专业对其所涉及的各种设备合理地制定有关要求，从而达到绝缘配合的目的。

绝缘配合意指根据设备的使用及其周围的环境来选择设备的电气绝缘特性。只有设备的设计基于在其期望寿命中所承受的作用（例如电压）强度时才能实现绝缘配合。绝缘配合与电压的关系，应考虑下列内容：

a） 在系统中可能出现的电压；

b） 设备产生的电压（该电压可能会反过来影响系统中的其他设备）；

c） 要求的持续运行等级；

d） 人身和财产安全，使电压强度造成事故的可能性不会导致损害性危险。

环境条件和绝缘配合的关系：确定污染等级作为考虑绝缘的微观环境条件。微观环境条件主要取决于设备所处的宏观环境条件，在许多情况下，这些微观和宏观环境是相同的。但是，微观环境可能会好于或坏于宏观环境。例如，外壳、加热、通风或灰尘可能会影响微观环境。

4.3 电气安全设计的基本要素

4.3.1 概述

电气设备安全设计的基本要素会因产品的特点的不同而会有差异，设计者应注意了解专业或产品标准更为细致的规定。

4.3.2 规定使用期限内的安全（预期寿命）

设计者应对产品使用期限加以科学的界定。即设计要保证在规定使用期限内产品的安全，不能发生危险。即使在超过适当使用期限，也不允许电气设备内仍能工作的装置造成危险。应有下述措施：

a） 有可靠的开关功能；

b） 设有在紧急危险时切断电源的自动装置；

c） 设有防止意外起动的装置；

d） 保证专门安全技术手段可靠性的措施。

注：专门安全技术手段是指所有电气设备中，不设附加功能就能达到和保证无危险应用的装置。

4.3.3 承受预见危险的能力

在设计上应保证电气设备能承受预见会出现、且能引起危险的物理和化学作用（如静态或动态，液体或气体，热或特殊气候等）时不会造成危险。并且：

a） 一旦出现过载，立即切断电源或技术过程，或使其变得不危险，技术手段的本身也不能发生危险；

b） 能截获由于材料缺陷、磨损或过载、飞逸或跌落造成危险的部件。

4.3.4 具备电击危险防护的能力

对电击危险，其主要特征表现为：

a） 人体构成闭合电路的一个组成部分，使人体的一部分相当于电路中的负载阻抗；

b） 在一个相当长的持续时间间隔内，有一个足以危及人身安全的电流通过人体；

c） 在人身的某两个部分之间施加一个足以危及人身安全的接触电压。

设计上，针对上述特征应采取相应的技术手段，实现对电击危险的防护：

a） 电能直接作用的防护；

b） 电能间接作用的防护。

电能直接作用的防护技术措施有：

a） 绝缘技术。

b） 防直接接触保护。主要的技术措施有：采用安全特低电压、外壳防护、电气隔离等。

c） 防间接接触保护。主要的技术措施有：保护接地，双重绝缘结构，故障切断等。

4.3.5 具备耐热能力

电气设备运行时，由于电流的热效应、铁磁材料损耗、介质损耗、局部放电、机械损耗及设备内部的功能性发热元件会使电气设备的温度升高，而大于周围的环境温度。

固体绝缘在热应力作用下会使绝缘材料或工程塑料软化、变形、脱层。然后在机械应力作用下断裂、破坏而丧失功能，造成电击危险；支撑带电零件的绝缘过热会引发燃烧而酿成火灾。

电气绝缘的耐热能力和绝缘等级选择是电气设备安全设计的必备因素。包括导电部件，支撑带电零件的电气绝缘的耐热能力是依据其固体绝缘物的耐热等级用温升指标来考核。温升限值的规定对各类电气设备因使用环境、工作周期、使用寿命的不一样而规定有不同限值。

4.3.6 具备防直接接触保护的能力

防直接接触保护设计要满足保护人和动物不受与电气设备带电部分直接接触时所造成危险的要求。设计的防护措施必须在任何情况下，都能使危险的带电部分不会被有意或无意触及，或者将带电部分的电压值或触及电流值降低到没有危险的程度。

在设计上，防直接接触保护一般采用绝缘防护、外壳或遮拦防护，采用安全特低电压等。

4.3.7 具备防间接接触保护的能力

防间接接触保护设计要满足保护人和动物接触到外露导电部分上危险的接触电压时所造成危险的要求。

在设计上，间接接触保护一般采用接地保护、自动切断保护、双重绝缘保护等。

注：外露导电部分是指电气设备的可触及的导电部分，不是带电部分，但在故障情况时能处于危险的接触电压之下。

4.3.8 可靠的电气连接和机械连接

设计者应充分考虑电气设备在使用中受到的热、振动及其他机械应力作用，其连接的松动或脱落而造成电击、机械危险。

4.3.9 防止静电积聚的措施

必须有防止静电积聚的技术措施。

4.3.10 规定燃料和工作介质

燃料和工作介质必须满足：

a） 燃料和工作介质不能对电气设备造成有害影响；

b） 燃料不能外溢，或外溢量不能造成危险。

4.3.11 选择适应的材料

材料的选择应满足：

a） 采用的材料在电气设备制造过程中和所有可能的运行状态下都不能对人的健康、生命产生有害影响；

b） 必须有足够的抗老化能力；

c） 用于有腐蚀危险的部件必须采用抗腐蚀的材料。

4.3.12 人体工效学的应用

电气设备的外形、结构、尺寸、布局等要与人体尺寸、体力、环境和生理学、解剖学的特点相匹配，即符合人类工程学。

5 电气安全设计要求

5.1 环境适应性设计要求

5.1.1 使用环境温度

设计者应设定电气设备使用的最高环境温度和最低环境温度。也可给出 24 h 的平均温度的要求。对运输、贮存有温度要求时,也应给出适合的温度。

一般规定为户内电气设备的周围空气温度不超过 40 ℃而且在 24 h 内平均温度不超过 35 ℃。周围空气温度的下限为－5 ℃。

运输、贮存和安置条件一般为温度范围在－25 ℃～55 ℃之间。在短时间内(不超过 24 h)可达 70 ℃。

5.1.2 大气条件

设计者应规定电气设备使用环境的大气条件。

一般规定为户内电气设备的大气条件为空气清洁,在最高温度为 40 ℃时,其相对湿度不超过 50%,在较低温度时,允许有较大的相对湿度。例如在 20 ℃时的相对湿度为 90%,但应考虑到由于温度的变化,有可能会偶尔产生适度的凝露。

5.1.3 污染等级

污秽对固体绝缘物的爬电距离和空气介质的电气间隙影响很大,设计上必须控制电气设备外界和运行中产生的污秽,以减少在电气绝缘上的积沉,保证电气绝缘的介质强度。

为了确定电气间隙和爬电距离,设计者应按下列四个微观环境的划分,确定电气设备使用环境的污染等级:

污染等级 1:无污染或仅有干燥的、非导电性的污染,该污染无任何影响。

污染等级 2:一般仅有非导电性污染,然而必须预期到凝露偶然发生短暂的导电性污染。

污染等级 3:有导电性污染或由于预期的凝露使干燥的非导电性污染变为导电性污染。

污染等级 4:造成持久的导电性污染,例如由于导电尘埃或雨雪引起的。

5.1.4 海拔

5.1.4.1 一般规定

一般规定为海拔不超过 2 000 m。

5.1.4.2 海拔 2 000 m 以上时温升的修正

温升的修正方法应参考以下情况:

a) 不同海拔高度处的平均环境温度值可参考表 3;

表 3 不同海拔高度的平均温度值

海拔高度 m	0	1 000	2 000	3 000	4 000	5 000
平均环境温度 ℃	20	20	15	10	5	0

注:海拔升高,空气密度降低,使以空气介质为散热方式的产品散热困难。一般,海拔每升高 100 m,产品温升增加约 0.4 K。但海拔升高的同时,环境温度降低。一般情况下,海拔每升高 100 m,环境温度降低 0.5 ℃。对高发热电器(如电阻器等),海拔每升高 100 m,温升增加 2 K。

b) 一般来说,在高海拔地区的户内及局部特定环境(如冶金、化工、钢铁、发电厂等房内),若环境温度的降低值不能补偿由于海拔升高而导致的温升增加值,此时不允许对温升限值进行海拔修正;

c) 在高海拔地区的户外使用及无人值守(如小型配电站等)场所使用的产品,由于环境温度降低的补偿作用明显,允许对温升极限值按表 4 进行海拔修正;

表 4　温升极限值的海拔修正值

使用或试验地点的海拔高度 H m	$\Delta\tau$ K
H=2 000	0
2 000<H≤2 500	2
2 500<H≤3 000	4
3 000<H≤3 500	6
3 500<H≤4 000	8
4 000<H≤4 500	10
4 500<H≤5 000	12
注：本表的依据为海拔每升高 100 m，环境温度降低 0.5 ℃。	

d）当试验地点的海拔与使用地点的海拔不同时，温升极限值按两者的海拔差进行修正。当试验地点的海拔高于使用地点时，温升极限值为相应产品标准规定的温升值加上修正值。当试验地点的海拔低于使用地点时，温升极限值为相应产品标准规定的温升值减去修正值。计算海拔差时，低于 2 000 m 的海拔均算作 0 m；

e）对高发热电器（如电阻器等），温升极限值的海拔修正也按上述方法计算，但修正的数值改为海拔每升高 100 m，温升极限值按 2 K 计算。

5.1.4.3　海拔 2 000 m 以上时介电强度的修正

由于海拔升高，产品绝缘表面及不同电位的带电间隙比较容易击穿，特别是对电气间隙和爬电距离的影响较大。

对于使用地点高于 2 000 m 的设备，工频耐受电压值和冲击耐受电压值应符合常规型相应产品标准的要求。在产品使用地点海拔与试验地点海拔不同时，试验电压值应乘以修正系数，修正系数可参见表 5。

表 5　工频耐压和冲击耐压的海拔修正系数 K_a

产品使用地点海拔 m		2 000	3 000	4 000	5 000
产品试验地点海拔 m	0	1.25	1.43	1.67	2
	1 000	1.11	1.25	1.43	1.67
	2 000	1	1.11	1.25	1.43
	3 000	0.91	1	1.11	1.25
	4 000	0.83	0.91	1	1.11
	5 000	0.77	0.83	0.91	1
注 1：低压电器的介电试验，例如相与相之间、相和中性线与地之间、同一相断开触点之间的介电性能试验包括了对固体绝缘和电气间隙的绝缘试验，因此试验电压应按表的要求进行修正。因专门用于固体绝缘的介电性能不受海拔高度的影响，所以试验电压不需要修正。 注 2：对于工频耐压，产品试验地点在海拔 2 000 m 及以下时，修正系数 K_a 按试验地点海拔 2 000 m 计算。 注 3：试验电压值为常规型产品标准规定值与海拔修正系数 K_a 的乘积。					

注：示例 1：当产品使用地点为海拔 4 000 m 时，试验地点为海拔 2 000 m，在海拔 2 000 m 处常规型产品标准规定的冲击耐受试验电压为 4 kV（额定冲击耐受电压为 4 kV 时），则冲击耐受电压试验值应为：4 kV×1.25=5 kV。

示例 2：当产品使用地点为海拔 4 000 m 时，试验地点为海拔 1 000 m。在海拔 2 000 m 及以下时，常规型产品标准规定的冲击耐受试验电压为 4 kV（额定冲击耐受电压为 4 kV 时），则在海拔 1 000 m 处试验的冲击耐受电压试验值应为：4 kV×1.43=5.72 kV。

5.1.5 特殊使用条件

设计者可规定电气设备特殊的使用环境条件。所有安全设计的规定不能因使用条件变化而降低，除非有更进一步的规定。

例如：

a) 超出规定的温度值、相对湿度或海拔高度；

b) 在使用中，温度和/或气压急剧变化，以致在电气设备内易出现异常的凝露；

c) 空气被尘埃、烟雾、腐蚀性微粒、放射性微粒、蒸汽或盐雾严重影响；

d) 暴露在强电场或磁场中；

e) 暴露在高温中；

f) 受霉菌或微生物侵蚀；

g) 安装在有火灾或爆炸危险的场地；

h) 遭受强烈振动或冲击。

5.2 电击危险防护的设计要求

5.2.1 绝缘的基本要求

5.2.1.1 绝缘电阻

绝缘电阻值按产品的使用环境、使用场所、应用的功能在专业或产品标准规定相应的数值，设计者应根据所规定的数值选择绝缘材料。

通过测量绝缘电阻能有效地发现下列缺陷：

a) 两极间有穿透性的导电通道；

b) 受潮；

c) 表面污垢。

通过测量绝缘电阻一般不能发现下列缺陷：

a) 绝缘中的局部缺陷(如不穿透的局部损伤或裂缝、含有气泡、分层脱开等)；

b) 绝缘的老化(因为老化了的绝缘，其绝缘电阻还可能是相当高的)。

5.2.1.2 泄漏电流

设计上应该注意这样的实际情况，即应用在电气设备上任何品质优良、完好的绝缘在正常工作时都会有漏电流流过绝缘经外壳流入大地。这是因为电气设备在运行中的电火花、磁路饱和、非线性器件、电路产生高次谐波电势，在绝缘上形成高次谐波电流，所以流经绝缘的电流总是客观存在的，应予以限制。

注：泄漏电流的限值应用了(IEC)TC64 技术委员会报告中的摆脱电流阀值和感知电流阀值。

所谓的摆脱电流阀值即是人能自主摆脱带电物体的电流。取概率为 0.5% 女性的最大自主能摆脱的电流 5 mA；感知电流阀值即是对人体的肌肉无反应，能防止二次事故的人体的反应(感知)电流为 0.5 mA～1 mA。0.5 mA 被美国保险商实验室(UL 实验室)长期应用；国际电工委员会按各类电气设备防电击保护的分类采用了不同数值，被世界上大多数国家采用，即Ⅰ类设备 0.75 mA；Ⅱ类设备 0.25 mA；Ⅲ类设备 0.5 mA；带有电加热的电气设备最大不超过 5 mA。

设计者可按产品或专业标准规定的详细要求设计。

5.2.1.3 接触电流

接触电流仅在人体或人体模型形成电流通路时才存在。就安全而言，主要考虑可能流过人体的有害电流(该电流不一定等于流过保护导体的电流)。

有害电流作用在人体上的主要表现为感知、反应、摆脱和电灼伤。

设计者可按产品或专业标准规定的要求设计。

5.2.1.4 固体绝缘的耐热等级

5.2.1.4.1 耐热等级的规定

固体绝缘材料的耐热等级见表 6。

表 6　固体绝缘材料的耐热等级

相对耐热温度 ℃	耐热等级 ℃	较早的符号
<90	70	
>90～105	90	Y[a]
>105～120	105	A
>120～130	120	E
>130～155	130	B
>155～180	155	F
>180～200	180	H
>200～220	200	
>220～250	220	
>250	250	
注：耐热等级是电气绝缘材料的最高使用温度。		
[a] 也用于 70 ℃以下等级。		

5.2.1.4.2　**绝缘结构**

标明某电工产品为某耐热等级，并不说明该产品绝缘结构中的每一种绝缘材料都具有相同的温度极限。绝缘结构的温度极限与其中各绝缘材料的温度极限可能不直接相关。

在绝缘结构中，绝缘材料的温度极限可能因受到其他组成材料的保护而有所提高，也可能因材料间不相容而使绝缘结构的温度极限低于各个组成材料的温度极限。

5.2.1.4.3　**绝缘的使用期**

电气设备的实际使用期取决于运行中的特定条件。这些条件可以随环境、工作周期和产品类型的不同而有很大的变化。此外，预期使用期还取决于产品尺寸、可靠性、有关设备的预期使用期以及经济性等方面的要求。

对某些电工产品，由于其特定的应用目的，要求其绝缘的使用期低于或高于正常值，或由于运行条件特殊，规定其温升高于或低于正常值，而使其绝缘的温度极限高于或低于正常值。

绝缘的使用期在很大程度上取决于其对氧气、湿度、灰尘和化学物质的隔绝程度。在给定温度下，受到恰当保护的绝缘的使用期会比自由暴露的大气中的绝缘的使用期长。因而，用化学惰性气体或液体作冷却或保护介质，可延长绝缘的使用期。

5.2.1.5　**耐电痕化**

固体绝缘材料的电痕化是指在电应力和电解杂质对材料表面的联合作用下，固体绝缘材料表面形成导电通路的过程。固体绝缘材料在放电作用下引起蚀损而造成电气短路、引发燃烧。

通常情况下，采用在潮湿条件下相比电痕化指数和耐电痕化指数来表示电气绝缘材料自身的耐湿绝缘能力。

相比电痕化指数(CTI)是指材料经受 50 滴电解液而没有电痕化的以伏特为单位的最大电压值；耐电痕化指数(PTI)是指材料经受 50 滴电解液而不出现电痕化的以伏特为单位的最大电压值。

电痕化影响着电气设备的爬电距离。固体绝缘材料按相比电痕化指数(CTI)分四类，以比较各种固体绝缘材料在试验条件下的性能：

a)　绝缘材料组别Ⅰ　　600≤CTI

b)　绝缘材料组别Ⅱ　　400≤CTI<600

c)　绝缘材料组别Ⅲa　　175≤CTI<400

d) 绝缘材料组别Ⅲb　　100≤CTI<175

注：CTI即是绝缘材料表面经受50滴电解液而不形成电痕化的最高电压值。

5.2.1.6 耐非正常的热和火

由于绝缘材料在电的作用下可能受到热应力影响且有可能使电气设备的安全性降低，为了使绝缘材料在非正常热和火的作用下不应产生不利的影响，电气设备的材料应具有相应的耐非正常热和火的能力。设计者可以根据材料的可燃性类别来选择绝缘材料。

当在电气设备上进行试验时，可采用灼热丝试验。

当在材料上进行试验时，可根据所选择的可燃性分类法，可选择采用火焰试验（与可燃性类别无关）、电热丝引燃（HWI）试验和电弧引燃（AI）试验。

5.2.1.7 耐潮湿

在设计上要考虑的电气绝缘受潮的情况有：

a) 表面受潮，即在相对湿度大于98%的环境下，电气绝缘表面被水汽包围，在环境温度突然变化或电气绝缘表面温度低于环境温度时，水汽在电气绝缘表面凝结成水膜，使绝缘部件表面绝缘电阻下降，造成表面的爬电或闪络。

b) 体内受潮，即在高温的环境中由于水汽扩散渗入电气绝缘内部使吸入潮气的电气绝缘的理化性能发生变化，例如体积电阻下降，介电常数增加、机械性能亦下降，从而导致绝缘性能破坏造成电击危险。

5.2.1.8 不能认可为电气绝缘的绝缘材料

由于各类电气设备使用功能、安全性的要求，以下材料不能认可为电气绝缘：

a) 未经浸渍处理的木、棉、丝、纸和类似纤维或吸水性材料。

b) 传动带及不经严重破坏能拆卸的绝缘材料制件。

5.2.2 绝缘配合

5.2.2.1 电气间隙和爬电距离设计要求：

a) 电气间隙和爬电距离在理论上由承受冲击电压来确定。一般按电场条件、污染等级、海拔、承受额定电压或冲击电压规定绝缘配合的最小电气间隙和爬电距离。

注：实际上，各种电气设备由于各自的结构特点、运行的微观环境、使用条件不同而情况较为复杂，不同专业的安全标准或产品标准，规定的电气间隙和爬电距离都有不同程度的差异，但各自在长期的实践中都十分行之有效。所以电气间隙和爬电距离在某种意义上来说，是实践经验的积累。

b) 电气间隙应以承受所要求的冲击耐压来确定。对于直接接至低压电网供电的设备，应在综合考虑冲击耐受电压，稳态有效值电压，暂态过电压和再现峰值电压之后，选择最大的电气间隙，电气间隙以承受冲击电压来考核，其优先值为：330、500、800、1 500、2 500、4 000、6 000、8 000、12 000 V。影响电气设备电气间隙的因素有：额定电压和瞬态电压，电场条件，海拔，污秽等级和绝缘的功能。

c) 确定爬电距离以作用在跨接爬电距离两端的长期电压有效值为基础。此电压为实际工作电压、额定绝缘电压或额定电压。瞬态过电压通常不会影响电痕化现象，因此忽略不计，然而对暂态过电压和功能过电压，如果它们的持续时间和出现的频度对起痕有影响的话，则必须要考虑。

d) 影响电气间隙的环境因素主要有气压和温度（如果变化较大）。

e) 影响爬电距离的环境因素主要有污染、相对湿度和冷凝作用。

5.2.2.2 过电压类别

设计者应确定电气设备的过电压类别。过电压类别的划分为：

a) 过电压类别Ⅰ的设备是连接至具有限制瞬时过电压至相当低水平措施的电路的设备。

b) 过电压类别Ⅱ的设备是由固定式配电装置供电的耗能设备。

注：此类设备包含如器具、可移动式工具及其他家用和类似用途负载。

c) 过电压类别Ⅲ的设备是固定式配电装置中的设备,以及设备的可靠性和适用性必需符合特殊要求者。

注:此类设备包含如安装在固定式配电装置中的开关电器和永久连接至固定式配电装置的工业用设备。

d) 过电压类别Ⅳ的设备是使用在配电装置电源端的设备。

注:此类设备包含如测量仪和前级过电流保护设备。

5.2.2.3 固体绝缘的厚度

设计者应该注意到固体绝缘的厚度失效机理之间基本上没有关系,只有通过试验才能评估绝缘材料的性能。规定用固体绝缘的最小厚度以求得其长期耐电能力是不合适的。

5.2.2.4 固体绝缘上的短期应力

5.2.2.4.1 电压的频率及高频电压

外施电压的频率会极大地影响电气强度。介质发热和热不稳定性的概率大约与频率成正比。例如,按GB/T 1408.1—2006在工频下测量时,厚度为3 mm固体绝缘的击穿电场强度在10 kV/mm~40 kV/mm之间。提高施加的电压频率会降低大多数绝缘材料的电气强度。

对于频率大于工频的电压,应考虑频率的影响。高于1 kHz的频率被看作为高频。

注:高于30 kHz的频率对电气强度的影响见IEC 60664-4。

5.2.2.4.2 发热及承受短期热应力

发热可以造成:

——由于内应力的消除造成机械上的变形;

——在高于环境温度(如温度高于60 ℃)的较低温升下热塑性材料软化;

——由于塑化剂损失造成某些材料脆裂;

——如果超过材料的玻璃化转变温度,尤其会软化某些交联材料;

——增大的介电损耗导致热不稳定性和损坏。高温度梯度(例如短路过程中)会造成机械故障。

设计者应注意产品或专业标准中所规定的严酷水平。

注:标准严酷水平在IEC 60068中规定。

5.2.2.4.3 机械冲击

如果材料不具有足够的抗撞击强度,机械冲击会造成绝缘损坏。下述原因引起的材料撞击强度降低也会造成机械冲击的损坏:当温度下降至低于其玻璃化转变温度时,材料就会变脆;长期暴露在高温下会造成材料的塑化剂损失或造成原料聚合物老化。设计者应注意产品或专业标准中所规定的运输、贮存、安装和使用的环境条件。

5.2.2.5 固体绝缘上的长期应力

5.2.2.5.1 局部放电(PD)

在空气中,当峰值电压大于300 V(怕邢最小值)时就可能会发生局部放电(PD)。损失主要是由于逐渐的腐蚀或金属沉积而造成击穿或表面闪络。绝缘系统具有不同的特性:某些绝缘(例如陶瓷绝缘子)在其整个预期寿命期间能承受放电现象,而其他一些绝缘(例如电容器)是不允许有放电现象。电压、放电重复率以及放电量均是重要的参数。

局部放电特性受外施电压的频率的影响。在增高频率的条件下进行加速寿命试验,可证实失效时间大约与外施电压的频率成反比。然而,实际经验仅包括5 kHz及以下的频率,因为在较高的频率下,也会存在其他一些失效机理,例如电介质发热。设计者可按产品或专业标准规定的详细要求设计。

注:高于30 kHz的频率对局部放电的影响见IEC 60664-4。

5.2.2.5.2 发热及承受长期热应力

发热会引起绝缘的挥发、氧化或长期化学反应,结果造成绝缘性能下降。但是失效通常是由于物理上的原因(如脆裂)造成的,导致断裂和电击穿,这种过程是个长期的过程,不能用短时试验进行模拟,因为它需要几千小时的试验时间(见IEC 60216)。

固体绝缘的热老化不应在电气设备预期的寿命期间损坏绝缘配合。设计者可按产品标准的规定是否有必要进行试验(也可见 IEC 60085 和 IEC 60216)。

5.2.2.5.3　机械应力及承受机械应力

在运行、贮存或运输过程中,由于振动或冲击产生的机械应力会造成绝缘材料的脱层、断裂或断开。设计者可按产品或专业标准规定的详细要求设计。设计者应注意产品或专业标准中所规定的严酷水平。

注：标准严酷水平在 IEC 60068 中规定。

5.2.2.5.4　湿度及承受湿度的影响

有水蒸汽的地方可能会影响绝缘电阻和放电熄灭电压,加剧表面污染,发生腐蚀和外形变化。对于某些材料,高湿度会大大地降低电气强度。在某些情况下,低湿度也可能是不利的,例如会增大静电电荷的滞留,且会降低某些材料(如聚酰胺)的机械强度。电气设备在规定的湿度条件下应保持绝缘配合。

5.2.2.5.5　其他应力及承受能力

许多其他应力均会损坏绝缘,产品标准中一般会做出规定。例如:紫外线辐射和电离辐射、暴露于溶剂或活性化学剂中造成的应力裂纹或应力断裂、塑化剂迁移作用、细菌、霉毒活菌类的作用、机械塑性变形等。

尽管上述诸项应力的影响不怎么重要或影响较小,但在特定情况下,还是应引起注意。

5.2.2.6　介电强度

5.2.2.6.1　承受瞬时过电压(冲击耐受电压)

基本绝缘和附加绝缘应具有按表对应于电网标称电压和相关过电压类别的冲击耐受电压要求;或按电路中预期的瞬时过电压规定的设备内部电路的冲击耐受电压。例如 GB 14048.1—2006 中表 12。

加强绝缘应具有对应于额定冲击电压但比基本绝缘规定值高一级的冲击耐受电压。如果基本绝缘要求的冲击耐受电压不是优选值中的数值,则应规定加强绝缘承受基本绝缘要求的冲击耐受电压的 160%。

5.2.2.6.2　暂时过电压

基本固体绝缘和附加固体绝缘应能承受下列暂时过电压:

a)　U_n+1 200 V 短期暂时过电压时间至 5 s;

b)　U_n+250 V 长期暂时过电压时间大于 5 s。

式中:

U_n——中性点接地的电源系统的标称线对中性点的电压。

加强绝缘应能承受 2 倍的基本绝缘所规定的暂时过电压值。

注 1:这些数值取自 IEC 60364-4-44 中 442,其中 U_n 被称作 U_0。

注 2:这些值为有效值。

5.2.2.6.3　耐受再现峰值电压

耐受再现峰值电压一般由产品或专业标准规定,设计者应按相应的要求设计。

5.2.3　防直接接触保护设计要求

5.2.3.1　绝缘防护

绝缘防护即是采用绝缘技术将危险的带电部分与外界全部隔开,防止在正常工作条件下与危险的带电部分的任何接触,是一种完全的防护。

用以覆盖带电部分的绝缘层应该足够牢固,不采用破坏性手段不应被除去。

使用的绝缘必须能长期承受在运行中可能受到的机械、化学、电气及热应力的影响(例如摩擦、碰撞、拉压、扭曲、高低温及变化、电蚀、大气污秽、电解液等产生的应力影响);由于油漆、瓷漆、普通纸、棉织物、金属氧化膜及类似材料极易在使用中改变(降低)其绝缘性能,因此不能单独用作直接接触防护。

用作直接接触防护的绝缘材料应满足绝缘电阻、介质强度、泄漏电流的考核要求。

5.2.3.2 外壳或遮栏的防护的设计要求

采用外壳或遮栏可将危险的带电部分与外部完全隔开，从而避免从任何方向或经常接近的方向直接触及危险的带电部分，是一种完全的保护。

外壳防护除符合 GB 4208 外，且：

a) 外壳防护的壳体应是封闭的连续体，且固定在规定的位置上，设计制造得让使用者或第三者不借助于工具就不能拆卸或打开；

b) 外壳应有足够的机械强度及稳定性，即材料、结构、尺寸具备足够的稳定性和耐久性，能承受正常使用中可能出现的机械压力、碰撞和不正常操作引起的应力变化。

5.2.3.3 防止无意地触及带电部分，但不能防止故意绕过阻挡物有意地触及带电部分的阻挡物设计

所谓的阻挡物指可移开的遮栏和外护物（如门、覆板等），在接近带电部分进行调试或维修时应设计的结构。该阻挡物的设计用途是防止身体无意识地接近带电部分，或正常运行中操作带电设备时无意识地触及带电部分。一般应设计成使用钥匙或工具才能移开阻挡物，也可以设计为不用钥匙或工具移开阻挡物，此时应适当固定阻挡物，以防止其被无意识地移开。

5.2.3.4 置于伸臂范围之外防护只用于防止无意识地触及带电部分结构的设计

置于伸臂范围之外防护只用于防止无意识地触及带电部分的结构一般用于防止在伸臂范围以内同时触及的不同电位的部分（见图 1）。

如果在通常有人的位置在水平方向用一个防护等级低于 IP X X B 或 IP2 X 的阻挡物（如栏杆、网）进行限制，则伸臂范围应从阻挡物算起。在头的上方伸臂范围 2.5 m 是从 S 面算起，这时不考虑保护等级低于 IP X X B 或 IP2 X 的任何中间阻挡物。

在正常情况下手持大的或长的导电物的地方，计算上述距离时应计入那些物品的尺寸。

单位为米

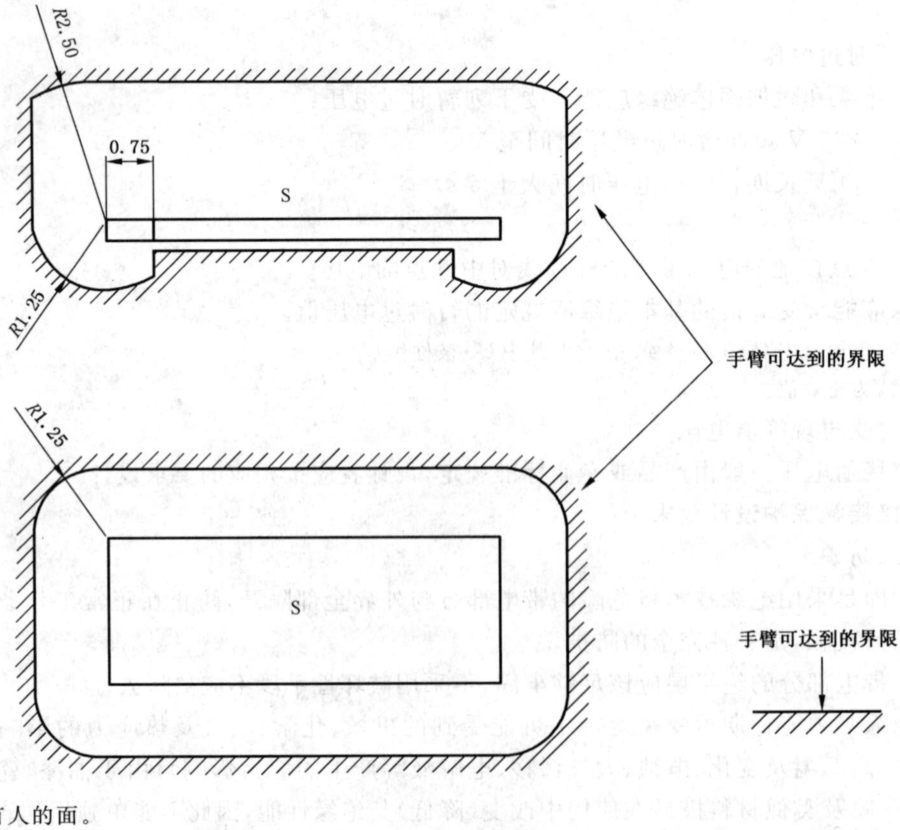

S——可能有人的面。

图 1 伸臂范围

5.2.3.5 用剩余电流保护器的附加防护只是用于加强直接接触防护的额外措施的设计

如果提供其他防护措施(如5.2.3.1到5.2.3.4规定的保护措施)失效时或使用者疏忽时的附加防护,则可采用额定剩余电流不超过30 mA的剩余电流保护器作为额外的防护措施。

使用剩余电流保护器不能认为是唯一的保护手段,并且不能因此而取消所采用的是上述5.2.3.1到5.2.3.4规定的保护措施之一的要求。

在通过自动切断电源进行防护的地方,对于额定电流不超过20 A的户外插座,和为户外移动式设备供电的插座,应采用额定剩余动作电流不超过30 mA的剩余电流保护器来保护。

5.2.3.6 安全特低电压的保护

采用安全特低电压保护必须满足:

a) 呈现出的电压由一个电源产生,且不超过相应使用时视为危险的数值,即使在出现故障时,电流也不允许在其电路中超过该极限值;

b) 电源必须与电网进行电气隔离,防止供电网络的危险电压进入;

c) 直接接触时,只能有一个频率、作用时间和能量大小限制在一个无危险的电流流过。

5.2.4 防间接接触保护的设计要求

5.2.4.1 接地保护

5.2.4.1.1 在设计上采取的接地保护是指为防止发生电击危险而与下列部件进行电气连接的一种措施:

a) 裸露导电部件;

b) 主接地端子;

c) 外部导电部件;

d) 接地电极;

e) 电源的接地点或人为的中性点。

注:用保护接地来防止电击的原理是:当电气设备发生故障而使外露可导电的部分带电时,为流入大地故障电流提供一个低阻抗的通路,以降低变成带电体的外露可导电部分的电位,是一种以等电位原理来防止电击的技术,即使接触故障而带电的外露可导电部分的人体与大地处于同一电位。人体触及的故障电压大小取决于保护接地回路的总阻抗,包括电气设备的接地、电网的接地和大地的流散电阻,构成一个接地系统。只有接地系统各个环节的完好才能达到防护的目的。

5.2.4.1.2 电气设备的接地装置设计应满足:

a) 接地端子必须用螺纹紧固件连接,接地端子附近壳体处应清晰、永久地标志保护接地符号,接地符号不能设置在可拆卸的零件上;

b) 仅用手不能将接地端子的夹紧导体松开,并且采用弹簧垫圈等防松措施来防止接地导线从端子脱落;

c) 接地装置不允许连接除绿/黄双色芯线的接地保护线外的其他导线;

d) 接地端子上所有金属零件不会因这些零件与保护接地导线或其金属相接触而产生电腐蚀;

e) 电气设备自身的接地系统电阻应尽可能低。

防止电击的保护接地方法一般应用于Ⅰ类电气设备。

注:Ⅰ类电气设备的电击保护不仅取决于电气设备,而且还依赖于供电线路和环境条件。实质上,从电气设备的可触及的金属部分到供电线的保护接地之间至少有8个以上连接点,并分处于制造厂、供电部门、使用者及环境条件,只要其中某一环节发生问题,则电气设备就处于无保护的不安全运行状态。因此,特别是Ⅰ类电气器具(电动工具、电动器具等)在设计上不仅采用接地保护的措施防护电击的危险。例如,国际上有的机构认为Ⅰ类工具的可触及金属零件通过旋转的轴承与接地的机壳连接不是永久、可靠的连接。因此Ⅰ类工具的转子必须制成双重绝缘或加强绝缘。

5.2.4.2 接地电阻

接地电路的阻抗是复数阻抗,包含电阻分量、电容分量和电感分量,所有这些分量都影响接地电路的载流能力。由于接地网的接地电抗相对于接地电阻来说通常可忽略不计,因此其接地阻抗通常用接地电阻表示。测量接地电阻的目的是：

a) 验证新装接地系统；

b) 检查现有接地系统的变化情况；

c) 测定危险的跨步电压和接触电压等。

5.2.4.3 自动切断保护设计要求

自动切断保护是指自动切断供电的防护，指当Ⅰ类电气设备的基本绝缘损坏，使外露可导电的部分带电时，由附加的自动切断保护在可能对人产生有害的生理病理效应前自动切断供电。

由于电击的危害程度取决于故障情况下的电气设备的可触及的可导电部分上出现的预期接触电压值和持续时间。在一般环境下，只要作用于人体的交流电压值不超过 50 V(方均根值)，通常不会对人体造成有害的病理反应。因此，自动切断供电防护的设计原则为：

a) 将单故障条件下的预期接触电压限制在交流 50 V(方均根值)以内；或

b) 在预期接触电压及其持续时间对人体造成有害的或危及生命的病理反应之前自动切断供电；

c) 供电的切断；

供电切断应考虑预期接触电压和保护电气设备的最长切断时间的配合，交流预期接触电压与最长切断时间的配合关系，见表 7。

表 7 1 kV 及以下的预期接触电压－最长动作时间的配合

预期接触电压 (方均根值)/V	50	>50	100	150	230	300	400	500
最长动作时间 s	5	0.60	0.40	0.17	0.17	0.12	0.08	0.04

d) 接地。

对于Ⅰ类设备，应满足以下要求：

a) 确保保护电路的连续性，即外露的可导电部分与接地点之间确保导电连续性；

b) 任意外露的可导电部分与接地点之间的电阻不大于 0.1 Ω；

c) 保护导体的截面积应满足表 8 的要求。

表 8 保护导体的截面积

单位为平方毫米

序　号	电路上的导线截面积　S	相应的保护导体的最小截面积
1	<16	S
2	16～35	16
3	>35	$S/2$
注：接入多个电路的保护导体的截面积应按这些电路分别计算后再相加。		

接地回路和电气设备的外露可导电部分应当按其配电系统的接地型式与保护导体相连接，并通过保护导体与大地连接，可同时触及的外露可导电部分应单独地、成组地或共同接至同一个接地极。

注：前者要求用以保证在故障情况下建立一个故障电流回路，从而为执行自动切断供电功能的保护电器提供一个故障信号，为此必须保证接地系统的电气连续性。后者要求用以保证在故障条件下，人体同时触及的外露可导电部分之间的预期接触电压尽可能地低，从而使危险程度尽可能降低，对保护电器参数要求也可适当放宽。

5.2.4.4 双重绝缘保护

所谓双重绝缘是指当基本绝缘损坏时，以附加绝缘形式将人体与带电部件实行有效的隔离。

双重绝缘电气设备不必另设附加保护装置而能安全地使用。

双重绝缘一般设置基本绝缘、附加绝缘、加强绝缘等几种形式的绝缘。

注：双重绝缘是Ⅱ类电气设备的主要绝缘形式，除了结构、尺寸和技术合理性等使双重绝缘难以实施的特定部位和零件外，Ⅱ类电气设备的带电部分均应由双重绝缘与易触及的金属零件或易触及表面隔开。

双重绝缘结构中各零件之间的关系必须满足：

a） 带电零件与不易触及金属零件之间必须用基本绝缘隔开；

b） 不易触及的金属零件与易触及金属零件或易触及表面应用附加绝缘隔开；

c） 带电零件与易触及的金属零件或易触表面之间必须用双重绝缘或加强绝缘隔开。

其他绝缘设计的形式有：

a） 基本绝缘，即带电部分上对防止电击起基本保护作用的绝缘。

b） 附加绝缘，在基本绝缘损坏的情况下，为防止电击而在基本绝缘之外使用的独立绝缘。

注：所谓"独立"是附加绝缘在结构上相对于基本绝缘而言，在其自身组成部分不破坏的情况下两者能分开，即在附加绝缘与基本绝缘之间具有不连续的表面，从而使发生在一种绝缘上的故障不影响和扩散到另一种绝缘中，真正构成两个独立的保护措施。

c） 加强绝缘，加强绝缘是相当于双重绝缘保护程度的单独的绝缘结构。

在设计上，加强绝缘在结构上置于带电部分和易触及的金属零件之间或其易触及的表面之间。

注：加强绝缘可以由同材质的单一绝缘物构成，亦可由几种不同材料的绝缘组合而成。由几种不同材料组成的绝缘，在电击保护上达到相当于双重绝缘的程度，但如果在各组成部分之间不能按基本绝缘和附加绝缘单独进行试验，即使在机械结构上能分开的亦应视作加强绝缘。

由于加强绝缘不能像双重绝缘那样提供两种独立的保护措施，在保护程度上还只能相当于双重绝缘而不能完全等同于双重绝缘。因此，在Ⅱ类电气设备中的应用上要受到限制，只能在提供单独的基本绝缘及附加绝缘明显不切实际时才使用，一般使用在换向器与转轴间、转子绕组端部与转轴间、定子绕组端部与机壳间和刷握与机壳上的安装。

附加绝缘、加强绝缘的材质、结构、尺寸及介质强度、绝缘电阻等均应优于基本绝缘，且进行单独考核。在结构上，基本绝缘置于带电部分上并直接与带电部分接触；附加绝缘靠近易触及的金属零件或是使用者易触及的。按基本绝缘和附绝缘的构成原则，处于同一劣化环境中，在同一部位上的由两种不同材料组成的不可分的绝缘，不能构成双重绝缘。对基本绝缘、附加绝缘、加强绝缘的要求并不意味着带电部分必须用固体绝缘物进行完全包封或隔开，也可以用空气隙来代替固体绝缘以达到绝缘目的。

5.3 电能的间接作用、外界因素危险防护的设计要求

5.3.1 电能间接作用危险防护

电气设备应能承受电能间接作用时因自身过载、短路而产生的过热、蒸汽、有害气体、爆炸、噪声、振动、旁邻设备的过热等。在设计上应考虑影响因素程度以及可能造成危险不同而采取不同的对应设计措施。

5.3.2 外界因素危险防护

电气设备应能承受外界诸如冲击、压力、潮湿、异物侵入等因素的作用。设计者应该仔细研究产品标准相关的要求。

5.4 机械危险防护的设计要求

5.4.1 外壳防护

电气设备应设计有一个坚固、连续、封闭的外壳或罩壳，以将带电零件、机械结构部分包封起来，防止异物进入和人体直接触及带电部分和运动部件。外壳上允许有规定尺寸的开口，但其遮挡物不允许能被任意拆卸。

注：所谓不允许被任意拆卸，指的是用于防护的部件只能使用工具或钥匙才能将其移除。

一般情况下，外壳防护包括以下两种形式的防护：

a） 防止人体触及或接近外壳内部的带电部分和触及运动部件（光滑的旋转轴和类似部件除外），防止固体异物进入外壳内部。

b） 防止水进入外壳内部达到有害程度。

外壳防护的分类分级系统的代号由特征字母 IP 和两个特征数字组成，见 GB 4028。一般情况，只

有按规定完成相应的试验，并检验合格后，才能在产品上标注 IP 的标识。

5.4.2　机械危险防护

电气设备在防止机械危险保护的结构设计应满足：

a)　外部不应有锐边、尖角和锋利凸出部分；

b)　除作业工具外，外部运动零件应具有光滑表面；

c)　旋转方向的改变会造成伤害的电气设备应标有永久的旋转方向标志；

d)　外形和重心位置应使电气设备有足够稳定性，放置在地面、支架、托架、台座等上时不会受振动或其他外界的作用力而倾倒或跌落；

e)　旋转速度超过规定值会造成危害的电气设备应设置限速机构或器件；

f)　手持操作的电气设备要设置限制向操作者承受反作用力矩的机构，或在外形、结构、尺寸上能使操作者受到的反作用力矩限制在安全的数值范围内；

g)　通断电源的开关位置和操作方法应使电气设备在不正常运行时能方便、及时切断电源，对无意误动作开启电气设备的电源会引起伤害事故的电源开关必须设计制造被接通前开关应有的两个单独的和不同的动作（例如某一开关，在它横向移去闭合触头以便开启电源之前，它必须先被按下）；

h)　外露运动部件，除工作需要必须暴露的部件外，都应设计可靠的保护，以防止操作者意外触及。

为适应运输在结构上应设置：

a)　凡不能用手移动或搬运的电气设备应装置符合安全要求吊装装置；

b)　运行时可拆卸的部件，如工具、夹具等由于质量太大而不能用手搬运时，则应标出质量数据，并指出是部件质量还是整机质量。

5.4.3　机械强度

电气设备的外部结构应有足够的机械强度，以保证电气设备在使用中不会由于操作疏忽而造成外壳破坏，或爬电距离、电气间隙减小到不允许的程度，甚至触及到带电零件。

5.5　电气连接和机械连接的设计要求

5.5.1　Ⅰ类电气设备

设计应使当任何导线、螺钉、螺母、垫圈、弹簧及类似零件松动或从原来位置脱落时，不能造成易触及的金属零部件带电。

5.5.2　Ⅱ类电气设备

设计应使当任何导线、螺钉、螺母、垫圈、弹簧及类似零件松动或从原来位置脱落时，不能造成附加绝缘或加强绝缘上的爬电距离和电气间隙减小到专业安全标准的规定的 50% 以下。

5.5.3　机械连接

设计上可采取的有效措施有：

a)　采用弹簧垫圈、弹性垫片或止动垫圈等方法锁定螺钉、螺母；

b)　采用粘结剂锁定不由使用者拧动的螺钉、螺母。

5.5.4　电气连接

5.5.4.1　为接通电路而进行的连接仅用弹簧垫圈进行锁定是不够的，设计时应注意导线可能从其连接处脱落的以下情况：

a)　没有专门器件将导线在接线端子，焊接处附近固定；

b)　用于连接导线在连接零件如螺钉、螺母、接插件、弹性类等无充分锁定的措施；

c)　采用接线片，接插件或类似连接件的导线接头，连接件未将导线绝缘一起夹紧；

d)　仅靠弹性件来连接的接头。

5.5.4.2　在满足下述情况的设计时，导线不会从其连接处脱落：

a) 导线在连接处已被专门器件固定，固定器件可用弹簧垫圈防松；

b) 导线被固定在接线端子上，而接线端子的连接件(螺钉、螺母等)松动等仍能留在原来位置，例如接线端子螺钉在连接后由其他零件压住进行锁定的方法；

c) 短而硬的导线(单芯硬线)在接线端子连接件(螺钉、螺母等)松动时仍能在原来位置；

d) 导线在焊接前已相互“钩住”。

5.5.4.3 对电气连接的螺钉材料、衬垫系统的设计应：

a) 传递电气接触压力的螺钉应旋入金属中；

b) 自切螺钉、自攻螺钉不采取特殊措施不宜用作电气连接；绝缘材料制成的螺钉不应用作任何电气连接；

c) 接触压力不能通过易收缩减易变形的绝缘材料传递，对机械连接应能承受正常使用中的机械应力；

d) 螺钉不应用诸如锌、铝等软的或易蠕变的金属制造；

e) 用绝缘材料制成的螺钉，其公称直径必须在 3 mm 以上。

5.5.4.4 电气连接的连接形式，插头和连接器、内部布线槽、电源线和接地芯线的颜色等连接要素设计应：

a) 连接装置，例如配有插头的电源线，应具有防水保护的电源进线座，或具有防水保护的电缆耦合器及配套电源线，以及一组外接电源的接线端子等；

b) 电源线不应低于普通橡胶护层或聚氯乙稀护层软线，电源插销不应连接多于一根的软线；

c) 电源线中的绿/黄组合色芯线只能用作保护接地；

d) 布线槽、金属件上供绝缘导线穿过的孔应光滑、无锐棱、应有效防止布线与运动件接触。

5.6 运行危险的防护设计要求

5.6.1 外露运动件危险防护

外露运动件是指外壳防护不能包容且在作业时必须使用的部件(例如刀具、刃具及其夹具等)，以及工作时产生的金属屑、粉尘在离心力作用下形成的飞逸物。

外露的运动件危险防护设计的目的是防止电气设备运行时的危险控制在安全水平内。在设计时可采取专门的安全措施进行防护，使外露运动件发生意外的飞逸时，也不会危害人体。

外露运动件危险防护的手段主要有：

a) 专用的防护罩壳；

b) 排尘埃的装置；

c) 防反弹保险；

d) 超速自动保护，或限速系统；

e) 过转矩保护。

设计者应注意研究一些专业安全标准的更细致的防护措施要求。例如防护罩(壳)的材料及厚度等。

5.6.2 噪声、振动和抗震

5.6.2.1 噪声

降低噪声对人员的影响，特别是对操作人员的影响是安全设计的重要目标。

噪声设计要依据规定的噪声限值和测量方法的规定进行。

降低噪声的设计往往会明显增加制造的成本，因此应优先考虑有针对性的设计。

5.6.2.2 振动

电气设备中旋转体的不平衡质量在运行时会产生振动和噪声，人们处于有振动介质的环境，或接触，或处在振动着的电气设备附近，振动通过立姿人的脚，坐姿人的臀部或斜靠姿人的手撑面，甚至直接手持或操作电气设备将振动传递施加于人体，前者使人在振动环境下会影响舒适性和工作效率。后者将直接危及人的健康和安全。

在设计上，要从以下几个主要方面限制振动对人的影响：

a） 振动强度：以加速度来描述，计量单位为 m/s^2；

b） 振动频率：范围为 8 Hz～10 000 Hz。振动可能是周期性的，也可能是具有分布频谱的随机或非周期性，还可能为某频带范围内的连续冲击型激振；

c） 振动方向：以心脏为原点，直角坐标系相应方向（X、Y、Z）上进行；

d） 振动持续时间：指人体在振动环境中的连续暴露时间，它的限值与振动强度值有关。

其中振动强度限值的规定应遵循：

a） 保持舒适性；

b） 提高工作效率；

c） 保障安全和健康。

设计者应该注意研究诸如以下内容：

a） 舒适性降低限；

b） 疲劳-工效降低限；

c） 暴露限度。

5.6.2.3 抗震

抗震设计的目的是降低地震条件下对电气设备的影响，以及这种影响进而对人体的危害。

抗震设计要依据设计对象使用环境的地震情况和对地震破坏影响的估计。

5.6.3 防止过热和低温

电气设备外壳温度过高（过热）或过低（低温）易灼伤人体的皮肤，外壳的热辐射还会影响周围设备的安全运行，对此应有设计措施加以防护。

设计者应该研究电气设备外壳表面的功能状况，例如区分功能性热表面及其相邻的表面、过冷表面极其相邻的表面等，以针对不同的表面对人体伤害的影响大小提出设计上的措施。

设计者应该注意专业的标准对电气设备允许温升的规定，在设计上应避免过热对电气设备的损害或降低安全防护的水平。

5.6.4 防止运行时液体溢出

液体的溢出会使电气设备：

a） 绝缘受潮而使绝缘电阻急剧下降，甚至击穿造成电击危险；

b） 周围的环境变成良好的导电面，易造成周围操作人员受到电击危险；

c） 内部或外部的金属零部件腐蚀、生锈。人体触及带腐蚀性的液体会危害健康和安全。

因此，在设计上应使电气设备正常工作时的液体会溢出，尤其对手持操作，或可移动操作的电气设备应特别地注意。

5.6.5 防止粉尘、蒸汽和气体危害

电气设备工作的介质以及在工作时产生的粉尘、蒸汽和气体的排放对环境有害，设计上应采取措施进行处理，变成无害后排放。

电气设备的工作介质应采用密封设计，防止泄漏而影响环境。

5.7 电能控制和危险防范的设计要求

5.7.1 电能的开、关和控制

5.7.1.1 电能的开、关和控制的设计应：

a） 对手动，应保证开关的通、断位置清晰，采用图形、符号标记；

b） 对自动或半自动开关和功能的过程控制，不允许有危险过程的重叠或交叉，必须设有联锁或限位装置，控制器即使损坏也不能危及过程控制和电能的开、关；

c） 调节装置不能造成电气设备的运行或工作过程的无意误动作或跳闸。

5.7.1.2 在电气设备中如果装置有下述强制功能的专门技术手段的离合器或联锁机构，则可认为上述要求已能满足：

a） 安全技术手段与工作或运行过程的起动一起动作；

b） 工作或运行过程的起动，在安全技术手段生效后才动作；

c） 在受到危害的时间内，接近危险区域时，工作和运行过程被强制切断。

5.7.2 自动切断电源

下列情况下，电气设备必须设计自动切断电源的开关或系统：

a） 在危险情况下，操作开关不能快速和无危险地切断造成危险的运行；

b） 有多个能造成危险的运动单元，且又不能通过一个共同的、快速和无危险的开关来切断电源；

c） 切断某一个单元，会出现连带的危险；

d） 从控制台上不能全面监视的电气设备。

5.7.3 紧急切断电源的开关或系统

紧急切断电源的开关或系统应设计为红色标志，且应分布在可能出现危险处。操作紧急切断电源的开关或系统的动作不允许危及电气设备的安全，且动作后必须手动将连接部分复位后电气设备才能进行起动。

5.7.4 专门安全措施

专门安全措施指电气设备在安装、检验、维修和保养时，察看危险区域或人体部分（例如手）伸进危险区域，电气设备不能发生误起动而采取的技术措施。可设计的措施主要有：

a） 采取危险区域的机械保险和强制切断电气设备的控制或电能输入；

b） 在“断开”位置用带屏蔽锁的多重锁闭的总开关；

c） 控制或联锁元件直接位于危险位置，并且只能由此处封锁或开启运行；

d） 可拔出的点火钥匙。

5.8 标志和说明书的设计要求

5.8.1 制造商提供的资料

作为安全信息的一部分，设计者应该将相关的、不能作为标准内容的设计信息和有关数据整理成随制造商供货的资料。这些资料（连同产品的样本）将成为视同供货合同的一部分，除非制造商和用户有专门的协议。

资料的内容可以是产品使用说明书的内容，也可以是产品样本内容，其一部分应在标志中给出。

注：产品样本的内容是设计和制造者的承诺，因此也视同供货合同的一部分。

涉及到电气设备安全的资料内容应包括：

a） 制造商的名称或商标；

b） 产品的设计型号或系列号；

c） 符合的产品标准号；

d） 安装、操作和维修条件；

e） 正确使用的条件；

f） 环境要求；

g） 设备的额定值；

h） 合格标记或认证标志；

i） 接线端子的识别和标志；

j） IP 代号；

k） 对安全标志的说明；

l） 用户对确保安全的责任的声明，例如对确保设备的保护接地连续性的声明。

5.8.2 标志

电气设备应以类型、批号、编号或其他信息加以区分，以使产品可供识别并可追溯到制造商。该识别信息应设计为可读且无法去除的标志标注在设备上。

设计者应满足用户尽可能从制造商获得全部资料，因此制造商的名称和商标及产品的设计型号或系列号必须标在产品上，最好是在铭牌上。

标志的设计必须采用中文，字体应持久、易识、清晰，符号、代号必须符合国家标准，且必须标出下列信息：

a) 额定数据；

b) 防电击类型（Ⅰ、Ⅱ、Ⅲ类）；

c) 外壳防护等级（IP 标志）；

d) 接线图（如果有）；

e) 型号，制造商名称和地址。

如果上述标注方法不可行，识别信息应设计在随产品的使用说明书中。

有关安全的标识符号见 GB/T 5465.2—2008。

5.8.3 使用说明书

随电气设备的使用说明书的设计应包含：

a) 运行条件；

b) 安装说明；

c) 操作说明；

d) 功能描述；

e) 安全事项；

f) 维护保养；

g) 运输与贮存。

使用说明书还应包括对存在不明显的潜在风险提出适当的警告。

参 考 文 献

[1] GB/T 1408.1—2006 绝缘材料电气强度试验方法 第1部分:工频下试验
[2] GB 14048.1—2006 低压开关设备和控制设备 第1部分:总则
[3] GB 19517 国家电气设备安全技术规范
[4] IEC 60068 环境试验
[5] IEC 60085 电气绝缘的耐热性评定和分级
[6] IEC 60216 确定电气绝缘材料耐热性的指南
[7] IEC 60664-4 低压系统内设备的绝缘配合 第4部分:高频电压应力的考虑

ICS 29.020
K 09

中华人民共和国国家标准

GB/T 25296—2010

电气设备安全通用试验导则

Guidelines on general tests for safety of electrical equipments

2010-11-10 发布　　　　2011-05-01 实施

中华人民共和国国家质量监督检验检疫总局
中国国家标准化管理委员会　发布

前　言

本标准由全国电气安全标准化技术委员会(SAC/TC 25)提出并归口。

本标准主要起草单位:机械工业北京电工技术经济研究所、深圳标准技术研究院、上海电器科学研究所(集团)有限公司、上海电动工具研究所、山东艾诺仪器有限公司。

本标准主要起草人:李锋、季慧玉、黄曼雪、曾雁鸿、黄兢业、刘江、李邦协、张庆详、李高峰。

电气设备安全通用试验导则

1 范围

本标准规定了电气设备完成设计后应经受的有关安全的检验和试验方法。

本标准适用于包括型式试验和例行(出厂)试验在内的电气设备有关安全的检验和试验。

注:电气设备因电击防护类型不同,检验和试验的项目会有所不同。例如有双重绝缘结构和特低安全电压供电的系统。

2 规范性引用文件

下列文件中的条款通过本标准的引用而成为本标准的条款。凡是注日期的引用文件,其随后所有的修改单(不包括勘误的内容)或修订版均不适用于本标准,然而,鼓励根据本标准达成协议的各方研究是否可使用这些文件的最新版本。凡是不注日期的引用文件,其最新版本适用于本标准。

GB/T 2423.1 电工电子产品环境试验 第2部分:试验方法 试验A:低温(GB/T 2423.1—2008,IEC 60068-2-1:2007,IDT)

GB/T 2423.2 电工电子产品环境试验 第2部分:试验方法 试验B:高温(GB/T 2423.2—2008,IEC 60068-2-2:2007,IDT)

GB/T 2423.3 电工电子产品环境试验 第2部分:试验方法 试验Cab:恒定湿热试验(GB/T 2423.3—2006,IEC 60068-2-78:2001,IDT)

GB/T 2423.4 电工电子产品环境试验 第2部分:试验方法试验Db:交变湿热(12 h+12 h循环)(GB/T 2423.4—2008,IEC 60068-2-30:2005,IDT)

GB/T 2423.5 电工电子产品环境试验 第2部分:试验方法 试验Ea和导则:冲击(GB/T 2423.5—1995,idt IEC 60068-2-27:1987)

GB/T 2423.8 电工电子产品环境试验 第2部分:试验方法 试验Ed:自由跌落(GB/T 2423.8—1995,idt IEC 60068-2-32:1990)

GB/T 2423.10 电工电子产品环境试验 第2部分:试验方法 试验Fc:振动(正弦)(GB/T 2423.10—2008,IEC 60068-2-6:1995,IDT)

GB 4207 固体绝缘材料在潮湿条件下相比电痕化指数和耐电痕化指数的测定方法(GB 4207—2003,IEC 60112:1979,IDT)

GB 4208 外壳防护等级(IP代码)(GB 4208—2008,IEC 60529:2001,IDT)

GB/T 4776 电气安全术语

GB/T 5169.11 电工电子产品着火危险试验 第11部分:灼热丝/热丝基本试验方法 成品的灼热丝可燃性试验方法(GB/T 5169.11—2006,IEC 60695-2-11:2000,IDT)

GB/T 7354 局部放电测量(GB/T 7354—2003,IEC 60270:2000,IDT)

GB/T 11021 电气绝缘 耐热性分级(GB/T 11021—2007,IEC 60085:2004,IDT)

GB/T 12113 接触电流和保护导体电流的测量方法(GB/T 12113—2003,IEC 60990:1999,IDT)

GB/T 16935.1—2008 低压系统内设备的绝缘配合 第1部分:原理、要求和试验(IEC 60664-1:2007,IDT)

GB/T 18216.2 交流1 000 V和直流1 500 V以下低压配电系统电气安全 防护检测的试验、测量或监控设备 第2部分:绝缘电阻(GB/T 18216.2—2002,IEC 61557-2:1997,IDT)

GB/T 18216.4 交流1 000 V和直流1 500 V以下低压配电系统电气安全 防护措施的试验、测

量或监控设备　第 4 部分：接地电阻和等电位接地电阻(GB/T 18216.4—2007，IEC 61557-4：1997，IDT)

GB/T 25295—2010　电气设备安全设计导则

IEC 60664-4　低压系统内设备的绝缘配合　第 4 部分：高频电压应力考虑事项

3　术语和定义

GB/T 4776 确立的术语和定义适用于本标准。

4　总则

4.1　一般原则

本标准针对电气设备的安全设计要求提出基本的符合性的试验规则。

本标准是通用的关于电气安全设计的试验规则，电气设备一般可按照产品或专业的标准进行检验和试验，没有产品或专业的检验和试验方法时，可依据本标准。

4.2　检查性试验

测定绝缘某些方面的特性，并据此间接地判断绝缘的状况，称为检查性试验。这类试验一般是在较低电压下进行的，通常不会导致绝缘的击穿损坏，故也称非破坏性试验。检查性试验也可以包括机械安全性、安全标志等检查，以及用人工的或不采用仪器和设备的检验方法。

检查性试验方法有许多种，各种方法能够反映绝缘缺陷的性质是不同的，对不同的绝缘材料和绝缘结构的有效性也不一样，所以，往往需要采用多种不同的方法来试验，并对试验结果进行综合分析比较后，才能作出正确的判断。

4.3　检验规则

4.3.1　型式试验

型式试验旨在验证产品的设计是否符合标准的要求。

凡遇下列情况之一者，应进行型式检验：

——新产品完成时；

——设计、材料或工艺上的变更足以引起某些性能发生变化时；

——出厂检验的结果与以前进行的型式检验结果发生不可容许的偏差。

可按产品或专业的标准规定的型式试验项目、试品数量、试验程序(顺序)，及试验结果评定进行型式试验。

注：型式试验允许试品劣化并假定试品不再进行使用。

4.3.2　出厂试验

出厂试验旨在检查产品的材料和加工质量的缺陷，并检测产品的固有功能。

出厂试验应在每台产品上进行。

出厂试验的细节和试验条件可按产品或专业的标准规定。

5　检验和试验

5.1　环境适应性试验

5.1.1　温度适应性试验

电气设备温度的适应性试验为高温试验和低温试验，分别按 GB/T 2423.2 和 GB/T 2423.1 的规定进行试验。

试验结果应符合 GB/T 25295—2010 中 5.1.1 的要求。

5.1.2　大气条件试验

电气设备湿热试验按 GB/T 2423.3 或 GB/T 2423.4 的规定进行试验。

试验结果应符合 GB/T 25295—2010 中 5.1.2 的要求。

5.2 电击危险防护的检验

5.2.1 绝缘的基本测量与试验

5.2.1.1 绝缘电阻的测量

绝缘电阻按 GB/T 18216.2 或 GB/T 16935.1—2008 规定的方法测量。

不论是绝缘电阻的绝对值或是吸收比的值都只是参考性的。如不满足最低合格值，则绝缘中肯定存在某种缺陷；但是，如已满足最低合格的数值，也还不能肯定绝缘是良好的。某些实例说明，有些设备（如发电机、变压器、电缆等）的绝缘，即使有严重缺陷（如破裂或甚至已被击穿），用兆欧表测得的绝缘电阻值或吸收比仍可能满足规定的最低要求的，这主要是因为兆欧表的电压较低的缘故。所以，根据绝缘电阻或吸收比的值来判断绝缘状况时，不仅应与规定标准相比较，更应与过去试验的历史资料相比较，与同类设备的数据相比较，以及将同一设备的不同部分（例如不同相）的数据相比较（用“不平衡系数” k=（最大值/最小值）来表示，一般认为，$k>2$，则表示有某种绝缘缺陷存在），当然，也应与本绝缘的其他试验结果相比较。

测量绝缘电阻时应注意：

a) 温度的影响。绝缘电阻与温度有十分显著的关系。温度升高时，绝缘电阻降低明显，其定量关系，随不同的绝缘材料性质而异，可查阅有关规程。同理，温度升高时，吸收比的值也会降低。所以，测量绝缘电阻或吸收比时，应记录当时的温度，而在比较时，也应按相应温度时的值来比较；

b) 试验前应将被试品接地放电一定时间（一般是 5 min～10 min），这是为了避免被试品上可能存留剩余电荷而造成误差。

测量结果应符合 GB/T 25295—2010 中 5.2.1.1 的要求。

5.2.1.2 泄漏电流的测量

按 GB/T 12113 规定的方法测量。

测量结果应符合 GB/T 25295—2010 中 5.2.1.2 的要求。

5.2.1.3 接触电流的测量

如产品或专业标准有规定，则按其规定进行试验，否则按 GB/T 12113 规定的方法测量。

测量结果应符合 GB/T 25295—2010 中 5.2.1.3 的要求。

5.2.1.4 固体绝缘的耐热等级的检验

5.2.1.4.1 耐热等级规定的检验

电气绝缘的耐热分级按 GB/T 11021 规定检验。

检验结果应符合 GB/T 25295—2010 中 5.2.1.4.1 的要求。

5.2.1.4.2 绝缘结构中的绝缘材料的检验

根据产品或专业标准的有关规定，检验绝缘结构的绝缘特性。

注：即便是由一种绝缘材料制作的绝缘结构，也应按照有关规定检验，即不能用绝缘材料的特性替代绝缘结构的特性。

检验结果应符合 GB/T 25295—2010 中 5.2.1.4.2 的要求。

5.2.1.4.3 绝缘的使用期的检验

根据产品或专业标准的规定，检验绝缘的老化性能或使用寿命。

注：影响绝缘老化性能或使用寿命的因素很多，特别是受运行或使用的条件影响很大。还要特别注意即作为绝缘用，又作为机械结构用的绝缘材料的特性。

检验结果应符合 GB/T 25295—2010 中 5.2.1.4.3 的要求。

5.2.1.5 耐电痕化试验

耐电痕化按 GB 4207 规定的方法进行。

试验结果应符合 GB/T 25295—2010 中 5.2.1.5 的要求。

5.2.1.6 耐非正常的热和火的试验

在电气设备上进行试验时，按 GB/T 5169.11 规定的方法进行。

在材料上进行试验时，按专业或产品标准规定的方法进行。

试验结果应符合 GB/T 25295—2010 中 5.2.1.6 的要求。

5.2.1.7 耐潮湿试验

根据专业或产品标准所规定，或按 GB/T 2423.3 或 GB/T 2423.4 规定的方法进行。

试验结果应符合 GB/T 25295—2010 中 5.2.1.7 的要求。

5.2.1.8 不能认可为电气绝缘的绝缘材料的检验

检验电气设备上绝缘材料的应用，检验结果应符合 GB/T 25295—2010 中 5.2.1.8 的要求。

5.2.2 绝缘配合试验

5.2.2.1 电气间隙和爬电距离的检验

按产品或专业标准规定检验电气间隙和爬电距离。如果电气间隙大于标准规定的尺寸，则可以用测量的方法检验电气间隙，反之必须用电压试验验证。

如果产品或专业标准未做规定，可按 GB/T 16935.1—2008 中 6.2 的规定测量。

检验结果应符合 GB/T 25295—2010 中 5.2.2.1 的要求。

5.2.2.2 过电压类别的检验

检验电气设备是否标注了过电压类别，其使用条件等是否按照过电压类别予以规定。

检验结果应符合 GB/T 25295—2010 中 5.2.2.2 的要求。

5.2.2.3 固体绝缘厚度的检验

固体绝缘的物理尺寸不作为检验其是否符合电气强度要求的内容，所谓检验固体绝缘厚度尺寸是指设计的固体绝缘厚度是否经过了试验的评估。

固体绝缘的试验评估按产品或专业标准规定进行。

试验评估结果应符合 GB/T 25295—2010 中 5.2.2.3 的要求。

5.2.2.4 固体绝缘上的短期应力检验

5.2.2.4.1 电压的频率及高频电压检验

按产品或专业标准关于电压频率及受高频影响限制的规定，检验电压频率，高于 1 kHz 的试验，由产品或专业标准规定。高于 30 kHz 的频率对电气强度的影响见 IEC 60664-4。

如果产品或专业标准中未做规定，可按 GB/T 16935.1—2008 中 6.1.3.7 的规定试验。

检验与试验结果应符合 GB/T 25295—2010 中 5.2.2.4.1 的要求。

5.2.2.4.2 发热及承受短期热应力检验

按产品或专业标准中严酷等级的规定检验。

检验与试验结果应符合 GB/T 25295—2010 中 5.2.2.4.2 的要求。

5.2.2.4.3 机械冲击试验

按产品或专业标准所规定的运输、贮存、安装和使用条件的规定，按按 GB/T 2423.5 规定的方法进行。

检验与试验结果应符合 GB/T 25295—2010 中 5.2.2.4.3 的要求。

注：冲击试验按 5.2.2.4.2 和 5.2.2.4.3 规定中严酷等级最高的级别试验，如果电气设备的机械冲击严酷等级更高，则以其为准。

5.2.2.5 固体绝缘上的长期应力检验

5.2.2.5.1 局部放电试验

按产品或专业标准规定验证局部放电，或按 GB/T 7354 规定的方法进行。应注意在最大稳态电压峰值、长期暂时过电压峰值和再现峰值电压下的情况。试验的目的是在正常使用条件下没有持续的局部放电，因此没有发生绝缘击穿则可判定绝缘试验合格。试验还应注意产品或专业标准中是否规定了放电量的限值。

如果产品或专业标准中未做规定，可按 GB/T 16935.1—2008 中 6.1.3.5 的规定试验。

检验结果应符合 GB/T 25295—2010 中 5.2.2.5.1 的要求。

5.2.2.5.2 承受长期热应力检验

按产品或专业标准规定验证绝缘承受长期热应力的能力。

检验结果应符合 GB/T 25295—2010 中 5.2.2.5.2 的要求。

5.2.2.5.3 承受机械应力检验

按产品或专业标准中严酷等级的规定检验。

冲击试验按 GB/T 2423.5 规定的方法进行，自由跌落试验按 GB/T 2423.8 规定的方法进行，振动试验按 GB/T 2423.10 规定的方法进行。

检验结果应符合 GB/T 25295—2010 中 5.2.2.5.3 的要求。

5.2.2.5.4 承受湿度的影响检验

按产品或专业标准中规定检验，也可按 GB/T 16935.1—2008 中 6.1.3.2 的规定试验。

检验结果应符合 GB/T 25295—2010 中 5.2.2.5.4 的要求。

5.2.2.5.5 其他应力及承受能力检验

按产品或专业标准中规定检验，检验结果应符合 GB/T 25295—2010 中 5.2.2.5.5 的要求。

5.2.2.6 介电强度试验

5.2.2.6.1 承受瞬时过电压(冲击耐受电压)试验

一般按产品或专业标准的规定的方法试验。

对于验证电气间隙，用 1.2/50 μs 波形及产品或专业标准中规定的电压值进行试验。该试验模拟大气的过电压，同时也适用于由于低压设备操作所产生的过电压。

对于验证固体绝缘，可按照 GB/T 16935.1—2008 中 6.1.3 的规定试验。

应注意产品或专业标准中对温度和湿度的规定。

试验结果应符合 GB/T 25295—2010 中 5.2.2.6.1 的要求。

5.2.2.6.2 耐受暂时过电压试验

一般按产品或专业标准的规定的方法试验。

试验结果应符合 GB/T 25295—2010 中 5.2.2.6.2 的要求。

5.2.2.6.3 耐受再现峰值过电压试验

一般按产品或专业标准多规定的方法试验。

试验结果应符合 GB/T 25295—2010 中 5.2.2.6.3 的要求。

5.2.3 防直接接触防护的检验

5.2.3.1 带电部分绝缘检验

检验带电部分上的绝缘，该绝缘应只有将其破坏才能除去的绝缘层覆盖。

检验工厂制造的设备的绝缘是否符合该电气设备的有关标准，并经过试验验证。

检验在正常运行时，通常单独的油漆、清漆、喷漆及类似物是否提供了电击防护的绝缘。

检验结果应符合 GB/T 25295—2010 中 5.2.3.1 的要求。

5.2.3.2 外壳或遮栏防护的检验

主要检验内容：

检验带电部分是否布置在防护等级至少为 IP X X B 或 IP2 X 的外护物内或遮栏之后。

注：以下情况除外：更换像某些灯头、插座或熔断器之类部件时出现大的开孔，或按照设备的有关要求需要有大的开孔以实现设备的正常功能，此时应采取适当预防措施防止人、畜意外触及带电部分；和应确保提醒人们：通过开孔可能触及带电部分，因而不要有意地接触它。

检验可触及的遮栏或外护物的顶部水平表面，其防护等级是否至少达到 IP X X D 或 IP4 X。

检验遮栏和外护物是否牢固定位，并有足够的稳定性和持久性，以保持所要求的防护等级，并在涉及有关外界影响时，在已知的正常工作条件下与带电部分有适当分隔。

检验当需要移动遮栏或打开外护物或拆下外护物的部件时，是否必须使用钥匙或工具，或将遮栏或外护物所防护的带电部分的电源断开后；恢复供电只能在重新放回或重新关闭遮栏或外护物以后，或有能防止触及带电部分的防护等级至少为 IP X X B 或 IP2 X 的中间遮栏，这种遮栏只有使用钥匙或工具才能移开。

标注有防护等级 IP 标识的应经过 GB 4208 的试验验证。

检验结果应符合 GB/T 25295—2010 中 5.2.3.2 的要求。

5.2.3.3 防止无意地触及带电部分，但不能防止故意绕过阻挡物有意地触及带电部分的阻挡物的检验

检验阻挡物是否可以防止防护面的垂直穿过，该防护面的防护等级是否至少为 IP X X B 或 IP2 X，但可不防护绕过阻挡物有意地触及带电部分。

标注有防护等级 IP 标识的应经过 GB/T 4208 的试验验证。

检验结果应符合 GB/T 25295—2010 中 5.2.3.3 的要求。

5.2.3.4 检验置于伸臂范围之外防护只用于防止无意识地触及带电部分的结构

按产品或专业标准的规定，检验伸臂范围之外防护只用于防止无意识地触及带电部分的结构尺寸。

标注有防护等级 IP 标识的应经过 GB/T 4208 的试验验证。

检验结果应符合 GB/T 25295—2010 中 5.2.3.4 的要求。

5.2.3.5 剩余电流保护器应用的检验

按产品或专业标准的规定检验剩余电流保护器。

检验结果应符合 GB/T 25295—2010 中 5.2.3.5 的要求。

5.2.4 防间接接触防护的检验

5.2.4.1 接地保护检验

按 GB/T 25295—2010 中 5.2.4.1 规定的要求检验。如果产品标准有相应的具体规定，则按产品标准检验。

检验结果应符合 GB/T 25295—2010 中 5.2.4.1 的要求。

5.2.4.2 接地电阻的检验

按产品或专业标准规定，或按 GB/T 18216.4 的规定试验。

检验结果应符合 GB/T 25295—2010 中 5.2.4.2 的要求。

5.2.4.3 自动切断供电保护的检验

按 GB/T 25295—2010 中 5.2.4.3 规定的要求检验。如果产品标准有相应的具体规定，则按产品标准检验。

检验结果应符合 GB/T 25295—2010 中 5.2.4.3 的要求。

5.2.4.4 双重绝缘保护的检验

按 GB/T 25295—2010 中 5.2.4.4 规定的要求检验。如果产品标准有相应的具体规定，则按产品标准检验。

检验结果应符合 GB/T 25295—2010 中 5.2.4.4 的要求。

5.3 电能的间接作用、外界因素危险防护试验与检验

5.3.1 电能间接作用危险防护检验

电能间接作用危险防护的检验是一项综合性检验，一般根据产品或专业标准的规定，逐项验证设计。

结果应符合 GB/T 25295—2010 中 5.3.1 的要求。

5.3.2 外界因素危险防护检验

外界因素危险防护的检验是一项综合性检验，一般根据产品或专业标准的规定，逐项验证设计。

结果应符合 GB/T 25295—2010 中 5.3.2 的要求。

5.4 机械危险防护试验与检验

5.4.1 外壳防护试验

根据产品或专业标准的规定，对标注有 IP 等级的部位或整机，应按 GB 4208 进行试验和评定。

结果应符合 GB/T 25295—2010 中 5.4.1 的要求。

5.4.2 机械危险防护检验

按产品或专业标准规定，以及 GB/T 25295—2010 中 5.4.2 的要求检验产品的机械危险防护性能。

结果应符合 GB/T 25295—2010 中 5.4.2 的要求。

5.4.3 机械强度试验

按产品或专业标准规定的严酷等级及试验方法检验，也可以通过振动试验检验。

结果应符合 GB/T 25295—2010 中 5.4.3 的要求。

5.5 电气连接和机械连接试验与检验

5.5.1 Ⅰ类电气设备检验

按产品或专业标准规定，以及 GB/T 25295—2010 中 5.5.1 的要求检验Ⅰ类电气设备的电气连接性能。

结果应符合 GB/T 25295—2010 中 5.5.1 的要求。

5.5.2 Ⅱ类电气设备检验

按产品或专业标准规定，以及 GB/T 25295—2010 中 5.5.2 的要求检验Ⅱ类电气设备的电气连接性能。

结果应符合 GB/T 25295—2010 中 5.5.2 的要求。

5.5.3 机械连接检验

按产品或专业标准规定，以及 GB/T 25295—2010 中 5.5.3 的要求逐一检验机械连接的性能。机械连接的性能还可以通过振动试验检验。

结果应符合 GB/T 25295—2010 中 5.5.3 的要求。

5.5.4 电气连接检验

按产品或专业标准规定，以及 GB/T 25295—2010 中 5.5.4 的要求逐一检验电气连接的性能。

结果应符合 GB/T 25295—2010 中 5.5.4 的要求。

5.6 运行危险的防护检验

5.6.1 外露运动件危险防护检验

根据产品或专业标准的规定，检验产品的外露运动部件的危险防护措施。检验安全措施的可靠性，例如机械阻挡的强度、稳定性等。检验产品工作时产生的飞逸物的防护措施及其可靠性。检验用保护系统或限速系统防止危险的措施的可靠性，即电路的可靠性等。

结果应符合 GB/T 25295—2010 中 5.6.1 的要求。

5.6.2 噪声、振动和抗震试验

5.6.2.1 噪声试验

根据产品或专业标准规定的限值和试验方法进行产品的噪声试验检验。

结果应符合 GB/T 25295—2010 中 5.6.2.1 的要求。

5.6.2.2 振动试验

按 GB/T 2423.10 和产品或专业标准规定的严酷等级进行试验。

结果应符合 GB/T 25295—2010 中 5.6.2.2 的要求。

5.6.2.3 地震试验

根据产品或专业标准的规定进行产品的地震试验检验。

一般不用振动试验替代地震试验。

结果应符合 GB/T 25295—2010 中 5.6.2.3 的要求。

5.6.3 防止过热和低温检验

根据产品或专业标准的规定，检验产品的外壳，或人容易触及到的部位，是否会有引起对人身体的危害的过热和低温。检验产生过热和低温的部位是否有安全措施。

功能性过热和低温按产品或专业标准试验检验。

结果应符合 GB/T 25295—2010 中 5.6.3 的要求。

5.6.4 防止运行时液体溢出检验

根据产品或专业标准的规定，检验运行时溢出的液体是否有有效的收集装置，或是否与绝缘有效隔离，或是否会使环境形成导电回路，或是否会给金属零部件造成腐蚀、生锈，是否会直接接触到人的身体，例如操作时的手柄等。

结果应符合 GB/T 25295—2010 中 5.6.4 的要求。

5.6.5 防止粉尘、蒸汽和气体危害检验

根据产品或专业标准的规定，对标注有 IP 等级的部位或整机，应按 GB 4208 进行试验和评定。对专用的密封结构，应按规定的试验检验。

检验产品排泄或排放的粉尘、蒸汽和气体，是否取得相应物质的排放标准的检验合格。

检验产品粉尘、蒸汽和气体的排泄或排放装置是否有相应的安全措施，是否会直接接触到人的身体。

材料中长期微量排出的气体不检验。

结果应符合 GB/T 25295—2010 中 5.6.5 的要求。

5.7 电能控制和危险防范检验

5.7.1 电能的开、关和控制检验

应按产品或专业标准的规定对电能的开、关和控制性能进行试验评定，同时检验电能开、关和控制的标记标志，以及图形使用的规范性。

检验结果应符合 GB/T 25295—2010 中 5.7.1 的要求。

5.7.2 自动切断电源检验

应根据产品或专业标准的规定，检验或试验自动切断电源的性能。

检验或试验结果应符合 GB/T 25295—2010 中 5.7.2 的要求。

5.7.3 紧急切断电源的开关或系统检验

应按产品或专业标准的规定对紧急切断电源的开关或系统性能进行试验评定，同时检验其标记标志，以及图形使用的规范性。

检验结果应符合 GB/T 25295—2010 中 5.7.3 的要求。

5.7.4 专门安全措施检验

应按产品或专业标准的规定对专门的安全措施性能或规定进行试验评定。

检验结果应符合 GB/T 25295—2010 中 5.7.4 的要求。

5.8 标志和说明书的设计要求

5.8.1 制造商提供的资料

检验电气设备制造商提供的资料，应符合 GB/T 25295—2010 中 5.8.1 的要求。

5.8.2 标志的设计

检验电气设备的标志，应符合 GB/T 25295—2010 中 5.8.2 的要求。

5.8.3 使用说明书设计

检验电气设备使用说明的内容，应符合 GB/T 25295—2010 中 5.8.3 的要求。

ICS 25.160.30
J 64

中华人民共和国国家标准

GB/T 25297.2—2010/ISO 5183-2:2000

电阻点焊 电极接头，外锥度 1:10 第 2 部分：末端插入式圆柱柄配合

Resistance spot welding—Electrode adaptors, male taper 1:10—Part 2: Parallel shank fixing for end-thrust electrodes

(ISO 5183-2:2000, IDT)

2010-11-10 发布 2011-05-01 实施

中华人民共和国国家质量监督检验检疫总局
中国国家标准化管理委员会 发布

前　言

GB/T 25297《电阻点焊　电极接头，外锥度 1∶10》涉及的范围为电阻点焊机用的电极接头，分为 2 个部分，分别是：

——第 1 部分：圆锥配合，锥度 1∶10；

——第 2 部分：末端插入式圆柱柄配合。

本部分为 GB/T 25297 的第 2 部分。

本部分等同采用 ISO 5183-2:2000《电阻点焊　电极接头，外锥度 1∶10　第 2 部分：末端插入式圆柱柄配合》。

本部分由中国电器工业协会提出。

本部分由全国电焊机标准化技术委员会(SAC/TC 70)归口。

本部分起草单位：成都三方电气有限公司、深圳市瑞凌实业股份有限公司、四川大学、天津七所高科技有限公司、成都电气检验所。

本部分主要起草人：李晋川、陈凯、邱光、刘衍阔、华鸣。

电阻点焊　电极接头,外锥度 1:10 第 2 部分:末端插入式圆柱柄配合

1　范围

GB/T 25297 的本部分规定了电阻点焊电极接头的尺寸及公差。该电极接头采用 1:10 的外锥度连接电极帽(见 JB/T 3948),采用圆柱柄将其固定在电极握杆(见 JB/T 10256.3)上。

2　规范性引用文件

下列文件中的条款通过 GB/T 25297 的本部分的引用而成为本部分的条款。凡是注日期的引用文件,其随后所有的修改单(不包括勘误的内容)或修订版均不适用于本部分,然而,鼓励根据本部分达成协议的各方研究是否可使用这些文件的最新版本。凡是不注日期的引用文件,其最新版本适用于本部分。

JB/T 4281　电阻焊电极和附件用材料(JB/T 4281—1999,ISO 5182:1991,MOD)

JB/T 3948　电阻点焊　电极帽(JB/T 3948—1999,ISO 5821:1979,MOD)

JB/T 10256.3　电阻点焊　电极握杆　第 3 部分:末端插入式圆柱柄配合(JB/T 10256.3—2001,ISO 8430-3:1988,MOD)

3　尺寸

电极接头的尺寸应符合图 1 和表 1 的要求。

4　标志

符合本部分要求的电极接头的标志应包括以下内容:

a)　名称(即"点焊电极接头");

b)　本部分的标准代号 GB/T 25297.2;

c)　电极接头的型号,应符合图 1 要求;

d)　直径 d_1,单位为毫米(mm);

e)　长度 l_1,单位为毫米(mm);

f)　电极接头的材料,应符合 JB/T 4281 要求。

例如:直径 d_1=16 mm、长度 l_1=68、材料型号 A 2/1 的 C 型点焊电极接头,应标志为:

点焊电极接头 GB/T 25297.2-C-16×68-A 2/1

5　材料

电极接头的制造材料应符合 JB/T 4281 的规定,并优先选取 A 组 2 型材料。

6　标记

符合本部分要求的电极接头应以第 4 章规定的标志作标记,但不包括名称和本部分的标准代号。例如:A-16×68-A 2/1

尺寸单位为毫米(mm)

表面粗糙度单位为微米(μm)

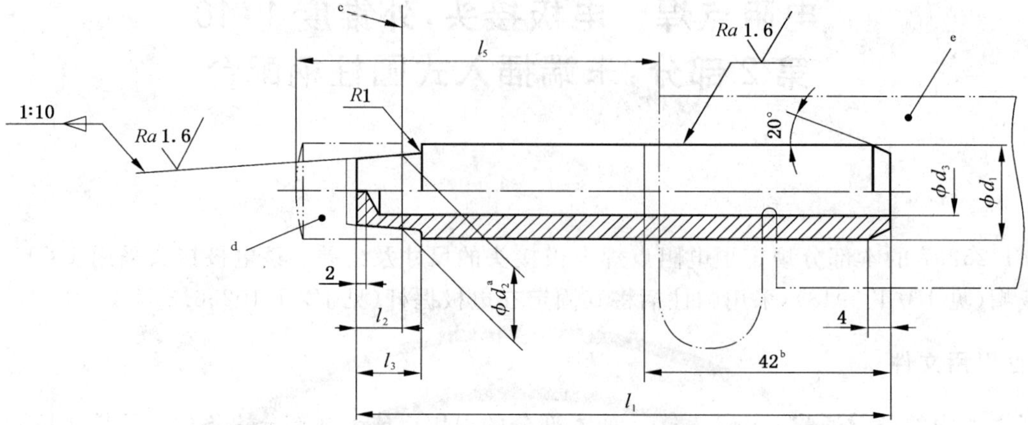

a) C 型:一面开有冷却孔的直接头

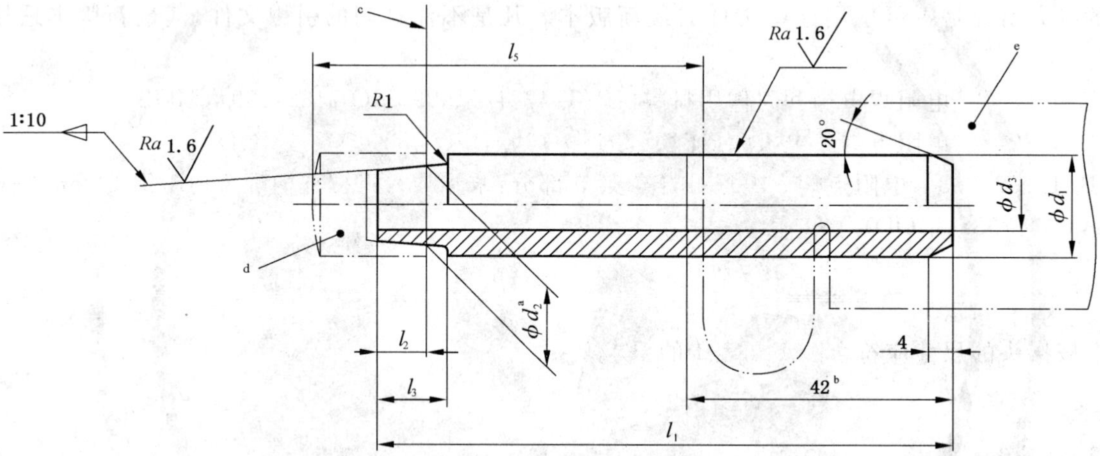

b) D 型:二面开有冷却孔的直接头

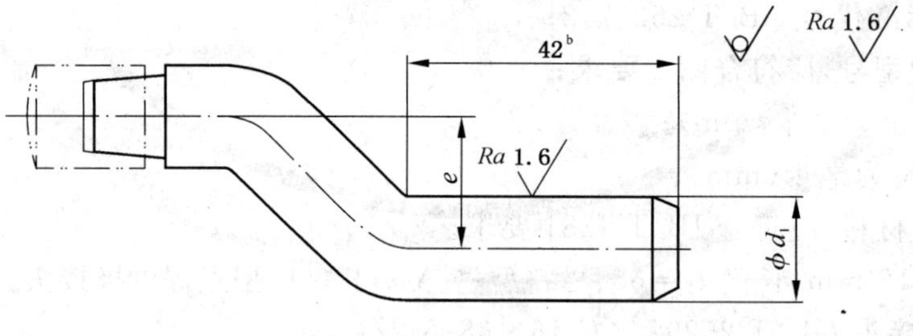

c) E 型:双轴式接头

注:图 c)没有显示冷却孔,但是电极接头可以像 C 型那样在一面开有冷却孔,也可以像 D 型那样在二面开有冷却孔。

[a] 量规基准面上的圆锥直径。

[b] 本长度以外的表面不能出现损坏,也不能作标记。

[c] 量规基准面。

[d] 电极帽,见 JB/T 3948。

[e] 电极握杆,见 JB/T 10256.3。

图 1 电极接头

表 1　C 型、D 型和 E 型电极接头的尺寸

单位为毫米

d_1	d_2[a]	d_3	e	l_2	l_3	l_1 l_5[b]=									
h11				±0.5		40	50	63	80	100	125	(140)	160	(180)	200
12.5	10	6.5	12.5	6.5	9	68.5[c]	78.5	91.5	108.5	128.5	153.5	—	—	—	—
16	12	8	16	8	11	68[c]	78[c]	91	108	128	153	168	188	—	—
20	15	10.5	20	10	14	—	78[c]	91[c]	108	128	153	168	188	208	228

[a] 量规基准面上的圆锥直径。

[b] 括号内的数值为非优选值。

[c] 不适用于 E 型接头。

ICS 25.160.30
J 64

中华人民共和国国家标准

GB/T 25298—2010

电阻焊机控制器　通用技术条件

The general specifications for resistance welding controller

2010-11-10 发布　　2011-05-01 实施

中华人民共和国国家质量监督检验检疫总局
中国国家标准化管理委员会　发布

前　言

本标准的附录 A 为资料性附录。

本标准由中国电器工业协会提出。

本标准由全国电焊机标准化技术委员会(SAC/TC 70)归口。

本标准起草单位:上海梅达焊接设备有限公司、广州松兴电器有限公司、深圳市瑞凌实业股份有限公司、成都三方电气有限公司。

本标准主要起草人:陈建平、刘国瑛、邱光、支楠、刘衍阔。

电阻焊机控制器　通用技术条件

1　范围

本标准规定了电阻焊机控制器的通用技术要求、检验方法、检验规则以及铭牌、运输、贮存等。

本标准适用于一般使用条件下的工频、中频或次级整流的点焊、凸焊、缝焊、对焊等电阻焊机控制器(以下简称控制器)。不同的电阻焊机对控制器提出的某些特殊要求,可在本标准的基础上由企业产品标准或与用户的技术条件予以规定。对于其他类型的电阻焊机控制器可参照执行本标准。

控制器与电阻焊机可以是一体式的,也可以是分体式的,但不论采用哪种结构型式都应符合本标准的规定。

注:本标准不包括电磁兼容性(EMC)要求。

2　规范性引用文件

下列文件中的条款通过本标准的引用而成为本标准的条款。凡是注日期的引用文件,其随后所有的修改单(不包括勘误的内容)或修订版均不适用于本标准,然而,鼓励根据本标准达成协议的各方研究是否可使用这些文件的最新版本。凡是不注日期的引用文件,其最新版本适用于本标准。

GB/T 156　标准电压(GB/T 156—2007,IEC 60038:2002,MOD)

GB/T 2900.22　电工名词术语　电焊机

GB/T 8366　阻焊　电阻焊机　机械和电气要求(GB/T 8366—2004,ISO 669:2000,MOD)

GB 15578　电阻焊机的安全要求

3　定义

GB/T 2900.22、GB/T 8366 和 GB 15578 中确立的以及下列术语和定义适用于本标准。

3.1

电阻焊机控制器　resistance welding controller

用以控制电阻焊机的工作过程和焊接参数,以保证焊接质量的设备,统称为电阻焊机控制器。

3.2

同步控制　synchronous initiation

能控制阻焊变压器初级电流在指定的电压波相位导通的通电控制方式。

3.3

非同步控制　non-synchronous initiation

不能控制阻焊变压器初级电流在指定的电压波相位导通的通电控制方式。

3.4

恒流控制　constant current control

能保持焊接电流恒定的控制。

3.5

恒压控制　constant voltage control

能保持输出电压恒定的控制。

3.6

电流密度补偿　compensating of current density

为补偿由于电极墩粗而造成的电流密度的变化,根据焊点计数而进行的多级递增或线性递增焊接电流的控制方式(见图 1)。

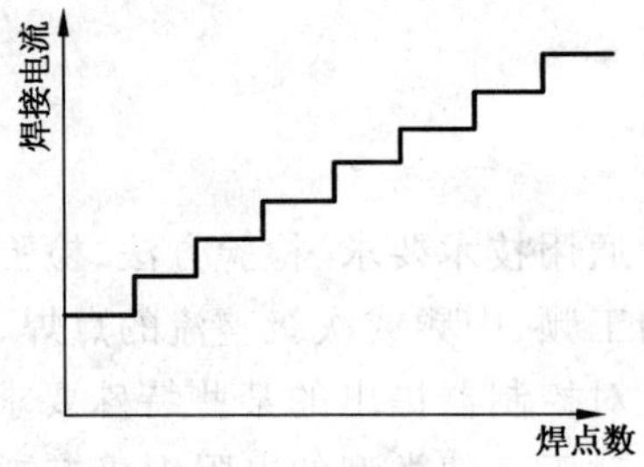

图 1 电流密度阶梯补偿控制

3.7

控制器焊接周期 periodic duty of controller

按规定的负载和空载时间周期反复循环工作。焊接周期时间为负载时间和空载时间之和。

注:本标准把负载看成是不变的,即无任何预热或后热时间。

3.8

焊接循环 welding cycle

在电阻焊中,完成一个焊点或一条焊缝所包括的全部程序(见图 2)。

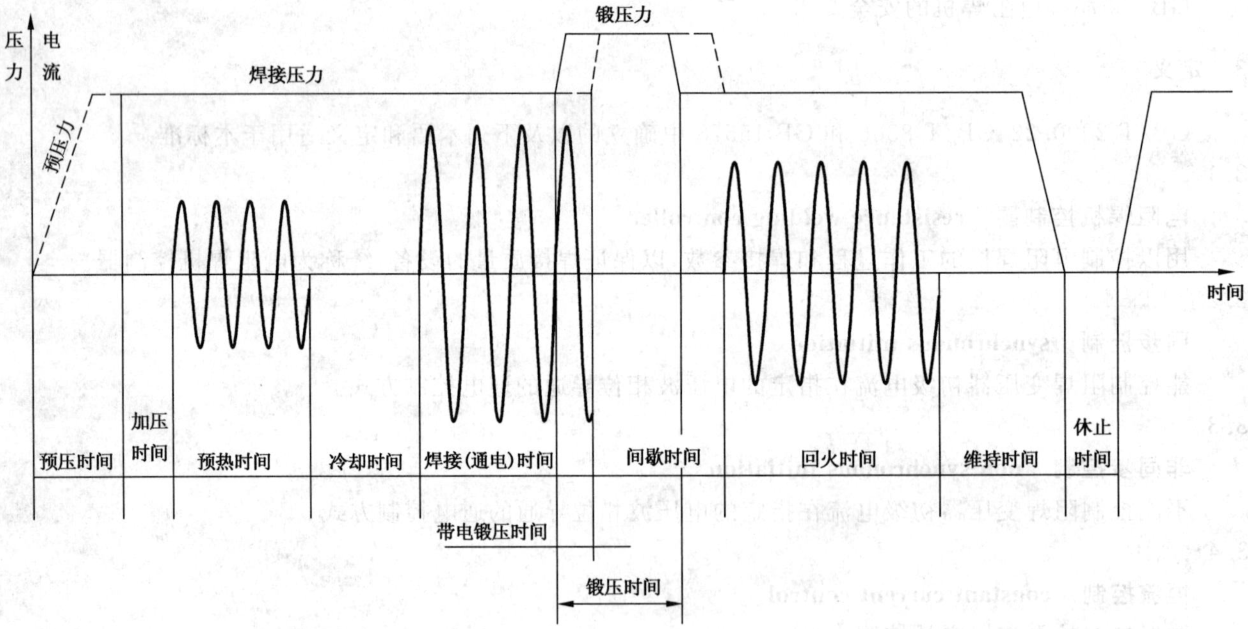

图 2 电阻点焊焊接循环示意图

3.9

焊接脉冲控制 pulsed control

在一个焊接循环中,通过两个或两个以上相同参数焊接电流的控制方式(见图 3)。

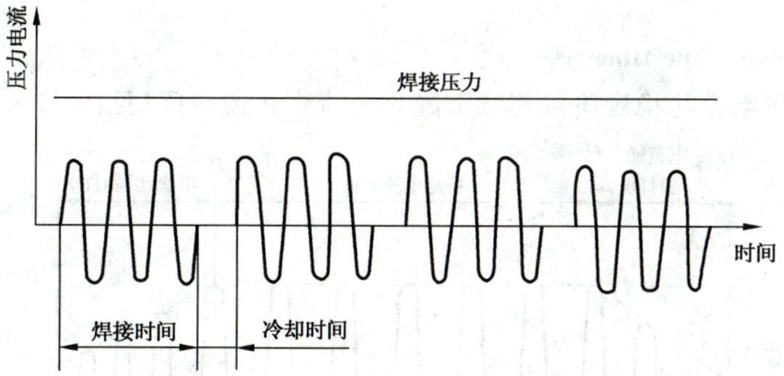

图 3 脉冲式焊接控制

3.10

预压时间 squeeze time

在电阻焊接时，当收到启动信号时，动电极从施加压力下降到电极接触到工件前的时间。如果在此期间启动信号撤消，该焊接程序自动取消，并不进入以后的加压、焊接等程序。

3.11

加压时间 pressure time

电极接触到工件后到预热之前的时间。

3.12

预热时间 preheat time

在电阻焊接时，对所焊接工件通以预热电流的持续时间(见图 2)。

3.13

冷却时间 cool time

在电阻焊接时，对所焊接工件通以两次或两次以上焊接电流之间的间隙时间(见图 2 和图 3)。

3.14

主焊接时间 weld time

在电阻焊接时，在每一个焊接循环中，除具有预热和回火以外的、通以主焊接电流所持续的时间(见图 2)。

3.15

锻压时间 forge-delay time

在电阻焊接时，除正常焊接压力以外，由于焊接材料工艺的需要，另外增加的压力所持续的时间。这种二次加压的锻压工艺，可以不受带电或不带电的约束(见图 2)。

3.16

回火时间 temper time

在电阻焊接时，主焊接时间以后的通电所持续的时间(见图 2)。

3.17

维持时间 hold time

在电阻焊接时，从所有焊接电流终止至电极压力失去之前的时间(见图 2)。

3.18

休止时间 off time

在电阻焊接过程中，两个焊接循环所间隔的时间(见图 2)。

3.19

电流递增时间 up slope time

在电阻焊接时，焊接电流从低端连续增长到稳定阶段的时间(见图 4)。

3.20

电流递减时间　down slope time

在电阻焊接时，焊接电流从稳定阶段连续下降到电流终止的时间(见图 4)。

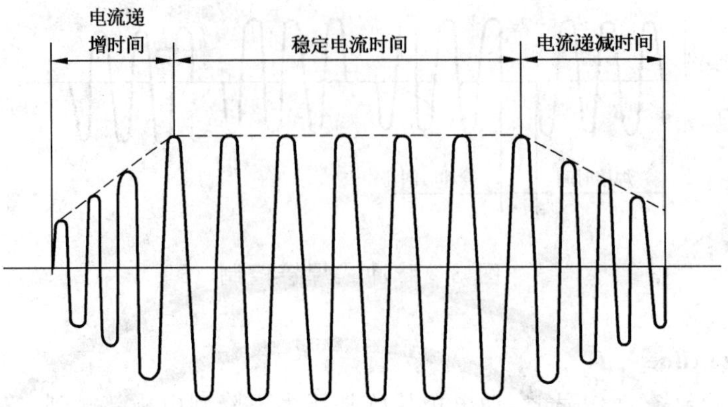

图 4　电流递增、递减时间

3.21

响应时间　resume time

由于输入电压波动或负载变化等扰动时，其受影响的参数(焊接电流、电压、能量等)恢复到原来设定的稳定值所需要的时间(周波数)。

3.22

工频控制　industrial frequency control

采用电网频率的控制。

3.23

中频控制　medium frequency control

一般频率为 400 Hz 到 2 000 Hz 的控制。

3.24

次级整流　secondary rectification

此类焊接是在焊接变压器次级端加入整流元件来达到整流的目的。

4　控制器的产品型式和基本参数

4.1　控制器的产品型式

按控制器与电阻焊机的结构型式分为一体式和分体式；按控制电阻焊机的种类分为点焊、凸焊、缝焊、对焊等控制器；按控制方式分为同步控制和非同步控制等。

4.2　控制器的基本参数

控制器的基本参数应与所配套的电阻焊机容量相对应。

a)　按不低于所配套电阻焊机容量的负载持续率；

b)　用于完成焊接一个焊点或一条焊缝的最基本的数据；

c)　控制器的容量以电流(A 为单位)及其负载持续率来表示；

d)　其他特殊参数由产品制造商与用户商定。

5　使用条件

5.1　环境条件

符合本标准要求的控制器应能在下述环境条件下正常工作。

a) 周围环境空气温度范围　5 ℃～40 ℃；

空气相对湿度　40 ℃时不超过 50%；

20 ℃时不超过 90%。

周围空气中的灰尘、酸、腐蚀性气体或物质等不超过正常含量，由于焊接过程而产生的这些物质除外。

b) 冷却介质的温度不应超过：

1) 液体冷却　进口处　30 ℃；

注：若添加防冻液，则最低环境温度可相应降低，以不凝固为条件。

2) 空气冷却　40 ℃。

c) 液体冷却液的进口压力范围 0.15 MPa～0.3 MPa。

d) 液体冷却液应符合相应标准，采用水冷却时水质符合工业用水的水质标准。

注：制造商和用户之间可以商定不同的环境条件，商定后的控制器要进行标注。

5.2 供电电源

供电电源应符合 GB/T 156 的规定。供电电网品质应达到下列要求：

a) 电压波形应为实际的正弦波。

b) 电网电压的波动不超过额定值的±10%。

c) 电网电压频率的波动不超过额定值的±1%。

d) 三相电压允许不平衡度≤±4%。

6 安全要求

6.1 防触电保护

控制器应采取保护措施，以防止意外触及电压超过安全(特低)电压的带电部件。

按照“强电”和“弱电”分开的原则，控制器的电气部分应划分为“高压区”和“低压区”。对于“高压区”，除了采取必要的防护措施(如绝缘隔离，门打开后自动断电等)外，还应有防止触电的警示标志。

在配套手持式焊机时，应增加漏电保护器等安全措施，确保使用安全。

6.2 其他安全要求

控制器的其他安全要求应符合 GB 15578 的规定。

7 技术条件

7.1 控制程序和控制程序时间

控制器的控制程序和各控制程序时间(包括电流递增、递减时间)的调节范围应在产品标准中规定。

7.2 焊接脉冲控制

对于具有焊接脉冲控制功能的控制器，其焊接脉冲的重复次数的调节范围应在产品标准中规定。

7.3 响应时间

对于具有恒流、恒压或其他质量监控功能的控制器，其响应时间等要求应在产品标准中规定。

7.4 热量调节

用调节晶闸管导通角的方法控制焊接热量的控制器，其热量调节范围和调节精度应在产品标准中规定。

7.5 焊接参数贮存

对于具有焊接参数贮存功能的控制器，其贮存功能的技术要求应在产品标准中规定。

7.6 电流密度补偿

对于具有电流密度补偿功能的控制器，其电流阶梯递增的步数和每步递增的电流幅度(或百分比)以及与焊点数的关系等，其技术要求应在产品标准中规定。

7.7 焊点计数和电极磨损报警

对于具有焊点计数和电极磨损报警功能的控制器,其技术要求应在产品标准中规定。

7.8 时间允差

在额定电源电压、额定频率下,对于同步控制的所有控制程序时间不应有允差。

在额定电源电压、额定频率下,对于非同步控制的所有控制程序时间的刻度(指示)值与实测值之间的允差应不超过±5%。

7.9 控制时间的稳定性

当电源频率为额定值、电源电压变化为额定值的±10%时,对于同步控制的控制程序时间不应有允差。对于非同步控制的控制程序时间的允差应不超过±10%。

7.10 空载运行

控制器在一般使用条件下至少做 30 min 的空载运行;对于操作系统(启动、停止等)应连续操作 50 次,控制器的各程序和操作系统应无异常。

7.11 恒流控制的稳定性

对于具有恒流控制功能的控制器,在电源频率为额定值的情况下,当电源电压变化其额定值的±10%时,或者在电源电压和频率为额定值的情况下,焊接回路的阻抗变化时,控制器在不低于 85%额定控制容量状态下的焊接电流变化率均应不大于±3%。

7.12 恒压控制的稳定性

对于具有恒压控制功能的控制器,在电源频率为额定值的情况下,当电源电压变化其额定值的±10%时,控制器在不低于 85%额定控制容量状态下输出电压的变化率应不大于±3%。

7.13 配套焊接

控制器与所控制的电阻焊机配套,在一般使用条件下做实际焊接试验。控制器应与电阻焊机配合协调,能满足焊接工艺要求。

7.14 成套性

控制器可以与电阻焊机成套供应,也可以单独供应。供货时应同时提供控制器所需的专用工具、附件和备件。这些附件、备件和专用工具的规格、数量应在产品标准或专用技术条件中规定。

8 试验条件

8.1 试验条件

应在 10 ℃～40 ℃的环境温度下,对新的、干燥的、安装完整的控制器进行试验。采用液体冷却的控制器应在制造商规定的液体冷却条件下进行试验。

8.2 测量仪器

测量仪器的准确度或精度要求:

a) 电气测量仪表　　0.5 级(满量程的±0.5%);

b) 焊接电流测量仪表　　5 级;

c) 温度测量仪表　　±2 K;

d) 压力测量仪表　　1 级。

8.3 型式检验

除非另有规定,本标准中要求的检验项目均为型式检验项目。

控制器应同与其配套的、可能影响检验结果的电阻焊机等辅助设备一起进行试验。

除非有特殊规定,否则所有型式检验都应在同一台控制器上进行。

8.4 例行检验

每台控制器都应通过所有的例行检验。检验项目如下:

a) 一般目测检验　　(见 4.2、6.1、7.14、9.1);

b) 时间允差测量 (见 7.8、9.2)；
c) 控制时间的稳定性测量 (见 7.9、9.3)；
d) 空载运行试验 (见 7.10、9.4)；
e) 配套焊接试验 (见 7.13、9.5)；
f) 一般目测检验(复检) (见 4.2、6.1、7.14、9.1)。

9 试验方法

9.1 一般目测检查

a) 检查控制器的铭牌是否符合要求；
b) 检查控制器内部防直接触电的保护措施和防触电的警示标志；
c) 检查机械操作零部件、联锁等运动部件的动作是否正确，灵活；
d) 检查控制器所用图形符号、各种标识是否符合要求；
e) 检查控制器的成套性及随产品出厂的技术文件是否完整齐全。

9.2 时间允差测量

控制程序时间设定值或刻度(指示)值允差测量应在额定条件下，用测量仪器在控制器通电 1 min 后测量各程序控制时间的实际值，它与时间设定值或刻度(指示)值之间的允差均应符合 7.8 的规定。

9.3 控制时间的稳定性测量

在额定频率的条件下，将控制器的电源电压变化其额定值的±10%，做控制程序时间的稳定性试验。用测量仪器测量各程序控制时间。由于电源电压的变化(+10%～-10%)所引起控制程序时间的变化应符合 7.9 的规定。对于非同步控制，其控制程序时间的变化，按下式计算：

$$\Delta t_1 = \frac{t_1 - t_2}{t_1} \times 100\% \qquad \cdots\cdots(1)$$

计算结果取绝对值较大者。

式中：

Δt_1——控制程序时间由于电源电压的变化而引起的变化，%；

t_1——在电源电压为额定值时控制程序时间的测量值，单位为秒(s)；

t_2——在电源电压变化其额定值的+10%或-10%时控制程序时间的测量值，单位为秒(s)。

9.4 空载运行试验

控制器的空载运行试验(见 7.10)应在额定条件下进行。用测量仪器测量各控制程序时间及其有关功能，试验时间不少于 30 min，检查各程序控制及相互衔接情况应符合要求。之后，对于操作系统(启动、停止等)应连续操作 50 次。试验后检查各程序和操作系统应无异常。

9.5 配套焊接试验

每台控制器均应与对应的电阻焊机配套进行实际焊接试验。焊接应在不同焊接参数(包括最大、最小和额定焊接能力)下进行。控制器的各控制程序时间、热量调节、恒流(恒压)控制的响应时间等功能应能满足焊接工艺条件的要求，并与电阻焊机配合协调，操作方便。试验时的焊接参数及所用材料的规格、型号由产品标准规定。

本项试验可与恒流或恒压控制的稳定性测量等项试验内容结合起来进行。

10 铭牌、运输及贮存

10.1 铭牌

10.1.1 每台控制器应在明显位置设置产品的铭牌。铭牌应是永久性的，铭牌上的全部文字、符号、数据在控制器使用期间应清晰可见。

10.1.2 铭牌上至少应标明以下内容：

a） 制造商；

b） 产品的名称、规格、型号；

c） 采用的标准号；

d） 外壳防护等级；

e） 控制容量；

f） 冷却液体流量；

g） 额定输入电源电压、相数、频率；

h） 重量；

i） 产品编号(制造日期)。

10.2 运输及贮存

控制器在运输及贮存过程中应避免雨、雪的侵袭。存放的仓库应保持空气流通；无腐蚀性气体或粉尘；温度应在－25 ℃～＋55 ℃范围内，相对湿度不大于90％(25 ℃时)。

附 录 A
（资料性附录）
恒流控制和恒压控制稳定性的测量方法示例

A.1 恒流控制的稳定性测量

将具有恒流控制功能的控制器与所控制的模拟负载或电阻焊机配套。在不低于85%额定控制功率下进行模拟负载试验或实际焊接以考核控制器的恒流特性，测量控制器输出电流或焊接电流。试验应在额定电源电压、额定频率的条件下，使模拟负载的大小变化±20%，或对长宽不低于电极臂伸出长度的低碳钢板工件，在最大和最小伸进量的情况下，按照焊接工艺要求进行实际焊接，记录控制器输出电流或焊接电流 I_{o1}。然后做以下两方面的试验：

a) 在其他条件不变的情况下，仅变化电源电压额定值的+10%和－10%，重复上述试验，并记录相应的电流 I_{o2i}；

b) 在其他条件不变的情况下，使模拟负载的大小变化±20%，或将工件推进焊机，使工件的内边靠近电阻焊机机体的内壁。重复上述试验，记录焊接电流 I_{o3}。

上述试验均应重复进行三次，求出 I_{o1}、I_{o2}、I_{o3} 的平均值，然后按下式计算焊接电流的稳定性。

$$\Delta I_o = \frac{I_{o1} - I_{o2}}{I_{o1}} \times 100\% \quad \cdots\cdots\cdots\cdots(A.1)$$

$$\Delta I_o = \frac{I_{o1} - I_{o3}}{I_{o1}} \times 100\% \quad \cdots\cdots\cdots\cdots(A.2)$$

计算结果取绝对值较大者。

式中：

ΔI_o——控制电流的稳定性，%；

I_{o1}——额定条件下输出电流的测量值，单位为安培(A)；

I_{o2}——电源电压为其额定值的+10%和－10%时，$|I_{o2i}-I_{o1}|$ 中最大时输出电流的测量值，单位为安培(A)；

I_{o3}——模拟负载变化或焊接回路的阻抗变化最大时，输出电流的测量值，单位为安培(A)。

A.2 恒压控制的稳定性测量

将具有恒压控制功能的控制器与所控制的模拟负载或电阻焊机配套。在不低于85%额定控制功率下进行模拟负载试验或实际焊接以考核控制器的恒压特性。测量控制器或阻焊变压器的输出电压。试验应在额定电源电压、额定频率的条件下，使用模拟负载，或对已定的材料按照焊接工艺要求进行实际焊接，记录控制器输出或电阻焊机输出电压 V_{o1}。在其他条件不变的情况下，仅变化电源电压额定值的+10%和－10%，重复上述试验，记录相应的电压 V_{o2i}。

上述试验均应重复进行三次，求出 V_{o1}、V_{o2} 的平均值，然后按下式计算输出电压的稳定性。

$$\Delta V_o = \frac{V_{o1} - V_{o2}}{V_{o1}} \times 100\% \quad \cdots\cdots\cdots\cdots(A.3)$$

计算后取绝对值较大者。

式中：

ΔV_o——输出电压的稳定性，%；

V_{o1}——额定条件下输出电压的测量值，单位为伏特(V)；

V_{o2}——电源电压为其额定值的+10%和－10%时，$|V_{o2i}-V_{o1}|$ 中最大时输出电压的测量值，单位为伏特(V)。

ICS 25.160.30
J 64

中华人民共和国国家标准

GB/T 25299—2010/ISO 7284:1993

电阻焊设备　汽车工业中使用的具有两个独立次级线圈的多点焊变压器特殊技术条件

Resistance welding equipment—Particular specifications applicable to transformers with two separate secondary windings for multi-spot welding, as used in the automobile industry

(ISO 7284:1993, IDT)

2010-11-10 发布　　　　2011-05-01 实施

中华人民共和国国家质量监督检验检疫总局
中国国家标准化管理委员会　发布

前 言

本标准等同采用ISO 7284:1993《电阻焊设备 汽车工业中使用的具有两个独立次级线圈的多点焊变压器特殊技术条件》。

本标准的附录A为规范性附录。

本标准由中国电器工业协会提出。

本标准由全国电焊机标准化技术委员会(SAC/TC 70)归口。

本标准起草单位:四川大学、广州松兴电器有限公司、深圳市瑞凌实业股份有限公司、成都三方电气有限公司。

本标准主要起草人:李晋川、刘国瑛、邱光、江燕、王巍、邹远文。

电阻焊设备　汽车工业中使用的具有两个独立次级线圈的多点焊变压器特殊技术条件

1　范围

本标准给出了按第3章所指定的专用变压器技术条件。本标准是对GB/T 25301(ISO 5826)(适用于所有变压器的通用技术条件)的补充。

本标准适用于汽车工业中使用的具有两个独立次级线圈的多点焊机的变压器。

注：制造厂和用户之间协商后，可以将本标准用于其他工业部门的多点焊变压器或其他类型的焊机上。GB/T 25301(ISO 5826)在各种情况下都是适用的。

2　规范性引用文件

下列文件中的条款通过本标准的引用而成为本标准的条款。凡是注日期的引用文件，其随后所有的修改单(不包括勘误的内容)或修订版均不适用于本标准，然而，鼓励根据本标准达成协议的各方研究是否可使用这些文件的最新版本。凡是不注日期的引用文件，其最新版本适用于本标准。

GB/T 8366—2004　阻焊　电阻焊机　机械和电气要求(ISO 669:2000,MOD)

GB/T 25301　电阻焊设备　适用于所有变压器的通用技术条件(GB/T 25301—2010,ISO 5826:1999,IDT)

GB/T 17194　电气导管　电气安装用导管的外径和导管与配件的螺纹(GB/T 17194—1997,eqv IEC 60423:1993)

3　变压器的类型

本标准适用于表1所规定的各种类型的变压器，其电气特性有：次级空载电压U_{20}、次级连续电流I_{2P}以及供参考的连续输出功率S_P和/或50%负载持续率时的额定功率S_{50}。

在变压器上可以安装、也可以不安装调节次级空载电压U_{20}的旋转开关。

变压器类型中所定义的功率是初级功率，即两个次级线圈的功率之和。

表1　变压器类型和电气特性

无旋转开关时的U_{20}/V	有旋转开关时的U_{20}		I_{2P}/kA	S_P/kVA	S_{50}/kVA
	位置	V			
5.0	1	3.0	5.6	28	40
	2	3.6			
	3	4.2			
	4	5.0			
7.1	1	5.0	6.3	45	63
	2	5.6			
	3	6.3			
	4	7.1			

表 1（续）

无旋转开关时的 U_{20}/V	有旋转开关时的 U_{20}		I_{2P}/kA	S_P/kVA	S_{50}/kVA
	位置	V			
10.0	1 2 3 4	7.1 8.0 9.0 10.0	7.1	71	100
注 1：在初级侧用旋转开关或一组接线端子选择次级电压。下面的条款中，只示意旋转开关的安装位置。 注 2：有关次级连续电流 I_{2P} 以及次级空载电压 U_{20} 的要求见 GB/T 25301(ISO 5826)。					

4 总体要求

除非另有规定，否则 GB/T 25301(ISO 5826)中未被本标准修改的技术要求都应满足。

5 旋转开关的位置

若在变压器上安装旋转开关，应安装在图 1 所示的五个位置中的任一个位置，也可以在变压器之外独立安装，即位置 6。

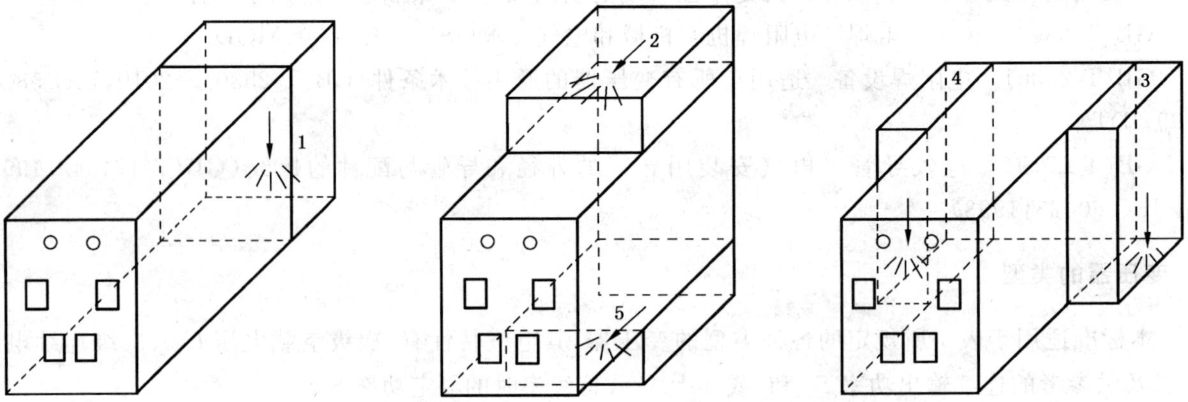

a） 位置 1　　b） 位置 2 和 5　　c） 位置 3 和 4

图 1 旋转开关的安装位置

6 尺寸

6.1 变压器

变压器的尺寸如图 2 和表 2 所示。

表 2 与次级连续电流相对应的尺寸 L_1、L_2 和 L_3

变压器 I_{2P}/kA	尺寸/mm		
	l_1	l_2	l_3
5.6	500	224	408
6.3	550	280	458
7.1	660	400	568

单位为毫米

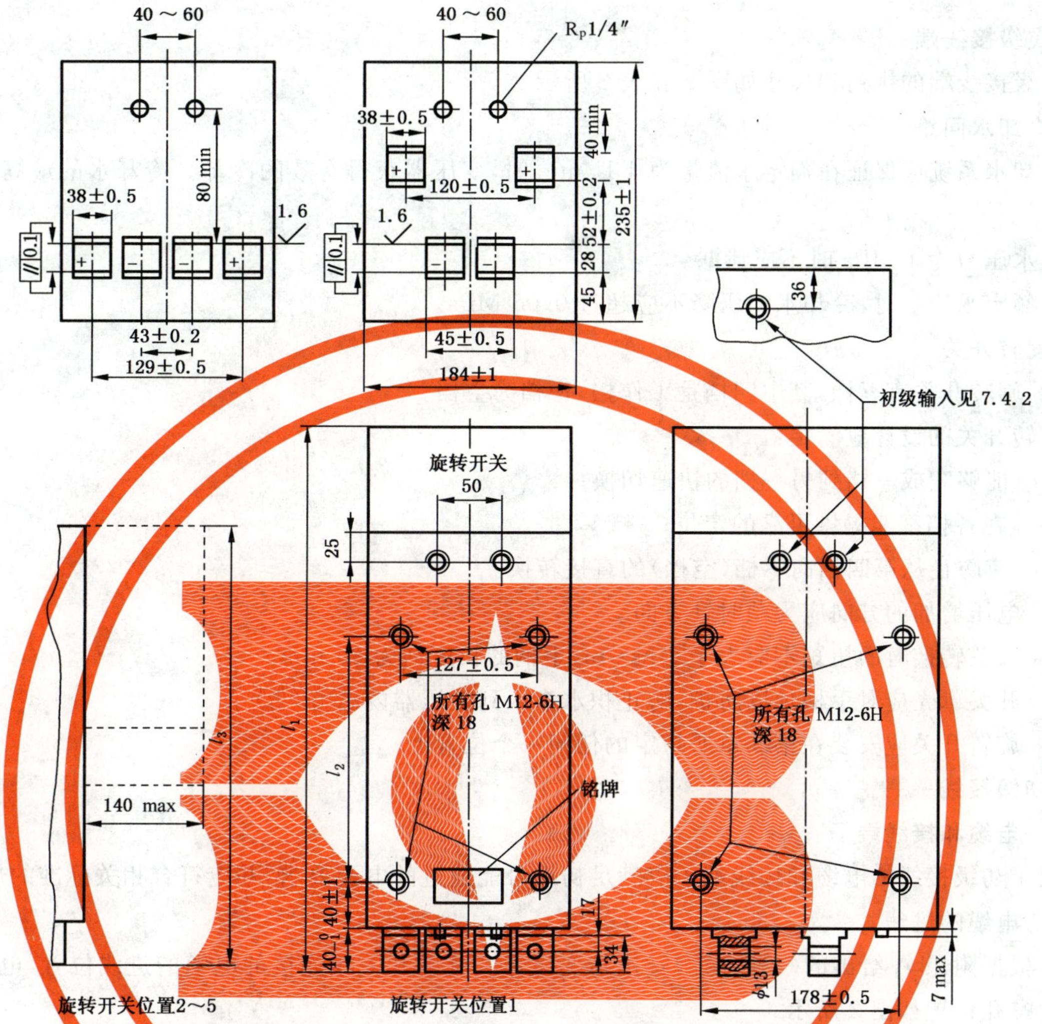

图 2　次级接线端的尺寸和排列

6.2　旋转开关

若旋转开关独立于变压器之外安装时，旋转开关的尺寸如图 3 所示。

单位为毫米

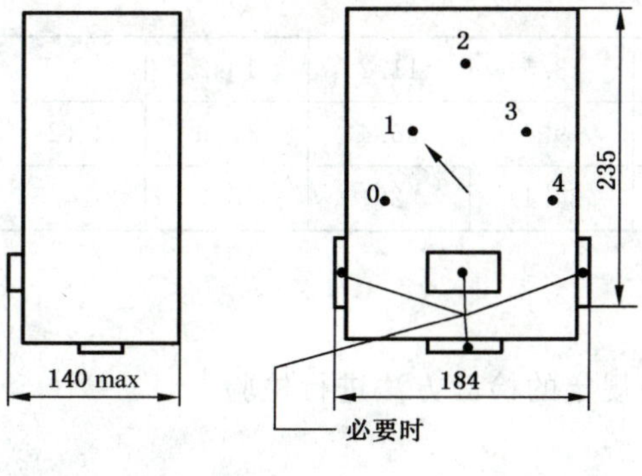

注：尺寸都是轮廓尺寸，含初级进线所必需的余量，见 7.4.2。

图 3　分离式旋转开关(即位置 6)的尺寸——手柄的位置

7 结构

7.1 次级接线端

次级接线端的排列和尺寸如图2和表2所示。

7.2 冷却水回路

冷却水系统应保证在额定水流量为4 L/min时,变压器获得有效的冷却。冷却水的最高进水温度为30 ℃。

在水压力为1 MPa时不应泄漏。

在额定水流量时,冷却水的压降不应超过0.06 MPa。

7.3 旋转开关

7.3.1 旋转开关有五档,其中四档是工作档,一档为空档。

旋转开关的设计应满足:

a) 能够完成一档到另一档的快速切换;

b) 在各档都能提供可靠的定位;

c) 应防止从第四档向零档(空档)的直接转换。

7.3.2 电压增加的方向应为顺时针方向。

7.3.3 开关转换时的扭矩不应大于6 N·m,手柄的长度约为80 mm。

7.3.4 开关罩壳应对手柄加以防护,防止积水渗入到变压器内。

7.3.5 旋转开关应安装在第5章所指定的任何一个位置上。

7.4 初级接线

7.4.1 电缆和接线端子

用于初级接线的电缆和接线端子应满足初级可能通过的电流要求,并应符合相关标准的规定。

7.4.2 电缆的进线

应根据附录A给出的一种方案,安排与变压器和旋转开关相连接的电缆的进线位置,电缆进入变压器的螺孔位置如图2所示。

7.5 空载电流

空载电流值不应大于表3给出的限值。

表3 空载电流 I_0 的限值

I_{2P} kA	U_1/V						S_P kVA	S_{50} kVA	S_0 kVA
	230	400	415	500	550	690			
	I_0/A								
5.6	24.5	14	13.5	11.2	10.2	8.1	28	40	5.6
6.3	36	20.5	19.7	16.4	14.9	12	45	63	8.2
7.1	43.5	25	24.1	20	18.2	14.5	71	100	10

8 检验

按GB/T 25301(ISO 5826)规定的检验方法进行检验。

9 标志

符合本标准的变压器应依次标志:

a） 本标准代号；

b） 次级接线端的排列(见图 2)；

c） 旋转开关的位置(见第 5 章)。若无旋转开关，用 0 表示变压器不调级；用 7 则表示变压器次级电压是用一组接线端来调级；

d） 次级空载电压 U_{20}(见表 1)；

e） 连续输出功率 S_P(见表 1)；

f） 初级电压 U_1。

例如：变压器 GB/T 25299-B-1-7.1-45-380

附 录 A
（规范性附录）
用于初级接线的电缆进线端的规定

A.1 变压器

用于连接变压器初级的电缆进线端的布置有两种可供选择的方案。

A.1.1 应在变压器四个侧面的每一个面上，按图2所指定位置，各制一个或两个螺纹孔。

利用这些螺孔安装电缆所使用的导管。其他一些孔应利用带螺纹的专用堵头封住。导管和螺纹的尺寸在表A.1中给出。

表A.1 导管尺寸

I_{2P} kA	钢导管和堵头的螺纹符合 GB/T 17194 的规定	
	导管编号	
	1	3
	标称尺寸/mm	
5.6	32	50
6.3	40	50
7.1	40	50

A.1.2 应在变压器的四个侧面上各加工一个开口，每一个开口都用一块板盖住，一块或几块盖板上可加工出一个通过电缆导管的通孔，其余的盖板无此孔。

盖板的尺寸如图A.1所示，开口的位置应在如图2所给定的位置上，导管的尺寸在表A.1中给出。

单位为毫米

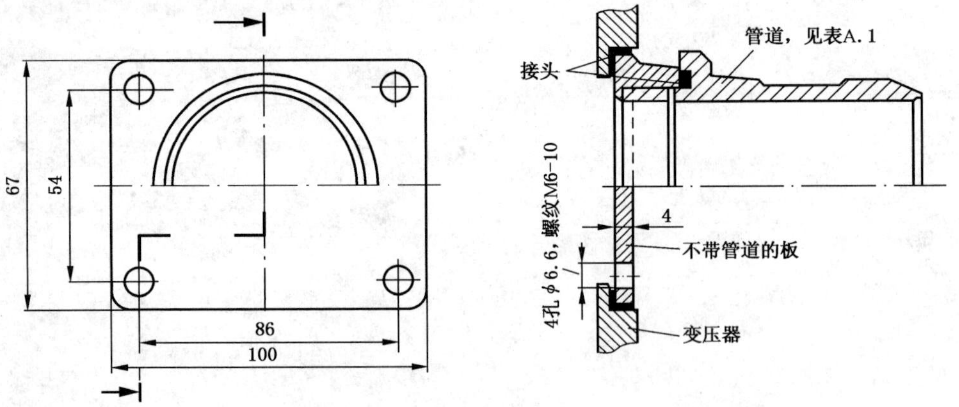

图A.1 变压器盖板的尺寸

A.2 旋转开关

电缆的进线端有三种可供选择的方案用于初级和旋转开关的连接。

A.2.1 在开关的外壳上开四个口，如图A.1所示。这些开口应该用如A.1.1所指定的装有电缆导管的或不装有电缆导管的盖板盖住。

板的尺寸表示在图A.2中。按照GB/T 17194的规定，导管尺寸应为40 mm。

A.2.2 螺纹孔应制在开关上装有手柄的这一侧的表面上，其对面是一个可拆卸的板。

A.2.3 线路的连接是利用插头和插座在开关装有手柄的一面进行的，图 A.3 给出了有关尺寸。该方案仅当电流小于或等于 200 A 时可以使用。

单位为毫米

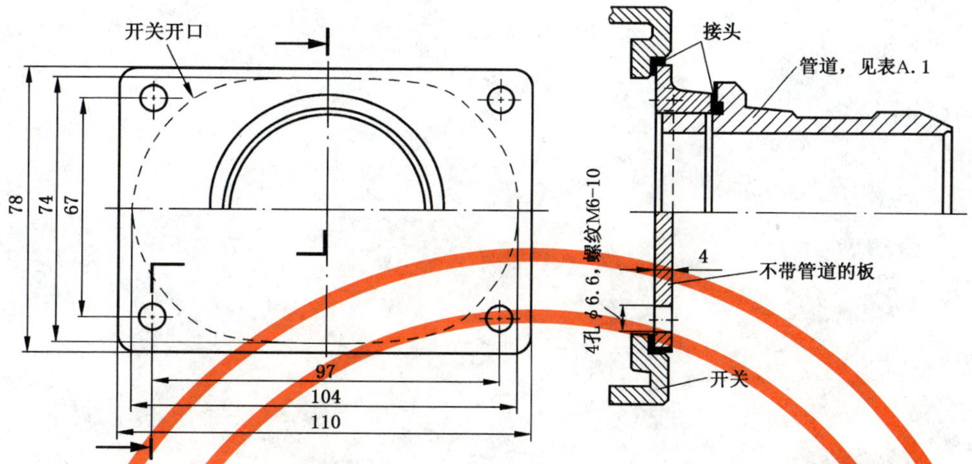

图 A.2 用于旋转开关的盖板尺寸

单位为毫米

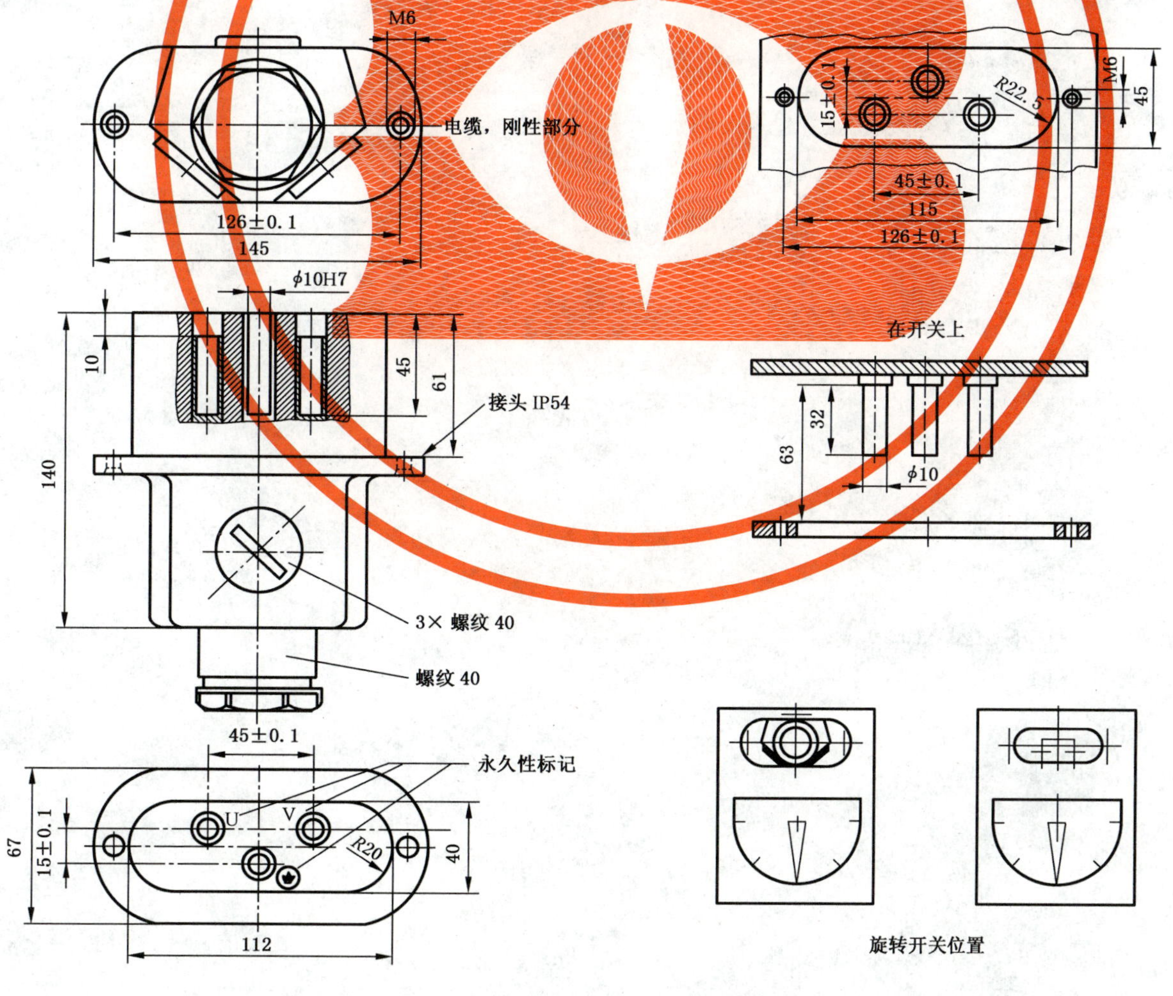

图 A.3 插头和插座的位置

ICS 25.160.30
J 64

中华人民共和国国家标准

GB/T 25300—2010/ISO 12166:1997

电阻焊设备　汽车工业中使用的具有一个次级线圈的多点焊变压器特殊技术条件

Resistance welding equipment—Particular specifications applicable to transformers with one secondary winding for multi-spot welding, as used in the automobile industry

(ISO 12166:1997,IDT)

2010-11-10 发布　　2011-05-01 实施

中华人民共和国国家质量监督检验检疫总局
中国国家标准化管理委员会　发布

前　言

本标准等同采用ISO 12166:1997《电阻焊设备　汽车工业中使用的具有一个次级线圈的多点焊变压器特殊技术条件》。

本标准由中国电器工业协会提出。

本标准由全国电焊机标准化技术委员会(SAC/TC 70)归口。

本标准起草单位:深圳市瑞凌实业股份有限公司、广州松兴电器有限公司、中国质量认证中心、成都三方电气有限公司、凯尔达集团有限公司。

本标准主要起草人:邱光、刘国瑛、司立峰、蒲有东、王巍、王仕凯。

电阻焊设备 汽车工业中使用的具有一个次级线圈的多点焊变压器特殊技术条件

1 范围

本标准规定了特殊变压器在其应用范围内的特殊技术要求，是对 GB/T 25301(ISO 5826)(适用于所有变压器的通用技术条件)的补充。

除非另有规定，否则 GB/T 25301(ISO 5826)中未被本标准修改的技术要求仍然适用。

本标准适用于汽车工业中使用的具有一个次级线圈的多点焊机的变压器。这些变压器可以替代 GB/T 25299(ISO 7284)中具有电流控制的变压器，也同样可以替代 GB/T 25299(ISO 7284)中仅使用一个次级线圈的变压器。

符合本标准规定的变压器应设计成：

a) 次级焊接回路允许单独控制和调整；

b) 可以用符合本标准规定的两个变压器替代 GB/T 25299(ISO 7284)中规定的一个变压器。

注：制造厂和用户之间协商后，可以将本标准用于其他工业部门的多点焊变压器或其他类型的焊机上。GB/T 25301(ISO 5826)在各种情况下都是适用的。

2 规范性引用文件

下列文件中的条款通过本标准的引用而成为本标准的条款。凡是注日期的引用文件，其随后所有的修改单(不包括勘误的内容)或修订版均不适用于本标准，然而，鼓励根据本标准达成协议的各方研究是否可使用这些文件的最新版本。凡是不注日期的引用文件，其最新版本适用于本标准。

GB/T 25299 电阻焊设备 适用于汽车工业中具有两个独立线圈的多点焊变压器的特殊技术条件(GB/T 25299—2010,ISO 7284:1993,IDT)

GB/T 25301 电阻焊设备 适用于所有变压器的通用技术条件(GB/T 25301—2010,ISO 5826:1999,IDT)

3 变压器的类型

本标准覆盖了具有次级空载电压 U_{20}、次级连续电流 I_{2P} 以及供参考的连续输出功率 S_P 和/或 50%负载持续率时的输入功率 S_{50} 等特性、带有一个次级线圈的下列类型的变压器。

变压器可以只有一个次级电压(见表 1)或在初级侧用一组连接器选取次级电压(见表 2)。

表 1 仅有一个次级电压的变压器类型、电气特性

U_{20}/V	I_{2P}/kA	S_P/kVA	S_{50}/kVA
7.1	4.0	28	40
10.0	4.5	45	63

表 2　通过一组初级连接器改变抽头的变压器类型、电气特性

位置	U_{20}/V	I_{2P}/kA	S_P/kVA	S_{50}/kVA
1	5.0	3.2		
2	5.6			
3	6.3			
4	7.1		23	32
1	7.1	3.5		
2	8.0			
3	9.0			
4	10.0		35	50

4　变压器尺寸

变压器的尺寸应符合图 1 和表 3 规定。

表 3　根据次级连续电流确定的 l_1 和 l_2 的尺寸

变压器 I_{2P}/kA	尺寸/mm	
	l_1	l_2
3.2	280	595
3.5	400	710
4.0	280	595
4.5	400	710

5　冷却液回路

冷却液回路应符合 GB/T 25299(ISO 7284)中 7.2 的要求。

6　次级连接

次级接线端的尺寸和排列应符合图 1 和表 3 规定。

7　初级连接

7.1　电缆和接线端

电缆和接线端应符合 GB/T 25299(ISO 7284)中 7.4.1 的要求。

7.2　电缆的输入端

电缆输入端螺孔的位置应符合图 1 规定。螺纹尺寸应符合 GB/T 25299—2010(ISO 7284)中表 A.1规定。

7.3　空载电流

空载电流应不超过表 4 的规定值。

表 4　空载电流 I_0 的限值

I_{2P} kA	U_1/V						S_P kVA	S_{50} kVA	S_0 kVA
	230	400	(415)	500	550	690			
	I_0/A								
3.2	20.5	11.3	10.8	9	8.2	6.8	23	32	4.5
3.5	29.5	16.3	15.7	13	11.8	9.8	35	50	6.5

表 4（续）

I_{2P} kA	U_1/V						S_P kVA	S_{50} kVA	S_0 kVA
	230	400	(415)	500	550	690			
	I_0/A								
4	24.5	14	13.5	11.2	10.2	8.1	28	40	5.6
4.5	36.3	20.5	19.8	16.2	14.9	12	45	63	8.2

8 检验

按 GB/T 25301(ISO 5826)规定的检验方法进行检验，本标准另有规定的除外。

9 外表颜色

U_{20}=7.1 V 的变压器的外表颜色应为绿色；U_{20}=10 V 的变压器的外表颜色应为黄色。

10 标志

符合本标准的变压器应依次标志：

a) 本标准代号；

b) 次级接线端的排列(见图 1)；

c) 抽头参数见表 2；

d) 次级空载电压 U_{20}(见表 1 和表 2)；

e) 连续输出功率 S_P(见表 1 和表 2)；

f) 初级电压 U_1。

例如：变压器 GB/T 25300-B/2-4-10-35-400

单位为毫米

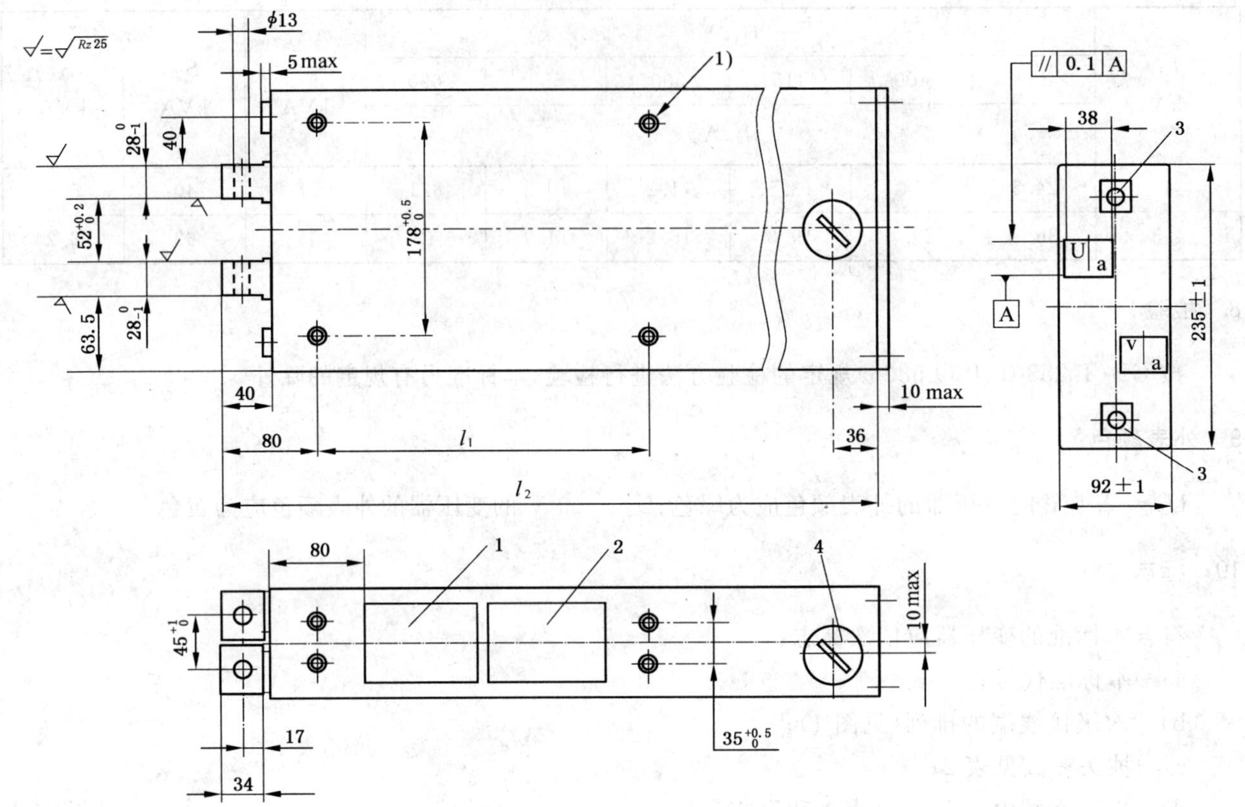

1——铭牌；

2——接地标牌；

3——水路的进口-出口 R_p 1/4″；

4——PG 36(4×)。

1) 周围 4×M12-18 深。

图 1 变压器尺寸

参 考 文 献

［1］ GB/T 131—2006 产品几何技术规范(GPS) 技术产品文件中表面结构的表示法(ISO 1302:2002,IDT).

［2］ GB/T 1184—1996 形状和位置公差 未注公差值.

［3］ GB/T 8366—2004 阻焊 电阻焊机 机械和电气要求.

［4］ GB/T 17194—1997 电气导管 电气安装用导管的外径和导管与配件的螺纹.

ICS 25.160.30
J 64

中华人民共和国国家标准

GB/T 25301—2010/ISO 5826:1999

电阻焊设备　适用于所有变压器的通用技术条件

Resistance welding equipment—General specifications applicable to all transformers

(ISO 5826:1999,IDT)

2010-11-10 发布　　2011-05-01 实施

中华人民共和国国家质量监督检验检疫总局
中国国家标准化管理委员会　发布

前　言

本标准等同采用ISO 5826:1999《电阻焊设备　适用于所有变压器的通用技术条件》。

本标准与ISO 5826:1999的主要差异:

——由于IEC 60536-2《电工电子设备防触电保护分类　第2部分:防触电保护导则》已作废,所以在规范性引用文件中取消了IEC 60536-2,并增加引用标准GB/T 18495—2001;

——在标准的7.4中将“变压器在制造上应达到标准IEC 60536-2所规定的Ⅰ类设备或Ⅱ类设备的要求。”修改为“变压器在制造上应达到Ⅰ类设备或Ⅱ类设备的要求”;

——将标准中输入功率符号P改为S。

本标准的附录B、附录C和附录D为规范性附录,附录A为资料性附录。

本标准由中国电器工业协会提出。

本标准由全国电焊机标准化技术委员会(SAC/TC 70)归口。

本标准起草单位:广州松兴电器有限公司、上海梅达焊接设备有限公司、深圳市瑞凌实业股份有限公司、成都三方电气有限公司。

本标准主要起草人:刘国瑛、陈建平、邱光、邢军、何为、王巍。

电阻焊设备　适用于所有变压器的通用技术条件

1　范围

本标准规定了不带整流器的电阻焊机用变压器(以下简称变压器)的有关要求。

2　规范性引用文件

下列文件中的条款通过本标准的引用而成为本标准的条款。凡是注日期的引用文件,其随后所有的修改单(不包括勘误的内容)或修订版均不适用于本标准,然而,鼓励根据本标准达成协议的各方研究是否可使用这些文件的最新版本。凡是不注日期的引用文件,其最新版本适用于本标准。

GB 4208　外壳防护等级(IP 代码)(GB 4208—2008,IEC 60529:2001,IDT)

GB 5226.1　机械安全　机械电气设备　第1部分:通用技术条件(GB 5226.1—2008,IEC 60204-1:2005,IDT)

GB/T 7676.2　直接作用模拟指示电测量仪表及其附件　第2部分:电流表和电压表的特殊要求(GB/T 7676.2—1998,idt IEC 51-2:1984)

GB/T 8366　阻焊　电阻焊机　机械和电气要求(GB/T 8366—2004,ISO 669:2000,MOD)

GB/T 11021　电气绝缘　耐热性分级(GB/T 11021—2007,IEC 60085:2004,IDT)

GB/T 16935.1　低压系统内设备的绝缘配合　第1部分:原理、要求和试验(GB/T 16935.1—2008,IEC 60664-1:2007,IDT)

GB/T 17211　干式电力变压器负载导则(GB/T 17211—1998,eqv IEC 905:1987)

GB/T 18495　电阻焊　与焊钳一体式的变压器(GB/T 18495—2001,eqv ISO 10656:1996)

3　术语和定义

GB/T 8366 中确立的术语和定义适用于本标准。

4　符号

本标准所用符号见表1。

表1　符号含义

符　号	含　义	条款号
I_{1P}	额定连续输入电流	10
I_{1X}	给定负载持续率下的输入电流	附录C
I_2	输出电流	附录C
I_{2P}	100%负载持续率下的连续输出电流	12,13.3,附录C
I_{2X}	给定负载持续率下的输出电流	附录C
$I_{2/50}$	50%负载持续率下的输出电流	13.3
m	质量	13.3
S	功率	附录C

表 1(续)

符 号	含 义	条款号
S_P	100%负载持续率下的连续输入功率	10,11,13.3,附录 C
S_X	给定负载持续率下的输入功率	附录 C
S_{50}	50%负载持续率下的输入功率	13.3
Q	需要的冷却液体总流量	11,13.3
R_1	线圈的初始电阻值(冷态电阻值)	8.2.1,8.3.2
R_2	加热试验结束时线圈的电阻值	8.3.2
t	时间	附录 C
t_1	通电时间	附录 C
T	循环时间	附录 C
U_{cc}	额定短路电压	10
U_{1cc}	输入短路电压	10
U_{1N}	额定输入电压	9,10,13.3
U_{20}	额定输出空载电压	9,13.3
X	负载持续率	附录 C
X_m	磁路的负载持续率	附录 C
Z_2	输出回路总阻抗	10
Δp	冷却回路的压降	11,13.3
$\Delta\theta_{1,2}$	温度差	附录 C
θ	温度	附录 C
θ_a	冷却介质的温度	附录 C
θ_m	平衡温度	附录 C
θ_n	变压器开始冷却时的温度	附录 C
$\theta_{0,1,2}$	热时间常数的计算温度或加热期间的线圈温度	8.2.1,8.3.2,附录 C
τ	热时间常数	附录 C
τ_2	给定通电时间下的热时间常数	附录 C
τ_{2P}	连续输出电流下的热时间常数	附录 C

5 环境和使用条件

5.1 总则

变压器应保证在下列环境和使用条件下可靠地工作。

如果环境条件和/或工作条件与本标准的规定不同,则制造商和用户之间可以协商,签订有关协议(见 GB 5226.1)。

5.2 环境温度

变压器应在 5 ℃～40 ℃的环境温度下正常运行。

冷却介质的最高温度见附录 B。

5.3 湿度

变压器应在相对湿度为 30%～95%范围内正常运行。

应从焊机的设计方面或必要时通过采取适当的附加措施(例如空调、排水孔)避免由于偶然的凝结造成有害影响。

5.4 海拔高度

变压器在海拔高度不超过 1 000 m 的条件下应能正常运行。

其他海拔高度见附录 B。

5.5 运输和贮存

变压器应设计成能在－25 ℃～＋55 ℃温度下和最高温度 70 ℃、时间不超过 24 h 的短时条件下运输和贮存。应采取适当的保护措施避免因受潮、振动和冲击造成的损坏。

5.6 提升装置

变压器应配备能用起重机或类似设备进行吊运的装置。

5.7 冷却液体的温度

在变压器的冷却液进口处,冷却液的温度不应超过 30 ℃。

注:应防止由于大流量或冷却液温度较低引起的冷凝现象。

6 试验条件

6.1 总则

应在 10 ℃～40 ℃的环境温度下,对新的、干燥的、安装完整的变压器进行试验。通风情况应与正常使用条件相同。测量装置只允许经由带盖板的孔道、观察窗或制造商设置的易于拆卸的板安置。测量装置不应妨碍变压器的正常通风或使热交换异常。

采用液体冷却的变压器应在制造商规定的液体冷却条件下进行试验。

测量仪器的准确度或精度要求:

a) 电气测量仪表:0.5 级(满量程的±0.5%,见 GB/T 7676.2);

b) 温度计:±2 K。

除非另有规定,本标准中要求的检验均为型式检验。

6.2 条对部分型式检验的顺序作了规定。6.3 条对例行试验作了规定。

应检验变压器的零部件是否符合有关的标准要求。

6.2 型式检验

除非有特殊规定,否则所有型式检验都应在同一台变压器上进行。

应按下列顺序进行型式检验,在 f)、g)、h)和 i)试验之间不需要停留时间。

a) 一般目测检验;

b) 绝缘电阻(初步检验)(见 7.1);

c) 热性能要求(见第 8 章);

d) 额定短路电压(见第 10 章);

e) 外壳防护(见 7.3);

f) 绝缘电阻(见 7.1);

g) 介电强度(见 7.2);

h) 动态特性(见第 12 章);

i) 一般目测检验(复检)。

本标准中上述未提及的其他试验可按任何方便的顺序进行。

注:绝缘电阻的初步检验是为了确定变压器是否能安全地与电源连接。

6.3 例行检验

每台变压器都应依次通过下述例行检验:

a) 一般目测检验;

b) 介电强度(见 7.2);

c) 额定空载电压(见第 9 章);

d) 液体冷却回路(见第 11 章);

e) 一般目测检验(复检)。

7 防触电保护

7.1 绝缘电阻

绝缘电阻不应低于 50 MΩ。

施加 500 V 的直流电压测量绝缘电阻,施加电压的部位为:

a) 输入线圈和输出线圈之间;

b) 线圈和机架之间。

7.2 介电强度(例行检验)

绝缘应能承受下述试验电压而无闪络或击穿现象发生,也不应出现绝缘的功能性损坏。

按 GB/T 16935.1 规定,通过下述试验检查其合格与否:

施加交流电压,频率为电网供电频率,电压值为:

a) 与焊枪一体式的变压器:4 000 Vr. m. s.;

b) 所有其他变压器:2 500 Vr. m. s.。

对于Ⅰ类变压器或Ⅱ类变压器,电压应施加在输入部分与输出回路的一个线圈之间。如果Ⅰ类变压器设计成次级有一个点接地,则试验电压应降低至 2 500 Vr. m. s.。

在输出回路的一个线圈与地之间施加相同波形的交流电压 1 000 Vr. m. s.。

1 000 V 试验电压应瞬时施加至满值。

2 500 V 和 4 000 V 试验电压应在 20 s 内缓慢增加至满值。

两种情况下,试验电压达到满值后的持续时间为 60 s。然后在设备允许的条件下尽快切断试验电压,切断电压的过程中不得引起任何过电压。

注:通常介电强度试验不应在同一变压器上重复进行。如必须在同一变压器上重复进行,则试验电压应降至上述值的 75%。

7.3 正常使用中的防触电保护(直接接触)

带外壳的变压器的最低防护等级应是 GB 4208 规定的 IP54。

如果变压器是装入焊机内部的,防护等级可以是 IP00。

按 GB 4208 的规定检查其合格与否。

7.4 发生故障时的防触电保护(非直接接触)

变压器在制造上应达到Ⅰ类设备或Ⅱ类设备的要求。

通过目测,检查其合格与否。

7.5 输入回路与输出回路的隔离

焊接回路应与输入回路及电压值高于规定的空载电压的所有其他回路在电气上隔离,隔离方式可采用加强绝缘或双重绝缘。如果有一回路与输出回路相连接,则该回路的电源应由一只隔离变压器或相当的装置供给。

通过目测,检查其合格与否。

8 热性能要求

8.1 温升限值

变压器的热性能要求规定如下:

a) 线圈符合 8.1.1 要求;

b) 易接近表面符合 8.1.2 要求。

8.1.1 线圈

线圈的温升不应超过表 2 规定的限值。

任何部件都不应达到损坏其他部件的温度，尽管该部件的温升符合表 2 要求。

表 2 线圈的温升限值

耐热等级（按 GB/T 11021）℃	峰值温度（按 GB/T 17211）℃	温升限值/K			
		空气冷却的线圈		液体冷却的线圈	
		埋入式温度传感器法	电阻法	埋入式温度传感器法	电阻法
105(A)	140	60	60	70	70
120(E)	155	75	75	85	85
130(B)	165	85	85	95	95
155(F)	190	110	105	120	115
180(H)	220	135	130	145	140
200	235	155	145	165	155
220	250	175	160	185	170

注 1：用埋入式热电偶可以测出绕组内的最高温度（热点），用电阻法测得的温度是绕组内各处温度的平均值。

注 2：可以选用温度限值高于本表的绝缘等级的材料（见 GB/T 11021）。

按 8.2 测量，检查其合格与否。

8.1.2 易接近表面

易接近表面在环境温度（见 5.2）和冷却液体（见 5.7）条件下，温升限值不应超过表 3 规定的限值。

表 3 易接近表面的温升限值

易接近表面	温升限值/K	
	空气冷却的变压器	液体冷却的变压器
裸金属外壳	25	35
喷漆金属外壳	35	45
非金属外壳	45	55
金属手柄	10	20
非金属手柄	30	40

使用表面温度计（见 8.3.3），按 8.2 测量，检查其合格与否。

8.2 发热试验

所有调节挡均应进行试验。

液体冷却的变压器，冷却液体的流量采用 100%负载持续率时的规定值。

发热试验期间，各参数应满足额定值要求，其允差不应超过下述规定值：

a) 输出电流：连续输出电流的±2%；

b) 冷却液体的流量（适用时）：额定值的±5%。

试验在新的变压器处于短路的状态下，在低电压下进行。对于具有两个输出线圈的变压器，输出线圈并联短路。

8.2.1 试验开始

a) 如果采用埋入式温度传感器法和表面温度传感器法（见 8.3.1 或 8.3.3）进行测量，则试验开始的时间不必等变压器与冷却液体之间达到温度平衡。

b) 如果采用电阻法(见 8.3.2)进行测量,则等冷却液体进口和出口处温差在±1 K 以内时才可开始试验。

冷却液体的温度 θ_1 作为线圈的初始温度,测量此时线圈的初始电阻 R_1。

8.2.2 发热试验的持续时间

发热试验应进行到变压器的任何部件温度上升速率不超过 2 K/h。

8.3 温度测量方法

确定任何部件的温度,采用一种方法即可。

8.3.1 埋入式温度传感器法

这种方法是将一个或多个热电偶或大小相近的其他测温器件在变压器的制造过程中埋入线圈的最热部分来测量温度的。

把热电偶放置在单层绕组的最热点上应视为埋入法。

在有负载的状态下,也即切断电流前的瞬间记录测试结果。

8.3.2 电阻法

本方法仅适用于输入线圈的测量。线圈的温升通过电阻的增大来测定。铜绕组的温升按下述公式求得:

$$\theta_2-\theta_a=\frac{(235+\theta_1)(R_2-R_1)}{R_1}+(\theta_1-\theta_a)$$

式中:

θ_2——试验结束时的线圈温度计算值,单位为摄氏度(℃);

θ_a——试验结束时冷却液体的温度,单位为摄氏度(℃);

θ_1——测量线圈的初始电阻时线圈的温度,单位为摄氏度(℃);

R_2——试验结束时线圈的电阻,单位为欧(Ω)。

R_1——线圈的初始电阻,单位为欧(Ω);

对于铝绕组,应用 225 代替上述公式中的常数 235。

按下述的步骤记录测量结果,中间不要有停留时间:

a) 切断冷却液;

b) 切断电流;

c) 记录电阻 R_2。

8.3.3 表面温度传感器法

易接近的外表面的温度用温度传感器(例如:热电耦、电阻温度计)在下列条件下进行测量。

a) 温度传感器应放在能达到的可能出现最高温度的点上。建议进行初步检查以预先确定发热点的位置;

b) 应保证测量点与温度传感器之间的有效热传导,并提供防护使温度传感器不受气流和辐射的影响。

按下述的步骤记录测量结果:

1) 切断电流;

2) 记录最高温度值。

8.3.4 环境温度的测定

温度计应避免受气流和热辐射的影响。温度计的水银球可以放在一个小油杯内以均衡温度的变化。

8.3.5 冷却液体温度的测定

温度计应放置在变压器冷却液体的进口处。

温升试验结束前的 15 min 内,记录测得的温度的平均值。

9　额定空载电压(U_{20})

在变压器输出端开路的情况下测定各调节档的额定空载电压(U_{20}),允差在±2%以内。

在额定输入电压下,对各调节档进行测量,检查合格与否。

10　额定短路电压(U_{cc})

短路电压U_{cc}由制造商规定。

若变压器有二个独立的次级线圈,应测出每个线圈的短路电压值,允差不应超过最大值的±5%。

发热试验结束时,通过下述测量检查其合格与否:

a)　短路次级线圈

如果变压器有二个次级线圈,允许在下列条件下进行测量:

1)　二个次级线圈并联短路,

2)　二个次级线圈串联短路,

3)　一个次级线圈短路,另一个次级线圈开路;

b)　调节输入电压U_{1cc},直至达到允许的连续输入电流I_{1P};

注:$I_{1P}=\frac{S_P}{U_{1N}}$

式中I_{1P}的单位为A。

c)　短路电压的计算公式:

$$U_{cc}=\frac{U_{1cc}}{U_{1N}}\times 100$$

d)　计算总的输出阻抗Z_2公式:

$$Z_2=\frac{U_{1cc}\times U_{20}^2}{100\times I_{1P}\times U_{1N}}$$

11　冷却液体回路

连续功率下的冷却液体流量不应超过表4规定值。

表4　冷却流量限值

连续功率 S_P/kVA	流量 Q/(L/min)
$100\geqslant S_P$	$4\geqslant Q$
$101\geqslant S_P\geqslant 350$	$8\geqslant Q$

冷却液体回路:

a)　应在1 MPa压力下进行10 min的密封试验;

b)　在表4规定的额定流量(Q)下液体的最大压降不得超过0.06 MPa。

通过密封试验和流量检查判定合格与否。

12　动态特性

变压器应能承受动态试验而不出现损坏。通过下列试验检查其合格与否。

a)　变压器与短路导体连接,模拟使用过程中输出端的机械负载;

b)　在额定电压下,对变压器施加尽可能高的电流,但不超过9倍的连续次级电流(I_{2P}),在这一负载下应对变压器进行4 h试验,负载持续率为1.23%,周期为10 s。

13 铭牌

13.1 总则

每台变压器上都应可靠地安装或印制标记清晰且不易擦掉的铭牌。

如果变压器设计成有几种额定输入电压，则应标注出每种输入电压所对应的电气特性。可以用几块铭牌表示，或采用一个表格表示。

用浸过水的布摩擦铭牌 15 s，再用浸过汽油的布摩擦 15 s，目测其合格与否。

经上述试验后，标记仍应清晰可辨，且铭牌应不易移动也无卷曲。

13.2 说明

铭牌应划分为包含信息和数据的若干区域：

a) 标志；

b) 电气特性；

c) 其他特性。

数据资料的排列和顺序应按照图 1 所示的原则进行(实例见附录 A)。

注 1：铭牌大小不作规定，可自行选择。

注 2：其他有用信息可列在制造商提供的产品使用说明书中。

a) 标志

1)
2)
3)
4)

b) 电气特性

5)
6)
7)
8)

c) 其他特性

9)	10)
11)	12)
13)	14)

图 1 铭牌组成原则

13.3 内容

下述解释对应于图 1 所示的方框编号。

a) 标志

1) 制造商或销售商的名称和地址以及如有必要可选商标和原产国名；

2) 由制造商提供的型号(标记)；

3) 设计序号、制造日期(如：顺序号)和生产年代号；

4) 符合的标准代号；

b) 电气特性

5) U_{1N} = …V/…～…Hz 额定输入电压；相数，如 1 或 3；交流电符号(～)；频率，

		例如 50 Hz 或 60 Hz；
6）	$S_P = \cdots$ kVA	连续功率（100%负载持续率时的功率）；
	（$S_{50} = \cdots$ kVA）	50%负载持续率时的功率；
	注：$S_{50} = S_P \times \sqrt{2}$	仅用于换算。
7）	$U_{20} = \cdots$V 至…V … 级	额定交流空载电压范围和调节级数；
8）	$I_{2P} = \cdots$kA	连续输出电流；
	（$I_{2/50} = \cdots$kA）	50%负载持续率时的输出电流；
	注：$I_{2/50} = I_{2P} \times \sqrt{2}$	仅用于换算。

c） 其他特性

9）	$Q = \cdots$L/min	额定冷却液体流量；
10）	$\Delta p = \cdots$MPa	额定冷却液体压降；
11）		绝缘等级；
12）		防护类别；
13）	质量＝…kg	变压器质量；
14）		适用时的附加信息（例如附录 D 给出的类型代码）。

14 使用说明书

每台变压器交货时应附有包括下述内容的使用说明书。

a） 包括铭牌给出的所有信息的概述；

b） 正确的提升方法（例如用升降叉车或吊车）以及防护措施；

c） 正确使用变压器的有关说明（例如安装和防止过热或冷凝而采取的冷却要求）；

d） 负载持续率的限制说明；

e） 对操作者和工作区域的人员人身防护的要点（例如：金属物体将输出端短路或被磁场吸引的危险性）；

f） 维护；

g） 有关的线路图和基本备件清单；

h） 安装。

可以给出其他有用的信息（例如：控制装置、指示装置、每个脉冲的最长时间、功率因数、阻抗、类型代码、指示的含义、标志和图形符号等）。

通过阅读使用说明书，检查其合格与否。

附　录　A
（资料性附录）
铭牌的实例

a）标志

1）制造商，国家	商标
2）阻焊变压器	
3）出厂编号	制造年份
4）标准编号	

b）电气特性

5）U_1＝400 V/1～50 Hz
6）S_P＝71 kVA （S_{50}＝100 kVA）
7）U_{20}＝7.1 V～10 V，4 档
8）I_{2P}＝7.1 kA （$I_{2/50}$＝10 kA）

c）其他特性

9）Q＝4 L/min	10）Δp＝0.03 MPa
11）绝缘等级 F	12）Ⅱ类
13）质量＝35 kg	14）

图 A.1　只有一种额定输入电压的变压器

附　录　B
（规范性附录）
高海拔和高冷却介质温度时的修正

B.1　海拔高度在 1 000 m 以上

对于设计运行于海拔高度超过 1 000 m 的空冷变压器，在海拔高度 1 000 m 以下做温升试验时，温升限值应低于表 B.1 规定的数值；在海拔高度 1 000 m 以上做试验时，高度每增加 100 m，温升限值应比表 2 规定值少 0.5%。

B.2　冷却介质温度超过标准值

如果冷却介质的温度超过标准值，允许的温升限值按下表进行修订。

表 B.1　温升限值的降低

冷却介质	冷却介质温度 θ_a/℃	温升限值的降低量/K
液　体	$\theta_a \leqslant 30$	0
	$31 \leqslant \theta_a \leqslant 35$	5
	$36 \leqslant \theta_a \leqslant 40$	10
空　气	$\theta_a \leqslant 40$	0
	$41 \leqslant \theta_a \leqslant 45$	5
	$46 \leqslant \theta_a \leqslant 50$	10

附 录 C
（规范性附录）
几个定义的物理概念和注释

C.1 变压器的温升和冷却

变压器工作时，温度通常上升至一最大平衡值 θ_m。

最终的平衡温度是流过线圈的电流的二次函数，取决于：

a） 制造和装配条件，和

b） 与冷却介质间的热交换。

变压器停止工作后，因冷却使各部件温度下降趋向于冷却介质温度。

当变压器已经冷却至与冷却介质达到热平衡后，使变压器通过电流 $I_2=1.26\times I_{2P}$，然后测定达到与电流为 I_{2P} 及负载持续率为100%时相同温度所需的时间，这个时间就是测得的热时间常数 τ。

变压器的温度变化是时间的指数函数（见图C.1），可按下式求出：

温升： $$\theta=\theta_m-(\theta_m-\theta_a)e^{\frac{-t}{\tau}}$$

冷却： $$\theta=\theta_a-(\theta_n-\theta_a)e^{\frac{-t}{\tau}}$$

式中：

θ_m——平衡温度，单位为摄氏度（℃）；

θ_a——冷却介质温度，单位为摄氏度（℃）；

θ_n——变压器开始冷却时的温度，单位为摄氏度（℃）。

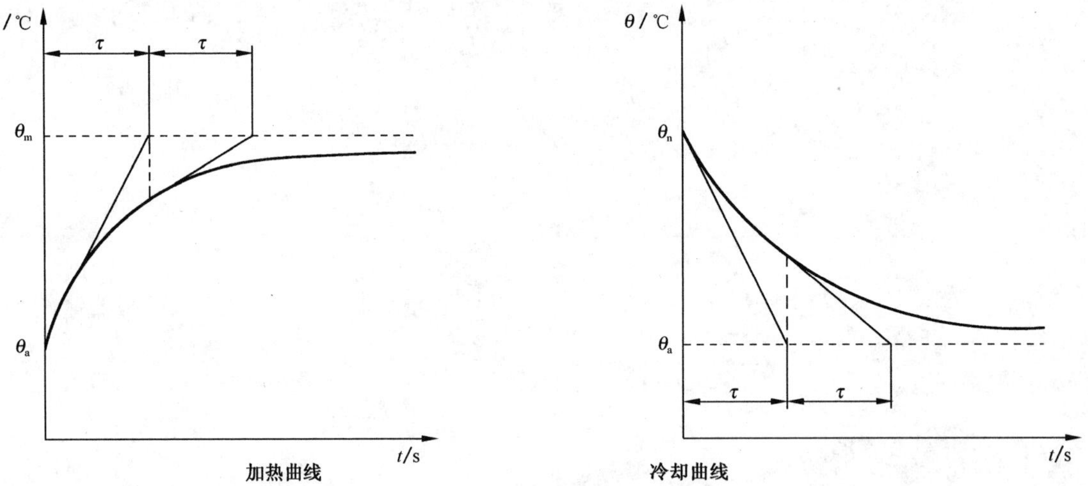

图 C.1 变压器的温度变化

指数内出现的系数 $1/\tau$ 是一个物理量，它取决于：

a） 变压器的设计与安装；

b） 与冷却介质的热交换。

热时间常数 τ：

1） 是一个可测量的物理量；

2） 是变压器的特性；

3） 取决于变压器的温升和冷却的速度；

4） 若温度变化速度保持与开始时一样，则热时间常数相当于温度达到最高值所需的时间；

5) 表示这样一段时间,经过这段时间后温度变化已达到平衡温度与 t 时刻的温差的 63%。

C.2 初级线圈热时间常数(τ)的确定

热时间常数可以选择下述的一种方法进行测定:

a) 方法 1

1) 给变压器施加负载:

——按 8.2 规定的条件,在 100%的负载持续率下给变压器施加负载;

——不论采用什么样的测温方法,直至确认变压器与冷却介质间达到热平衡。

2) 测定以下温度:

——θ_0 初始温度;

——θ_1 当 $t=t_1$ 时的温度;

——θ_2 当 $t=2t_1$ 时的温度。

3) 利用公式计算:

$\Delta\theta_1=\theta_1-\theta_0$

$\Delta\theta_2=\theta_2-\theta_1$

$$\tau=\frac{t_1}{\ln\dfrac{\Delta\theta_1}{\Delta\theta_2}}$$

式中热时间常数 τ 的单位:s。

b) 方法 2

1) 发热试验结束后切断电流。

液体冷却的变压器继续通冷却液;

2) 用固定在线圈上的热电偶绘制冷却曲线:

——连续绘制,或

——记录冷却开始时间和其后的时间 t_1、$2t_1$、$3t_1$、……,冷却开始时间从切断电流时刻算起。应尽量使点数标得多一些,尤其在冷却刚开始阶段;

3) 确定热时间常数 τ,单位 s:

——仔细地作出冷却曲线的次切线(见图 C.1),或

——按下式计算:

$$\tau=\frac{t}{\ln\dfrac{\theta_2}{\theta}}$$

式中:

θ_2——发热试验结束时的最高温度;

θ——时间 t 以后的温度。

c) 方法 3

与冷却介质间处于平衡状态的变压器通以电流 $I=1.26I_{2P}$,负载运行时间为 t,使其达到与变压器在电流为 I_{2P},100%负载持续率下负载运行时的温升相同。

这个时间 t 就是测得的热时间常数 τ。

C.3 变压器的运行

变压器通常并不连续工作,而是周期性地运行。

负载时间(t_1)与周期时间(T)之比称作负载持续率,用百分数表示:

$$X = \frac{t_1}{T} \times 100$$

周期值和负载持续率可能会根据焊接的工作性质以及变压器的使用条件而改变。

在一个工作周期内(见图 C.2),变压器的温度在负载时升高,在休止时降低。温度在 θ_1 和 θ_2 之间变化。

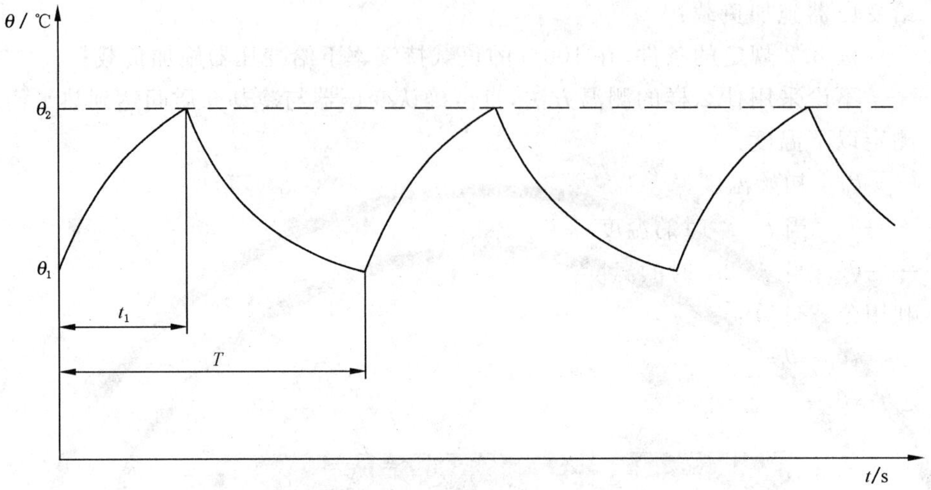

注:平衡曲线。

图 C.2 变压器工作周期

C.3.1 线圈

线圈的最高温升 θ_2 取决于:

a) 电流;

b) 循环周期;

c) 负载持续率;

d) 热时间常数。

线圈的温升不应超过其绝缘等级所规定的限值。因此,如果负载持续率低,则允许通过变压器的电流可比负载持续率高的要高一些。

如果连续输入功率 S_P 或连续输出电流 I_{2P} 以及变压器的热时间常数 τ 为已知时,则在某一给定的负载持续率 X 和周期 T 条件下,可以利用下列公式计算出相应的输入功率 S_X 或输出电流 I_{2X}。

$$S_X = S_P\sqrt{\frac{1-e^{-T/\tau}}{1-e^{-XT/100\tau}}} \qquad I_{2X} = I_{2P}\sqrt{\frac{1-e^{-T/\tau}}{1-e^{-XT/100\tau}}}$$

式中 S_X 的单位为 kVA,I_{2X}的单位为 kA。

通常,热时间常数与周期之比 $\tau/T>5$,则可用以下简化公式:

$$S_X = S_P\sqrt{\frac{100}{X}} \qquad I_{2X} = I_{2P}\sqrt{\frac{100}{X}}$$

式中 S_X 的单位为 kVA,I_{2X}的单位为 kA。

C.3.2 磁路

变压器磁路的最高温度 θ 不是电流的函数,而是与金属中的感应效应有关,因此是初级电压的函数。当然温度升高也与通过电流的时间有关,因而也就与周期长短、负载持续率大小以及热时间常数有关。

与通过的电流可变化相反,感应效应是取决于初级电压,因而是恒定的。因此,磁路的温升并不取决于通电的时间。变压器负载是由初级回路断开的,磁路的温升与负载持续率和周期时间的长短有关。

根据以上所述就可以定出最大负载持续率 X_m,超过 X_m 值磁路的温升就会过高。

由于磁路的热时间常数很大，因此可以认为最大负载持续率 X_m 与周期无关。

注：在连续工作条件下进行的线圈发热试验与上述试验并不矛盾。实际上，发热试验是在低电压下进行的，因此，磁路的温升可以忽略不计。

C.4 实际应用

如果下列条件已知，则可以确定变压器的工作能力：

a) 热时间常数 τ，和

b) 额定连续输入功率 S_P，或

c) 额定连续输出电流 I_{2P}。

C.3.1 中的公式可以用来计算：

1) 根据焊接条件，给定的周期和负载持续率，确定允许的输入功率和输出电流，或

2) 根据焊接条件确定所需电流大小后，求出允许的周期和负载持续率。

如果 C.3.1 的简化公式不适用（$\tau \leqslant 5T$），则应采用完整公式。这种情况下应注意，一般已知的值为电流通过的时间 t_1，

$$t_1 = T \times \frac{X}{100}$$

式中 t_1 的单位为 s。

因此，首先按下式求出允许的周期 T：

$$T = \tau\{2\ln I_{2P} - \ln[I_{2P}^2 - I_{2X}^2(1 - e^{-t_1/\tau})]\}$$

然后算出负载持续率 X：

$$X = \frac{t_1}{T} \times 100$$

注：应检查变压器的安装情况，是否会导致降低电流或最大负载持续率。

附 录 D
（规范性附录）
类 型 代 码

变压器用类型代码描述，例如：

B[1)]——7[2)]——10[3)]——71[4)]——400[5)]

类型代码的含义：

1） 输出接线端的排列：

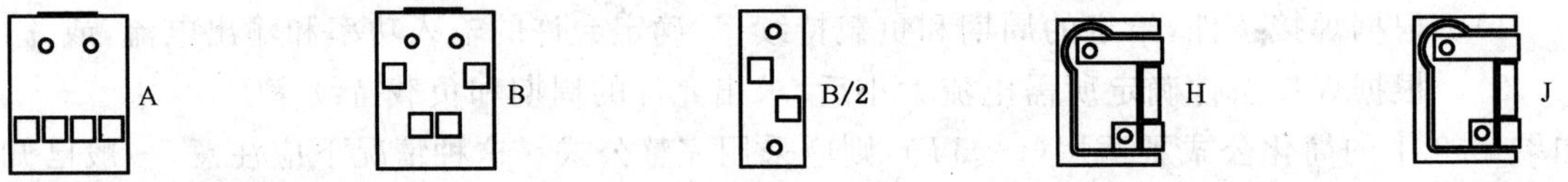

和 X，X 用于具有特殊接线端的变压器。

注：对于不符合上述类型的、但属于非常普通的工业用的变压器，可以使用数字代替字母。

2） 抽头开关的位置：

1　　末端位置

2～5　　侧位置

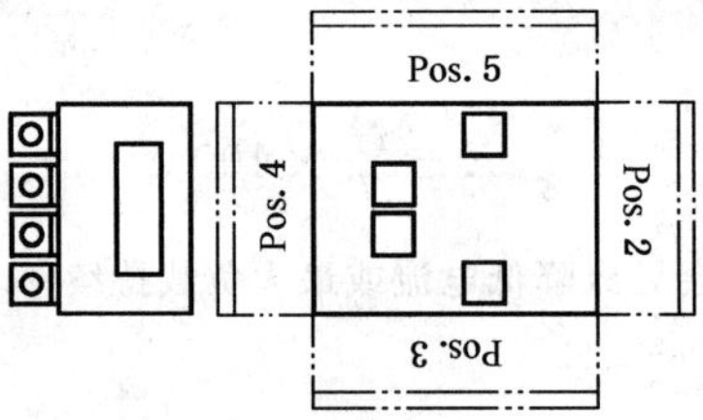

6 外部位置

无抽头开关：

0 变压器无输出抽头

7 用一组联接器改变输出抽头的变压器

3） 额定空载电压(例如：10 V)

4） 额定短路电压 U_{cc}(例如：71%)

5） 额定输入电压 U_{1N}(例如：400 V)

GB/T 18495 中的代码 H 和 J 与本附录不同。

ICS 29.160.30
K 22

中华人民共和国国家标准

GB/T 25302—2010

纺织专用高效率三相异步电动机技术条件（机座号90～225）

Specification for high efficiency three-phase induction motor for textile purpose (Frame size 90～225)

2010-11-10 发布　　2011-05-01 实施

中华人民共和国国家质量监督检验检疫总局
中国国家标准化管理委员会　发布

前　言

本标准对纺织专用高效率三相异步电动机(机座号 90～225)的产品要求作了全面规定。

本标准由中国电器工业协会提出。

本标准由全国旋转电机标准化技术委员会(SAC/TC 26)归口。

本标准负责起草单位:上海电器科学研究所(集团)有限公司、青岛和力达电气有限公司、山东华力电机集团股份有限公司和浙江金龙电机股份有限公司。

本标准参加起草单位:中国电子科技集团公司二十一所。

本标准主要起草人:张凤、张宝强、姚丙雷、王金平、王庆东、叶锦武。

纺织专用高效率三相异步电动机技术条件（机座号90～225）

1 范围

本标准规定了纺织专用高效率三相异步电动机(以下简称电动机)的型式、基本参数与尺寸、技术要求、检验规则以及标志、包装与保用期的要求。

本标准适用于纺织专用高效率三相异步电动机(机座号90～225)。电动机具有较一般电动机更有效的防纤维堵塞能力和较高的过载能力，特别适应在短纤维的环境中使用。电动机适宜在一般纺织车间温、湿条件下工作。凡属本系列电动机所派生的其他各种电动机也可参照执行。

2 规范性引用文件

下列文件中的条款通过本标准的引用而成为本标准的条款。凡是注日期的引用文件，其随后所有的修改单(不包括勘误的内容)或修订版均不适用于本标准，然而，鼓励根据本标准达成协议的各方研究是否可使用这些文件的最新版本。凡是不注日期的引用文件，其最新版本适用于本标准。

GB/T 191—2008 包装储运图示标志(ISO 780:1997,MOD)

GB 755—2008 旋转电机 定额和性能(IEC 60034-1:2004,IDT)

GB/T 997—2008 旋转电机结构型式、安装型式及接线盒位置的分类(IM代号)(IEC 60034-7:2001,IDT)

GB/T 1032—2005 三相异步电动机试验方法

GB 1971—2006 旋转电机 线端标志与旋转方向(IEC 60034-8:2002,IDT)

GB/T 1993—1993 旋转电机冷却方法(eqv IEC 60034-6:1991)

GB/T 4772.1—1999 旋转电机尺寸和输出功率等级 第1部分:机座号56～400和凸缘号55～1080(idt IEC 60072-1:1991)

GB/T 4942.1—2006 旋转电机整体结构的防护等级(IP代码)分级(IEC 60034-5:2000,IDT)

GB 10068—2008 轴中心高为56 mm及以上电机的机械振动 振动的测量、评定及限值(IEC 60034-14:2007,IDT)

GB/T 10069.1—2006 旋转电机噪声测定方法及限值 第1部分:旋转电机噪声测定方法(ISO 1680:1999,MOD)

GB/T 12665—2008 电机在一般环境条件下使用的湿热试验要求

GB 14711—2006 中小型旋转电机安全要求

GB/T 22719.1—2008 交流低压电机散嵌绕组匝间绝缘 第1部分:试验方法

GB/T 22719.2—2008 交流低压电机散嵌绕组匝间绝缘 第2部分:试验限值

3 型式、基本参数与尺寸

3.1 电动机的外壳防护等级为IP54(按GB/T 4942.1—2006的规定)。

3.2 电动机的冷却方式为IC411(按GB/T 1993—1993的规定)。

3.3 电动机的结构及安装型式为IM B3、IM B5、IM B35、IM V1(按GB/T 997—2008的规定)。

3.4 电动机的定额是以连续工作制(S1)为基准的连续定额。

3.5 电动机的额定频率为 50 Hz,额定电压 380 V,Y 接法。

3.6 电动机应按下列额定功率制造

0.55 kW,0.75 kW,1.1 kW,(1.3 kW),1.5 kW,(1.8 kW),2.2 kW,(2.6 kW),3 kW,(3.5 kW),4 kW,(4.7 kW),5.5 kW,(6.3 kW),7.5 kW,(8.6 kW),11 kW,(13 kW),15 kW,(17 kW),18.5 kW,22 kW,30 kW,37 kW,45 kW,55 kW。

注:括号内功率为非优先推荐功率。

3.7 电动机的机座号与转速及功率的对应关系应按表 1 的规定。

表 1 机座号与转速及功率的对应关系

<table>
<tr><th rowspan="3">机座号</th><th colspan="3">同步转速
r/min</th></tr>
<tr><th>3 000</th><th>1 500</th><th>1 000</th></tr>
<tr><th colspan="3">功率
kW</th></tr>
<tr><td>90 S</td><td>1.1</td><td>0.75</td><td>0.55</td></tr>
<tr><td>90 L1</td><td>(1.3)</td><td rowspan="2">1.1</td><td rowspan="2">0.75</td></tr>
<tr><td>90 L2</td><td>1.5</td></tr>
<tr><td>100 L1</td><td>(1.8)</td><td>(1.3)</td><td>1.1</td></tr>
<tr><td>100 L2</td><td>2.2</td><td>1.5</td><td>(1.3)</td></tr>
<tr><td>100 L3</td><td>—</td><td>(1.8)</td><td>—</td></tr>
<tr><td>112 M1</td><td>(2.6)</td><td>2.2</td><td>1.5</td></tr>
<tr><td>112 M2</td><td>3</td><td>(2.6)</td><td>(1.8)</td></tr>
<tr><td>112 M3</td><td>(3.5)</td><td>3</td><td>2.2</td></tr>
<tr><td>132 S1</td><td>4</td><td>(3.5)</td><td>(2.6)</td></tr>
<tr><td>132 S2</td><td>(4.7)</td><td>4</td><td>3</td></tr>
<tr><td>132 M1</td><td>5.5</td><td>(4.7)</td><td>(3.5)</td></tr>
<tr><td>132 M2</td><td>(6.3)</td><td>5.5</td><td>4</td></tr>
<tr><td>132 M3</td><td>7.5</td><td>(6.3)</td><td>(4.7)</td></tr>
<tr><td>160 S1</td><td rowspan="5">—</td><td>7.5</td><td>5.5</td></tr>
<tr><td>160 S2</td><td>(8.6)</td><td>(6.3)</td></tr>
<tr><td>160 S3</td><td>11</td><td>7.5</td></tr>
<tr><td>160 M1</td><td>(13)</td><td>(8.6)</td></tr>
<tr><td>160 M2</td><td>15</td><td>11</td></tr>
</table>

表 1（续）

机座号	同步转速 r/min 3 000 功率 kW	同步转速 r/min 1 500 功率 kW	同步转速 r/min 1 000 功率 kW
180 M1	—	(17)	(13)
180 M2	—	18.5	15
180 L	—	22	(17)
200 L1	—	30	18.5
200 L2	—	30	22
225 S	—	37	—
225 M1	—	45	30
225 M2	—	55	—

注：S、M、L 后面的数字 1、2、3 分别代表同一机座号和转速下不同的功率。

3.8 电动机尺寸及公差。

3.8.1 电动机的安装尺寸及公差应符合表 2～表 5 的规定；外形尺寸应不大于表 2～表 5 的规定。

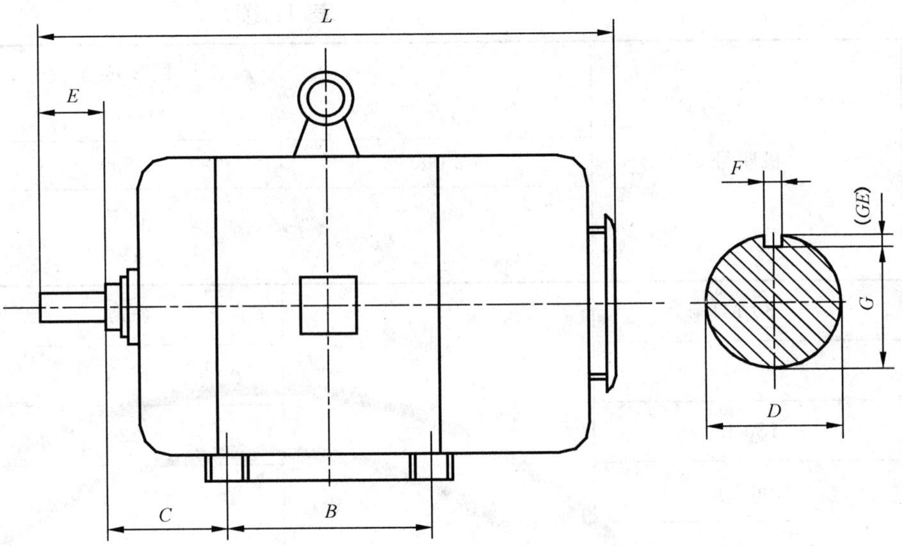

表 2　机座带底脚，端盖上无

机座号	极数	安装尺寸										
		A	A/2		B	C		D		E		
		基本尺寸	基本尺寸	极限偏差	基本尺寸	基本尺寸	极限偏差	基本尺寸	极限偏差	基本尺寸	极限偏差	基本尺寸
90S	2,4,6	140	70	±0.5	100	56	±1.5	24	+0.009 −0.004	50	±0.31	8
90L					125							
100L		160	80		140	63	±2.0	28		60	±0.37	
112M		190	95			70						
132S		216	108			89		38	+0.018 +0.002	80		10
132M					178							
160S	4,6	254	127	±0.75		108	±3.0	42		110	±0.43	12
160M					210							
180M		279	139.5		241	121		48				14
180L					279	133						16
200L		318	159		305			55	+0.030 +0.011			
225S	4	356	178		286	149	±4.0	60		140	±0.50	18
225M	4,6				311							

[a] $G=D-GE$，GE 极限偏差为($^{+0.20}_{0}$)。

[b] K 孔的位置度公差以轴伸的轴线为基准。

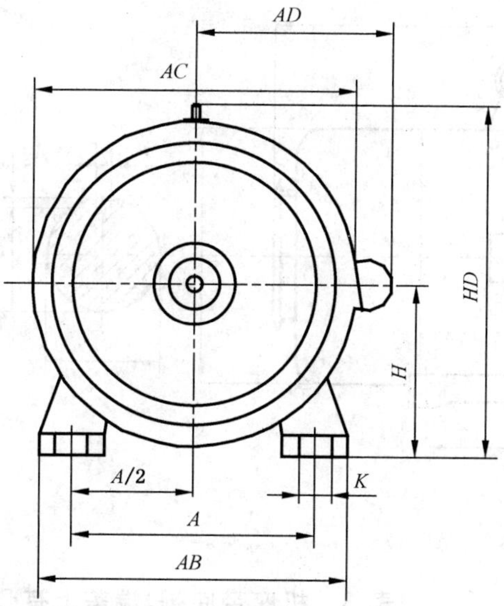

凸缘的电动机(IMB3)

单位为毫米

及公差								外形尺寸				
F	*G*[a]		*H*		*K*[b]							
极限偏差	基本尺寸	极限偏差	基本尺寸	极限偏差	基本尺寸	极限偏差	位置度公差	*AB*	*AC*	*AD*	*HD*	*L*
$^{0}_{-0.036}$	20	$^{0}_{-0.2}$	90	$^{0}_{-0.5}$	10	$^{+0.36}_{0}$	Φ1.0Ⓜ	180	175	155	190	370
												400
	24		100		12	$^{+0.43}_{0}$		205	205	180	245	405
			112					245	230	190	265	425
	33		132					280	270	210	315	505
												545
$^{0}_{-0.043}$	37		160		14.5		Φ1.2Ⓜ	330	355	250	390	605
												635
	42.5		180					355	390	270	435	690
												730
	49		200		18.5	$^{+0.52}_{0}$		395	430	310	480	795
	53		225					435	480	345	535	840
												865

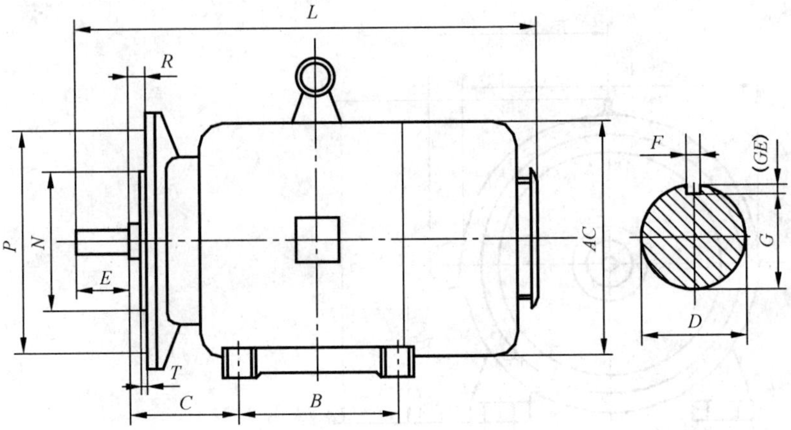

表 3　机座带底脚，端盖上有凸

机座号	极数	安装尺寸															
		A	A/2		B	C		D		E		F		G[a]		H	
		基本尺寸	基本尺寸	极限偏差	基本尺寸	基本尺寸	极限偏差	基本尺寸	极限偏差	基本尺寸	极限偏差	基本尺寸	极限偏差	基本尺寸	极限偏差	基本尺寸	极限偏差
90S	2,4,6	140	70	±0.5	100	56	±1.5	24	+0.009 −0.004	50	±0.31	8	0 −0.036	20	0 −0.2	90	0 −0.5
90L					125												
100L		160	80		140	63	±2.0	28		60	±0.37			24		100	
112M		190	95			70										112	
132S		216	108			89		38	+0.018 +0.002	80		10		33		132	
132M					178												
160S	4,6	254	127	±0.75		108	±3.0	42		110	±0.43	12	0 −0.043	37		160	
160M					210												
180M		279	139.5		241	121		48				14		42.5		180	
180L					279	133						16					
200L		318	159		305			55	+0.030 +0.011					49		200	
225S	4	356	178		286	149	±4.0	60		140	±0.50	18		53		225	
225M	4,6				311												

[a] $G=D-GE$，GE 极限偏差为($^{+0.20}_{0}$)。

[b] K、S 孔的位置度公差以轴伸的轴线为基准。

[c] P 尺寸为最大极限值。

[d] R 为凸缘配合面至轴伸肩的距离。

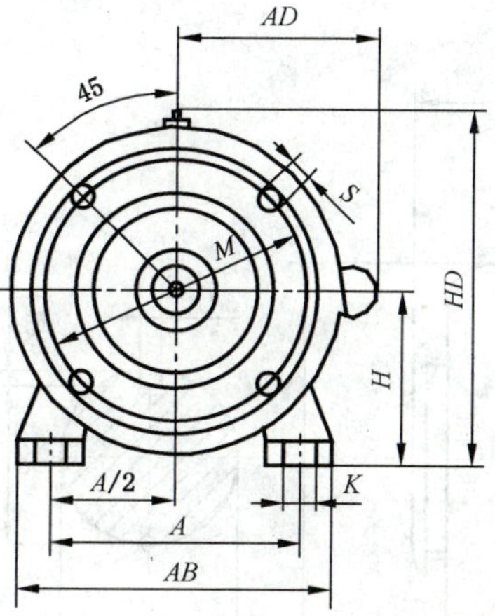

机座号 90-200

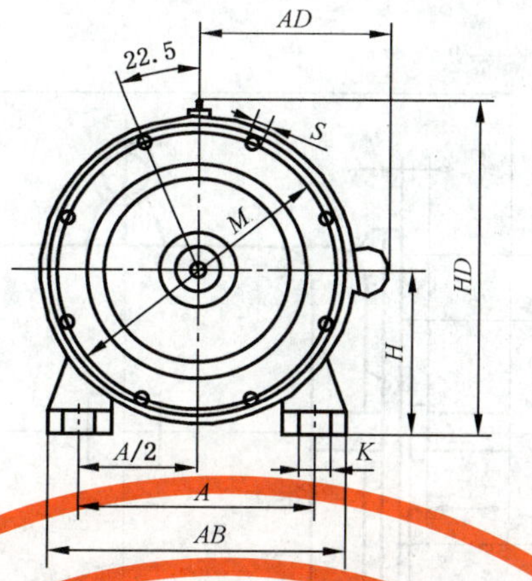

机座号 225

缘(带通孔)的电动机(IMB35)

单位为毫米

<table>
<tr><td colspan="16">及公差</td><td colspan="5">外形尺寸</td></tr>
<tr><td colspan="3">K[b]</td><td rowspan="2">M</td><td colspan="2">N</td><td rowspan="2">P[c]</td><td colspan="2">R[d]</td><td colspan="3">S</td><td colspan="2">T</td><td rowspan="2">凸缘孔数</td><td rowspan="2">AB</td><td rowspan="2">AC</td><td rowspan="2">AD</td><td rowspan="2">HD</td><td rowspan="2">L</td></tr>
<tr><td>基本尺寸</td><td>极限偏差</td><td>位置度公差</td><td>基本尺寸</td><td>极限偏差</td><td>基本尺寸</td><td>极限偏差</td><td>基本尺寸</td><td>极限偏差</td><td>位置度公差</td><td>基本尺寸</td><td>极限偏差</td></tr>
<tr><td rowspan="2">10</td><td rowspan="2">+0.36
0</td><td rowspan="6">Φ1.0Ⓜ</td><td rowspan="2">165</td><td rowspan="2">130</td><td rowspan="4">+0.014
−0.011</td><td rowspan="2">200</td><td rowspan="13">0</td><td rowspan="2">±1.5</td><td rowspan="2">12</td><td rowspan="6">+0.43
0</td><td rowspan="2">Φ1.0Ⓜ</td><td rowspan="2">3.5</td><td rowspan="13">0
−0.12</td><td rowspan="11">4</td><td rowspan="2">180</td><td rowspan="2">175</td><td rowspan="2">155</td><td rowspan="2">190</td><td>370</td></tr>
<tr><td>400</td></tr>
<tr><td rowspan="4">12</td><td rowspan="8">+0.43
0</td><td rowspan="2">215</td><td rowspan="2">180</td><td rowspan="2">250</td><td rowspan="4">±2.0</td><td rowspan="4">14.5</td><td rowspan="11">Φ1.2Ⓜ</td><td rowspan="4">4</td><td>205</td><td>205</td><td>180</td><td>245</td><td>405</td></tr>
<tr><td>245</td><td>230</td><td>190</td><td>265</td><td>425</td></tr>
<tr><td rowspan="2">265</td><td rowspan="2">230</td><td rowspan="6">+0.016
−0.013</td><td rowspan="2">300</td><td rowspan="2">280</td><td rowspan="2">270</td><td rowspan="2">210</td><td rowspan="2">315</td><td>505</td></tr>
<tr><td>545</td></tr>
<tr><td rowspan="4">15</td><td rowspan="7">Φ1.5Ⓜ</td><td rowspan="4">300</td><td rowspan="4">250</td><td rowspan="4">350</td><td rowspan="5">±3.0</td><td rowspan="7">18.5</td><td rowspan="7">+0.52
0</td><td rowspan="7">5</td><td rowspan="2">330</td><td rowspan="2">355</td><td rowspan="2">250</td><td rowspan="2">390</td><td>605</td></tr>
<tr><td>635</td></tr>
<tr><td rowspan="2">355</td><td rowspan="2">390</td><td rowspan="2">270</td><td rowspan="2">435</td><td>690</td></tr>
<tr><td>730</td></tr>
<tr><td rowspan="3">19</td><td rowspan="3">+0.52
0</td><td>350</td><td>300</td><td>±0.016</td><td>400</td><td>395</td><td>430</td><td>310</td><td>480</td><td>790</td></tr>
<tr><td rowspan="2">400</td><td rowspan="2">350</td><td rowspan="2">±0.018</td><td rowspan="2">450</td><td rowspan="2">±4.0</td><td rowspan="2">8</td><td rowspan="2">435</td><td rowspan="2">480</td><td rowspan="2">345</td><td rowspan="2">535</td><td>840</td></tr>
<tr><td>865</td></tr>
</table>

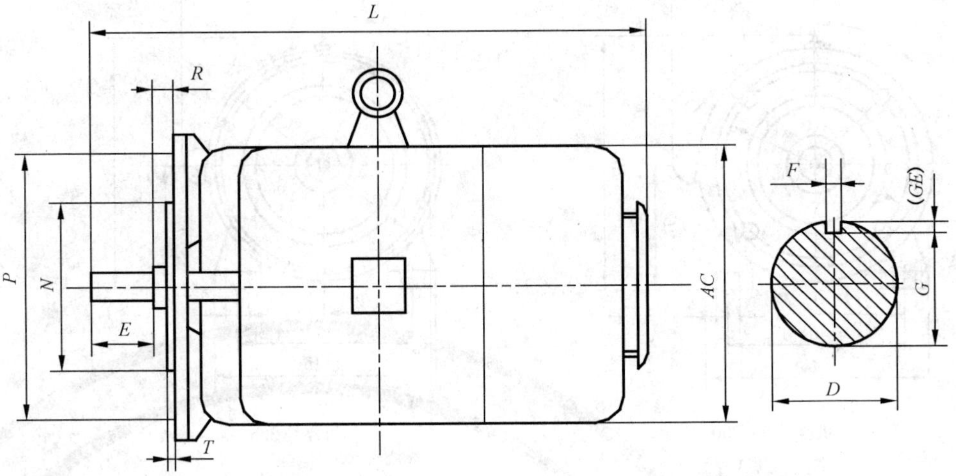

表 4　机座不带底脚，端盖上有

机座号	极数	D 基本尺寸	D 极限偏差	E 基本尺寸	E 极限偏差	F 基本尺寸	F 极限偏差	G[a] 基本尺寸	G[a] 极限偏差	M	安装尺寸 基本尺寸
90S	2,4,6	24	+0.009 −0.004	50	±0.31	8	0 −0.036	20	0 −0.20	165	130
90L	2,4,6	24	+0.009 −0.004	50	±0.31	8	0 −0.036	20	0 −0.20	165	130
100L	2,4,6	28	+0.009 −0.004	60	±0.37	8	0 −0.036	24	0 −0.20	215	180
112M	2,4,6	28	+0.009 −0.004	60	±0.37	8	0 −0.036	24	0 −0.20	215	180
132S	2,4,6	38	+0.018 +0.002	80	±0.37	10	0 −0.036	33	0 −0.20	265	230
132M	2,4,6	38	+0.018 +0.002	80	±0.37	10	0 −0.036	33	0 −0.20	265	230
160S	4,6	42	+0.018 +0.002	110	±0.43	12	0 −0.043	37	0 −0.20	300	250
160M	4,6	42	+0.018 +0.002	110	±0.43	12	0 −0.043	37	0 −0.20	300	250
180M	4,6	48	+0.018 +0.002	110	±0.43	14	0 −0.043	42.5	0 −0.20	300	250
180L	4,6	48	+0.018 +0.002	110	±0.43	16	0 −0.043	42.5	0 −0.20	300	250
200L	4,6	55	+0.030 +0.011	110	±0.43	16	0 −0.043	49	0 −0.20	350	300
225S	4	60	+0.030 +0.011	140	±0.50	18	0 −0.043	53	0 −0.20	400	350
225M	4,6	60	+0.030 +0.011	140	±0.50	18	0 −0.043	53	0 −0.20	400	350

a $G=D-GE$，GE 极限偏差为($^{+0.20}_{0}$)。

b S 孔的位置度公差以轴伸的轴线为基准。

c P 尺寸为最大极限值。

d R 为凸缘配合面至轴伸肩的距离。

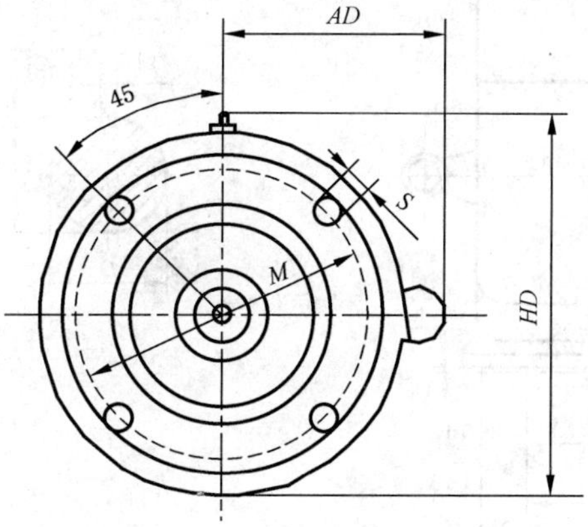

机座号 90-200

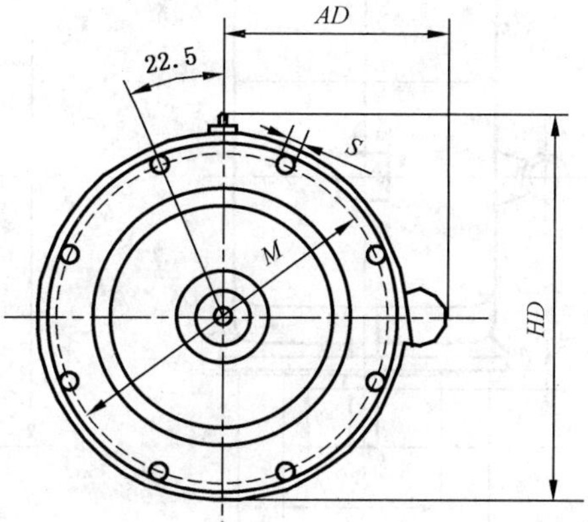

机座号 225

凸缘(带通孔)的电动机(IMB5)

单位为毫米

及公差										外形尺寸			
N		R[d]		S[b]			T		凸缘孔数	AC	AD	HD	L
极限偏差	P[c]	基本尺寸	极限偏差	基本尺寸	极限偏差	位置度公差	基本尺寸	极限偏差					
+0.014 −0.011	200	0	±1.5	12	+0.43 0	Φ1.0Ⓜ	3.5	0 −0.12	4	175	155	195	370 400
	250		±2.0	14.5		Φ1.2Ⓜ	4			205	180	245	405
										230	190	265	425
+0.016 −0.013	300									270	210	315	505 545
	350		±3.0	18.5	+0.52 0		5			355	250	405	605 635
										390	270	445	690 730
±0.016	400									430	310	485	795
±0.018	450		±4.0						8	480	345	540	840 865

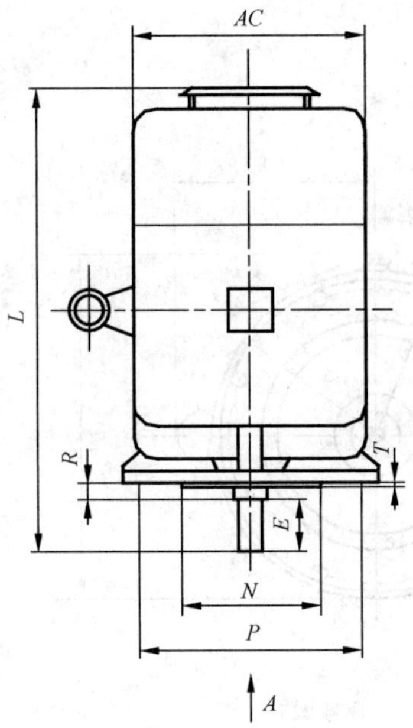

机座号 90-132

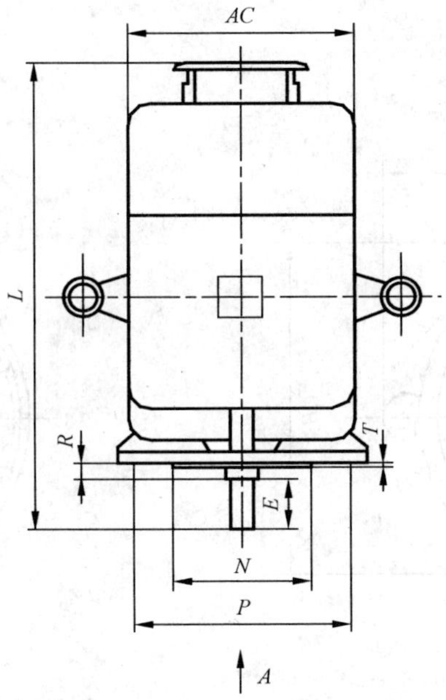

机座号 160-225

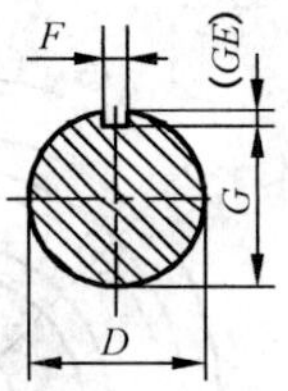

表 5　立式安装，机座不带底脚，端盖上有

机座号	极数	安装尺寸									
		D		E		F		G[a]		M	
		基本尺寸	极限偏差	基本尺寸	极限偏差	基本尺寸	极限偏差	基本尺寸	极限偏差		基本尺寸
90S	2,4,6	24	+0.009 −0.004	50	±0.31	8	0 −0.036	20	0 −0.20	165	130
90L											
100L		28		60	±0.37			24		215	180
112M											
132S		38	+0.018 +0.002	80		10		33		265	230
132M											
160S	4,6	42		110	±0.43	12		37		300	250
160M											
180M		48				14	0 −0.043	42.5			
180L											
200L		55	+0.030 +0.011			16		49		350	300
225S	4	60		140	±0.50	18		53		400	350
225M	4,6										

[a] $G=D-GE$，GE 极限偏差为（$^{+0.20}_{0}$）。

[b] S 孔的位置度公差以轴伸的轴线为基准。

[c] P 尺寸为最大极限值。

[d] R 为凸缘配合面至轴伸肩的距离。

A 向旋转

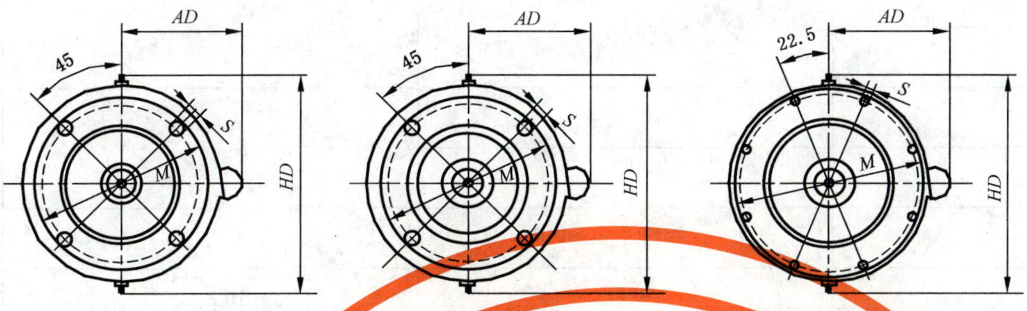

机座号 90-132　　　　机座号 160-200　　　　机座号 225

凸缘(带通孔),轴伸向下的电动机(IMV1)

单位为毫米

及公差											外形尺寸			
N		R^d		S^b			T		凸缘孔数					
极限偏差	P^c	基本尺寸	极限偏差	基本尺寸	极限偏差	位置度公差	基本尺寸	极限偏差		AC	AD	HD	L
+0.014 −0.011	200	0	±1.5	12	+0.43 0	Φ1.0Ⓜ	3.5	0 −0.12	4	175	155	195	370
													400
	250		±2.0	14.5			4			205	180	245	405
										230	190	265	425
+0.016 −0.013	300									270	210	315	505
													545
	350		±3.0	18.5	+0.52 0	Φ1.2Ⓜ	5			355	250	460	605
													635
										390	270	500	690
													730
±0.016	400									430	310	550	795
±0.018	450		±4.0						8	480	345	610	840
													865

3.8.2 电动机轴伸键的尺寸及公差应符合表6的规定。

表6 轴伸键尺寸及公差

单位为毫米

轴伸直径	键　宽	键　高
24	$8_{-0.022}^{0}$	$7_{-0.090}^{0}$
28		
38	$10_{-0.022}^{0}$	$8_{-0.090}^{0}$
42	$12_{-0.027}^{0}$	
48	$14_{-0.027}^{0}$	$9_{-0.090}^{0}$
55	$16_{-0.027}^{0}$	$10_{-0.090}^{0}$
60	$18_{-0.027}^{0}$	$11_{-0.110}^{0}$

3.8.3 轴伸长度一半处的径向圆跳动公差应符合表7的规定。

表7 径向圆跳动公差

单位为毫米

轴伸直径	圆跳动公差
≥24～30	0.040
＞30～50	0.050
＞50～60	0.060

3.8.4 凸缘止口对电动机轴线的径向圆跳动和凸缘配合面对电动机轴线的端面圆跳动公差应符合表8的规定。

表8 径向圆跳动及端面圆跳动公差

单位为毫米

凸缘止口直径	圆跳动公差
≥130～230	0.100
＞230～350	0.125

3.8.5 电动机轴线对底脚支承面的平行度公差应不大于0.40 mm。

3.8.6 电动机底脚支承面的平面度公差应符合表9的规定。

表9 平面度公差

单位为毫米

*AB*或*BB*中的最大尺寸	平面度公差
≥180～250	0.15
＞250～400	0.20
＞400～630	0.25
注：*AB*为电动机底角外边缘间的距离(端视)；*BB*为电动机底角外边缘间的距离(侧视)。	

3.8.7 电动机轴伸上键槽的对称度公差应符合表10的规定。

表10 键槽的对称度公差

单位为毫米

键槽宽度(*F*)	对称度公差
8	0.022
10	

表 10（续）

单位为毫米

键槽宽度(F)	对称度公差
12	0.030
14	
16	
18	

4 技术要求

4.1 电动机应符合本标准的要求，并按照经规定程序批准的图样及技术文件制造。

4.2 在下列的海拔和环境空气温度下，电动机应能额定运行。

4.2.1 海拔不超过 1 000 m。

4.2.2 最高环境空气温度随季节而变化，但不超过 40 ℃。

注：如电动机在海拔超过 1 000 m 或最高环境空气温度高于或低于 40 ℃的条件下使用时，应按 GB 755—2008 的规定。

4.2.3 最低环境空气温度为－15 ℃。

4.3 电动机运行期间电源电压和频率与额定值的偏差应按 GB 755—2008 的规定。

4.4 电动机在功率、电压及频率为额定时，其效率和功率因数的保证值应符合表 11 的规定。

4.4.1 电动机的效率由输入—输出功率损耗分析法确定（按 GB/T 1032—2005 中 10.4 的规定）。

4.4.2 在计算中，效率值取 4 位有效位数，功率因数值取 3 位有效位数。

表 11 效率与功率因数的保证值

功率 kW	同步转速 r/min					
	3 000	1 500	1 000	3 000	1 500	1 000
	效率(η) %			功率因数($\cos\varphi$)		
0.55	—	—	78.0	—	—	0.70
0.75		82.0	79.0		0.76	
1.1	82.0	82.7	81.0	0.85	0.78	0.73
1.3	82.5	83.0	83.0		0.77	
1.5	83.0	84.0	85.0		0.78	0.74
1.8	84.0	85.0				0.75
2.2	84.5	86.5	85.5		0.81	
2.6	85.5	87.5	87.5	0.86		0.76
3	86.5	88.0		0.87		
3.5	87.0	88.5			0.83	0.78
4	89.0	88.7	88.2			0.79
4.7			88.5			
5.5		89.5	90.3			0.80
6.3	89.5	90.0			0.84	0.81
7.5	89.7	91.2	90.5		0.85	

表 11(续)

<table>
<tr><th rowspan="3">功率
kW</th><th colspan="6">同步转速
r/min</th></tr>
<tr><th>3 000</th><th>1 500</th><th>1 000</th><th>3 000</th><th>1 500</th><th>1 000</th></tr>
<tr><th colspan="3">效率(η)
%</th><th colspan="3">功率因数(cosφ)</th></tr>
<tr><td>8.6</td><td rowspan="11">—</td><td>91.5</td><td>90.7</td><td rowspan="11">—</td><td>0.86</td><td rowspan="2">0.81</td></tr>
<tr><td>11</td><td>91.8</td><td>90.9</td><td rowspan="10">0.87</td></tr>
<tr><td>13</td><td>92.0</td><td>91.3</td><td rowspan="2">0.82</td></tr>
<tr><td>15</td><td>92.2</td><td>91.7</td></tr>
<tr><td>17</td><td rowspan="2">93.0</td><td rowspan="2">92.0</td><td>0.83</td></tr>
<tr><td>18.5</td><td>0.84</td></tr>
<tr><td>22</td><td>93.3</td><td>92.2</td><td rowspan="2">0.85</td></tr>
<tr><td>30</td><td>93.7</td><td>93.3</td></tr>
<tr><td>37</td><td>94.0</td><td rowspan="3">—</td><td rowspan="3">—</td></tr>
<tr><td>45</td><td rowspan="2">94.1</td></tr>
<tr><td>55</td></tr>
</table>

4.5 在额定电压下,电动机堵转转矩对额定转矩之比的保证值应符合表 12 的规定。

4.6 在额定电压下,电动机起动过程中最小转矩保证值应为额定转矩。

4.7 在额定电压下,电动机最大转矩对额定转矩之比的保证值应符合表 13 的规定。

表 12 堵转转矩对额定转矩之比的保证值

<table>
<tr><th rowspan="3">功率
kW</th><th colspan="3">同步转速
r/min</th></tr>
<tr><th>3 000</th><th>1 500</th><th>1 000</th></tr>
<tr><th colspan="3">堵转转矩/额定转矩</th></tr>
<tr><td>0.55</td><td rowspan="2">—</td><td>—</td><td rowspan="12">2.0</td></tr>
<tr><td>0.75</td><td rowspan="11">2.0</td></tr>
<tr><td>1.1</td><td rowspan="10">2.0</td></tr>
<tr><td>1.3</td></tr>
<tr><td>1.5</td></tr>
<tr><td>1.8</td></tr>
<tr><td>2.2</td></tr>
<tr><td>2.6</td></tr>
<tr><td>3</td></tr>
<tr><td>3.5</td></tr>
<tr><td>4</td></tr>
<tr><td>4.7</td></tr>
</table>

表 12（续）

<table>
<tr><th rowspan="3">功率
kW</th><th colspan="3">同步转速
r/min</th></tr>
<tr><th>3 000</th><th>1 500</th><th>1 000</th></tr>
<tr><th colspan="3">堵转转矩/额定转矩</th></tr>
<tr><td>5.5</td><td rowspan="3">1.8</td><td rowspan="2">2.0</td><td rowspan="9">1.7</td></tr>
<tr><td>6.3</td></tr>
<tr><td>7.5</td><td rowspan="12">1.7</td></tr>
<tr><td>8.6</td><td rowspan="11">—</td></tr>
<tr><td>11</td></tr>
<tr><td>13</td></tr>
<tr><td>15</td></tr>
<tr><td>17</td></tr>
<tr><td>18.5</td></tr>
<tr><td>22</td><td rowspan="5">—</td></tr>
<tr><td>30</td></tr>
<tr><td>37</td></tr>
<tr><td>45</td></tr>
<tr><td>55</td></tr>
</table>

表 13　最大转矩对额定转矩之比的保证值

<table>
<tr><th rowspan="3">功率
kW</th><th colspan="3">同步转速
r/min</th></tr>
<tr><th>3 000</th><th>1 500</th><th>1 000</th></tr>
<tr><th colspan="3">最大转矩/额定转矩</th></tr>
<tr><td>0.55</td><td rowspan="2">—</td><td rowspan="12">2.2</td><td rowspan="12">2.2</td></tr>
<tr><td>0.75</td></tr>
<tr><td>1.1</td><td rowspan="10">2.2</td></tr>
<tr><td>1.3</td></tr>
<tr><td>1.5</td></tr>
<tr><td>1.8</td></tr>
<tr><td>2.2</td></tr>
<tr><td>2.6</td></tr>
<tr><td>3</td></tr>
<tr><td>3.5</td></tr>
<tr><td>4</td></tr>
<tr><td>4.7</td></tr>
</table>

表 13（续）

<table>
<tr><th rowspan="3">功率
kW</th><th colspan="3">同步转速
r/min</th></tr>
<tr><th>3 000</th><th>1 500</th><th>1 000</th></tr>
<tr><th colspan="3">最大转矩/额定转矩</th></tr>
<tr><td>5.5</td><td rowspan="3">2.2</td><td rowspan="14">2.2</td><td rowspan="9">2</td></tr>
<tr><td>6.3</td></tr>
<tr><td>7.5</td></tr>
<tr><td>8.6</td><td rowspan="11">—</td></tr>
<tr><td>11</td></tr>
<tr><td>13</td></tr>
<tr><td>15</td></tr>
<tr><td>17</td></tr>
<tr><td>18.5</td></tr>
<tr><td>22</td><td rowspan="5">—</td></tr>
<tr><td>30</td></tr>
<tr><td>37</td></tr>
<tr><td>45</td></tr>
<tr><td>55</td></tr>
</table>

4.8 在额定电压下，电动机堵转电流对额定电流之比的保证值应符合表 14 的规定。

表 14 堵转电流对额定电流之比的保证值

<table>
<tr><th rowspan="3">功率
kW</th><th colspan="3">同步转速
r/min</th></tr>
<tr><th>3 000</th><th>1 500</th><th>1 000</th></tr>
<tr><th colspan="3">堵转电流/额定电流</th></tr>
<tr><td>0.55</td><td rowspan="2">—</td><td>—</td><td rowspan="8">7</td></tr>
<tr><td>0.75</td><td rowspan="11">8</td></tr>
<tr><td>1.1</td><td rowspan="10">8</td></tr>
<tr><td>1.3</td></tr>
<tr><td>1.5</td></tr>
<tr><td>1.8</td></tr>
<tr><td>2.2</td></tr>
<tr><td>2.6</td></tr>
<tr><td>3</td><td rowspan="4">7.5</td></tr>
<tr><td>3.5</td></tr>
<tr><td>4</td></tr>
<tr><td>4.7</td></tr>
</table>

表 14（续）

<table>
<tr><th rowspan="3">功率
kW</th><th colspan="3">同步转速
r/min</th></tr>
<tr><th>3 000</th><th>1 500</th><th>1 000</th></tr>
<tr><th colspan="3">堵转电流/额定电流</th></tr>
<tr><td>5.5</td><td rowspan="3">8</td><td rowspan="2">8</td><td rowspan="11">8</td></tr>
<tr><td>6.3</td></tr>
<tr><td>7.5</td><td rowspan="12">8.5</td></tr>
<tr><td>8.6</td><td rowspan="10">—</td></tr>
<tr><td>11</td></tr>
<tr><td>13</td></tr>
<tr><td>15</td></tr>
<tr><td>17</td></tr>
<tr><td>18.5</td></tr>
<tr><td>22</td></tr>
<tr><td>30</td></tr>
<tr><td>37</td><td rowspan="3"></td></tr>
<tr><td>45</td></tr>
<tr><td>55</td></tr>
</table>

计算堵转电流对额定电流之比时，所采用的额定电流值应按额定功率、额定电压及效率和功率因数的保证值(不计及容差)求得。

4.9　电动机电气性能保证值的容差应符合表 15 的规定。对 4.5 至 4.8 数值修约间隔规定为 0.01。

表 15　电气性能保证值的容差

序号	电气性能名称	容　差
1	效率(η)	$-0.15(1-\eta)$
2	功率因数($\cos\varphi$)	$-(1-\cos\varphi)/6$，最少-0.02，最多-0.05
3	堵转转矩倍数	保证值的-15%，$+25\%$(经协议可超过$+25\%$)
4	最小转矩倍数	保证值的-15%
5	最大转矩倍数	保证值的-10%
6	堵转电流倍数	保证值的$+20\%$
7	转差率(在满载和工作温度下) 额定功率 1 kW 以下 额定功率 1 kW 及以上	 保证值的$\pm30\%$ 保证值的$\pm20\%$
注：转差率保证值=(同步转速－额定转速(铭牌值))/同步转速。		

4.10　电动机定子绕组温升。

4.10.1　电动机采用 155(F)级绝缘，当海拔和环境空气温度符合 4.2 规定时，电动机定子绕组的温升(电阻法)按 80 K 考核。温升数值修约间隔为 1。

如试验地点的海拔或环境空气温度与 4.2 的规定不同时，温升限值应按 GB 755—2008 的规定修正。

4.10.2 用电阻法测量绕组温度时，应在热试验结束就尽快使电动机停转。电动机断电后能在 30 s 内测得第一点读数，则以此读数计算得到的温升不需要外推至断电瞬间。

4.10.3 轴承的允许温度(温度计法)应不超过 95 ℃。

4.11 电动机在热状态和逐渐增加转矩的情况下，应能承受 4.7 所规定的最大转矩值(计及容差)，历时 15 s 的短时过转矩试验而无转速突变、停转及发生有害变形。此时，电压和频率应维持在额定值。

4.12 电动机应能承受 1.5 倍额定电流，历时不小于 2 min 的偶然过电流试验而不损坏。

4.13 电动机的安全运行速度，除非铭牌上另行标明，否则电动机应能在 GB 755—2008 表 17 列出的转速之内安全连续运行。

4.14 电动机在空载情况下，应能承受提高转速至 1.2 倍的最大安全运行速度，历时 2 min 的超速试验而不发生有害变形。

4.15 电动机定子绕组绝缘电阻在热状态时或热试验后，应不低于 0.38 MΩ。

4.16 电动机的定子绕组应能承受为时 1 min 的耐压试验而不发生击穿，试验电压的频率为 50 Hz，并尽可能为正弦波形，电压的有效值为 1 760 V。

在传送带上大批连续生产的电动机进行检查试验时，允许将试验时间缩短至 1 s，而电压的有效值为 2 110 V。

4.17 电动机定子绕组应能承受匝间冲击耐电压试验而不击穿，进行耐压试验时，其试验冲击电压峰值按 GB/T 22719.2—2008 的规定。

4.18 电动机的定子绕组在按 GB/T 12665—2008 所规定的 40 ℃交变湿热试验方法进行 6 周试验后，绝缘电阻应不低于 0.38 MΩ，并应能承受 4.16 所规定的耐电压试验而不发生击穿，但电压的有效值 1 500 V，试验时间 1 min。

4.19 电动机的机械振动

4.19.1 电动机在空载时测得的振动强度应不超过表 16 的规定。在测得振动速度、加速度有效值的数值时，修约间隔为 0.1，在测得振动位移有效值的数值时，修约间隔为 1。

4.19.2 电动机在检查试验时，只需测量振动的速度。型式试验时，所有三种振动量值都应测量。

注：当检查试验是在自由悬置安装条件下做的，型式试验则必须包括在刚性安装情况下的试验。

表 16 不同轴中心高 *H*(mm)用位移、速度和加速度表示的振动强度限值(均方根值)

轴中心高 H/mm	$90 \leqslant H \leqslant 132$			$132 < H \leqslant 225$		
安装方式	位移/μm	速度/mm/s	加速度/m/s²	位移/μm	速度/mm/s	加速度/m/s²
自由悬置	25	1.6	2.5	35	2.2	3.5
刚性安装	21	1.3	2.0	29	1.8	2.8

4.20 电动机在空载时测得的 A 计权声功率级的噪声数值应符合表 17 所规定的数值，电动机在负载时测得的 A 计权声功率级应符合表 17 和表 18 所规定值之和的数值。噪声数值的容差为 +3 dB(A)。修约间隔为 1。

表 17 空载 A 计权声功率级的噪声数值

功率 kW	同步转速 r/min		
	3 000	1 500	1 000
	声功率级 dB(A)		
90	78	66	63
100	82	70	64

表 17（续）

功率 kW	同步转速 r/min		
	3 000	1 500	1 000
	声功率级 dB(A)		
112	83	72	70
132	85	75	73
160	—	77	73
180		80	77
200		83	80
225		84	80

表 18　负载噪声数值的增值

机座号	同步转速 r/min		
	3 000	1 500	1 000
	声功率级 dB(A)		
90≤H≤160	2	5	7
180≤H≤200		4	6
225		3	6

4.21　电动机应采用净流式风罩或其他措施，使其具有比普通电动机更有效的防纤维堵塞能力。

4.22　当三相电源平衡时，电动机的三相空载电流中任何一相与三相平均值的偏差应不大于三相平均值的 10%。

4.23　电动机在检查试验时，空载与堵转的电流和损耗，应在某一数据范围之内，该数据范围应能保证电动机性能符合 4.4～4.9 的规定。

4.24　电动机有一个圆柱形轴伸，双方另有协议时允许电动机制成两个轴伸，第二轴伸应能传递额定功率，但只能用联轴器传动。

4.25　电动机应制成具有六个出线端。从主轴伸端视之，电动机的接线盒应置于机座右面或顶部，电动机的接线盒内应有接地端子。用户要求时，允许把接线盒置于机座左面。电动机的接线盒内有接地端子，并应在接地端子的附近设置接地标志，此标志应保证在电动机整个时期不易磨灭。

4.26　电动机的旋转方向应符合 GB 1971—2006 的规定。

4.27　电动机的安全性能应符合 GB 14711—2006 的要求。

5　检验规则

5.1　每台电动机须检验合格后才能出厂，并应附有产品合格证。

5.2　每台电动机应经过检查试验，检查试验项目包括：

a)　机械检查(按 5.5、5.6 的规定)；

b)　定子绕组对机壳及绕组相互间绝缘电阻的测定(检查试验时可测量冷态绝缘电阻，但应保证热态时绝缘电阻不低于 4.15 的规定)；

c)　定子绕组在实际冷状态下直流电阻的测定；

d) 耐电压试验；

e) 匝间绝缘试验；

f) 空载电流和损耗的测定；

注：在型式试验时需量取空载特性曲线。

g) 堵转电流和损耗的测定；

注：在型式试验时需量取堵转特性曲线。

h) 噪声的测定(按 5.6 的规定)；

i) 振动的测定(按 5.6 的规定)；

j) 旋转方向的检查。

5.3 凡遇下列情况之一者，必须进行型式试验：

a) 经鉴定定型后制造厂第一次试制或小批试生产时；

b) 电动机设计或工艺上的变更足以引起某些特性和参数发生变化时；

c) 当检查试验结果和以前进行的型式试验结果发生不可容许的偏差时；

d) 成批生产的电动机定期的抽试，每年抽试一次。当需要抽试的数量过多时，抽试时间间隔可适当延长，但至少每二年抽试一次。

5.4 电动机的型式试验项目包括：

a) 检查试验的全部项目；

b) 热试验；

c) 效率、功率因数和转差率的测定；

d) 短时过转矩试验；

e) 最大转矩的测定；

f) 起动过程中最小转矩的测定；

g) 超速试验(当有协议作出规定时进行该试验)。

5.5 电动机的机械检查项目包括：

a) 转动检查：电动机转动时，应平稳轻快，无停滞现象；

b) 外观检查：检查电动机的装配是否完整正确，电动机表面油漆应干燥完整、均匀、无污损、碰坏、裂痕等现象；

c) 安装尺寸、外形尺寸及键的尺寸检查：安装尺寸及外形尺寸应符合 3.8.1 的规定，键的尺寸应符合 3.8.2 的规定；

d) 圆跳动、底脚支撑面的平行度和平面度及键槽对称度的检查：圆跳动应符合 3.8.3 和 3.8.4 的规定。底脚支撑面的平行度和平面度应分别符合 3.8.5 和 3.8.6 的规定。键槽对称度应符合 3.8.7 的规定。底脚支撑面的平面度和键槽对称度允许在零部件上进行检查。

5.6 5.5 的 a)和 b)应逐台检查，5.2 的 h)和 i)及 5.5 的 c)和 d)可以抽查，抽查办法由制造厂制定。

5.7 5.2(其中的 e)、h)、i)和 j)除外)和 5.4 所规定的各项试验，其试验方法按照 GB/T 1032—2005 进行，5.2 的 e)按照 GB/T 22719.1—2008 的规定进行。5.2 的 h)按 GB/T 10069.1—2006 的规定进行，负载噪声按 GB/T 10069.1—2006 的附录 D 进行。5.2 的 i)按 GB 10068—2008 的规定进行。5.2 的 j)按照 GB 1971—2006 的规定进行。5.5 所规定的安装尺寸及公差的检查按照 GB/T 4772.1—1999 的规定进行。

5.8 电动机外壳防护等级的试验、偶然过电流实验和 40 ℃交变湿热试验，可在产品结构定型或当结构和工艺有较大改变时进行。外壳防护等级的试验方法按照 GB/T 4942.1—2006 的规定进行。40 ℃交变湿热试验按照 GB/T 12665—2008 的规定进行。

6 标志、包装及保用期

6.1 铭牌材料及铭牌上数据的刻划方法，应保证其字迹在电动机整个使用期间内不易磨灭。

6.2 铭牌应固定在电动机机座的上半部，应标明的项目如下：

a) 制造厂名或标识；
b) 电动机名称(纺织专用高效率三相异步电动机)；
c) 电动机型号；
d) 额定功率，单位为 kW；
e) 额定频率，单位为 Hz；
f) 额定电流，单位为 A；
g) 额定电压，单位为 V；
h) 额定转速，单位为 r/min；
i) 热分级；
j) 接线方法；
k) 效率；
l) 功率因数；
m) 噪声限值；
n) 外壳防护等级(允许另作铭牌)；
o) 制造厂出品年月和出品编号；
p) 重量，单位为 kg；
q) 标准编号。

6.3 电动机定子绕组的六个出线端及在接线板的接线位置上均应有相应的标志，特殊接线方式应在接线盒盖内设置接线示意图，并应保证其字迹在电动机整个使用时期内不易磨灭。当电动机有三个出线端时，标志为 U1，V1，W1，有六个出线端时，应按表 19 的规定。当有九个出线端时，应按表 20 的规定。

表 19 出线端标志

定子绕组名称	出线端标志	
	始端	末端
第一相	U1	U2
第二相	V1	V2
第三相	W1	W2

表 20 出线端标志

定子绕组名称	出线端标志		
	始端	分接线端	末端
第一相	U1	U3	U2
第二相	V1	V3	V2
第三相	W1	W3	W2

6.4 电动机轴伸及平键应绑扎在轴上。轴伸及平键表面应加防锈及保护措施。凸缘式电动机并须在凸缘的加工面上加防锈及保护措施。

6.5 电动机的轴伸平键、使用说明书(同一用户同一型式的一批电动机至少供应一份，使用说明书中需标明制造厂地址)，及产品合格证应随同每台电动机供给用户。

6.6 电动机的包装应能保证在正常的储运条件下，自发货之日起的一年时间内不致因包装不善而导致受潮与损坏。

6.7 包装箱外壁的文字和标志应清楚整齐，内容如下：

a) 发货站及制造厂名；
b) 收货站及收货单位名称；

c) 电动机型号和出厂编号；

d) 电动机的净重及连同箱子的毛重；

e) 箱子尺寸；

f) 在箱子的适当位置应标有“小心轻放”、“怕雨”等字样，其图形应符合 GB/T 191—2008 的规定。

6.8 在用户按照使用说明书的规定，正确地使用与存放电动机的情况下，制造厂应保证电动机在开始使用一年内或自制造厂出品的日期不超过两年内能良好地运行。如在此规定时间内电动机因制造质量不良而发生损坏或不能正常工作时，制造厂应无偿地为用户修理或更换零件或电动机。

ICS 29.160.30
K 21

中华人民共和国国家标准

GB/T 25303—2010

纺织专用高效率永磁同步电动机技术条件（机座号 90～225）

Specification for high efficiency permanent magnet synchronous motor for textile purpose
(Frame size 90～225)

2010-11-10 发布　　2011-05-01 实施

中华人民共和国国家质量监督检验检疫总局
中国国家标准化管理委员会　发布

前　言

本标准对纺织专用高效率永磁同步电动机(机座号 90～225)的产品要求作了全面规定。

本标准由中国电器工业协会提出。

本标准由全国旋转电机标准化技术委员会(SAC/TC 26)归口。

本标准负责起草单位：上海电器科学研究所(集团)有限公司、上海电机系统节能工程技术研究中心有限公司、浙江中源电气有限公司、山东华力电机集团股份有限公司、浙江金龙电机股份有限公司和国家中小型电机质量监督检验中心。

本标准参加起草单位：青岛和力达电气有限公司、佳木斯电机股份有限公司、中国电子科技集团公司二十一所。

本标准主要起草人：姚丙雷、陈伟华、姚鹏、张宝强、陈震民、王庆东、叶锦武、王金平、常颜芹、倪立新、赵建辉。

纺织专用高效率永磁同步电动机技术条件
（机座号90～225）

1 范围

本标准规定了纺织专用高效率永磁同步电动机的型式、基本参数与尺寸、技术要求、检验规则以及包装、标志与保用期的要求。

本标准适用于棉、毛、麻、丝及化学纤维等各种纺织机器用的高效率永磁同步电动机(机座号90～225)(以下简称电动机)。该系列电动机为自起动永磁同步电动机，也适用于恒转矩负载变频调速的使用场合。本标准规定的电动机具有防纤维堵塞能力和较高的过载能力，适合于在短纤维的环境中使用。

2 规范性引用文件

下列文件中的条款通过本标准的引用而成为本标准的条款。凡是注日期的引用文件，其随后所有的修改单(不包括勘误的内容)或修订版均不适用于本标准，然而，鼓励根据本标准达成协议的各方研究是否可使用这些文件的最新版本。凡是不注日期的引用文件，其最新版本适用于本标准。

GB/T 191—2008　包装储运图示标志(ISO 780:1997,MOD)

GB 755—2008　旋转电机　定额和性能(IEC 60034-1:2004,IDT)

GB/T 997—2008　旋转电机结构型式、安装型式及接线盒位置的分类(IM代号)(IEC 60034-7:2001,IDT)

GB 1971—2006　旋转电机　线端标志与旋转方向(IEC 60034-8:2002,IDT)

GB/T 1993—1993　旋转电机　冷却方法(eqv IEC 60034-6:1991)

GB/T 4772.1—1999　旋转电机尺寸和输出功率等级　第1部分:机座号56～400和凸缘号55～1 080(idt IEC 60072-1:1999)

GB/T 4942.1—2006　旋转电机整体结构的防护等级(IP代码)　分级(IEC 60034-5:2000,IDT)

GB 10068—2008　轴中心高为56 mm及以上电机的机械振动　振动的测量、评定及限值(IEC 60034-14:2004,IDT)

GB/T 10069.1—2006　旋转电机噪声测定方法及限值　第1部分:旋转电机噪声测定方法(ISO 1680:1999,MOD)

GB/T 12665—2008　电机在一般环境条件下使用的湿热试验要求

GB 14711—2006　中小型旋转电机安全要求

GB/T 22669—2008　三相永磁同步电动机试验方法

GB/T 22719.1—2008　交流低压电机散嵌绕组匝间绝缘　第1部分:试验方法

GB/T 22719.2—2008　交流低压电机散嵌绕组匝间绝缘　第2部分:试验限值

3 型式、基本参数与尺寸

3.1 电动机的外壳防护等级为IP55(按GB/T 4942.1—2006的规定)。

3.2 电动机的冷却方式为IC 411(按GB/T 1993—1993的规定)。

3.3 电动机的结构及安装型式为IM B3、IM B5、IM B6、IM B7、IM B8、IM B35、IM V1、IM V3、IM V5、IM V6、IM V15和IM V35(按GB/T 997—2008的规定),按表1的规定制造。

表1 电动机的结构及安装型式

机座号	结构及安装代号(IM)
90～160	B3、B5、B6、B7、B8、B35、V1、V3、V5、V6、V15、V35
180～225	B3、B5、B35、V1

3.4 电动机的定额是以连续工作制(S1)为基准的连续定额。

3.5 电动机的额定电压为380 V,额定频率为50 Hz,接线方式为Y接法,极数为4极。

3.6 电动机应按下列额定功率制造

1.1 kW,1.5 kW,2.2 kW,3 kW,4 kW,5.5 kW,7.5 kW,11 kW,15 kW,18.5 kW,22 kW,30 kW,37 kW,45 kW。

3.7 电动机的机座号与额定功率的对应关系应按表2的规定。

表2 机座号与额定功率的对应关系

机座号	额定功率 kW
90S	1.1
90L	1.5
100L1	2.2
100L2	3
112M	4
132S	5.5
132M	7.5
160M	11
160L	15
180M	18.5
180L	22

表 2（续）

机座号	额定功率 kW
200L	30
225S	37
225M	45
注：L 后面的数字 1、2 分别代表同一机座号不同的功率。	

3.8 电动机尺寸及公差

3.8.1 电动机的安装尺寸及公差应符合表 3～表 6 的规定；外形尺寸应不大于表 3～表 6 的规定。

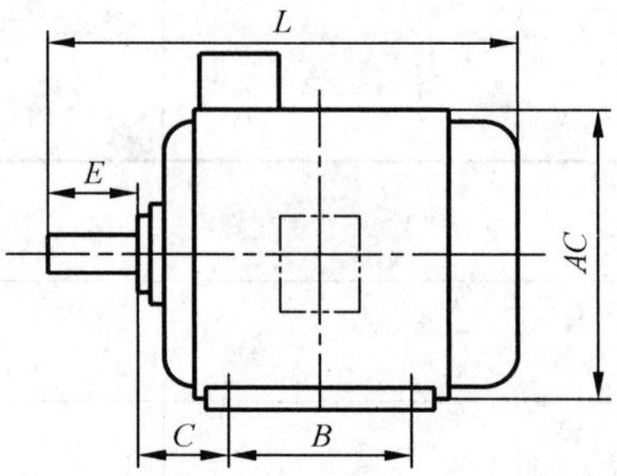

机座号90

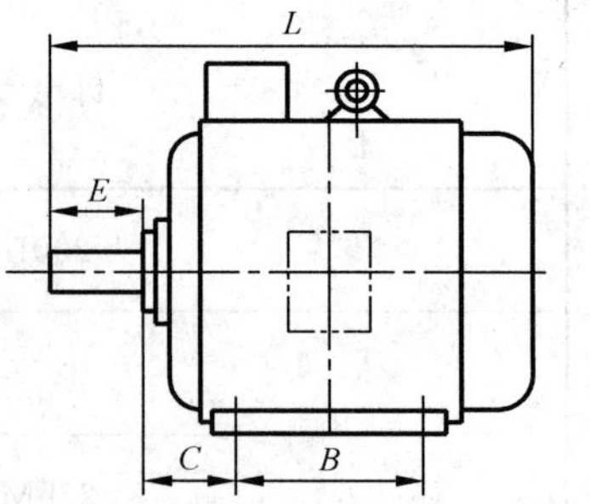

机座号100-132

表 3　机座带底脚，端盖

机座号	极数	安装尺寸 A 基本尺寸	A/2 基本尺寸	B 基本尺寸	C 基本尺寸	C 极限偏差	D 基本尺寸	D 极限偏差	E 基本尺寸	E 极限偏差	F 基本尺寸	F 极限偏差
90S	4	140	70	100	56	±1.5	24	+0.009 −0.004	50	±0.31	8	0 −0.036
90L				125								
100L		160	80	140	63	±2.0	28		60	±0.37		
112M		190	95		70							
132S		216	108		89		38	+0.018 +0.002	80		10	
132M				178								
160M		254	127	210	108	±3.0	42		110	±0.43	12	0 −0.043
160L				254								
180M		279	139.5	241	121		48				14	
180L				279								
200L		318	159	305	133		55	+0.030 +0.011			16	
225S		356	178	286	149	±4.0	60		140	±0.50	18	
225M				311								

a $G=D-GE$，GE 极限偏差为($^{+0.20}_{0}$)。

b K 孔的位置度公差以轴伸的轴线为基准。

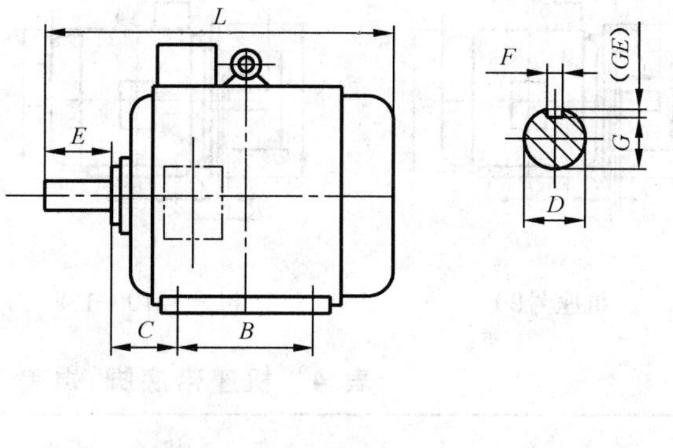

机座号160-225

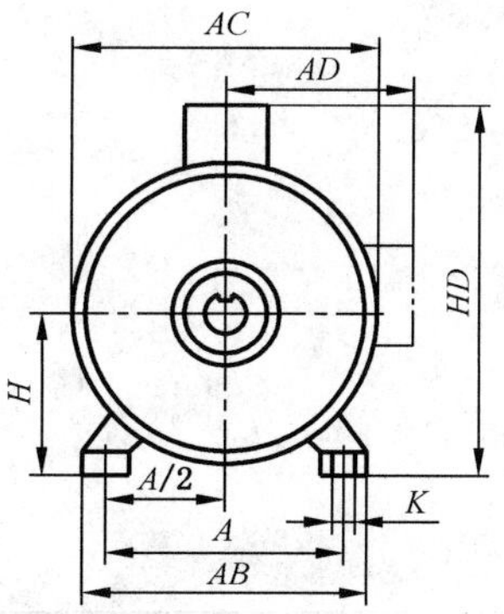

机座号90-225

上无凸缘的电动机

单位为毫米

及　公　差							外　形　尺　寸				
G[a]		H		K[b]							
基本尺寸	极限偏差	基本尺寸	极限偏差	基本尺寸	极限偏差	位置度公差	AB	AC	AD	HD	L
20	0 −0.20	90	0 −0.5	10	+0.36 0	Φ1.0Ⓜ	180	195	155	250	320
											345
24		100		12	+0.43 0		205	215	180	270	385
		112					230	240	190	300	400
33		132					270	275	210	345	470
											510
37		160		14.5		Φ1.2Ⓜ	320	330	255	420	615
											670
42.5		180					355	380	280	455	700
											740
49		200		18.5	+0.52 0		395	420	305	505	770
53		225					435	470	335	560	820
											845

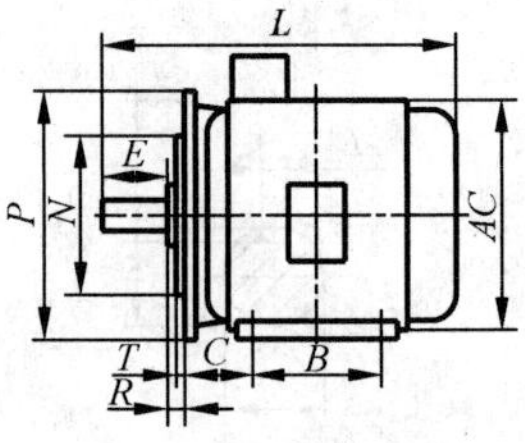

机座号90

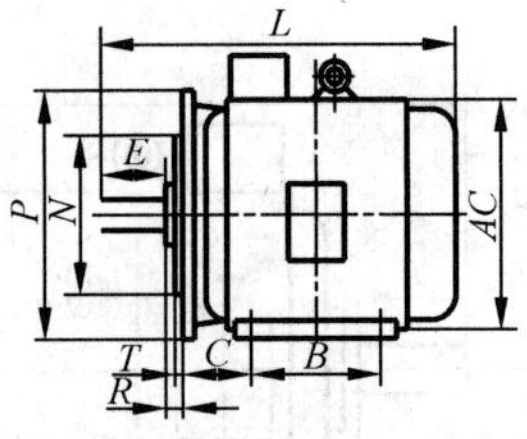

机座号100-132

表 4　机座带底脚，端盖上

机座号	凸缘号	极数	安装尺寸														
			A	A/2	B	C		D		E		F		G[a]		H	
			基本尺寸	基本尺寸	基本尺寸	基本尺寸	极限偏差	基本尺寸	极限偏差	基本尺寸	极限偏差	基本尺寸	极限偏差	基本尺寸	极限偏差	基本尺寸	极限偏差
90S	FF165	4	140	70	100	56	±1.5	24	+0.009 −0.004	50	±0.31	8	0 −0.036	20	0 −0.20	90	0 −0.5
90L					125												
100L	FF215		160	80	140	63	±2.0	28		60	±0.37			24		100	
112M			190	95		70										112	
132S	FF265		216	108		89		38	+0.018 +0.002	80		10		33		132	
132M					178												
160M	FF300		254	127	210	108		42		110	±0.43	12	0 −0.043	37		160	
160L					254												
180M			279	139.5	241	121	±3.0	48				14		42.5		180	
180L					279												
200L	FF350		318	159	305	133		55	+0.030 +0.011			16		49		200	
225S	FF400		356	178	286	149	±4.0	60		140	±0.50	18		53		225	
225M					311												

a $G=D-GE$，GE 极限偏差为（$^{+0.20}_{0}$）。

b K、S 孔的位置度公差以轴伸的轴线为基准。

c P 尺寸为最大极限值。

d R 为凸缘配合面至轴伸肩的距离。

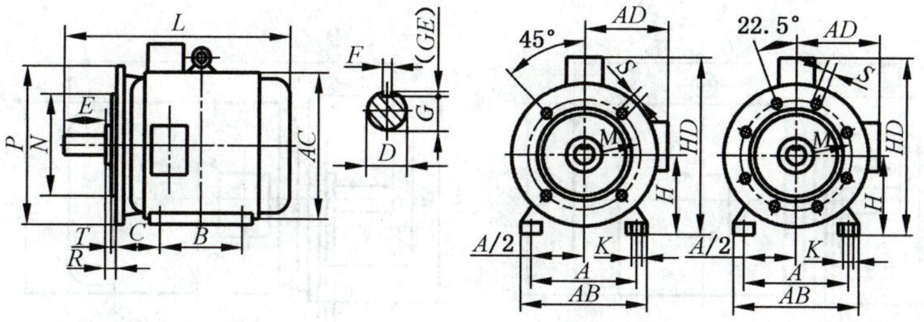

机座号160-225　　机座号90-200　　机座号225

有凸缘(带通孔)的电动机

单位为毫米

及　公　差															外　形　尺　寸				
K[b]			M	N		P[c]	R[d]		S			T		凸缘孔数	AB	AC	AD	HD	L
基本尺寸	极限偏差	位置度公差		基本尺寸	极限偏差		基本尺寸	极限偏差	基本尺寸	极限偏差	位置度公差	基本尺寸	极限偏差						
10	$^{+0.36}_{0}$	Φ1.0Ⓜ	165	130	$^{+0.014}_{-0.011}$	200	0	±1.5	12	$^{+0.43}_{0}$	Φ1.0Ⓜ	3.5	$^{0}_{-1.2}$	4	180	195	155	250	320 345
12	$^{+0.43}_{0}$		215	180		250		±2.0	14.5			4			205	215	180	270	385
															230	240	190	300	400
			265	230	$^{+0.016}_{-0.013}$	300									270	275	210	345	470 510
15		Φ1.5Ⓜ	300	250		350		±3.0	18.5	$^{+0.52}_{0}$	Φ1.2Ⓜ	5			320	330	255	420	615 670
															355	380	280	455	700 740
19	$^{+0.52}_{0}$		350	300	±0.016	400									395	420	305	505	770
			400	350	±0.018	450		±4.0						8	435	470	335	560	820 845

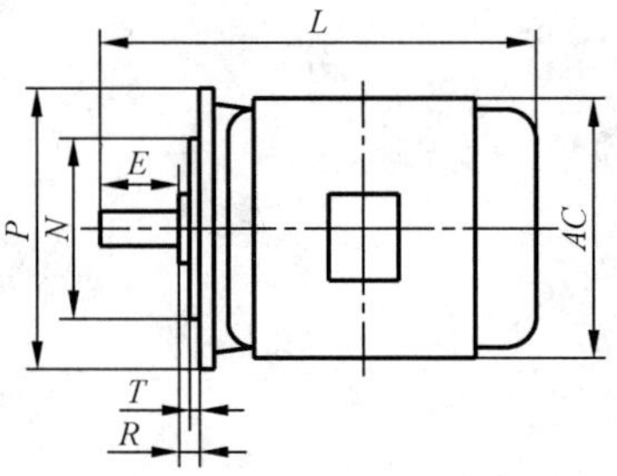

机座号90

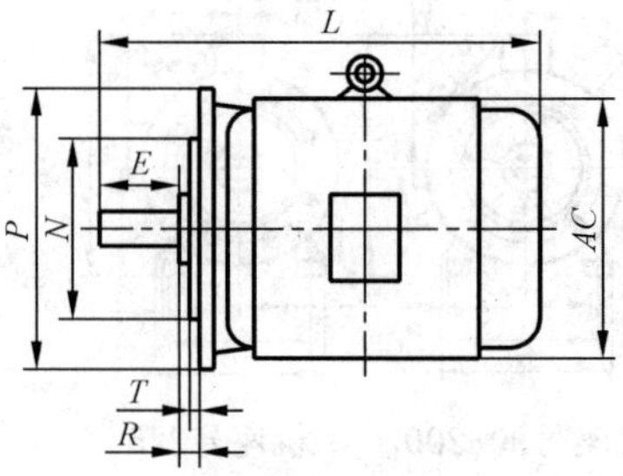

机座号100-132

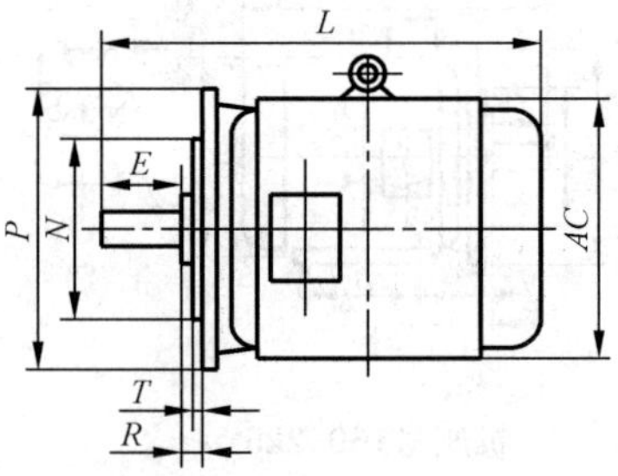

机座号160-225

表 5　机座不带底脚，端盖上

机座号	凸缘号	极数	安装尺寸										
			D		*E*		*F*		*G*[a]		M	N	
			基本尺寸	极限偏差	基本尺寸	极限偏差	基本尺寸	极限偏差	基本尺寸	极限偏差		基本尺寸	极限偏差
90S	FF165	4	24	+0.009 −0.004	50	±0.31	8	0 −0.036	20	0 −0.20	165	130	+0.014 −0.011
90L													
100L	FF215		28		60	±0.37			24		215	180	
112M													
132S	FF265		38	+0.018 +0.002	80		10		33		265	230	+0.016 −0.013
132M													
160M	FF300		42		110	±0.43	12		37		300	250	
160L													
180M			48				14	0 −0.043	42.5				
180L													
200L	FF350		55	+0.030 +0.011			16		49		350	300	±0.016
225S	FF400		60		140	±0.50	18		53		400	350	±0.018
225M													

a $G=D-GE$，GE 极限偏差为（$^{+0.20}_{0}$）。

b S 孔的位置度公差以轴伸的轴线为基准。

c P 尺寸为最大极限值。

d R 为凸缘配合面至轴伸肩的距离。

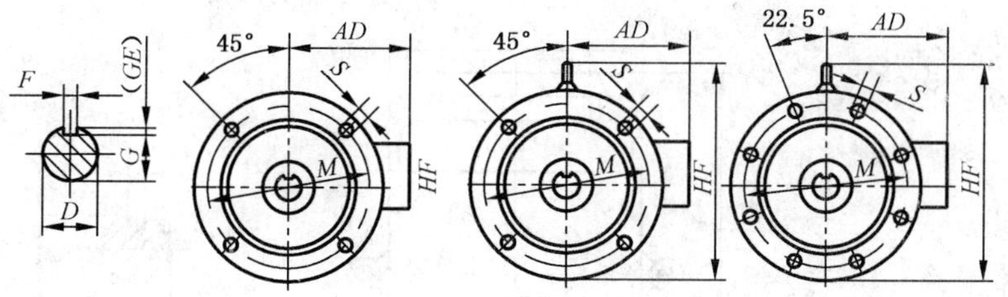

机座号90　　机座号100-200　　机座号225

有凸缘(带通孔)的电动机

单位为毫米

及 公 差									外 形 尺 寸			
P^{c}	R^{d}		S^{b}			T		凸缘孔数	AC	AD	HF	L
	基本尺寸	极限偏差	基本尺寸	极限偏差	位置度公差	基本尺寸	极限偏差					
200	0	±1.5	12	$^{+0.43}_{0}$	$\Phi1.0$Ⓜ	3.5	$^{0}_{-1.2}$	4	195	155	195	320
												345
250		±2.0	14.5		$\Phi1.5$Ⓜ	4			215	180	245	385
									240	190	265	400
300									275	210	315	470
												510
350		±3.0	18.5	$^{+0.52}_{0}$		5			330	255	385	615
												670
									380	280	430	700
												740
400									420	305	480	770
450		±4.0						8	470	335	535	820
												845

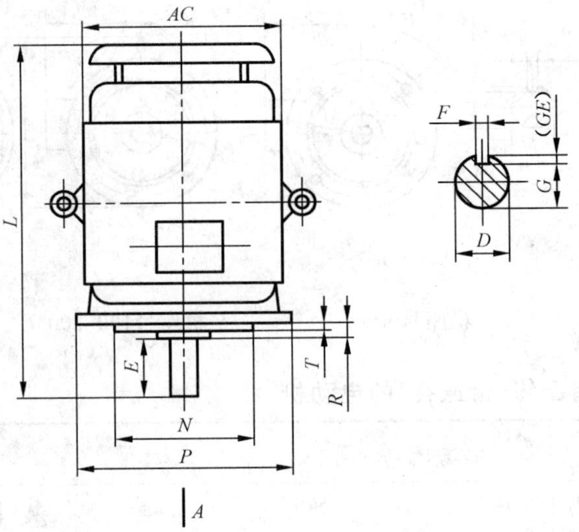

表 6　立式安装,机座不带底脚,端盖上

机座号	凸缘号	极数	安装尺寸										
			D		E		F		G[a]		M	N	
			基本尺寸	极限偏差	基本尺寸	极限偏差	基本尺寸	极限偏差	基本尺寸	极限偏差		基本尺寸	极限偏差
180M	FF300	4	48	+0.018 +0.002	110	±0.43	14	0 −0.043	42.5	0 −0.20	300	250	+0.016 −0.013
180L													
200L	FF350		55	+0.030 +0.011			16		49		350	300	±0.016
225S	FF400		60		140	±0.50	18		53		400	350	±0.018
225M													

a $G=D-GE$,GE 极限偏差为($^{+0.20}_{0}$)。

b S孔的位置度公差以轴伸的轴线为基准。

c P 尺寸为最大极限值。

d R 为凸缘配合面至轴伸肩的距离。

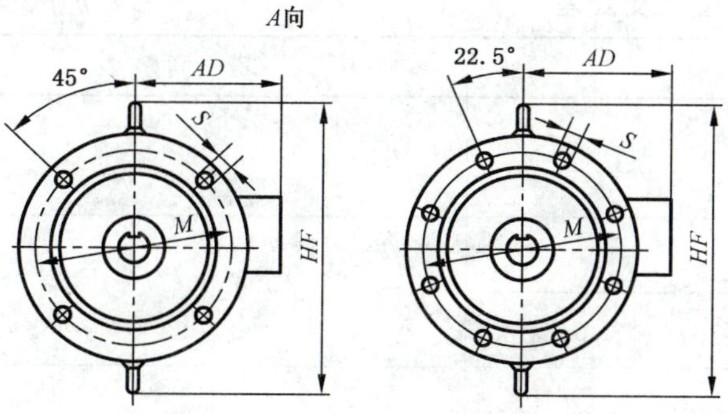

机座号180-200　　机座号225

有凸缘(带通孔),轴伸向下的电动机

单位为毫米

及公差									外形尺寸			
P^c	R^d		S^b			T		凸缘孔数	AC	AD	HF	L
	基本尺寸	极限偏差	基本尺寸	极限偏差	位置度公差	基本尺寸	极限偏差					
350	0	±3.0	18.5	$^{+0.52}_{0}$	Φ1.2Ⓜ	5	$^{0}_{-1.2}$	4	380	280	430	760
												800
400									420	305	480	840
450		±4.0						8	470	335	535	910
												935

3.8.2 电动机轴伸键的尺寸及公差应符合表7的规定。

表7 轴伸尺寸及公差

单位为毫米

轴伸直径	键 宽	键 高
24	$8_{-0.022}^{0}$	$7_{-0.090}^{0}$
28		
38	$10_{-0.022}^{0}$	$8_{-0.090}^{0}$
42	$12_{-0.027}^{0}$	
48	$14_{-0.027}^{0}$	$9_{-0.090}^{0}$
55	$16_{-0.027}^{0}$	$10_{-0.090}^{0}$
60	$18_{-0.027}^{0}$	$11_{-0.110}^{0}$

3.8.3 轴伸长度一半处的径向圆跳动公差应符合表8的规定。

表8 径向圆跳动公差

单位为毫米

轴伸直径	圆跳动公差
≥24～30	0.040
>30～50	0.050
>50～60	0.060

3.8.4 凸缘止口对电动机轴线的径向圆跳动和凸缘配合面对电动机轴线的端面圆跳动公差应符合表9的规定。

表9 径向圆跳动和端面圆跳动公差

单位为毫米

凸缘止口直径	圆跳动公差
≥130～230	0.100
>230～350	0.125

3.8.5 电动机轴线对底脚支承面的平行度公差为0.4 mm。

3.8.6 电动机底脚支承面的平面度公差应符合表10的规定。

表10 平面度公差

单位为毫米

*AB*或*BB*中的最大尺寸	平面度公差
≥180～250	0.15
>250～400	0.20
>400～500	0.25
注：*AB*为电动机底脚外边缘间的距离(端视)；*BB*为电动机底脚外边缘间的距离(侧视)。	

3.8.7 电动机轴伸上键槽的对称度公差应符合表11的规定。

表11 键槽的对称度公差

单位为毫米

键槽宽度(*F*)	对称度公差
8	0.022
10	

表 11（续） 单位为毫米

键槽宽度（F）	对称度公差
12	0.030
14	
16	
18	

4 技术要求

4.1 电动机应符合本标准的要求，并按照经规定程序批准的图样及技术文件制造。

4.2 在下列的海拔、环境空气温度条件下，电动机应能额定运行。

4.2.1 海拔不超过 1 000 m。

4.2.2 最高环境空气温度随季节而变化，但不超过 40 ℃。

注：如电机在海拔超过 1 000 m 或最高环境空气温度高于或低于 40 ℃的条件下使用时，应按 GB 755—2008 的规定。

4.2.3 最低环境空气温度为－15 ℃。

4.3 电动机运行期间电源电压和频率与额定值的偏差应按 GB 755—2008 的规定。

4.4 电动机在功率、电压及频率为额定时，其效率和功率因数的保证值应符合表 12 的规定。

4.4.1 电动机的效率由间接损耗分析法确定，杂散损耗按额定输入功率的 0.5%计算。非额定点杂散损耗按电流二次方折算。

4.4.2 电动机的效率计算时，电动机绕组的电阻基准温度应换算到 130(B)级 95 ℃时进行（按 GB/T 22669—2008 的规定）。

4.4.3 在计算中，效率值取四位有效位数，功率因数值取三位有效位数。

表 12 效率和功率因数的保证值

功率 kW	效率（η） %	功率因数（$\cos\varphi$）
1.1	84.9	0.93
1.5	86.5	
2.2	87.8	
3	88.9	
4	89.9	
5.5	90.7	
7.5	91.5	
11	92.2	0.94
15	92.9	
18.5	93.3	
22	93.6	
30	94.2	
37	94.5	
45	94.8	

4.5 在额定电压下，电动机堵转转矩与额定转矩之比的保证值为2.5。

4.6 在额定电压下，电动机堵转电流与额定电流之比的保证值为8.5。

4.7 在额定电压下，电动机失步转矩与额定转矩之比的保证值为2.2。

4.8 在额定电压下，电动机牵入转矩与额定转矩之比的保证值为1.3。

4.9 在额定电压下，电动机起动过程中最小转矩与额定转矩之比的保证值为1.0。

4.10 电动机电气性能保证值的容差应符合表13的规定。

表13 电气性能保证值的容差

序号	电气性能名称	容　差
1	效率 η	$-0.15(1-\eta)$
2	功率因数 $\cos\varphi$	$-(1-\cos\varphi)/6$，最少-0.02，最多-0.07
3	堵转转矩倍数	保证值的-15%，$+25\%$（经协议可超过$+25\%$）
4	失步转矩倍数	保证值的-10%
5	最小转矩倍数	保证值的-15%
6	堵转电流倍数	保证值的$+20\%$
7	牵入转矩倍数	保证值的-10%

4.11 电动机定子绕组温升

4.11.1 电动机采用155(F)级绝缘，当海拔高度和环境空气温度符合4.2的规定时，电动机定子绕组在额定电压及额定频率运行下的温升（电阻法）按80 K考核。温升数值修约间隔为1。

如试验地点的海拔或环境空气温度与4.2的规定不同，温升限值应按GB 755—2008的规定修正。

4.11.2 用电阻法测量绕组温度时，应在热试验结束就尽快使电动机停转。电动机断电后能在30 s内测得第一点读数，则以此读数计算得到的温升不需要外推至断电瞬间。如不能按照上述间隔时间内测得第一点读数，则应按照GB 755—2008的规定。

4.11.3 电动机轴承的允许温度（温度计法）应不超过95 ℃。

4.12 电动机在热状态和逐渐增加转矩的情况下，应能承受4.7所规定的失步转矩值（计及容差），历时15 s而无转速突变、停转及发生有害变形。此时，电压和频率应维持在额定值。

4.13 电动机应能承受1.5倍额定电流，历时不小于2 min的偶然过电流试验而不损坏。

4.14 电动机在空载情况下，应能承受1.2倍的最高额定转速，历时2 min而不发生有害变形。

4.15 电动机定子绕组绝缘电阻在热状态时或热试验后，应不低于0.38 MΩ。

4.16 电动机的定子绕组应能承受为时1 min的耐电压试验而不击穿，试验电压的频率为50 Hz，并应尽可能为正弦波形，电压的有效值为1 760 V。

在传送带上大批连续生产的电动机进行检查试验时，允许将试验时间缩短至1 s，而试验电压的有效值为2 110 V。

4.17 电动机定子绕组应能承受匝间冲击耐电压试验而不击穿，其试验冲击电压峰值按GB/T 22719.2—2008的规定。

4.18 电动机的定子绕组在按GB/T 12665—2008所规定的40 ℃交变湿热试验方法进行6周期试验后，绝缘电阻应不低于0.38 MΩ，并应能承受4.16所规定的耐电压试验而不击穿，但电压的有效值为1 500 V，试验时间为1 min。

4.19 电动机的机械振动

4.19.1 电动机在空载时测得的振动强度应不超过表14的规定。在测得振动速度、加速度有效值的数值时，修约间隔为0.1，在测得振动位移有效值的数值时，修约间隔为1。

4.19.2 电动机在检查试验时，只需测量振动的速度。型式试验时，所有三种振动量值都应测量。

注：当检查试验是在自由悬置安装条件下做的，型式试验则必须包括在刚性安装情况下的试验。

表 14 不同轴中心高用位移、速度和加速度表示的振动强度限值(方均根值)

电动机中心高 H mm	90≤H≤132			132<H≤225		
安装方式	位移 μm	速度 mm/s	加速度 m/s^2	位移 μm	速度 mm/s	加速度 m/s^2
自由悬置	25	1.6	2.5	35	2.2	3.5
刚性安装	21	1.3	2.0	29	1.8	2.8

4.20 电动机在空载时测得的A计权声功率级的噪声数值应符合表15所规定的数值。噪声数值的容差为+3 dB(A),修约间隔为1。

表 15 A计权声功率级的噪声数值

功 率 kW	声功率级 dB(A)
1.1	66
1.5	66
2.2	70
3	70
4	72
5.5	75
7.5	75
11	77
15	77
18.5	80
22	80
30	83
37	84
45	84

4.21 当三相电源平衡时,电动机的三相空载电流中任何一相与三相平均值的偏差应不大于三相平均值的10%。

4.22 电动机应采用净流式风罩或其他措施,使其具有防纤维堵塞能力。

4.23 电动机在检查试验时,空载的电流及损耗应在某一数据范围之内,该数据范围应能保证电动机性能符合4.4~4.10的规定。

4.24 电动机有一个圆柱形轴伸,双方另有协议时允许电动机制成两个轴伸,第二个轴伸应能传递额定功率,但只能用联轴器传动。

4.25 电动机应制成具有六个出线端。从主轴伸端视之,电动机的接线盒应置于机座右面或顶部。电动机的接线盒内应有接地端子,应在接地端子的附近设置接地标志,此标志应保证在电动机整个使用时期内不易磨灭。

4.26 在出线端标志的字母顺序与三相电源的电压相序方向相同时,从主轴伸端视之,电动机应为顺时针方向旋转(按GB 1971—2006的规定)。

4.27 电动机的安全性能应符合GB 14711—2006的要求。

5 检测规则

5.1 每台电动机需检验合格后才能出厂，并应附有产品合格证。

5.2 每台电动机应经过检查试验，检查试验项目包括：

a) 机械检查(按5.5、5.6的规定)；

b) 定子绕组对机壳及绕组相互间绝缘电阻的测定(检查试验时可测量冷态绝缘电阻，但应保证热状态时绝缘电阻不低于4.15的规定)；

c) 定子绕组在实际冷状态下直流电阻的测定；

d) 耐电压试验；

e) 匝间绝缘试验；

f) 空载电流和损耗的测定；

注：在型式试验时需量取空载特性曲线。

g) 噪声的测定(按5.6的规定)；

h) 振动的测定(按5.6的规定)；

i) 旋转方向的检查；

j) 空载反电动势的测定(按5.6的规定)。

5.3 凡遇下列情况之一者，必须进行型式试验：

a) 经鉴定定型后制造厂每一次试制或小批试生产时；

b) 电动机设计或工艺上的变更足以引起某些特性和参数发生变化时；

c) 当检查试验结果和以前进行的型式试验结果发生不可容许的偏差时；

d) 成批生产的电动机定期的抽试，每年抽试一次。当需要抽试的数量过多时，抽试时间间隔可适当延长，但至少每两年抽试一次。

5.4 电动机的型式试验项目包括：

a) 检查试验的全部项目；

b) 热试验；

c) 效率，功率因数的测定；

d) 堵转电流、堵转转矩和损耗的测定；

注：需量取堵转特性曲线。

e) 短时过转矩试验；

f) 失步转矩的测定；

g) 起动过程中最小转矩的测定；

h) 超速试验(当有协议作出规定时进行)；

i) 牵入转矩的测定。

5.5 电动机的机械检查项目包括：

a) 转动检查：电动机转动时，应平稳轻快，无停滞现象。

b) 外观检查：检查电动机的装配是否完整正确，电动机表面油漆应干燥完整、均匀、无污损、碰坏、裂痕等现象。

c) 安装尺寸、外形尺寸及键的尺寸检查：安装尺寸及外形尺寸应符合3.8.1的规定；键的尺寸应符合3.8.2规定。

d) 圆跳动、底脚支承面的平行度和平面度及键槽对称度的检查：圆跳动应符合3.8.3和3.8.4的规定。底脚支承面的平行度和平面度应分别符合3.8.5和3.8.6的规定。键槽的对称度应符合3.8.7的规定。底脚支承面的平面度和键槽对称度允许在零部件上进行检查。

5.6 本标准5.5的a)和b)应逐台检查，5.2的g)、h)和j)及5.5的c)和d)可以进行抽查，抽查办法由制造厂制定。

5.7 5.2(其中的e)、g)和h)除外)和5.4,其试验方法按照GB/T 22669—2008进行,5.2的e)按照GB/T 22719.1—2008进行。5.2的g)按照GB/T 10069.1—2006进行。5.2的h)按照GB 10068—2008进行。5.5所规定的安装尺寸及公差的检查按照GB/T 4772.1—1999进行。

5.8 电动机外壳防护等级的试验、偶然过电流试验及40 ℃交变湿热试验,可在产品结构定型或当结构和工艺有较大改变时进行。外壳防护等级的试验方法按照GB/T 4942.1—2006进行。40 ℃交变湿热试验按照GB/T 12665—2008进行。

6 标志、包装及保用期

6.1 铭牌材料及铭牌上数据的刻划方法,应保证其字迹在电动机整个使用期间内不易磨灭。

6.2 铭牌应固定在电动机机座的上半部,应标明的项目如下:

a) 制造厂名称或标记;
b) 电动机名称(纺织专用高效率永磁同步电动机);
c) 电动机型号;
d) 外壳防护等级(允许另作铭牌);
e) 额定功率,单位为kW;
f) 额定频率,单位为Hz;
g) 额定电流,单位为A;
h) 额定电压,单位为V;
i) 额定转速,单位为r/min;
j) 热分级;
k) 接线方法;
l) 效率;
m) 功率因数;
n) 制造厂出品年月和出品编号;
o) 重量,单位为kg;
p) 标准编号。

6.3 电动机定子绕组的六个出线端及在接线板的接线位置上均应有相应的标志,并应保证其字迹在电动机整个使用期间内不易磨灭。其标志按表16的规定。

表16 出线端标志

定子绕组名称	出线端标志	
	始 端	末 端
第一相	U1	U2
第二相	V1	V2
第三相	W1	W2

6.4 电动机的轴伸及平键表面应加防锈及保护措施。凸缘式电动机必须在凸缘的加工面上加防锈及保护措施。

6.5 电动机的轴伸平键、使用说明书(同一用户同一型式的一批电动机至少供应一份,使用说明书中需标明制造厂地址)及产品合格证书应随同每台电动机供给用户。

6.6 电动机的包装应能保证在正常的储运条件下,自发货之日起的一年时间内不致因包装不善而导致受潮与损坏。

6.7 包装箱外壁的文字和标志应清楚整齐,内容如下:

a）发货站及制造厂名称；

b）收货站及收货单位名称；

c）电动机型号和出品编号；

d）电动机的净重及连同箱子的毛重；

e）箱子外形尺寸；

f）在箱子的适当位置应标有“小心轻放”、“怕雨”等字样，其图形应符合 GB/T 191—2008 的规定。

6.8 在用户按照使用说明书的规定，正确地使用与存放电动机的情况下，制造厂应保证电动机在开始使用一年内，或自制造厂的出品日期不超过二年内能良好地运行。如在此规定时间内电动机因制造质量不良而发生损坏或不能正常工作时，制造厂应无偿地为用户修理或更换零件或电动机。

ICS 11.040.40
C 45

中华人民共和国国家标准

GB/T 25304—2010

非血管自扩张金属支架专用要求

Specific requirements for non-vascular self-expanding metallic stents

2010-11-10 发布 2011-05-01 实施

中华人民共和国国家质量监督检验检疫总局
中国国家标准化管理委员会 发布

前 言

本标准由国家食品药品监督管理局提出。

本标准由全国外科植入物和矫形器械标准化技术委员会(SAC/TC 110)归口。

本标准起草单位:有研亿金新材料股份有限公司、国家食品药品监督管理局天津医疗器械质量监督检验中心。

本标准主要起草人:冯景苏、樊铂、扈玉玲、缪卫东、李君涛、寇亚明、张亨金、于学保。

引　　言

非血管自扩张金属支架(包括食道支架、胆道支架和气管支架)及其相应输送系统近年来已在临床医学上广泛应用,为规范这类产品的生产、检测、流通和使用,特制定本标准。

本标准参照采用 YY/T 0640、YY/T 0663 以及美国 FDA 器械和辐射安全中心《关于食道和气管假体上市前公告内容的指导》和《关于金属可扩张胆道支架上市前公告内容的指导》的相关内容。

非血管自扩张金属支架专用要求

1 范围

本标准规定了用于扩张非血管腔体狭窄的自扩张金属支架及其输送系统的术语和定义、预期性能、设计属性、材料、临床前评估、制造、灭菌、包装和制造商提供的信息。

本标准适用于介入治疗用非血管自扩张金属支架(可以是裸支架或覆膜支架,以下简称支架),包括食道支架、胆道支架、气管支架及其相应的输送系统。

本标准不适用于球囊扩张支架,球囊扩张支架建议参照 YY/T 0663。

2 规范性引用文件

下列文件中的条款通过本标准的引用而成为本标准的条款。凡是注日期的引用文件,其随后所有的修改单(不包括勘误的内容)或修订版均不适用于本标准,然而,鼓励根据本标准达成协议的各方研究是否可使用这些文件的最新版本。凡是不注日期的引用文件,其最新版本适用于本标准。

GB/T 14233.1 医用输液、输血、注射器具检验方法 第1部分:化学分析方法

GB/T 14233.2 医用输液、输血、注射器具检验方法 第2部分:生物学试验方法

GB/T 15812.1—2005 非血管内导管 第1部分:一般性能试验方法

GB/T 16886.1 医疗器械生物学评价 第1部分:评价与试验

GB/T 16886.7 医疗器械生物学评价 第7部分:环氧乙烷灭菌残留量

GB/T 16886.13 医疗器械生物学评价 第13部分:聚合物医疗器械的降解产物的定性与定量

YY 0500—2004 心血管植入物 人工血管

YY/T 0640—2008 无源外科植入物 通用要求

YY/T 0695 小型植入器械腐蚀敏感性的循环动电位极化标准测试方法

3 术语和定义

下列术语和定义适用于本标准。

3.1

非血管支架 non-vascular stent

用于扩张和支撑食道、气管、胆道管腔的可植入管状结构。

3.2

裸支架 bare stent

未被覆膜或无涂层的支架。

3.3

覆膜支架 stent with coating

包覆生物学性能良好的高分子材料膜的支架。

3.4

输送系统 delivery system

用于将支架送达靶向位置,并随后被移除的系统或装置。

3.5

MRI 相容性 MRI compatibility

支架用于特定MRI(磁共振成像)环境时,如满足以下条件,则支架与MRI相容:

——已被证明不会显著影响诊断信息质量，并且

——其支架功能不受 MRI 环境影响。

3.6

自扩张支架 self-expanding stent

在无塑性变形情况下，释放后直径自行增大的支架。

3.7

扩张力 expansion force

金属自扩张胆道、食道和气管支架在扩张过程中的力。

3.8

压缩力 compression force

扩张后压缩金属自扩张胆道、食道和气管支架的力。

3.9

标称条件 nominal condition

制造商所声明的植入物在扩张后松弛状态下的直径和长度。

3.10

食道支架 esophageal stents

食道支架可以是网格增强的管状器械，用来植入或者外部附加到胸部和喉咙，持续恢复食道或咽部通畅的支撑物。

3.11

气管支架 tracheal stents

气管支架是一个管状器械用来植入重建气管。

3.12

胆道支架 biliary stents

胆道支架是一个全部或部分由金属组成的管状结构，植入胆道用于治疗缓解恶性狭窄。

3.13

单包装 unit package

保持无菌状态的最小包装。

3.14

外包装 outer package

为防止由于贮存和运输引起损坏而设计的在单包装外的包装物。

4 预期性能

YY/T 0640—2008 第 4 章的要求适用。

5 设计属性

YY/T 0640—2008 第 5 章的要求适用。

6 材料

6.1 总则

YY/T 0640—2008 第 6 章的要求适用。

注 1：支架输送系统视为与体液接触时间小于 24 h 的外部介入器械。

注 2：GB/T 16886 标准正在修订中。

6.2 腐蚀

材料及最终产品对腐蚀的敏感度应在恰当的环境中进行评价，YY/T 0695 推荐的方法或下列条款

适用。

6.2.1 胆道支架

将支架材料放置在模拟胆汁中，持续时间根据胆道支架的植入时间确定。测量支架材料的抗拉强度，并与未经处理的支架进行比较。可使用加速试验条件（如提高温度），加速试验条件应能代表实际临床使用条件。

6.2.2 食道支架

按照食道的腐蚀环境来检测食道支架的耐腐蚀性。将支架材料放置在胃内分泌物中，持续时间根据支架的植入时间确定。测量支架材料的抗拉强度，并与未经处理的支架进行比较。可使用加速试验条件（如提高温度），加速试验条件应能代表实际临床使用条件。

注：可以使用模拟胃液试验，可参照 GB/T 16886.13 配制模拟胃液。

7 临床前评估

7.1 植入物的实验室测试

7.1.1 尺寸

支架的长度和直径应在标称条件下测定，并应有重复性。

注：支架的内径可由其外径与壁厚计算得到。

使用适当的方法测量支架的外径。测量时，应选择两端及中部，并在相互垂直的两个方向上测量。

每个支架需计算所有直径测量结果的平均值。

非圆柱形支架（如椭圆或带喇叭口形）应描述其外形。

应规定支架的工作尺寸范围，并记录测试结果，其数值应在制造商所标示的允许差范围内。

7.1.2 扩张力

采用适宜的方法测量支架在扩张过程中的扩张力，并给出每种标称直径支架的测试结果。

7.1.3 压缩力

采用适宜的方法测量扩张后压缩支架所需要的压缩力，并给出每种标称直径支架的测试结果。

7.1.4 强度

7.1.4.1 支架破裂强度、纵向拉伸强度、加工吻合强度及缝合强度（若适用）

YY 0500—2004 第 5 章的要求与下述内容一并适用。

试验应在最终产品上进行。若适用，也可对移植物材料分别进行。

7.1.4.2 与移植物连接的植入物/附着系统（如粘结，缝合）的强度

评估移植物对于植入物/附着系统的连接强度。

7.1.4.3 纵向拉伸强度

纵向拉伸强度用以评价移植物与植入物/附着系统的连接力。

7.1.5 磁共振成像（MRI）相容性评价

制造商应评价支架对磁共振成像（MRI）环境的适应性，并记录试验条件和结果，包括：

——磁共振成像对支架的影响，如支架温度升高，发生位移等；

——是否由于支架的存在而产生磁场干扰，使磁共振成像出现伪影。

7.2 输送系统的实验室测试

7.2.1 尺寸

制造商应以文件的方式规定输送系统每一部件轮廓和所有尺寸，能使其安全地到达、释放和回撤。

使用适当的方法测量尺寸。

7.2.2 放置性能

输送系统应使支架易于释放和准确放置，其放置的准确性和重复性应通过适当的测试得到验证，需提供放置最大和最小直径支架的测试结果。

7.2.3 耐腐蚀性

当按照 GB/T 15812.1—2005 附录 A 的方法试验时，输送系统金属部件应无腐蚀迹象。

7.2.4 拉伸性能

输送系统各管状部分、各座或连接器的各连接处以及不同管路的各连接处断裂力按 GB/T 15812.1—2005 附录 B 的方法试验，每一试验段的断裂力应符合表 1 的规定。

表 1 输送系统试验段断裂力

试验段管状部分最小外径 mm	最小断裂力 N
≥0.55，<0.75	3
≥0.75，<1.15	5
≥1.15，<1.85	10
≥1.85	15

7.2.5 无泄漏

7.2.5.1 当按照 GB/T 15812.1—2005 附录 C 的方法试验时，施加产品标准规定的试验压力应无泄漏。

7.2.5.2 当按照 GB/T 15812.1—2005 附录 D 的方法试验时，施加产品标准规定的负压应无泄漏。

7.2.6 输送系统水流量(若适用)

当按照 GB/T 15812.1—2005 附录 E 的方法试验时，其数值应在制造商所标示的允许差范围内。

7.2.7 连接器牢固度

当按照 GB/T 15812.1—2005 附录 F 的方法试验时，施加产品标准规定的拉力，装配后的连接器不应分离。

7.3 射线可探测性

支架和输送系统应能被射线探测。

注：本标准出版时，关于测定射线可探测性，尚无可接受的、有效的试验方法。将来要建立一种公认的试验方法，以提出射线可探测性的量值。

7.4 生物相容性

7.4.1 支架

支架是与组织和骨接触的长期植入器械，应符合下列规定：

a) 用于扩张恶性狭窄的支架，按照 GB/T 16886.1 的规定选择相应的方法进行下列试验：

——细胞毒性；

——致敏性；

——植入；

——亚慢性毒性；

——慢性毒性。

注 1：支架不需要遗传毒性试验，因为它是为恶性胆道、食道等狭窄的患者植入。

注 2：支架长期停留在体内，病理组织学的长期植入研究，可代替植入及慢性毒性试验。

b) 用于扩张非恶性狭窄的支架，生物相容性评价见 GB/T 16886.1。

7.4.2 输送系统

输送系统是与组织和骨接触的短期植入器械。按照 GB/T 16886.1 的规定选择相应的方法进行下列试验：

——细胞毒性；

——致敏性；

——刺激或皮内反应。

8 制造

YY/T 0640—2008 第 8 章的要求适用。

9 灭菌

YY/T 0640—2008 第 9 章的要求及下列条款适用。

9.1 无菌

按 GB/T 14233.2 的方法试验，产品应达到无菌。

9.2 环氧乙烷残留量

如用环氧乙烷灭菌，按 GB/T 14233.1 或 GB/T 16886.7 的方法试验，环氧乙烷残留量应不大于 10 mg/kg。

10 包装

YY/T 0640—2008 第 10 章的要求适用。

11 制造商提供的信息

YY/T 0640—2008 第 11 章的要求及下列条款适用。

11.1 单包装

11.1.1 无输送系统的植入物

每一包装应以文字、短语、符号或图示方式进行标注，至少含下列信息：

a) 内容物描述；

b) 制造商名称和地址；

c) 器械的名称及商用名称(若适用)；

d) 型号；

e) 批号或序列号；

f) 灭菌方法及"无菌"标记；

g) 一次性使用；

h) 终止使用日期；

i) 警告或阅读使用手册的提示(符号)；

j) 尺寸：长度和扩张后松弛状态下的标称外径(范围，若适用)；

k) 水渗透性，若适用。

11.1.2 带有输送系统的植入物

每一包装应以文字、短语、符号或图画方式进行标注，至少含下列信息：

a) 植入物信息见 11.1.1；

b) 输送系统信息，至少包括：导引导管最小要求尺寸，和导丝(内径和外径，若适用)。

11.2 外包装

每一外包装上不仅应标有 11.1 的所有信息，而且要有适当的贮存与运输指南。

11.3 随附或置于包装内的使用指南

每一灭菌包装或外包装内，内容物均相同，与器械使用指南一并提供。指南应包括下述内容：

a) 使用适应证；

b) 使用的禁忌证、注意事项及警告；

c) 无菌防护和器械准备的推荐方法,包括任何预处理和操作技术;

d) “无菌、一次性使用”应以显著形式声明;

e) “勿再次灭菌”或“再次灭菌”信息,若适用;

f) 可添加和(或)可滤去部件的说明,若适用;

g) 推荐的贮存方法,若适用;

h) 水渗透性,若适用;

i) 如与先前版本的使用指南有重大改变,则应在使用指南内或以其他方式指明;

j) 植入物的 MRI 相容性;

k) 可视性的推荐方法。

ICS 25.160.30
J 64

中华人民共和国国家标准

GB/T 25305—2010

缝 焊 机

Seam welding machines

2010-11-10 发布　　2011-05-01 实施

中华人民共和国国家质量监督检验检疫总局
中国国家标准化管理委员会 发布

前　言

本标准由中国电器工业协会提出。

本标准由全国电焊机标准化技术委员会(SAC/TC 70)归口。

本标准起草单位:南通澳斯派克焊机有限公司、深圳市瑞凌实业股份有限公司、成都三方电气有限公司、凯尔达集团有限公司。

本标准主要起草人:黄惠德、邱光、支楠、王仕凯、李瑱、王巍。

缝　焊　机

1　范围

本标准规定了固定式缝焊机的通用技术要求、试验方法和检验规则。

本标准适用于由不超过 GB/T 156—2007 中表 1 规定的电压供电的各种类型固定式缝焊机(以下简称焊机)。

电阻焊机控制器(以下简称控制器)与焊机可以组成为一体,也可以分开为单独设备,但不论采取哪种结构形式,都适用于本标准。

注:本标准不包括电磁兼容性(EMC)要求。

2　规范性引用文件

下列文件中的条款通过本标准的引用而成为本标准的条款。凡是注日期的引用文件,其随后所有的修改单(不包括勘误的内容)或修订版均不适用于本标准,然而,鼓励根据本标准达成协议的各方研究是否可使用这些文件的最新版本。凡是不注日期的引用文件,其最新版本适用于本标准。

GB/T 156—2007　标准电压(IEC 60038:2002,MOD)

GB/T 2900.22—2005　电工名词术语　电焊机

GB/T 8366—2004　阻焊　电阻焊机　机械和电气要求(ISO 669:2000,MOD)

GB/T 10249　电焊机型号编制方法

GB 15578—2008　电阻焊机的安全要求

JB/T 4158　缝焊焊轮坯料尺寸

JB/T 4281　电阻焊电极和附件用材料

3　术语和定义

GB/T 2900.22、GB/T 8366—2004、GB 15578—2008 确立的以及下列术语和定义适用于本标准。

3.1

横向缝焊　transverse seam welding

工件的走向与焊机臂伸方向垂直的缝焊。

3.2

纵向缝焊　longitudinal seam welding

工件的走向与焊机臂伸方向平行的缝焊。

3.3

角向缝焊　fillet seam welding

上电极滚轮轴线与下电极轴线相交,工件随下电极作水平旋转的缝焊。

4　产品分类及型号

4.1　产品分类

4.1.1　按上电极运动方式分为:

a)　圆弧运动式缝焊机;

b)　垂直运动式缝焊机。

4.1.2　按焊接工件的走向分为:

a)　横向缝焊机;

b） 纵向缝焊机；

c） 角向缝焊机。

4.1.3 按输入电源相数分为：

a） 单相缝焊机；

b） 三相缝焊机。

4.1.4 按工作原理分为：

a） 工频缝焊机；

b） 整流式缝焊机；

c） 逆变式缝焊机；

d） 电容储能式缝焊机。

4.1.5 按工作频率分为：

a） 工频缝焊机；

b） 中频式缝焊机；

c） 高频式缝焊机。

4.2 型号

焊机型号按照 GB/T 10249 编制。

5 使用条件

5.1 环境条件

符合本标准要求的焊机应能在下述环境条件下正常工作。

a） 周围环境空气温度范围 5 ℃～40 ℃；

空气相对湿度 40 ℃时不超过 50％；

20 ℃时不超过 90％。

周围空气中的灰尘、酸、腐蚀性气体或物质等不超过正常含量，由于焊接过程而产生的这些物质除外。

b） 冷却介质的温度不应超过：

1） 液体冷却 进口处 30 ℃；

注：若添加防冻液，则最低环境温度可相应降低，以不凝固为条件。

2） 空气冷却 40 ℃。

c） 液体冷却液的进口压力范围 0.15 MPa～0.3 MPa。

d） 液体冷却液应符合相应标准，采用水冷却时水质符合工业用水的水质标准。

e） 海拔高度应不超过 1 000 m。

注：制造商和用户之间可以商定不同的环境条件，商定后的缝焊机要进行标注。

5.2 供电电源

供电电源应符合 GB/T 156 的规定。供电电网品质应达到下列要求：

a） 电压波形应为实际的正弦波。

b） 电网电压的波动不超过额定值的±10％。

c） 电网电压频率的波动不超过额定值的±1％。

d） 三相电压允许不平衡度≤±4％。

6 安全要求

焊机的安全要求应符合 GB 15578—2008 的规定。

7 技术要求

7.1 次级空载电压

7.1.1 焊机的次级空载电压值由产品标准规定，其允差应≤±2%。

7.1.2 额定空载电压的调节可以是无级的或有级的。对于无热量控制的有级调节，其每一级的增长率应不超过20%。

7.2 焊轮的速度

7.2.1 焊轮速度的调节可以是无级的，也可以是有级的。有级调节时，任何前后两级速度比值不应大于1.25。

7.2.2 焊轮线速度调节范围，在焊机的产品标准或技术条件中予以规定。

7.3 挠度

垂直运动式焊机在额定状态下，在无冲击负荷时，其下电极臂弹性挠度不得大于表1的规定。

表1 电极臂弹性挠度

额定电极臂伸出长度 L/mm	电极臂弹性挠度/mm
$L \leqslant 500$	2.5
$500 < L \leqslant 1\ 200$	3
$L > 1\ 200$	3.5

7.4 焊轮尺寸及材料

焊轮尺寸及材料应符合JB/T 4158、JB/T 4281的规定。

7.5 次级最大短路电流

焊机的次级最大短路电流由产品标准规定。在采用间接测量方法时，其最大允差为规定值的－10%；在采用直接测量方法时，其最大允差为规定值的－5%。

8 检验方法

8.1 焊轮速度的测定

焊轮的速度应在不接通次级电流的情况下进行检验，其方法是测量主动轮每分钟的转数，然后根据焊轮的额定直径算出线速度，或者是测量给定时间内额定直径焊轮同焊件的直线移动量。

测量应当在焊轮上施以额定电极压力的情况下完成。在额定电极压力时测量最小速度，在最小电极压力时测量最大速度。

8.2 挠度的测定

8.2.1 垂直运动式焊机的挠度试验应将焊机置于设计所规定的额定状态，并在无冲击负荷的情况下进行。

8.2.2 下电极臂弹性挠度试验如图1所示，调节压缩空气压力，使电极压力缓慢地上升至额定压力，然后如图1中A所示，用百分表测定下电极臂弹性挠度。

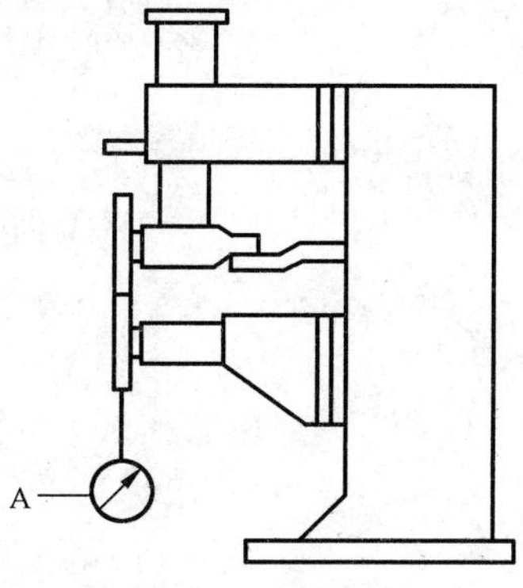

图1 挠度测定

8.3 其他项目的检验方法

除本标准规定外，其他项目的检验方法应按照 GB 15578—2008、GB/T 8366—2004 的有关规定进行。

9 检验规则

9.1 试验条件及测量仪器

试验条件及测量仪器应符合 GB 15578—2008 的有关规定。

9.2 型式检验

除非另有规定，本标准中要求的检验项目均为型式检验项目。型式检验还包括 GB 15578—2008 规定的项目。

焊机应同与其配套的、可能影响检验结果的辅助设备一起进行试验。

除非有特殊规定，否则所有型式检验都应在同一台焊机上进行。

9.3 例行检验

每台焊机都应通过例行检验，检验项目如下：

a) 一般目测检验(见 GB 15578—2008 的 3.9)；

b) 与保护性导体的连接(见 GB 15578—2008 的 6.4)；

c) 绝缘电阻(见 GB 15578—2008 的 6.1.4)；

d) 介电强度(见 GB 15578—2008 的 6.1.5)；

e) 次级空载电压(见 7.1 和 GB/T 8366—2004 的第 9 章)；

f) 液体冷却系统(见 GB 15578—2008 的第 9 章)；

g) 气路系统(见 GB 15578—2008 的第 10 章)；

h) 液压系统(见 GB 15578—2008 的第 11 章)；

i) 焊轮的速度(见 7.2 和 8.1)；

j) 一般目测检验(复检)(见 GB 15578—2008 的 3.9)。

10 铭牌

铭牌应符合 GB 15578—2008 的要求。在铭牌数据中，应给出线速度的范围(v=……m/min～……m/min)或旋转速度的范围(n=……min^{-1}～……min^{-1})。

ICS 27.120.30
F 50

中华人民共和国国家标准

GB/T 25306—2010

辐射加工用电子加速器工程通用规范

Standard of electron accelerator facility engineering for radiation processing

2010-11-10 发布　　2011-05-01 实施

中华人民共和国国家质量监督检验检疫总局
中国国家标准化管理委员会　发布

前　言

本标准的附录A为规范性附录，附录B、附录C、附录D均为资料性附录。

本标准由中国核工业集团公司提出。

本标准由全国核能标准化技术委员会归口。

本标准主要起草单位：中国科学院上海应用物理研究所、北京机械工业自动化研究所、山东金塔建设有限公司、无锡爱邦辐射技术有限公司、江苏达胜加速器制造有限公司、宁波超能科技股份有限公司、四川久环电气有限责任公司、核工业标准化研究所、中国同位素与辐射行业协会辐射加工专业委员会。

本标准主要起草人：李民熙、郭彦斌、孙裕国、李兆先、俞章华、施惠栋、何小海、李国青、陈勇、朱希恺、赖启基、黄正新。

辐射加工用电子加速器工程通用规范

1 范围

本标准规定了辐射加工用电子加速器工程的组成和技术要求；电子加速器装置和束下装置的分类、型号命名；厂房建设的内容、要求、设计、施工及质量监督；安装和检验；工程验收。

本标准适用于能量为 0.15 MeV～15 MeV 的各类辐射加工用电子加速器工程。

2 规范性引用文件

下列文件中的条款通过本标准的引用而成为本标准的条款。凡是注日期的引用文件，其随后所有的修改单（不包括勘误的内容）或修订版均不适用于本标准，然而，鼓励根据本标准达成协议的各方研究是否可使用这些文件的最新版本。凡是不注日期的引用文件，其最新版本适用于本标准。

GB 3095 环境空气质量标准

GB 5172—1985 粒子加速器辐射防护规定

GB 5749 生活饮用水卫生标准

GB/T 15447 X、γ 射线和电子束辐照不同材料吸收剂量的换算方法

GB/T 16841 能量为 300 keV～25 MeV 电子束辐射加工装置剂量学导则

GB 18871—2002 电离辐射防护与辐射源安全基本标准

GBZ 1—2002 工业企业设计卫生标准

GBZ 2.1—2007 工作场所有害因素职业接触限值 第 1 部分：化学有害因素

GBZ 2.2—2007 工作场所有害因素职业接触限值 第 2 部分：物理因素

JJG 772 电子束辐射源（辐射加工用）

3 术语和定义

下列术语和定义适用于本标准。

3.1

辐射加工 radiation processing

电离辐射作用于物质，使其品质或性能达到预期要求的一种工艺过程。

3.2

辐射装置 radiation facility

由辐射室、电子加速器装置、束下装置、控制系统、安全设施等组成的辐射加工工艺装置。

3.3

辐射加工用电子加速器装置 electron accelerator facility for radiation processing

电子加速器装置 electron accelerator facility

产生、加速、引出电子束流用于辐射加工的装置。

3.4

束下装置 facility under beam

泛指束流引出窗下（外），用于输运物料进行辐射加工的装置。

3.5

参考面 reference plane

辐射场中选定的垂直于束流轴线的平面。

注 1：通常取参考面在束流引出窗外并与引出窗相距不大于 200 mm。

注 2：如图 1 所示，在直角坐标中，与束流中心轴——Z 轴相垂直的 X、Y 两坐标组成的平面为参考面，Z 轴与参考面相交的点 O 为参考点。

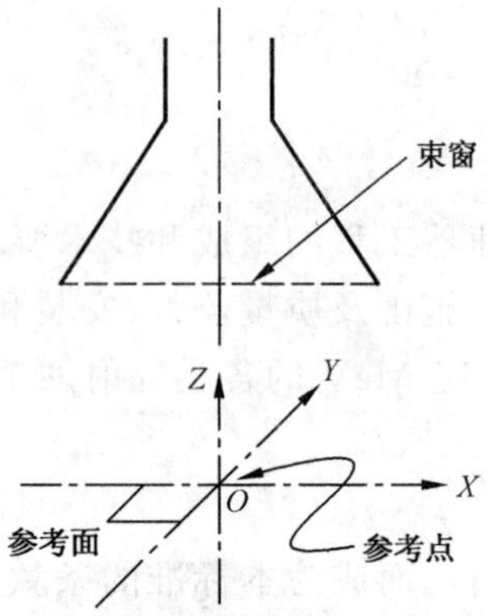

图 1　参考面示意图

3.6

电子束流能量　electron beam energy

束流能量　electron beam energy

电子束流（以下简称"束流"）在参考面处的能量。

3.7

束流能量不稳定度　electron beam energy instability

给定时间内，由于加速器参数的未受控自然变化导致束流能量的变化率。

3.8

束流强度　electron beam intensity

通过参考面的束流的时间平均值，对于脉冲加速器是指平均束流强度。

3.9

连续束流　continuous electron beam

幅度不随时间变化、持续存在的束流。

3.10

脉冲束流　pulse electron beam

周期性重复出现的束流，其持续时间远小于无束流的持续时间。

3.11

束流脉冲重复率　electron beam pulse rate

以单位时间脉冲数表征的脉冲束流周期性参量。

3.12

束流强度不稳定度　electron beam intensity instability

给定时间内，由于加速器参数的未受控自然变化导致束流强度的变化率。

3.13

束流焦斑　electron beam focal spot

束斑　electron beam focal spot

未经扫描的束流，通过束流引出窗在参考面上形成的束流密度分布，称为束流焦斑。以束流密度为束斑中心处 50％的等密度圆周的直径为束斑直径。

3.14

束流扫描频率　electron beam scanning frequency

单位时间内束流沿引出窗宽度方向周期性扫描的次数。

3.15

束流扫描宽度　electron beam scanning width

束流经扫描后在参考面上形成的垂直于产品运动方向的有用束流宽度。

3.16

束流扫描不均匀度　electron beam scanning uniformity

在参考面上,束流扫描宽度内,束流密度分布的不均匀程度。

束流功率　electron beam power

单位时间束流所做的功。其数值为束流能量乘以束流强度除以电子电荷。

3.17

束流射程　electron beam range

测试模块表面处于参考面,沿辐射束流轴线的深度剂量曲线上,下降最陡处的切线外推线与该曲线末端的韧致辐射剂量的外推线相交点处材料的深度(等于实际射程)。

3.18

电离辐射　ionizing radiation

由能够产生电离的带电粒子和(或)不带电粒子组成的辐射。电离辐射也称射线。

3.19

辐射场　radiation field

电离辐射在选定介质中的空间-时间分布。

3.20

控制区　controlled area

需要或可能需要专门防护手段或安全措施的区域。主机室、辐照室及其迷道为控制区。

3.21

监督区　supervised area

不需要采取专门措施,但要定时检查和评价驻留人员职业受辐射状况的区域。控制室、周围辅助用房以及操作区域为监督区。

3.22

剂量测量系统　dosimetry system

由剂量计、测量仪器、剂量响应校准曲线(或剂量响应函数)或相关的参考标准和使用程序组成的用于确定吸收剂量的系统。

3.23

加工能力　processing throughput

辐射装置在给定的吸收剂量条件下,单位时间内能够处理的物料量。

3.24

束下装置传输速度　conveyor speed of facility under beam

束下装置输运的辐射物料,在经过辐射场的传输速度。

4　辐射加工用电子加速器工程组成

4.1　电子加速器装置

电子加速器装置由下列部分组成:

a）　束流产生装置;

b）　束流加速装置;

c）　束流引出和辐射场形成装置;

d）　控制及其他辅助装置。

4.2 束下装置

束下装置由下列部分组成：

a) 传输装置，包括物料承载机构、物料传输机构、物料装卸机构；

b) 适配装置，包括物料定位机构、工艺条件保证机构、传输稳定机构；

c) 计量及监控系统。

4.3 控制系统

包括电子加速器装置的控制系统、束下装置的控制系统、辐射安全的控制系统，以及它们之间的接口和协议文件。

4.4 厂房

厂房主要由下列部分组成：

a) 主机房、辐射室、传输通道、控制室；

b) 剂量测量室、检验实验室；

c) 物料厅及其他辅助用房。

5 电子加速器装置

5.1 分类

5.1.1 电子加速器装置按加速原理主要分为：直流高压型和高频谐振型两大类。

5.1.2 直流高压型电子加速器装置产生的束流是连续束流，常用的有：电子帘型、绝缘芯变压器型、中频谐振变压器型、高压倍加器型、高频高压型、电子静电型和三相变压器型等。

5.1.3 高频谐振型电子加速器装置产生的束流多为脉冲束流，常用的有：直线型、单腔脉冲型、单腔多次加速型等。

5.2 型号命名

按图 2 所示内容与顺序命名。

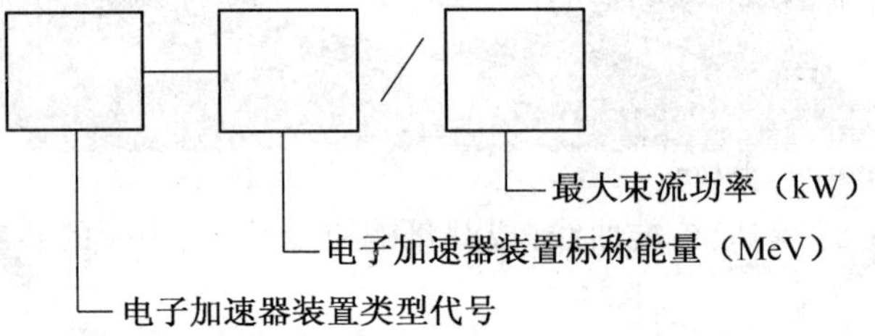

类型代号以字母表示：

DL——电子帘型加速器装置；

DY——绝缘芯变压器型加速器装置；

DG——中频谐振变压器型加速器装置；

DB——高压倍加器型加速器装置；

DD——高频高压型加速器装置；

DJ——电子静电型加速器装置；

DT——三相变压器型加速器装置；

DZ——直线型加速器装置；

DP——单腔脉冲型加速器装置；

DQ——单腔多次加速型加速器装置。

注：加速器属于自屏蔽方式的，在代号后加下标“z”标注。

图 2 电子加速器装置型号命名示意图

示例：

高频高压型电子加速器装置，标称能量 2.5 MeV，最大束流功率 50 kW，型号命名表示为：DD—2.5/50。

5.3 技术要求

5.3.1 束流能量

束流能量要求如下：

a) 束流能量应连续或分档可调；

b) 束流能量测量值与随机文件标称束流能量值的偏差≤5%；

c) 标称束流能量是指加速器能稳定可靠运行的最高能量；

d) 束流能量不稳定度≤5%。

5.3.2 束流强度

束流强度要求如下：

a) 束流强度应连续或分档可调；

b) 束流强度测量值与随机文件标称束流强度值的偏差≤5%；

c) 标称束流强度是指加速器能稳定可靠运行的最大束流强度；

d) 束流强度不稳定度≤5%。

5.3.3 束流功率

束流功率要求如下：

a) 束流功率测量值与随机文件标称束流功率值的偏差≤10%；

b) 脉冲束流功率均指平均功率；

c) 束流功率不稳定度≤10%；

d) 最大束流功率是指标称能量下的最大束流功率。

5.3.4 束流扫描不均匀度

束流扫描不均匀度≤10%。束流扫描宽度可调。

5.3.5 运行可靠性

运行可靠性要求如下：

a) 在标称能量及束流负荷条件下，应 24 h 持续运行；

b) 停机后处于高真空保持状态，非故障停机时间＜1 h 时，重新开机进入工作状态时间≤10 min；

c) 停机后处于高真空保持状态，非故障停机时间≤48 h 时，重新开机进入工作状态的时间≤60 min。

5.3.6 运行控制

智能化控制，功能齐全，保证运行正常、稳定、可靠。

5.3.7 接地

接地要求如下：

a) 应采取主动接地，有电缆、高压屏蔽网、高压放电棒、高压过载保护、独立设备等接地和警告说明的预防保护措施；

b) 设备应有良好的接地线并与外部接地系统相连接。外部接地系统接地电阻应在技术说明书中明确。

5.3.8 外观

装置外观应齐整协调，表面应平整光洁、色泽均匀，不得有伤痕、龟裂等缺陷。内部布局合理，接线齐整。

5.4 包装、运输、贮存

5.4.1 电子加速器装置的包装、运输、贮存按相关标准执行。

5.4.2 重要或易损部件应用专门设计的包装箱，保证在运输过程中不受损伤。

5.4.3 对环境有特殊要求的加速管、速调管、电子枪、闸流管和波导器件等按规定条件运输。

5.4.4 对贮存环境有特殊要求的部件，按技术要求的环境条件贮存。

5.4.5 需长期保持真空状态的部件，在贮存期间按技术要求维持真空状态。

6 束下装置

6.1 分类

束下装置按机械结构主要分为：

a) 传输带类；

b) 轨道类；

c) 辊筒类；

d) 其他类。

6.2 型号命名

按图3所示内容与顺序命名。

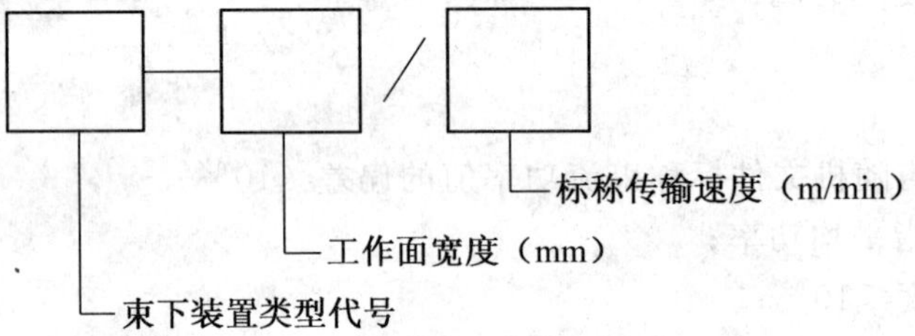

类型代号以字母表示：

CS——传输带类；

GD——轨道类；

GT——辊筒类；

QT——其他类。

图3 束下装置型号命名示意图

示例：

传输带型束下装置，工作面宽度1 000 mm，标称传输速度120 m/min。型号表示为：CS—1000/120。

6.3 技术要求

6.3.1 基本要求

根据辐射加工工艺和电子加速器装置性能，确定束下装置类型和技术参数。

6.3.2 工作面宽度与高度

工作面宽度与高度要求如下：

a) 工作面宽度应不小于随机文件标称值；

b) 工作面高度和调节范围应在随机文件中标明。

6.3.3 承载能力

承载能力要求如下：

a) 应具有足够的承载能力和机械稳定度，保证物料对称、平稳地通过辐射场；

b) 承载能力应达到或优于随机文件规定的指标。

6.3.4 传输速度

传输速度要求如下：

a) 传输速度及其调节范围应符合辐射加工工艺要求，应与加速器运行参数相匹配；

b) 传输速度测量值与随机文件标称传输速度值的偏差≤2%；

c) 传输速度应合理配置，使离散的物料在通过辐射场时被整合为紧密的物流；

d) 在额定负载条件下传输速度的不稳定度≤1%。

6.3.5 材料

束下装置选用的材料，应耐氧化锈蚀与耐辐射变性。

6.3.6 运行可靠性

运行可靠性要求如下：

a) 在额定负载和标称传输速度条件下，应 24 h 稳定运行；

b) 非故障停机，恢复工作状态时间≤2 min。

6.3.7 运行控制

智能化控制，功能齐全，保证运行正常、稳定、可靠。

6.3.8 接地

设备应有良好的接地。

6.3.9 外观

装置总体布局紧凑、合理，接线齐整，外观平整光洁，无伤痕缺陷。

6.4 包装、运输、贮存

包装、运输、贮存按相关标准执行。

7 控制系统

7.1 控制要求

7.1.1 保证人身、设备安全，计量精确。

7.1.2 保证安全联锁执行的可靠性。

7.1.3 采用智能化控制。

7.2 控制功能

应具备如下功能：

a) 正常开机和停机的逻辑控制；

b) 运行参数的设置、自动跟踪、显示和记录；

c) 运行参数的远程巡检；

d) 设备故障显示、报警及自动停机；

e) 安全联锁保护，包括主机房、辐射室门联锁、停机联锁等；

f) 紧急停机。

7.3 控制台

7.3.1 电子加速器工程设备的运行操作必须在控制台进行。

7.3.2 控制台上应能显示记录主要运行参数、辐射加工产量，能显示辐射室内的工作状态及监督区内的剂量水平。

7.3.3 束下装置的控制与电子加速器的控制必须建立可靠的接口和协议文件。

8 厂房

8.1 厂房设计

8.1.1 设计单位及其人员资格

设计单位及其人员资格要求如下：

a) 设计单位应持有相应的设计资质；

b) 承担设计的负责人具有相应的设计资质；

c) 承担设计的负责人应组织有资格的设计人员完成对应专业的设计工作。

8.1.2 设计依据

设计依据如下：

a) 应根据业主的委托书并依据辐射加工项目可行性报告、环境影响评价文件、安全分析、职业卫生评价、水文地质勘察资料、国家监管部门厂址审批文件等进行设计；
b) 辐射防护安全应按 GB 18871—2002 中 4.3、6.4 和 GB 5172—1985 中 3、4 的规定进行设计；
c) 控制区按照纵深防御、冗余性、多元性、独立性的原则进行设计；
d) 厂房的设计必须满足国家和地方劳动保护相关规定的要求，必须满足各种工况下设备运行安全的要求。

8.1.3 辐射防护安全要求

辐射防护安全要求如下：
a) 辐射屏蔽材料采用混凝土时，其强度等级应高于 C20，密度不应低于 2.35 g/cm^3；
b) 屏蔽结构及预埋件应满足设备供应商提供的土建工艺指导数据；
c) 监督区的辐射剂量水平应符合 GB 18871—2002 和 GB 5172—1985 中的职业照射剂量限值要求；在工程设计时辐射防护设计的剂量规定为：职业照射个人年有效剂量限值为 5 mSv；公众成员个人年有效剂量限值为 0.1 mSv；
d) 控制区必须设有功能齐全、性能可靠的安全联锁系统和监控、紧急停机开关等设置；
e) 控制区和监督区及其入口处应设置显示电子加速器装置运行状态的灯光信号和其他警示标志；
f) 剂量监测设备、个人剂量计等应配置齐备；
g) 其他物理因素安全要求应满足 GBZ 2.2—2007 规定的标准要求（见附录 C）。

8.1.4 工程安全要求

8.1.4.1 厂房建设及环境卫生要求

厂房建设及环境卫生要求如下：
a) 厂房建设选址应符合 GBZ 1—2002 中 4.1.1、4.1.2、4.1.8、4.1.9 的要求；
b) 厂房平面布局、竖向设计应符合 GBZ 1—2002 中 4.2.1.1、4.2.1.2、4.2.1.3、6.2.1.1 的要求，应满足电子加速器装置运行工况、辐射加工物流、辅助生产和生产管理的最优化要求；
c) 厂房建设各功能区设施的卫生设计应符合 GBZ 1—2002 中 3.2、3.3 的要求；
d) 厂房建设必须满足设备运行工况的要求；
e) 辅助用房的基本卫生要求应符合 GBZ 1—2002 中的 6.1、6.2、6.3、6.4、6.5 的要求；
f) 厂房建设必须满足环保部门对环境保护的相关要求。

8.1.4.2 供电要求

供电要求如下：
a) 按电子加速器工程装置及厂房建设和公用工程提出的供电条件设计，当电网电压不符合其供电要求时，设置电压自动调整装置；
b) 提供的三相五线制交流电源应达到电子加速器装置和束下装置的技术要求；
c) 监督区、控制区等应设置备用照明系统。

8.1.4.3 给水要求

给水要求如下：
a) 应根据电子加速器工程总用水要求，提供有一定冗余的水流量和水压；
b) 根据电子加速器装置和束下装置等设备工艺要求的水质、水温、热交换负荷进行设计；
c) 一次水水质应达到 GB 5749 规定的生活饮用水指标。

8.1.4.4 通风要求

通风要求如下：
a) 根据 GBZ 2.1、GBZ 2.2 规定的工作场所的臭氧和氮氧化物等有毒有害气体最大允许浓度，结合电子加速器装置辐射能量输出工况进行设计；

b） 排风口的高度应根据 GB 3095 的规定，按照有害气体排出量和辐射装置附近环境与气象资料计算确定。

8.1.4.5 防火要求

厂房防火等级不低于二级，并设置火灾报警、火情停机装置，设置有效的灭火器材。

8.1.4.6 抗震要求

按丙类建筑抗震设防，抗震烈度符合国家和所在地区设防区划的要求。

8.1.4.7 其他要求

本标准未给出规定的工程设计，遵循国家相关标准。

8.1.5 设计文件

8.1.5.1 文件内容

设计单位应按设计阶段向业主提交工程设计文件：

a） 初步设计阶段提供：
   1） 初步设计及附图；
   2） 基本配置的设备清单及设备性能、推荐厂家清单；
   3） 初步设计概算。

b） 施工图设计阶段提供：
   1） 厂区总图运输施工图及设计说明；
   2） 辐射安全等设计说明书及施工图纸；
   3） 设备选型及配置说明书、汇总表；
   4） 建筑、结构图纸及设计说明；
   5） 电气图纸及设计说明；
   6） 通风系统图纸及设计说明；
   7） 给排水及水处理系统图纸及设计说明；
   8） 设备技术条件（或技术说明书）、使用维护说明书及备件图纸；
   9） 工程概算书。

8.1.5.2 文件更改

文件更改要求如下：

a） 设计文件提供后，一般不得更改。当必须更改时，原设计单位应提出设计更改通知单；

b） 业主及业主委托的单位提出更改要求时，应经原设计单位同意，通过协商，由指定单位提出工作联系单，由原设计单位签署。对安全有重大影响的更改，必须经安全主管部门审批；

c） 设计更改通知单应与原有图纸资料共同存档。

8.2 工程施工及质量监督

8.2.1 施工单位资格

施工单位资格要求如下：

a） 施工单位应具有国家颁发的二级以上施工资质证书；

b） 施工单位应组建项目部，项目部经理具有建造师资格，技术负责人具有同类工程施工经验。项目部各专业技术人员、专业施工队伍配置齐全。

8.2.2 施工要求

施工要求如下：

a） 施工单位应严格按设计单位提供的施工图施工。有关更改应有设计单位提供的设计更改通知单。施工单位不得擅自更改图纸；

b） 施工前应编制施工组织设计。重要分部、分项工程，应编制施工方案，施工方案经监理单位批准后实施；

c) 施工单位应建立健全质量管理体系，拟定工程施工质量管理实施细则；

d) 屏蔽体结构的施工：

1) 浇筑混凝土前，应经过相关专业人员现场检验，并经监理人员书面认可后，方可浇筑；

2) 屏蔽体结构不应有施工缝；无法避免时，按经过设计人员和监理人员认可的方案完成施工。

e) 设备基础和重要预埋件的位置坐标，施工所选用的支护方法，必须保证精度需求。浇筑前应获得设备供应商和监理单位的认可；

f) 所有分部、分项工程的施工，本标准未指明的按相应的工程建设标准执行。

8.2.3 质量监督

质量监督要求如下：

a) 厂房工程按相关法规进行质量监督并备案；

b) 建设单位必须聘请监理单位进行现场质量监督和检查，做好记录，保存、备案；

c) 施工单位质检员按规定配合监督，做好记录，保存、备案；

d) 各分项、分部、单位工程及时进行质量检查验收。

9 安装与检验

9.1 安装

9.1.1 安装单位

安装单位要求如下：

a) 电子加速器装置、束下装置应由其供应商安装，或由供应商派员指导具有安装资质的专业安装公司安装；

b) 电子加速器装置的配套工程、公用工程可由具有资质的安装公司安装。

9.1.2 安装要求

9.1.2.1 总体安装要求

总体安装要求如下：

a) 应严格按照设计单位提供的施工图安装，有关更改应有设计单位提供设计更改通知单。安装单位不得擅自更改图纸；

b) 各专业、各分项安装工程具备安装条件时方可开工；各专业、各分项安装工程结束，应办理交接手续；

c) 设备安装前应逐一检查相关的基础和预埋件，对于不符合设备要求的工作面或工作点，按设计单位、设备供应商和监理单位认可的修改意见施工。

9.1.2.2 电子加速器装置安装

电子加速器装置安装要求如下：

a) 电子加速器装置各部件的安装精度和固定状态应符合相关技术文件的要求；

b) 扫描系统、引出窗的安装精度和固定状态应符合电子加速器装置整机性能的要求。调试完成后做最后固定；

c) 真空装置和绝缘气体装置等按相关技术文件安装；

d) 控制系统的仪表，安装前应严格检验其参数；安装、接线及线缆编号按照工程设计的相关技术文件安装。

9.1.2.3 束下装置安装

束下装置安装要求如下：

a) 按设计要求检查核对整件、部件、零件的数量、规格、尺寸、材质；

b) 按施工图和安装文件完成安装，其安装位置、高度调整范围、行走轴线位置、翻转等全部功能达到设备技术要求。

9.1.2.4 辐射安全系统安装

辐射安全系统安装要求如下：

a) 屏蔽门运动平顺，间隙、搭接符合设计要求；屏蔽视窗材质、安装符合设计要求；所有控制回路，安装完善无差错；仪表安装前检验合格，线缆线号准确、接线无误；

b) 辐射监测设备按照仪表专业相关标准安装。

9.1.2.5 公用工程系统安装

给排水系统、电气系统、通风系统等公用工程，按照工程建设相应安装标准安装。

9.2 检验

9.2.1 检验条件

检验条件如下：

a) 电子加速器装置、束下装置等安装调试完成；

b) 辐射防护安全系统安装调试完成；

c) 相关的控制系统安装调试完成；

d) 公用工程、配套工程具备投运条件；

e) 满足环境条件及供电、给水、供气条件；

f) 相关区域具备封闭条件。

9.2.2 检验规则

9.2.2.1 电子加速器工程设备检验必须由业主、供应商和安装单位编制检验大纲。

9.2.2.2 电子加速器装置、束下装置等分出厂检验和现场检验，具体如下：

a) 出厂检验是业主在供应商单位进行设备的初步验收，根据技术合同规定的检验项目，按检验大纲逐项进行，检验合格后形成验收文件，双方签字。

b) 现场检验是供应商在业主现场将装置安装调试完成后的交接验收。先进行单机检验，后进行联动检验。根据合同规定的检验项目，按检验大纲逐项进行。检验合格后形成验收文件，双方签字后，应及时办理移交手续。

c) 若联动检验条件尚未完全具备，则应及时办理单机移交手续。条件具备时，供应商应保证联动检验。

9.2.2.3 电子加速器装置性能指标应在最低、中间、最高能量状态下进行检验。

9.2.2.4 束下装置性能指标应在标称承载能力值的 75% 和 100% 的状态下，分别以最低、最高速度进行检验。

9.2.3 电子加速器装置的检验

9.2.3.1 束流能量

9.2.3.1.1 测量束流能量采用射程法。叠层测试模块上表面置于参考面上，根据束流在模块中测得的深度剂量曲线，求得束流在该模块材料中的实际射程 R_p，按式(A.1)计算出对应的能量 E_p。测量次数 $n \geq 5$，每次测量时间间隔 10 min。

9.2.3.1.2 束流能量测量值的偏差。束流能量测量值与随机文件标称束流能量值的偏差按式(A.2)计算。

9.2.3.1.3 束流能量不稳定度。电子加速器装置达到热平衡后，在运行参数不作调整的情况下，测量 1 h 内加速器输出束流能量的变化，每隔 5 min 记录一次控制台上束流能量指示值，按式(A.3)计算。

9.2.3.2 束流强度

9.2.3.2.1 用下述两种方法之一检验连续束流强度：

a) 在参考面上，用覆盖住引出窗宽度与束流扫描角延长线相交所形成面积的铝收集靶上，对地串接 1 Ω 或 10 Ω 精密电阻，用 0.5 级直流电压表或经校正的数字电压表测铝收集靶对地电压，换算成束流强度；

b) 用精度好于 0.5 级的直流电流表直接测量直流高压回路电流，减去除束流以外其他直流高压的分支电流，即为束流强度。

9.2.3.2.2 用下述方法检验脉冲束流强度：在铝靶或水靶对地之间接一测量平均束流的电路，用经校准的直流数字电流表或 0.5 级的磁电式电流表，直接测量脉冲束流的平均强度。

9.2.3.2.3 束流强度测量值与随机文件标称束流强度值的偏差按式(A.4)计算。

9.2.3.2.4 束流强度不稳定度按式(A.5)计算。

9.2.3.3 束流功率

根据 n 次测量束流能量的平均值和 n 次测量对应能量下平均束流强度的平均值，按式(A.6)计算，得 n 次测量束流(平均)功率的平均值。

a) 束流功率测量值与随机文件标称束流功率值的偏差分别按式(A.7)、式(A.8)计算；

b) 束流功率不稳定度按式(A.9)计算。

9.2.3.4 束流扫描不均匀度

测量束流扫描不均匀度可任选下列一种方法进行：

a) 在参考面上用铝棒均匀排列组成的分布靶，测量束流扫描分布的不均匀度按式(A.10)计算；

b) 在参考面上用薄膜剂量片测量束流扫描分布不均匀度按式(A.11)计算；

c) 在参考面上用单根铝棒法测量束流扫描分布不均匀度按式(A.10)计算；

d) 在参考面上用玻璃板辐射致色法测量束流扫描分布不均匀度按式(A.12)计算。

9.2.4 束下装置的检验

9.2.4.1 视具体情况，经供应商与业主约定，束下装置可不做出厂检验。

9.2.4.2 工作面宽度与高度

工作面宽度与高度检验方法如下：

a) 工作面宽度用直尺测量；

b) 工作面高度和调节范围用直尺测量。

9.2.4.3 承载能力

在最高和最低传输速度条件下，用实物测量束下装置的承载能力，观察测量物料通过辐射场所在位置时是否对称、平稳。测量次数 $n \geqslant 5$。

9.2.4.4 机械传输

通过调试达到运行平顺，转动灵活，负荷能力、受照射位置调整范围、传输速度的调整范围、速度变动等达到设计的技术要求。

9.2.4.5 传输速度

传输速度检验方法如下：

a) 束下装置传输速度采用速度传感器测量。测量束下装置运行的最大传输速度值和最小传输速度值。测量次数各为 $n \geqslant 5$。每次测量时间间隔 2 min。

b) 控制台上最大和最小传输速度指示值与最大和最小传输速度测量值的偏差 $\leqslant 2\%$。传输速度测量值与随机文件标称传输速度值的偏差按式(A.13)计算。

c) 传输速度不稳定度

束下装置达到稳定运行后，测量 1 h 内最大传输速度的变化和 1 h 内最小传输速度的变化，每隔 5 min 记录一次控制台上传输速度指示值，按式(A.14)计算。

d) 直接观察离散的物料在通过辐射场时是否被调整合为紧密的物流。

9.2.4.6 运行控制

运行控制检验方法如下：

a) 控制系统检验传输速度变化超标报警、超标停车、监控、辐射识别、计量、其他安全联锁等按照

设计要求逐个回路检验,达到技术要求并锁定;

b) 按施工设计内容,检验控制台显示与控制的束下装置回路与电子加速器装置控制部分建立的协议文件。

9.2.5 控制系统的检验

控制系统检验方法如下:

a) 在电子加速器工程装置开机过程中,观察控制系统各回路、联锁保护、仪表、接口、通讯、信号数值、显示、报警工作正常;

b) 在电子加速器工程装置开机过程中,选择主要联锁保护系统输入故障模拟信号,观察故障显示、报警和保护动作是否正常。

9.2.6 辐射安全系统的检验

辐射安全系统检验如下:

a) 屏蔽门等屏蔽设施安装和运动符合设计要求;

b) 剂量监测设备齐备、完善,符合设计要求,工作正常,剂量仪器读数准确;

c) 在电子加速器装置最大功率运行情况下,测量控制区、监督区的辐射剂量水平,符合 8.1.3c) 的限值;

d) 剂量警示和报警装置符合设计要求,工作正常。

9.2.7 运行可靠性的检验

9.2.7.1 连续运行

连续运行检验方法如下:

a) 电子加速器装置连续运行检验

电子加速器装置达到热平衡后,在最大功率和连续运行条件下进行检验,运行 4 h 后停机,检查各部件无异常,4 h 内非故障停机的累计时间≤20 min。

b) 束下装置连续运行检验

束下装置在额定负载和标称速度连续运行条件下,运行 4 h 后停机,检查各部件无异常。

9.2.7.2 重复开机

重复开机检验方法如下:

a) 电子加速器装置重复开机检验

电子加速器装置全部停机,保持高真空状态 1 h,重新开机,达到最大功率正常工作时间≤10 min。停机后处于高真空保持状态,非故障停机时间≤48 h,重新开机进入工作状态的时间≤60 min,检查各部件无异常。

b) 束下装置重复开机检验

束下装置在额定负载条件下,全部停机 1 h,重新开机,达到标称传输速度稳定运行时间≤2 min。

9.2.8 环境卫生的检验

按国家相关规定进行环境卫生的检验。

9.2.9 供电、给水、通风设备的检验

供电、给水、通风设备的检验如下:

a) 供电、给水、通风设备的装配安装符合技术要求;

b) 按检验大纲,分别开机逐项检验,供电量、给水量和水温、通风量的仪表指示值,达到技术要求和随机文件标称值。变化和调节范围均达到技术要求;

c) 供电、给水、通风设备检验运转正常。

9.2.10 联动检验

依据检验大纲,按公用工程、配套工程、电子加速器装置和束下装置的顺序组织;按单机、单回路、分系统、系统的顺序安排;按手动、点动、空载、负荷检验的顺序进行;最后进行电子加速器工程装置的联动检验。

9.2.11 **剂量测试**

剂量分布测试应按 JJG 772 和 GB/T 16841 进行,所使用的剂量计应能追溯到国家标准。

10 工程验收

10.1 验收程序

10.1.1 由业主组织设计单位、施工单位、电子加速器装置和束下装置供应商等依据合同约定的相关技术文件进行验收。

10.1.2 由相关单位组织审查文件,实地分项检查并通过工程验收报告。

10.1.3 工程备案。

10.2 验收项目

验收项目如下:

a) 厂房工程;

b) 安装工程;

c) 设备检验;

d) 防护安全系统检验;

e) 工程概预算。

10.3 验收文件

验收文件如下:

a) 工程项目立项文件;

b) 设计任务书;

c) 设计图纸文件;

d) 竣工报告;

e) 检验报告;

f) 职业卫生控制效果评价报告;

g) 环保检验报告;

h) 剂量测量报告;

i) 操作规程及安全规章制度;

j) 工程决算报告;

k) 工程验收报告。

附　录　A
（规范性附录）
测量方法与公式

A.1　束流能量

A.1.1　叠层法测量束流能量

A.1.1.1　均匀叠层法

根据束流能量，选用薄膜剂量计本身或盖玻片或载玻片叠成≥束流实际射程 R_p 的 1.5 倍厚度，如图 A.1a)所示。如选用薄膜剂量计时较适用于 $E_e \leqslant 0.3$ MeV，也可以用分压电阻乘以电流值来计算电子束流能量。

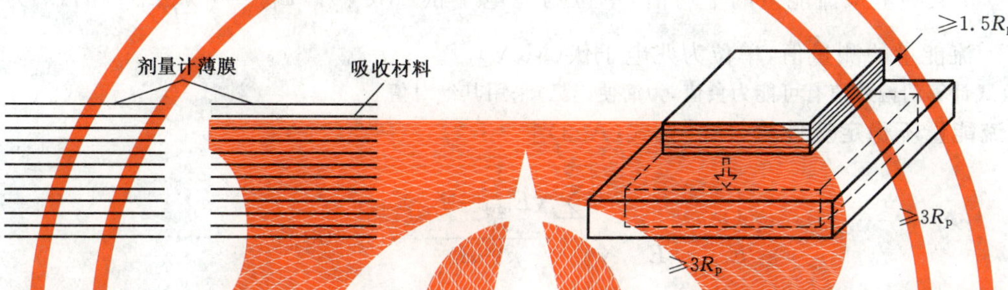

a) 均匀叠层法　　b) 交替叠层法　　c) 辐照盒

图 A.1　叠层法示意图

A.1.1.2　交替叠层法

用薄膜剂量计和一定厚度的吸收材料交替层叠到总厚度≥1.5 倍的束流实际射程 R_p。如图 A.1b)所示。

A.1.1.3　叠层放置

为了防止散射束的影响，叠层应置于辐照盒内，如图 A.1c)所示。

A.1.2　能量在 1 MeV$<E_p<$50 MeV 范围的 $E_p \sim R_p$ 关系

在水或其他等效材料作测量束流射程的测试模块时，$E_p \sim R_p$ 的关系按式(A.1)计算：

$$E_p = 0.22 + 1.98R_p + 0.0025R_p^2 \quad \cdots\cdots\cdots\cdots (A.1)$$

式中：

E_p——束流能量，单位为兆电子伏(MeV)；

R_p——束流实际射程，单位为克每平方厘米($g \cdot cm^{-2}$)。

采用铝或水或聚乙烯作测量模块材料是成熟的技术方法。在 1.0 MeV$\leqslant E_p \leqslant$10 MeV 范围，按式(A.1)计算结果与表 A.1 所给的数据关系的相对偏差≤5.5%。

表 A.1　能量在 0.1 MeV$\leqslant E_p \leqslant$10 MeV 范围的 $E_p \sim R_p$ 关系表

E_p/MeV	0.1	0.15	0.2	0.3	0.5	0.7	1.0	2.0	3.0	5.0	10.0
R_p(水)/($g \cdot cm^{-2}$)	0.012 3	0.024 5	0.039 3	0.074 5	0.158	0.251	0.398	0.918	1.45	2.52	5.18
R_p(铝)/($g \cdot cm^{-2}$)	0.013 0	0.025 0	0.040 3	0.075 3	0.158	0.249	0.396	0.912	1.44	2.52	5.18
R_p(聚乙烯)/($g \cdot cm^{-2}$)	0.011 7	0.023 6	0.038 3	0.073 2	0.156	0.249	0.396	0.912	1.44	2.50	5.14
注：表中数据摘自 GB/T 15447。											

由于玻璃的主要成分是硅(Si)，而铝和硅的原子序数、原子量及核外电子层的排布均相近，分别为：

$13_{Al26.98}3S^2\ 3P^1$；$14_{Si28.09}3S^2 3P^2$。

根据电离粒子的阻止本领与射程的对应关系，用玻璃(Si)片叠层辐射致色方法作束流射程的测试，在 0.5 MeV≤ E_p≤10 MeV 范围用式(A.1)确定 E_p 值是合适的且已被实验所证实。玻璃片宜用厚度 h=0.17 mm 的“盖玻片”，其密度ρ=(2.38−2.40)g/cm³；E_p>5 MeV的测量也可用“载玻片”，其厚度 h=0.8 mm，密度ρ=(2.45−2.46)g/cm³。玻璃致色法测 E_p-R_p 有测量过程快捷简易的优点，也有足够高的测量精度(≈$h/2$)。

A.1.3　束流能量测量值与随机文件标称束流能量值的偏差计算公式[见式(A.2)]

$$\frac{\Delta E_p}{E_{ps}}=\frac{E_{pav}-E_{ps}}{E_{ps}}\times 100\% \qquad \cdots\cdots(A.2)$$

式中：

ΔE_p——束流能量变量；

E_{ps}——随机文件标称的束流能量值，单位为兆电子伏(MeV)；

E_{pav}——n 次测量束流能量的平均值，单位为兆电子伏(MeV)。$E_{pav}=\left(\sum_{i=1}^{n}E_{pi}\right)/n$，$E_{pi}$ 为第 i 次束流能量的测量值，单位为兆电子伏(MeV)。

注：按公式计算的偏差值有可能为负值，为简便起见，采用其绝对值。

A.1.4　束流能量不稳定度计算公式[见式(A.3)]

$$\frac{\Delta E_p}{E_{pav}}=\frac{1}{E_{pav}}\sqrt{\frac{\sum_{i=1}^{n}(E_{pav}-E_{pi})^2}{n-1}}\times 100\% \qquad \cdots\cdots(A.3)$$

A.2　束流强度

A.2.1　平均束流强度测量电路图

平均束流强度测量电路示意图见图 A.2。

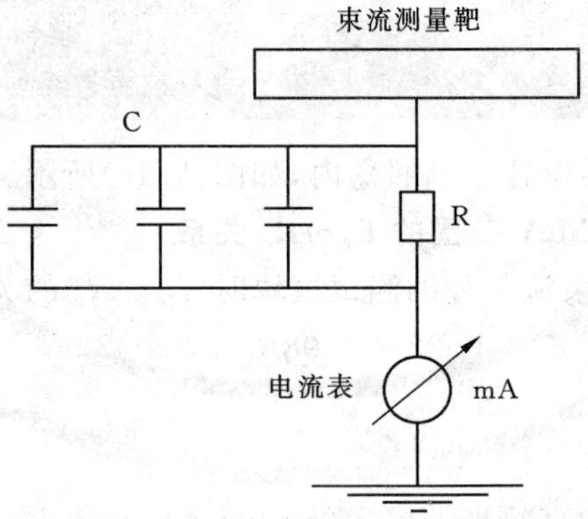

图 A.2　平均束流测量电路图

图中 RC 时间常数应比脉冲束流周期 T 大 10 倍左右。

周期脉冲束流也可采用经校准的快速采样存贮示波器——AD 转换数字积分——PC 系统，通过测量跨接于测试靶与地之间的精密电阻的端电压，换算成束流扫描在参考面上的平均束流强度。

测量次数 n≥5，每次测量时间间隔 10 min。

A.2.2　束流强度测量值与随机文件标称束流强度值的偏差计算公式[见式(A.4)]

$$\frac{\Delta I_e}{I_{es}}=\frac{I_{eav}-I_{es}}{I_{es}}\times 100\% \qquad \cdots\cdots(A.4)$$

式中：

ΔI_e——束流强度变量；

I_{es}——随机文件标称平均束流强度值，单位为毫安(mA)；

I_{eav}——n 次测量束流强度的平均值,单位为毫安(mA);$I_{eav}=\sum_{i=1}^{n}I_{ei})/n$,$I_{ei}$ 为第 i 次平均束流强度的测量值,单位为毫安(mA)。

注:按公式计算的偏差值有可能为负值,为简便起见,采用其绝对值。

A.2.3 束流强度不稳定度计算公式[见式(A.5)]

$$\frac{\Delta I_e}{I_{eav}}=\frac{1}{I_{eav}}\sqrt{\frac{\sum_{i=1}^{n}(I_{eav}-I_{ei})^2}{n-1}}\times 100\% \qquad \text{(A.5)}$$

A.3 束流功率

A.3.1 束流功率平均值计算公式[见式(A.6)]

$$P_{eav}=\frac{1}{e}E_{pav}I_{eav} \qquad \text{(A.6)}$$

式中:

P_{eav}——束流功率平均值,单位为千瓦(kW);

随机文件标称束流(平均)功率按式(A.7)计算:

$$P_{es}=\frac{1}{e}E_{ps}I_{es} \qquad \text{(A.7)}$$

式中:

P_{es}——随机文件标称束流(平均)功率值,单位为千瓦(kW)。

A.3.2 束流功率测量值与随机文件标称束流功率值的偏差计算公式[见式(A.8)]

$$\frac{\Delta P_e}{P_{es}}=\frac{P_e-P_{es}}{P_{es}}\times 100\% \qquad \text{(A.8)}$$

式中:

ΔP_e——束流功率变量;

P_e——束流功率值,单位为千瓦(kW)。

注:按公式计算的偏差值有可能为负值,为简便起见,采用其绝对值。

A.3.3 束流功率不稳定度计算公式[见式(A.9)]

$$\frac{\Delta P_e}{P_{eav}}=\frac{1}{P_{eav}}\sqrt{\frac{\sum_{i=1}^{n}(E_{pav}-E_{pi})^2\times\sum_{i=1}^{n}(I_{eav}-I_{ei})^2}{n-1}}\times 100\% \qquad \text{(A.9)}$$

A.4 束流扫描不均匀度测量方法

A.4.1 电子加速器装置达到热平衡后,在参考面上由不少于 9 根材质相同、ϕ15 mm 的铝棒或铝管均匀排列组成的分布靶,测量扫描宽度内的束流分布。铝棒最上面母线应在参考面上并平行于 Y 方向,铝棒的长度和位置应全覆盖穿越引出窗到达参考面的所有束流的 Y 方向投影长度。各铝棒直径的最大偏差应≤0.1 mm。使电子加速器装置在各额定脉冲重复率(连续束流无此条件)和扫描频率条件下输出束流扫描,测量同一时刻各铝棒截获束流所输出的电流强度 I_0,获得 I_0 的最大值 I_{0max} 和最小值 I_{0min}。按式(A.10)计算束流扫描不均匀度 U_x:

$$U_x=\frac{I_{0max}-I_{0min}}{I_{0max}+I_{0min}}\times 100\% \qquad \text{(A.10)}$$

A.4.2 在参考面上放置一块能由束下装置带动的非金属板,将薄膜剂量片均匀分布在板上的扫描宽度范围内。引出束流后,束下装置带动贴有剂量片的板移动并通过辐射场,使其接受束流照射。测量剂量片上剂量 D,取其最大值 D_{max} 和最小值 D_{min},U_x 按式(A.11)计算:

$$U_x = \frac{D_{max} - D_{min}}{D_{max} + D_{min}} \times 100\% \qquad \text{(A.11)}$$

A.4.3 用一根长度和位置全覆盖穿越引出窗到达参考面所有束流的 Y 方向投影长度的 $\phi 15$ mm 铝棒，其最上面母线应在参考面上并与 Y 方向平行。以合适的速率使铝棒沿 X 向移动，整个移动过程均应保证铝棒轴线平行于 Y 方向、最上面母线始终处于同一参考面。使加速器在各额定脉冲重复率（连续束流无此条件）和扫描频率条件下输出束流扫描，用采样存贮示波器（或函数记录仪）测出铝棒移动全程的 I_0 与其坐标 X 的关系曲线。并读得 I_{0max} 和 I_{0min}。U_x 按式(A.10)计算。

A.4.4 用一块厚度约 2 mm～3 mm、其表面可全覆盖参考面上有用扫描束流宽度的透明玻璃板。控制出束时间，使玻璃辐射致色响应在线性范围。用黑度计或分光亮度计测出玻璃的黑度分布，读得黑度的最大值 D_{max} 和最小值 D_{min}。U_x 按式(A.12)计算：

$$U_x = \frac{D_{max} - D_{min}}{D_{max} + D_{min}} \times 100\% \qquad \text{(A.12)}$$

注 1：A.4.1 的缺点是有可能漏掉真正的 I_{0max} 和 I_{0min}，从而使所求得的 U_x 值可能优于实际值；方法 3）的适用条件是束流强度的短时不确定度（不稳定度）在 U_x 测量所需的时间内，其影响可以忽略。

注 2：A.4.2 的测量精度取决于玻璃辐射致色的线性特征，此法在原理上较适当。测量次数 $n \geqslant 5$，每次测量时间间隔 10 min。

A.5 束下装置传输速度

A.5.1 传输速度测量值与随机文件标称传输速度值的偏差计算公式[见式(A.13)]

$$\frac{\Delta v_p}{v_{ps}} = \frac{v_{ps} - v_{pav}}{v_{ps}} \times 100\% \qquad \text{(A.13)}$$

式中：

Δv_p——传输速度变量；

v_{ps}——随机文件标称传输速度值，单位为米每分(m/min)；

v_{pav}——n 次测量传输速度的平均值，单位为米每分(m/min)。$v_{pav} = \left(\sum_{i}^{n} v_{pi}\right)/n$，$v_{pi}$ 为第 i 次测量的传输速度值，单位为米每分(m/min)。

注：按公式计算的偏差值有可能为负值，为简便起见，采用其绝对值。

A.5.2 传输速度不稳定度的计算公式[见式(A.14)]

$$\frac{\Delta v_p}{v_{ps}} = \frac{1}{v_{pav}} \sqrt{\frac{\sum_{i=1}^{n} (v_{ps} - v_{pi})^2}{n-1}} \times 100\% \qquad \text{(A.14)}$$

A.6 传输带辐射工艺参数条件的限制关系

A.6.1 限制关系Ⅰ(脉冲束与连续束均受此关系限制)

当束斑内束流密度分布为标准正态分布函数关系，物料照射在扫描束下以传输带工艺进行时，为使沿传输带运行方向（简称纵向或 Y 向）的剂量波动不大于对应的不均度期望系数 k，传输带的运行速度 V_L、扫描频率 f_{sw}、束斑直径 φ_e 之间受(A.15)关系式限制：

$$V_L \leqslant k f_{sw} \varphi_e \qquad \text{(A.15)}$$

式中：

V_L——传输带的运行速度，单位为米每分(m/min)；

k——不均度期望系数，无量纲；

f_{sw}——扫描频率，单位为赫兹(Hz)；

φ_e——束斑直径，单位为毫米(mm)。

A.6.2 限制关系Ⅱ(只有脉冲束工作模式受此关系限制)

当束斑内束流密度分布为标准正态分布函数关系,物料照射在扫描束下进行时,为使沿扫描窗宽度方向(简称横向或 X 向)的剂量波动不大于对应的不均度期望系数 k,束流脉冲重复率 N,束流扫描宽度 W_e、扫描频率 f_{sw},束斑直径 φ_e 之间受(A.16)关系式限制:

$$\frac{N}{W_e} \geqslant \frac{2f_{sw}}{k\varphi_e} \qquad \text{(A.16)}$$

式中:

N——束流脉冲重复率,单位为赫兹(Hz);

W_e——束流扫描宽度,单位为厘米(cm)。

A.6.3 限制关系Ⅰ与Ⅱ的统一

当要求纵、横向的剂量波动不均度相同,即纵、横向有相同的不均度期望系数 k 时,V_L、N、W_e、f_{sw}、φ_e 五个参数之间应满足式(A.17)的不等式协调限制条件:

$$\frac{V_L}{k\varphi_e} \leqslant f_{sw} \leqslant \frac{kN\varphi_e}{2W_e} \qquad \text{(A.17)}$$

A.7 束流在低原子序数材料中相对深度剂量分布及辐射物料最佳厚度

图 A.3 中给出了不同能量束流在低原子序数材料中相对深度剂量分布(曲线横坐标以测试模块深度坐标 Z 和该模块中的束流射程 R_p 的比值表征,Z/R_p 无量纲)。

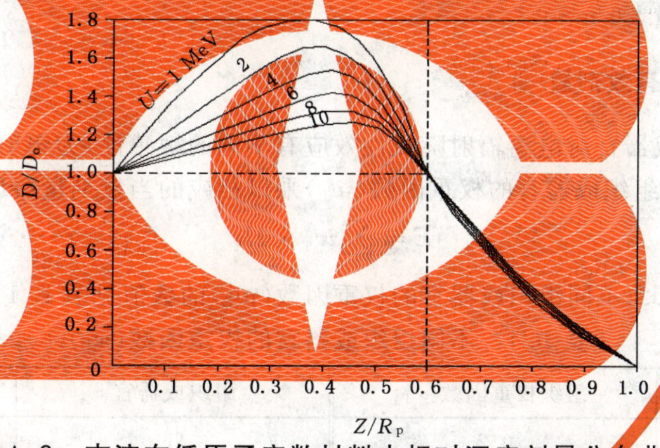

图 A.3 束流在低原子序数材料中相对深度剂量分布曲线

单面辐射物料的最佳厚度 $h_{opts}=0.6R_p \sim 0.7R_p$;

双面辐射物料的最佳厚度 $h_{optd}=1.44R_p \sim 1.68R_p$。

最佳厚度下,单面、双面辐射束流的理想利用率之间的关系见式(A.18):

$$\eta_d = 1.2\eta_s \qquad \text{(A.18)}$$

式中:

η_s——最佳厚度下,单面辐射束流的理想利用率;

η_d——最佳厚度下,双面辐射束流的理想利用率。

由曲线可计算出来与束流深度剂量分布有关的能量利用率,见式(A.19)和式(A.20):

单面辐射:

$$\eta_s = 0.51E_e^{0.145} \qquad \text{(A.19)}$$

双面辐射:

$$\eta_d = 0.61E_e^{0.145} \qquad \text{(A.20)}$$

附 录 B
（资料性附录）
个人剂量限值与不同组织或器官的有效剂量

B.1 个人剂量限值

B.1.1 根据 GB 18871—2002，职业照射个人剂量应不超过以下限值：

a) 由审管部门决定的连续 5 年的年平均有效剂量(但不可作任何追溯性平均)，20 mSv；

b) 任何 1 年中的有效剂量，50 mSv；

c) 眼晶体的年当量剂量，150 mSv；

d) 四肢(手和足)或皮肤年当量剂量，500 mSv。

B.1.2 根据 GB 18871—2002，公众照射个人剂量应不超过以下限值：

a) 年有效剂量，1 mSv；

b) 特殊情况下，如果 5 个连续年的年平均剂量不超过 1 mSv，则某单一年份的有效剂量可提高到 5 mSv；

c) 眼晶体的年当量剂量，15 mSv；

d) 皮肤年当量剂量，50 mSv。

B.2 不同组织或器官的有效剂量

由于人体不同组织或器官对电离辐射随机性效应有不同的敏感性，为辐射防护目的，人体组织或器官的有效剂量(E)为相应组织或器官的权重因数(w_T)乘以相应的当量剂量(H_T)，见式(B.1)：

$$E = \sum_{T} w_T \cdot H_T \quad \cdots\cdots(B.1)$$

根据 GB 18871—2002，不同组织或器官的权重因数(w_T)的数值见表 B.1。

表 B.1 不同组织或器官的权重因数(w_T)

组织或器官	组织权重因数 w_T	组织或器官	组织权重因数 w_T
性腺	0.2	肝	0.05
(红)骨髓	0.12	食道	0.05
结肠	0.12	甲状腺	0.05
肺	0.12	皮肤	0.01
胃	0.12	骨表面	0.01
膀胱	0.05	其余组织或器官	0.05
乳腺	0.05	—	—

附　录　C
（资料性附录）
个人微波、高频电磁场与有害气体职业接触限值

C.1　工作场所微波职业接触限值

按照 GBZ 2.2—2007，工作场所微波职业接触限值参见表 C.1。

表 C.1　工作场所微波职业接触限值

类　型		日剂量/（μw·h/cm²）	8 h 平均功率密度/（μw/cm²）	非 8 h 平均功率密度/（μw/cm²）	短时间接触功率密度/（mw/cm²）
全身辐射	连续微波	400	50	400/t	5
	脉冲微波	200	25	200/t	5
肢体局部辐射	连续微波或脉冲微波	4 000	500	4 000/t	5
注：t 为受辐射时间，单位为小时(h)。					

C.2　高频电磁场职业接触限值

按照 GBZ 2.2—2007，高频电磁场职业接触限值参见表 C.2。

表 C.2　高频电磁场职业接触限值

频率 f/MHz	电场强度/（V/m）	磁场强度/（A/m）
$0.1 \leqslant f \leqslant 3.0$	50	5
$3.0 < f \leqslant 30$	25	—

C.3　有害气体职业接触限值

按照 GBZ 2.1—2007，有害气体职业接触限值如下：

a)　臭氧，最高容许浓度：0.3 mg/m³。

b)　二氧化氮，时间加权平均容许浓度：5 mg/m³；短时间接触容许浓度：10 mg/m³。

注：此项限制主要在辐射室。在辐射室，由于射线导致空气电离主要产生臭氧和二氧化氮这两种有害气体。

附 录 D
（资料性附录）
束流焦斑直径、扫描频率、脉冲重复率的测量

D.1 束流焦斑直径的测量

D.1.1 束流焦斑直径的测量

预置薄膜剂量片于参考面束流轴线位置。在无扫描展宽条件下，短时间出束。控制出束时间，以使剂量片束斑面积内的剂量分布都在剂量片剂量测量的线性范围内。由薄膜剂量测量系统测得吸收剂量径向分布求得束斑直径 φ_e。

测量次数 $n \geqslant 1$。当取 $n > 1$ 时，各次测量时间间隔约 10 min，束流焦斑直径测量值与随机文件标称束流焦斑直径值的偏差按式(D.1)计算：

$$\frac{\varphi_e}{\varphi_{es}} = \frac{\varphi_{es} - \varphi_{eav}}{\varphi_{es}} \times 100\% \quad \cdots\cdots\cdots\cdots\cdots\cdots\cdots\cdots\cdots\cdots\text{(D.1)}$$

式中：

φ_e——束流直径值，单位为毫米(mm)；

φ_{es}——随机文件标称的束斑直径值，单位为毫米(mm)；

φ_{eav}——n 次测量束斑直径的平均值，单位为毫米(mm)。$\varphi_{eav} = \left(\sum_{i=1}^{n} \varphi_{ei}\right)/n$，$\varphi_{ei}$ 为第 i 次测量的束斑直径值，单位为毫米(mm)。

D.1.2 束流焦斑直径与剂量不均度的期望系数 k

当电子枪发射的束流轴对称地注入加速管，沿加速管中心轴(附近)加速后，无偏射出引出窗，则在参考面上的束流密度分布近似为正态分布。

为简化，令束斑内束流密度的正态分布函数标准归一化。归一化的标准正态分布函数见式(D.2)：

$$j(a) = e^{-\frac{a^2}{2}} \quad \cdots\cdots\cdots\cdots\cdots\cdots\cdots\cdots\cdots\cdots\text{(D.2)}$$

式(D.2)可表达成图 D.1 的曲线。

扫描束流宽度方向两端在 V_L 方向的轨迹是纵向剂量波动最大的两条端缘线，其波动函数是传输带运行时所有束斑在两端边缘线上束流密度(剂量)叠加的总结果。设两端边缘线在辐射产品上的坐标以 L 表示，则处于两端边缘线区域中，产品的吸收剂量随 L 波动(一维线密度波动)最大，可用式(D.3)表示：

$$J(L) = \sum_{n=0}^{\infty} \left[e^{-\frac{1}{2}(L - nk\varphi_e)^{2}}\right] (n \text{ 为整数}, L \geqslant 0) \quad \cdots\cdots\cdots\cdots\cdots\cdots\cdots\cdots\text{(D.3)}$$

式(D.3)的 $J(L)$ 函数关系值可通过数值计算求得。据此计算的一些 D_{max}/D_{min}-k 的关系曲线计算结果如图 D.2 中 a)～e)所示(图中横坐标是以 $\Delta L = k\varphi_e$ 为单位的无量纲 L 值)。虽然不同的电子加速器装置引出窗参考面位置以及不同束流能量 E_e，束流的不同发射度等都将使上述束流密度分布偏离标准正态分布的函数关系，并随上述参数变化而改变，但它给出的规律性分析结论是普适的，可供参考的。

表 D.1 $D_{max}/D_{min}-k$ 关系的部分数值关系

k	0.850	0.875	0.900	0.925	0.950	0.975	0.985	1
D_{max}/D_{min}	1.029	1.036	1.047	1.061	1.078	1.100	1.108	1.125

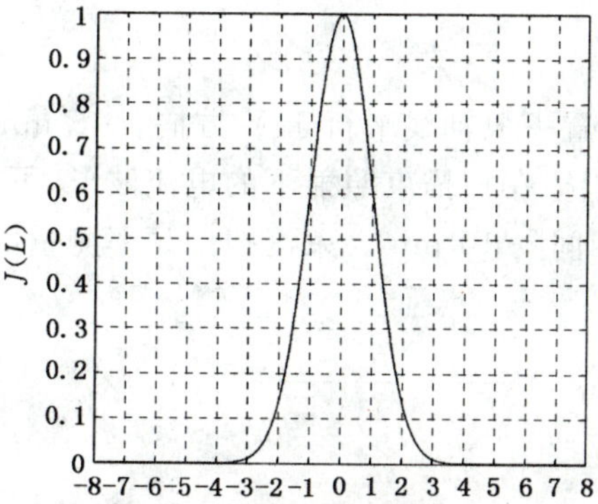

图 D.1 束斑内束流密度的正态分布图

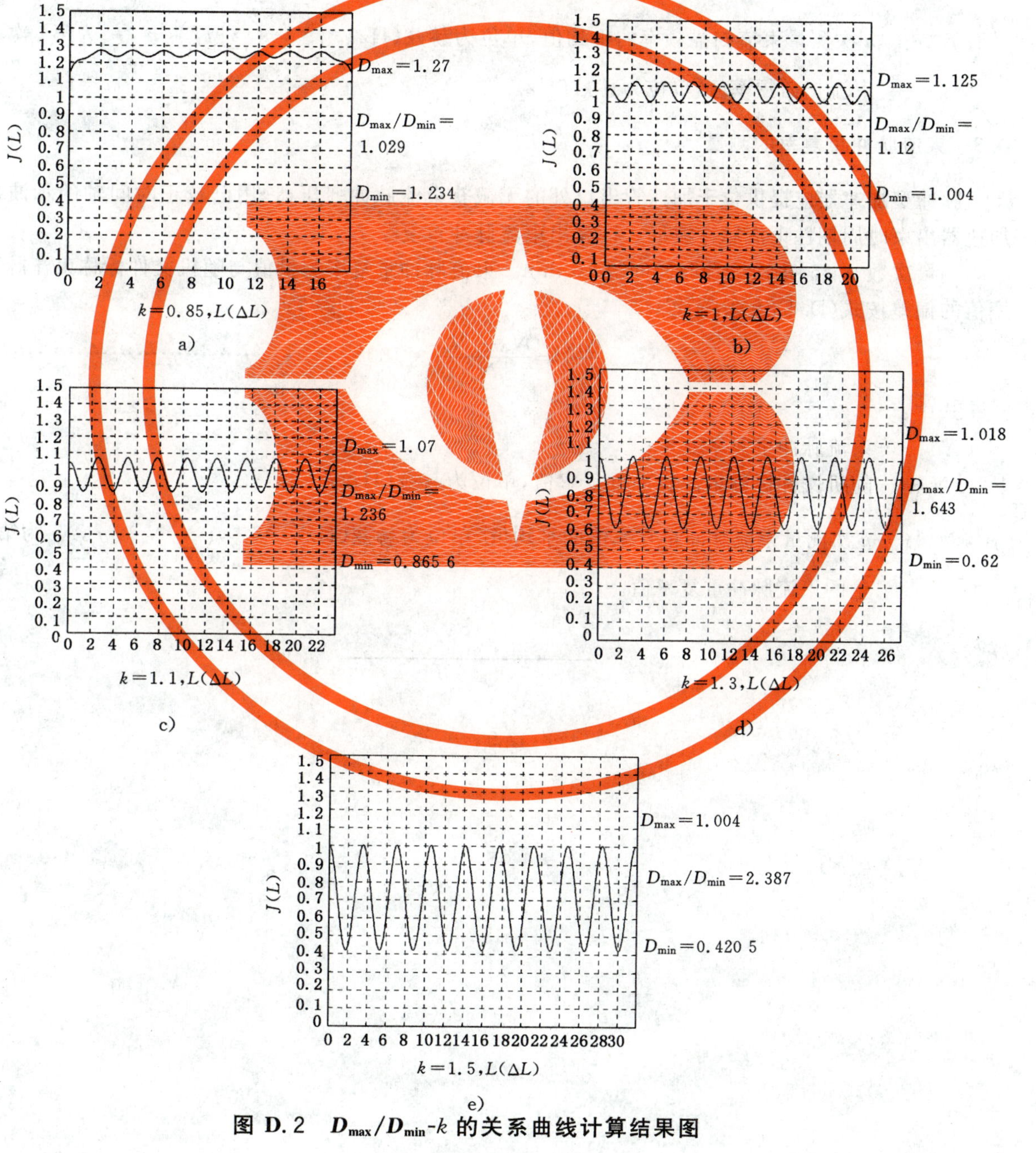

图 D.2 D_{max}/D_{min}-k 的关系曲线计算结果图

D.2 束流扫描频率的测量

于参考面扫描束中心线附近，置一根轴线平行于 Y 方向、φ15 mm 的铝棒。在扫描束照射过程中，用已校正过时间轴的示波器观测铝棒在扫描束照射下的电流波形，可求得实测的扫描频率 f_{sw}。

测量次数 $n \geqslant 5$，每次测量时间间隔 10 min。束流扫描频率测量值与随机文件标称扫描频率值的偏差按式(D.4)计算：

$$\frac{\Delta f_s}{f_{sw}} = \frac{f_{sw} - f_{sav}}{f_{sw}} \times 100\% \qquad \text{(D.4)}$$

式中：

Δf_s——束流扫描频率变量；

f_{sw}——随机文件标称束流扫描频率值，单位为赫兹(Hz)；

f_{sav}——n 次测量束流扫描频率的平均值，单位为赫兹(Hz)。$f_{sav} = (\sum_{i=1}^{n} f_{si})/n$，$f_{si}$ 为第 i 次测量的束流扫描频率值，单位为赫兹(Hz)。

D.3 束流脉冲重复率的测量

脉冲型加速器应提供位于加速管出口处的无截获束流脉冲变压器，用已校正时间轴的示波器观测加速器出束时周期性束流脉冲波形。计算出束流脉冲重复率 N。

测量次数 $n \geqslant 5$，每次测量时间间隔 10 min。束流脉冲重复率测量值与随机文件标称束流脉冲重复率值的偏差按式(D.5)计算：

$$\frac{\Delta N}{N_s} = \frac{N_s - N_{av}}{N_s} \times 100\% \qquad \text{(D.5)}$$

式中：

ΔN——束流脉冲重复率变量；

N_s——随机文件标称束流脉冲重复率值，单位为赫兹(Hz)；

N_{av}——n 次测量束流脉冲重复率值的平均值，单位为赫兹(Hz)。$N_{av} = (\sum_{i=1}^{n} N_i)/n$，$N_i$ 为第 i 次测量的束流脉冲重复率值。

ICS 29.130.10
K 43

中华人民共和国国家标准

GB/T 25307—2010

高压直流旁路开关

High-voltage direct current by-pass switches

2010-11-10 发布　　2011-05-01 实施

中华人民共和国国家质量监督检验检疫总局
中国国家标准化管理委员会　发布

前 言

本标准的结构编制依据 GB/T 1.1。

本标准由中国电器工业协会提出。

本标准由全国高压开关设备标准化技术委员会(SAC/TC 65)归口。

本标准负责起草单位:南方电网技术研究中心、西安高压电器研究所。

本标准参加起草单位:机械工业北京电工技术经济研究所、西安西电高压开关有限责任公司、河南平高电气有限责任公司、新东北电气(沈阳)高压开关有限公司。

本标准主要起草人:李宾宾、王琦、朱静、王天祥、饶宏、阎关星。

本标准参加起草人:苟锐锋、田恩文、黄莹、郭丽平、游一民、高文、田恩文、杨晓辉、杜海燕、王宇驰、徐光辉、王学范、李福成、张万荣、张化良、程晓绚、王晶。

高压直流旁路开关

1 范围

本标准规定了高压直流旁路开关的额定值、设计与结构和试验等内容。

本标准适用于安装在户内或户外且运行在电压等级为±800 kV 及以下的高压直流输电系统中的旁路开关。

本标准也适用于旁路开关的操动机构和辅助设备。

2 规范性引用文件

下列文件对于本文件的应用是必不可少的。凡是注日期的引用文件，仅注日期的版本适用于本文件。凡是不注日期的引用文件，其最新版本(包括所有的修改单)适用于本文件。

GB 1984—2003 高压交流断路器(IEC 62271-100:2001,MOD)

GB/T 2900.20—1994 电工术语 高压开关设备(neq IEC 60050(441)、IEC 60056 等)

GB 3906—2006 3.6 kV～40.5 kV 交流金属封闭开关设备和控制设备(IEC 62271-200:2003,MOD)

GB/T 5273—1985 变压器、高压电器和套管的接线端子(neq IEC 60518:1975)

GB/T 11022—1999 高压开关设备和控制设备标准的共用技术要求(eqv IEC 60694:1996)

GB/T 12022—2006 工业六氟化硫(IEC 60376:1971,IEC 60376A:1973,IEC 60376B:1974,MOD)

GB/T 13498—2007 高压直流输电术语(IEC 60633:1998,IDT)

GB/T 13540 高压开关设备和控制设备的抗震要求(GB/T 13540—2009,IEC 62271-2:2003,MOD)

GB/T 16927.1—1997 高电压试验技术 第一部分:一般试验要求(eqv IEC 60060-1:1989)

GB/T 20635—2006 特殊环境条件 高原用高压电器的技术要求

3 术语和定义

GB 1984—2003、GB/T 2900.20—1994 和 GB/T 11022—1999 界定的以及下列术语和定义适用于本文件。

3.1

开关设备和控制设备 switchgear and controlgear

[GB/T 11022—1999,定义 3.1.1]。

3.2

高压直流(HVDC)旁路开关 high-voltage direct current(HVDC) by-pass switch

跨接在一个或多个换流桥直流端子间的机械电力开关装置，在换流桥退出运行过程中把换流桥短路；在换流桥投入运行过程中把电流转移到换流阀中。

HVDC 用旁路开关在直流系统中的位置如图 1 中 BPS1～BPS8 所示。

注：改写 GB/T 13498—2007,定义 6.20。

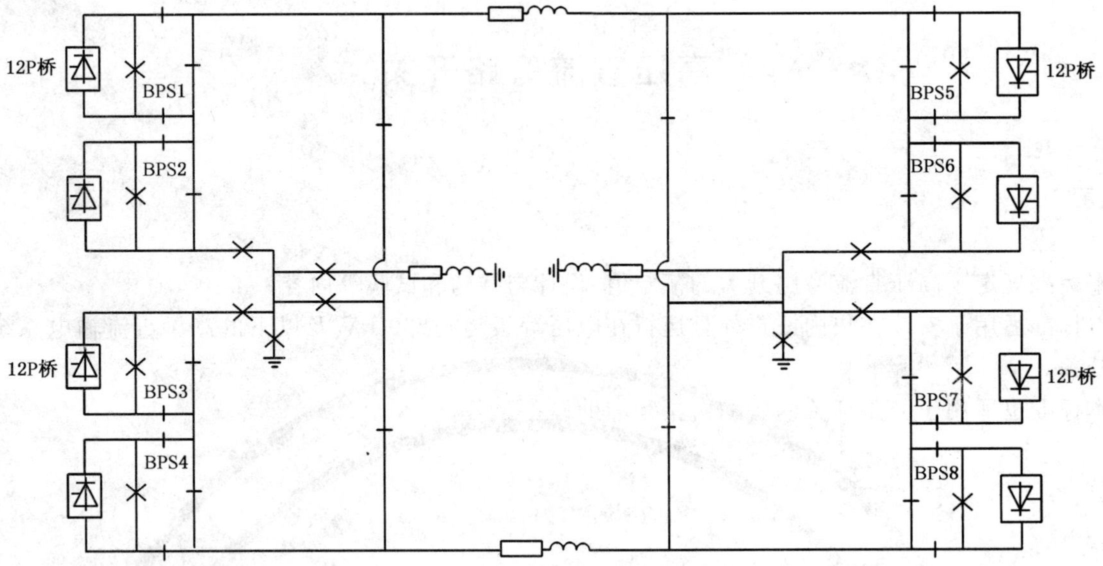

12P 桥——12 脉波换流桥。

图 1 阀组旁路回路接线图

3.3

周围空气温度 ambient air temperature

[GB/T 11022—1999,定义 3.1.16]。

3.4

(旁路开关部件的)温升 temperature rise(of a part of a by-pass switch)

部件温度和周围空气温度之差。

3.5

IP 代码 IP code

[GB/T 11022—1999,定义 3.1.3]。

3.6

单元试验 unit test

[GB 1984—2003,定义 3.1.117]。

3.7

外绝缘 external insulation

[GB 1984—2003,定义 3.1.121]。

3.8

内绝缘 internal insulation

[GB 1984—2003,定义 3.1.122]。

3.9

自恢复绝缘 self-restoring insulation

[GB 1984—2003,定义 3.1.123]。

3.10

非自恢复绝缘 non-self restoring insulation

[GB 1984—2003,定义 3.1.124]。

3.11

破坏性放电 disruptive discharge

[GB 1984—2003,定义 3.1.125]。

3.12

主回路　main circuit

[GB 1984—2003,定义 3.5.102]。

3.13

控制回路　control circuit

[GB 1984—2003,定义 3.5.103]。

3.14

辅助回路　auxiliary circuit

[GB/T 2900.20,定义 2.26]。

3.15

绝缘水平　insulation level

[GB 1984—2003,定义 3.7.154]。

3.16

直流耐受电压　direct current withstand voltage

在规定的条件和规定的时间下进行试验时,旁路开关所能耐受的直流电压值。

3.17

冲击耐受电压　impulse withstand voltage

[GB 1984—2003,定义 3.7.156]。

3.18

短时耐受电流　short-time withstand current

[GB 1984—2003,定义 3.7.121]。

3.19

峰值耐受电流　peak withstand current

[GB 1984—2003,定义 3.7.122]。

3.20

直流转移电流　DC transfer current

通过换流桥触发角、旁路开关等的配合,由旁路开关转移到换流桥的直流电流。

3.21

短时直流电流

在规定的使用和性能条件下,旁路开关主回路 30 min 内能够承载的直流电流。

4　正常和特殊使用条件

GB/T 11022—1999 中的第 2 章适用,并作如下补充:

对于安装在海拔高于 1 000 m 处的设备,外绝缘额定绝缘水平应按 GB/T 20635—2006 的 5.1 进行校正。

5　额定值

用来确定旁路开关及其操动机构和辅助设备额定值的特性如下:

对于所有旁路开关都应给出的额定特性:

a)　额定直流电压;

b)　额定绝缘水平;

c) 额定短时直流电流；

d) 额定短路耐受电流；

e) 额定峰值耐受电流；

f) 额定短路持续时间；

g) 操动机构和辅助及控制回路的额定电源电压；

h) 操动机构和辅助回路的额定电源频率；

i) 绝缘、操作和/或转移直流电流用的压缩气源的额定压力；

j) 额定直流转移电流；

k) 与额定直流转移电流相关的瞬态恢复电压；

l) 额定关合电流；

m) 额定操作顺序；

n) 额定时间参量；

o) 机械操作的次数；

p) 额定转移直流电流操作次数。

5.1 额定直流电压(U_r)

断口间：408 kV；

端子对地：408 kV，816 kV。

5.2 额定绝缘水平

旁路开关的额定绝缘水平应该从表1给定的数值中选取。

表1 额定绝缘水平

<table>
<tr><th rowspan="2">额定直流电压/kV</th><th colspan="2">直流耐受电压/kV</th><th colspan="2">操作耐受电压/kV</th><th colspan="2">雷电耐受电压/kV</th></tr>
<tr><th>端对地</th><th>端子间</th><th>端对地</th><th>端子间</th><th>端对地</th><th>端子间</th></tr>
<tr><td rowspan="2">408</td><td rowspan="2">600</td><td rowspan="2">600</td><td>850</td><td rowspan="2">950</td><td>950</td><td>950</td></tr>
<tr><td>950</td><td>1 175</td><td>1 175</td></tr>
<tr><td rowspan="2">816</td><td rowspan="2">1 200</td><td rowspan="2">600</td><td rowspan="2">1 600</td><td rowspan="2">950</td><td rowspan="2">1 800</td><td>950</td></tr>
<tr><td>1 175</td></tr>
</table>

5.3 额定短时直流电流

旁路开关的额定短时直流电流是在规定的使用和性能条件下，旁路开关在30 min内应能通过的直流电流值。

额定短时直流电流的标准值为4 000 A，5 000 A，6 300 A。

注：在实际直流系统运行中，旁路开关通常处于分闸状态；在操作旁路开关进行换流阀组投入或退出过程中，旁路开关处于合闸状态并承受直流电流的时间不超过30 min。

5.4 额定短时耐受电流(I_k)

GB/T 11022—1999中的4.5适用。

5.5 额定峰值耐受电流(I_p)

GB/T 11022—1999中的4.6适用。

5.6 额定短时持续时间

旁路开关在合闸位置能够承载额定短时耐受电流的时间间隔。

额定短时持续时间的标准值为 1 s。

5.7 操动机构和辅助及控制回路的额定电源电压(U_a)

GB/T 11022—1999 中的 4.8 适用。

5.8 操动机构和辅助回路的额定电源频率

GB/T 11022—1999 中的 4.9 适用。

5.9 绝缘、操作和/或转移直流电流用的压缩气源的额定压力

GB/T 11022—1999 中的 4.10 适用。

5.10 额定直流转移电流

旁路开关的额定直流转移电流等于额定短时直流电流。

5.11 与额定直流转移电流相关的瞬态恢复电压(TRV)

按照 5.10,与额定直流转移电流相关的瞬态恢复电压是一种参考电压,它构成了旁路开关在进行转移直流电流操作时应能承受的回路预期瞬态恢复电压的极限值。

5.12 额定关合电流

旁路开关的额定关合电流等于额定短时直流电流。

5.13 额定操作顺序

旁路开关额定操作顺序与额定特性有关。

旁路开关的额定操作顺序为:

合-t_1-分-t_2-合-t_1-分,其中:$t_1 \leqslant 0.06$ s,$t_2 < 15$ s。

5.14 额定时间参量

可以对下列时间参量规定额定值:

——分闸时间(空载);

——开断时间;

——合闸时间(空载);

——分-合时间(空载);

——重合闸时间(空载);

——合-分时间(空载)。

额定时间参量基于:

——合闸和分闸机构以及辅助和控制回路的额定电源电压(见 5.8);

——合闸和分闸机构以及辅助和控制回路的额定电源频率(见 5.9);

——绝缘、操作和/或开断用压缩气源的额定压力(见 5.10),适用时;

——操作用液压源的额定压力;

——周围空气温度为(20±5)℃。

5.15 机械操作的次数

考虑到制造厂规定的维护程序，旁路开关应能完成2 000次操作循环。

5.16 额定转移直流电流操作次数

500次。

6 设计与结构

6.1 旁路开关中液体的要求

GB/T 11022—1999中的5.1适用。

6.2 旁路开关中气体的要求

GB/T 11022—1999中的5.2适用。

6.3 旁路开关的接地

GB/T 11022—1999中的5.3适用。

6.4 辅助设备

GB 1984—2003中的5.4适用。

6.5 动力合闸

GB/T 11022—1999中的5.5适用。

6.6 储能合闸

GB/T 11022—1999中的5.6适用。

6.7 脱扣器操作

GB 1984—2003中的5.8适用。

6.8 低压力和高压力闭锁装置

GB 1984—2003中的5.9适用。

6.9 铭牌

GB/T 11022—1999中的5.10适用，并做如下补充：

旁路开关及其操动机构的铭牌应按表2的内容标注。

操动机构的线圈应有一个参考标识，以便用户能从制造厂获得全部数据。

脱扣器应带有适当的数据。

在旁路开关正常工作时铭牌应明显可见。

表 2　铭牌参数

	缩写	单位	旁路开关	操动机构	条件:仅当需要时才标注
1	2	3	4	5	6
制造厂			×	×	
型号或序列号			×	×	
额定直流电压	U_r	kV	×		
额定雷电冲击耐受电压	U_p	kV	×		
额定操作冲击耐受电压	U_s	kV	×		
额定短时直流电流	I_t	A	×		
额定短路持续时间	t_k	s	Y		不同于 1 s 时
额定直流转移电流	I_{tr}	A	×		
操作用的额定压力	p_{rm}	MPa		(×)	
转移直流电流用的额定压力	p_{re}	MPa	(×)		
合闸和分闸装置的额定电源电压	U_{op}	V		(×)	
合闸和分闸装置的额定电源频率		Hz		(×)	
辅助回路的额定电源电压	U_a	V		(×)	
辅助回路的额定电源频率		Hz		(×)	
质量	M	kg	Y	Y	超过 300 kg 时
转移直流电流用流体的质量	m	kg	Y		气体旁路开关
额定操作顺序			×		
制造年份			×		
温度等级			Y	Y	不同于:户内－5 ℃;户外－25 ℃
标有发布日期的相关标准			×	×	

注 1：×表示这些值的标注是强制性的;空格表示此值为零;(×)表示这些值的标注是可选的;Y 表示按照栏 6 中的条件标注的值。

注 2：栏 2 中的缩写可以代替栏 1 中的术语。采用栏中的术语时可不出现“额定”。

6.10　联锁装置

GB/T 11022—1999 中的 5.11 适用。

6.11　位置指示

GB/T 11022—1999 中的 5.12 适用。

6.12　外壳的防护等级

GB/T 11022—1999 中的 5.13 适用。

6.13 爬电距离

根据旁路开关用支柱绝缘子防污性能及承受机械力的要求，绝缘子可以分为瓷质、瓷质表面涂层及复合绝缘子。

阀厅内设备推荐的爬电比距为14 mm/kV，户内直流开关场推荐的爬电比距为25 mm/kV，户外绝缘子根据绝缘子伞形、换流站污秽条件以及绝缘子的材料确定。

6.14 气体和真空的密封

GB/T 11022—1999中的5.15适用。

6.15 液体的密封

GB/T 11022—1999中的5.16适用。

6.16 易燃性

GB/T 11022—1999中的5.17适用。

6.17 电磁兼容性(EMC)

GB/T 11022—1999中的5.18适用。

6.18 分闸操作时的分散性要求

分闸时间分散性应小于2 ms。

6.19 操作的一般要求

旁路开关及其操动机构应能在GB/T 11022—1999第2章确定的温度级别的整个环境温度范围内，完成其额定操作顺序。

此要求不适用于辅助的人力操动机构。若装有这种机构，则仅供不带电回路的维护和紧急操作时用。

装有加热器的旁路开关应该设计成：加热器在最短2 h不工作时，旁路开关在温度级别确定的最低周围空气温度下能够进行分闸操作。

6.20 操作用流体的压力极限

制造厂应规定操作用流体的最高压力和最低压力，旁路开关在此极限压力下应能按其额定值使用，并应整定合适的低压力和高压力闭锁装置(见6.8)。制造厂应规定操作和转移直流电流用的最低功能压力(见GB 1984—2003中的3.7.157和3.7.158)。

旁路开关应具有足够容量的能量储存，以便在规定的相应最低压力下进行适当的操作时获得满意的性能。

6.21 排逸孔

GB 1984—2003中的5.104适用。

7 型式试验

7.1 概述

GB/T 11022—1999中的第6章适用，并作如下补充：

旁路开关的型式试验项目列于表3中。

对于型式试验，试验参量的公差在GB 1984—2003的附录B中给出。

原则上，各项型式试验应该在新的、干净的旁路开关上进行。对于采用SF_6作为绝缘、转移直流电流和/或操作的旁路开关，气体的质量至少应达到GB/T 12022的接受水平。

制造厂的责任仅限于所声明的额定值，而不是型式试验中获得的值。

通过示波器或等效设备(例如瞬态记录仪)包括相关设备来确定额定参数(例如直流转移电流、外施电压和恢复电压)量值的每项测量的不确定度应在±5%(等于包含因子为2.0)范围内。

注：关于包含因子的含义，测量不确定度的表达式见ISO导则(1995)[12]。

型式试验的试品应与正式生产产品的图样和技术条件相符合，下列情况下，旁路开关应进行型式试验：

a) 新试制的产品，应进行全部型式试验；
b) 转厂及异地生产的产品，应进行全部型式试验；
c) 当产品的设计、工艺或生产条件及使用的材料发生重大改变而影响到产品性能时，应做相应的型式试验；
d) 正常生产的产品每隔8年应进行一次温升试验、机械操作试验、短时耐受电流和峰值耐受电流试验以及直流电流转移试验；
e) 不经常生产的产品(停产3年以上)，再次生产时应进行d)规定的试验。

对系列产品或派生产品，应进行相关的型式试验，部分试验项目可引用相应的有效试验报告。

表3 型式试验

强制的型式试验项目	条款号
绝缘试验	6.2
无线电干扰电压试验	6.3
主回路电阻的测量	6.4
温升试验	6.5
短时耐受电流和峰值耐受电流试验	6.6
密封试验	6.8
电磁兼容性(EMC)试验	6.9
周围空气温度下的机械操作试验	6.10
直流电流转移试验	6.13
适用时，强制的型式试验项目	**条款号**
防护等级验证	6.7
端子静负载试验	6.11
低温和高温试验	6.12

7.1.1 试验的分组

GB/T 11022—1999中的6.1.1适用。

7.1.2 确认试品用的资料

GB/T 11022—1999中的6.1.2适用。

7.1.3 型式试验报告包含的资料

GB/T 11022—1999 中的 6.1.3 适用。

7.2 绝缘试验

7.2.1 试验时周围的大气条件

GB/T 11022—1999 中的 6.2.1 适用。

7.2.2 湿试程序

安装在户外的旁路开关应在 GB/T 16927.1 规定的标准湿试程序下承受湿耐受试验。

7.2.3 绝缘试验时旁路开关的状态

GB/T 11022—1999 中的 6.2.3 适用。

7.2.4 通过试验的判据

a） 直流耐压试验

如果没有发生破坏性放电，则应认为旁路开关通过了试验。

湿试时，如果在外部自恢复绝缘上发生破坏性放电，该试验应该在同一试验状况下重复进行，如果没有再次发生破坏性放电，则应该认为旁路开关成功地通过了试验。

b） 冲击试验

对每种试验状况和每一极性应连续施加 15 次额定雷电冲击耐受电压或额定操作冲击耐受电压。如果在每组 15 次冲击中自恢复绝缘上的破坏性放电次数不超过 2 次，且非自恢复绝缘上不发生破坏性放电，则应认为旁路开关通过了试验。

也可以采用下述替代方法：对每一极性应连续施加 3 次冲击电压。如果不发生破坏性放电，则应认为旁路开关通过了试验。如果在自恢复绝缘上发生一次破坏性放电，应追加 9 次冲击试验，如果没有再次发生破坏性放电，则应认为旁路开关通过了试验。

旁路开关的冲击试验应满足非自恢复绝缘上不应发生破坏性放电；如果试验过程中出现破坏性放电，而不能给出任何理由来证明该破坏性放电出现在自恢复绝缘上，则在完成绝缘试验后应对旁路开关进行解体检查。如果发现非自恢复绝缘击穿，则旁路开关就没有通过该试验。

如果已证明某一极性的试验给出最不利的试验结果，则允许只进行这一极性的试验。

某些绝缘材料在一次冲击试验后仍有残留电荷，在倒换极性时应小心。建议采用适当的方法使绝缘材料放电，如在试验前施加 3 次约 80％试验电压的反极性冲击。

7.2.5 试验电压的施加和试验状况

各试验条件下旁路开关的试验电压应按表 4 施加。

表 4 试验条件和试验电压的施加

试验条件	开关装置	加压部位	接地部位
1	合闸	Aa	F
2	分闸	A	aF
3	分闸	a	AF
注：A，a 为开关端子，F 为开关底架。			

7.2.6 直流耐压试验

对安装在户内的旁路开关进行干试，对安装在户外的还要进行湿试。

a) 干试直流耐压试验

试验电压为正/负极性直流电压，持续 60 min，试验电压按表 1 选取。

b) 湿试直流耐压试验

湿试时直流耐压试验应在 7.2.2 规定的人工雨水条件下，分别施加正、负极性的直流试验电压，试验电压按表 1 选取。对每种试验状况，应把试验电压升高到试验值维持 60 min。

7.2.7 操作冲击电压试验

旁路开关应承受操作冲击电压试验。试验应按 GB/T 16927.1 用标准操作冲击波 250/2 500 μs 在两种极性的电压下进行。只对户外旁路开关进行湿试。

实际的电压分配应该尽可能平衡。总的试验电压的任何不平衡分配都是更加严格的，如果电压分量的波形和/或幅值不同，试验应该在倒换连接后重复进行。

7.2.8 雷电冲击电压试验

旁路开关只应在干状态下承受雷电冲击电压试验。试验应该按 GB/T 16927.1 用标准雷电冲击波 (1.2/50)μs 在两种极性下进行。

7.2.9 人工污秽试验

GB/T 11022—1999 中的 6.2.8 适用。

7.2.10 辅助和控制回路的试验

GB/T 11022—1999 中的 6.2.10 适用。

7.2.11 作为状态检查的电压试验

直流电流转移试验后，或机械试验后，旁路开关断口间的绝缘性能不能充分可靠地用目测检查来核实，应对旁路开关断口进行作为状态检查的电压试验。

应进行操作冲击电压试验。冲击电压的峰值为旁路开关额定断口操作冲击耐受电压的 90%。进行操作冲击电压试验时，每一极性应施加 5 次冲击。如果未出现破坏性放电，则认为旁路开关通过了试验。

7.3 无线电干扰电压(r. i. v.)试验

旁路开关应该按 6.2.3 的规定装配。

试验按照 GB/T 11022—1999 中的 6.3 进行，并作如下补充：

试验电压施加如下：

a) 在合闸位置，端子与接地底架之间；

b) 在分闸位置，一个端子与和接地底架相连的其他端子之间。如果开关装置不是对称的，要把连接倒换后再试。

应在直流电压下按照下述程序进行试验：

在旁路开关上施加 U_r 的电压，至少维持 5 min，U_r 是旁路开关的额定电压。随后应该把电压逐级下降至 $0.3U_r$，再逐级上升至初始值，最后逐级下降至 $0.3U_r$。在每级电压上，应该进行无线电干扰的测量，并应该画出最后一个电压下降系列中记录的无线电干扰电平对外施电压的曲线；这样得出的曲线就是旁路开关的无线电干扰特性。电压等级差约为 $0.1U_r$。

如果在 U_r 下无线电干扰不超过 500 μV,应该认为旁路开关通过了试验。

旁路开关应分别处于分闸和合闸位置进行试验。试验期间,旁路开关应装有可能影响无线电干扰性能的所有附件,例如均压电容器、电晕环、高压连接件等。

7.4 主回路电阻的测量

GB/T 11022—1999 中的 6.4 适用。

7.5 温升试验

旁路开关主回路的温升试验的试验电流为额定短时直流电流,或有效值等于额定短时直流电流的 50 Hz 的交流电流,通流时间为 30 min。

7.5.1 受试旁路开关的状态

GB/T 11022—1999 中的 6.5.1 适用。

7.5.2 旁路开关的布置

GB/T 11022—1999 中的 6.5.2 适用,并作如下补充:

试验持续时间为 30 min。

7.5.3 温度和温升的测量

GB/T 11022—1999 中的 6.5.3 适用。

7.5.4 周围空气温度

GB/T 11022—1999 中的 6.5.4 适用。

7.5.5 辅助和控制设备的温升试验

GB/T 11022—1999 中的 6.5.5 适用。

7.5.6 温升试验的解释

GB/T 11022—1999 中的 6.5.6 适用。

7.6 短时耐受电流和峰值耐受电流试验

GB/T 11022—1999 中的 6.6 适用。

7.7 防护等级验证

7.7.1 IP 代码的检验

GB/T 11022—1999 中的 6.7.1 适用于正常使用条件下旁路开关可触及的所有部分。

7.7.2 机械撞击试验

GB/T 11022—1999 中的 6.7.2 适用。

7.8 密封试验

GB/T 11022—1999 中的 6.8 适用。

7.9 电磁兼容性(EMC)试验

GB/T 11022—1999 中的 6.9 适用。

7.10 周围空气温度下的机械操作试验

GB 1984—2003 中的 6.101.2 适用。机械操作试验应由 2 000 次操作循环组成,按表 5 进行试验。

表 5 额定操作顺序的次数

操作顺序	控制电压和操作压力	操作顺序次数
合-t-分-t	最低	500
	额定	500
	最高	500
合-t_1-分-t_2-合-t_1-分	额定	250
注:t 表示两次操作之间的时间间隔,$t_1 \leqslant 0.06$ s,$t_2 < 15$ s。		

7.11 端子静负载试验

参照 GB 1984—2003 中的 6.101.6 进行试验。

7.12 低温和高温试验

GB 1984—2003 中的 6.101.3 适用。

7.13 直流电流转移试验

7.13.1 概述

试验应采用等效的试验回路验证。在规定的控制策略下,能将运行范围内的直流电流转移到旁路臂或旁路对中,使换流桥投入正常运行。直流电流转移试验原理接线图见图 2。

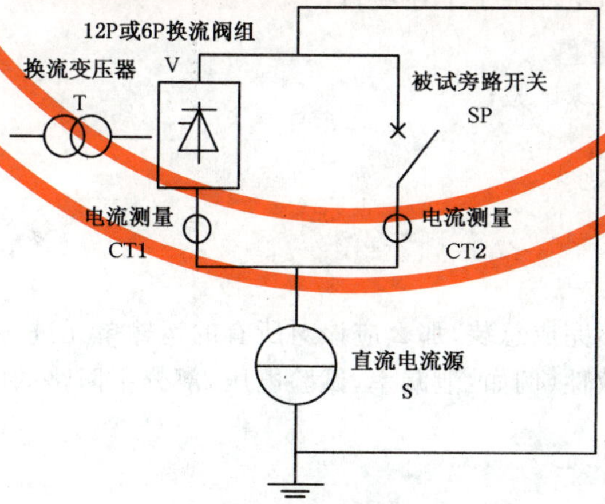

图 2 直流电流转移试验原理接线图

由于控制策略不同,在旁路开关分闸前,流过旁路开关的电流可能是一个衰减过零的直流电流或者是个有效值数百安培的谐波电流,试验回路应能反映旁路开关实际运行回路的基本电气特性。

7.13.2 试验程序

初始状态为:换流阀组 V 处于闭锁状态,旁路开关试品 SP 处于合闸状态,直流电流源 S 输出恒定

直流电流 I_s，I_s 应等于旁路开关额定直流转移电流。

根据直流系统投入换流阀所采取的控制策略不同，试验程序分为以下两种：

a) V 在闭锁状态，SP 在合闸状态，给旁路开关发分闸指令，间隔一定时间 t_{11} 后，以 70°左右的触发角解锁换流阀组 V，若 SP 流过的电流过零，电弧熄灭，则旁路开关转移直流电流成功。时间 t_{11} 由实际工程确定。在旁路开关分闸前，流过旁路开关的电流是一个衰减过零的直流电流。

b) V 在闭锁状态，SP 在合闸状态，以接近 90°的触发角解锁换流阀组 V，间隔一定时间 t_{12} 后，给旁路开关发分闸指令，若 SP 流过的电流过零，电弧熄灭，则旁路开关转移直流电流成功。时间 t_{12} 由实际工程确定。在旁路开关分闸前，流过旁路开关的电流为有效值等于数百安培的谐波电流。

7.13.3 通过试验的判据

在控制策略正确的情况下，应至少进行 3 次电流转移试验，如果 3 次试验均成功，认为旁路开关通过了试验；如果有 1 次不成功，则应再进行 3 次试验，如果这 3 次试验均成功，认为旁路开关通过了试验，否则认为旁路开关未通过试验。

7.14 抗震试验

试验按 GB/T 13540 的规定进行。

进行抗震试验时，应将旁路开关所受的外加荷载考虑在内。试验时旁路开关应装在基座上。试验后，旁路开关应仍能正常工作，不漏油(气)，不得有机械损坏。

8 例行试验

例行试验是为了暴露材料和结构中的缺陷。它们不会损坏试品的性能和可靠性。例行试验应该在制造厂任一合适可行的地方对每台制成的设备进行，以确保产品与已通过型式试验的设备相一致。根据协议，任一项例行试验都可以在现场进行。

例行试验程序中应包含但不局限于下述项目：

a) 主回路的绝缘试验；

b) 辅助和控制回路的绝缘试验；

c) 主回路电阻的测量；

d) 密封性试验；

e) 设计和外观检查；

f) 机械操作试验。

如果旁路开关在运输前不完成总装，那么应该对所有的运输单元进行单独的试验。在这种场合，制造厂应该证明这些试验的有效性(例如：泄漏率，试验电压，部分主回路的电阻)。

8.1 主回路的绝缘试验

应该进行直流耐压干试试验。试验应该按 GB/T 16927.1 在新的、清洁的和干燥的完整旁路开关或运输单元上进行。

干试时直流耐压试验应仅在正极性直流试验电压下持续 60 min。

如果旁路开关由相同的开断和关合单元串联组成，在分闸状态时加于每个单元上的试验电压应当是旁路开关完全打开且一端接地时，由实际的直流电压分布在总耐受电压中占较高份额的单元上的电压。

试验电压应按表1施加。

8.2 辅助和控制回路的绝缘试验

GB/T 11022—1999 中的7.2适用。

8.3 主回路电阻的测量

GB/T 11022—1999 中的7.3适用。

8.4 密封性试验

GB/T 11022—1999 中的7.4适用。

8.5 设计和外观检查

GB 1984—2003 中的7.5适用。

8.6 机械操作试验

GB 1984—2003 中的7.101适用。

9 现场试验

旁路开关安装完好并完成所有的连接后，应进行现场试验。试验的目的是在于检查旁路开关没有因运输和储存而损坏。此外，当安装和/或调整的大部分工作是在现场进行时，要求在现场试验中确认现场工作和由它决定的功能特征的满意性和与分装件的兼容性。

现场试验程序中应包含但不局限于下述项目：

a) 安装后的检查；

b) 机械试验和测量；

c) 电气试验和测量。

制造厂应给出现场试验的程序。应避免完全重复进行工厂做过的例行试验程序。现场试验是为了确认：

—— 无损坏；

—— 各个单元的兼容性；

—— 正确的装配；

—— 装配完整的旁路开关的正确特性。

现场试验的试验结果应记录在试验报告中。

9.1 安装后的检查

安装后的检查程序应基于但又不限于本条款中给出的检查和试验程序。

9.1.1 一般检查

GB 1984—2003 中的10.2.102.1.1适用。

9.1.2 电路检查

GB 1984—2003 中的10.2.102.1.2适用。

9.1.3 绝缘和/或灭弧流体的检查

GB 1984—2003 中的 10.2.102.1.3 适用。

9.1.4 已充的或现场增补的操作流体的检查

GB 1984—2003 中的 10.2.102.1.4 适用。

9.1.5 现场操作

GB 1984—2003 中的 10.2.102.1.5 适用。

9.2 机械试验和测量

9.2.1 绝缘和/或开断用流体压力特性的测量(适用时)

GB 1984—2003 中的 10.2.102.2.1 适用。

9.2.2 操作流体的压力特性的测量(适用时)

GB 1984—2003 中的 10.2.102.2.2 适用。

9.2.3 操作过程中消耗的能量(适用时)

GB 1984—2003 中的 10.2.102.2.3 适用。

9.2.4 额定操作顺序的验证

GB 1984—2003 中的 10.2.102.2.4 适用。

9.2.5 时间参量的测量

GB 1984—2003 中的 10.2.102.2.5 适用。

9.2.6 机械行程特性的记录

GB 1984—2003 中的 10.2.102.2.6 适用。

9.2.7 某些特定操作的检查

GB 1984—2003 中的 10.2.102.2.7 适用。

9.3 电气试验和测量

9.3.1 绝缘试验

对于辅助回路绝缘试验,GB 1984—2003 中的 10.2.102.3.1 适用。

主回路应进行直流耐压试验,电压取表 1 相应电压值的 80%,持续时间为 30 min。

9.3.2 主回路电阻的测量

GB 1984—2003 中的 10.2.102.3.2 适用。

10 与询问单、标书和订单一起提供的资料

10.1 与询问单和订货单一起提供的资料

当询问或订购旁路开关时，询问者应提供下述细节。

10.1.1 直流系统的参数

即额定电压和最高电压、额定电流、过负荷电流等。

10.1.2 运行条件

运行条件包括最低和最高周围空气温度，最高周围空气温度是否高于额定值；海拔是否超过1 000 m(或 2 000 m，3 000 m)；以及可能存在或出现的特殊条件，例如，过度暴露在水蒸气、湿气、烟雾、爆炸性气体过量的灰尘或含盐的空气中的运行条件等(见产品使用环境条件)。

10.1.3 控制策略

由于实现旁路开关电流过零的控制策略不同，转移直流电流过程中旁路开关所承受的应力大小也不一样，因此应向制造厂提供实现旁路开关电流过零的控制策略。

10.1.4 旁路开关的特性

包括下列内容：

a) 类别：户内或户外；
b) 额定直流电压；
c) 额定绝缘水平；
d) 额定短时直流电流；
e) 额定直流转移电流；
f) 额定关合电流；
g) 额定操作顺序；
h) 特殊要求所规定的型式试验(例如人工污秽和无线电干扰电压试验)；
i) 操作频率。

10.1.5 旁路开关的操动机构及附属设备的细节

包括如下内容：

a) 操作方式、人力的或动力的；
b) 备用辅助开关的数量和型式；
c) 额定电源电压和频率。

10.1.6 有关压缩空气的使用要求和压力容器的设计与试验要求

除上述内容外，询问者应提供可能影响投标或订货的特殊条件的资料。

10.2 与投标书一起提供的资料

当询问者查询旁路开关的技术细节时，制造厂应附有说明和图样。并提供下列材料。

10.2.1　额定值和特性

包括：

a)　类别：户内或户外、温度、覆冰；
b)　额定直流电压；
c)　额定绝缘水平；
d)　额定短时直流电流；
e)　额定瞬态恢复电压；
f)　额定关合电流；
g)　额定操作顺序；
h)　额定分闸时间，额定开断时间和额定合闸时间；
i)　特殊要求所规定的型式试验(例如人工污秽和无线电干扰)。

10.2.2　型式试验

根据要求提供的证书或报告。

10.2.3　结构特点

对油旁路开关：旁路开关不带油时的重量；油重；关于油质的推荐；油箱数量。

对压缩空气旁路开关：旁路开关总重量；开断用空气的额定压力和旁路开关能正确工作的空气压力范围；附加的储气罐的容量；进行一次分闸操作的耗气量和进行一次合闸操作紧接着进行一次分闸操作的耗气量。对用于快速自动重合闸的旁路开关，还用给出进行一次分闸操作，随即进行一次合闸操作，紧接着再进行一次分闸操作的耗气量。

对其他气体旁路开关：整个旁路开关的重量；开断用气体源的额定压力和旁路开关能正确工作的气体压力范围；在 0.1 MPa 的压力下，每极气体的总容量；旁路开关的密封特性。

串联单元的数量。

最小空气间隙：对地。

对于向外喷射游离气体和火焰的旁路开关，开断操作时的安全边界。

在所要求的极端周围空气温度下，为了保持旁路开关的额定特性而采取的任何特别措施(例如加热和冷却)。

10.2.4　旁路开关的操动机构和附属设备

包括：

a)　合闸机构的型式；
b)　旁路开关是适用于何种脱扣操作型式，旁路开关是否有防止误合闸的闭锁装置；
c)　如果合闸机构的额定电源电压或额定压力与标准值不同，允许的压力范围；
d)　在额定电源电压下供旁路开关合闸需要的电流；
e)　在额定气压下供旁路开关合闸所需要消耗的气体量；
f)　并联分闸脱扣器的额定电源电压；
g)　在额定电源电压下并联分闸脱扣器所需要的电流；
h)　备用辅助开关的数量和型式；
i)　在额定电源电压下其他辅助装置所需要的电流；
j)　高、低压力闭锁装置的整定。

10.2.5 外形尺寸和其他资料

制造厂应提供关于旁路开关外形尺寸的必要资料和安装设计所必需的细则。

应提供关于旁路开关维护和连接方式的一般资料。

11 运输、储存、安装、运行和维护规则

本章的有关规定应符合 GB/T 11022—1999 第 10 章的规定。

11.1 运输、储存和安装时的条件

GB/T 11022—1999 中的 10.1 适用。

11.2 安装

GB/T 11022—1999 中的 10.2.1～10.2.4 适用。

在旁路开关设备和控制设备安装完毕和完成所有的连接后应当进行第 9 章现场试验规定的内容。

11.3 运行

GB/T 11022—1999 中的 10.3 适用。

11.4 维护

GB/T 11022—1999 中的 10.4 适用，并作如下补充：

另外，制造厂应给出关于旁路开关维护的下列资料：

a) 转移直流电流操作；

b) 换流阀退出运行，旁路开关关合直流电流的操作。

这些资料包括检修后按照项 a)和项 b)旁路开关能完成的操作次数。

GB/T 11022—1999 中的 10.4.1～10.4.3 适用。9.1.3 中要求的检查适用。

12 安全

GB/T 11022—1999 中的第 11 章适用。

附 录 A
（资料性附录）
直流系统过负荷电流

A.1 概述

直流系统过负荷水平与环境温度以及换流变压器、换流阀、油浸式平波电抗器的冗余冷却设备是否投入有关。

A.2 国内某个±500 kV直流系统过负荷电流

见表A.1。

表A.1 国内某个±500 kV直流系统过负荷电流

过负荷持续时间	环境温度(20 ℃)		最高环境温度(约40 ℃)	
	冗余冷却设备投入运行	冗余冷却设备不投入运行	冗余冷却设备投入运行	冗余冷却设备不投入运行
连续	3 586 A	3 552 A	3 213 A	3 045 A
2 h	4 115 A	3 972 A	3 484 A	3 381 A
10 s	4 480 A	4 480 A	4 480 A	3 867 A
5 s	4 817 A	4 817 A	4 817 A	4 187 A
3 s	4 817 A	4 817 A	4 817 A	4 443 A

注1：直流系统额定直流电流为3 000 A。

注2：冗余冷却设备是指换流阀、换流变压器等主设备的冗余冷却设备。

A.3 国内某个±800 kV直流系统过负荷电流

见表A.2。

表A.2 国内某个±800 kV直流系统过负荷电流

过负荷持续时间	环境温度(25 ℃)		最高环境温度(约40 ℃)	
	冗余冷却设备投入运行	冗余冷却设备不投入运行	冗余冷却设备投入运行	冗余冷却设备不投入运行
连续	3 795 A	3 461 A	3 461 A	3 125 A
2 h	3 965 A	3 795 A	3 795 A	3 461 A
3 s	4 892 A	4 892 A	4 539 A	4 539 A

注：直流系统额定直流电流为3 125 A。

附 录 B
（资料性附录）
旁路开关运行的选用导则

B.1 概述

选择适合于给定运行方式的旁路开关时，应考虑到运行条件要求的各个额定值。

完整的额定特性的清单在第4章中给出。本章中仅涉及下列额定值：

额定值的类型	条款
额定直流电压	5.1
额定绝缘水平	5.2
额定短时直流电流	5.3
额定直流转移电流	5.10

对于本章中未涉及的额定特性，应参考第4章的如下部分：

—— 额定关合电流	5.12
—— 额定短路耐受电流	5.4
—— 额定峰值耐受电流	5.5
—— 额定时间参量	5.14
—— 瞬态恢复电压	5.11
—— 额定操作顺序	5.13

选用旁路开关时需考虑的其他参数，例如：

——当地的大气条件和气候条件	4

要求旁路开关在转移直流电流条件下承担的任务，应根据直流系统2 h过负荷电流来确定。国内某两个直流系统过负荷电流表见附录A。

对额定值(即额定直流电压、额定短时直流电流、额定直流转换电流、绝缘水平、顺态恢复电压)的某种配合圆满地完成了型式试验的旁路开关，适用于任何较低的额定值，无须进一步试验。

B.2 运行条件下额定值的选择

B.2.1 额定直流电压的选择

旁路开关的额定直流电压至少应等于旁路开关安装处直流母线的最高电压。

旁路开关的额定直流电压应从5.1给出的标准值中选取。

B.2.2 绝缘配合

旁路开关的额定绝缘水平应在表1中给出的标准值中选取。

5.2中的规定值适用于户内旁路开关和户外旁路开关。应该在询问单中明确旁路开关用于户内还是户外。

B.2.3 额定短时直流电流的选择

旁路开关的额定直流电流应从5.3给出的标准值中选取。

当选择旁路开关时,应使其满足额定短时电流的要求。

B.2.4 当地的大气条件和气候条件

旁路开关的正常大气条件和气候条件在第4章中给出。

适用于不同的最低周围空气温度的旁路开关,以等级“-5”、“户内-15”、“户内-25”、“户外-10”、“户外-25”和“户外-40”来区分。当旁路开关安装地点的周围空气温度,对于户内旁路开关可能低于-25 ℃,和对于户外旁路开关低于-40 ℃或温度可能超过40 ℃(或24 h平均温度超过35 ℃)时,应向制造厂咨询。

对于户外旁路开关,由于烟尘、化学烟雾和盐雾等,某些地区的大气条件是不利的。如果知道存在这些不利条件,对通常暴露在大气中的旁路开关零件(特别是绝缘子)的设计,应给予特殊考虑。

在这类大气中,绝缘子的性能也取决于清洗或清扫的频度和雨的自然清洗频度。由于在这些条件下,绝缘子的性能取决于如此多的因素,因而不可能对正常污秽和严重污秽的大气作出准确的定义。该地区使用绝缘子的经验是最好的导则。

当旁路开关安装处的风压超过700 Pa时,应向制造厂咨询。

对于覆冰,规定了三种不同等级。这些等级对应的覆冰厚度不超过1 mm、10 mm和20 mm。如果旁路开关安装在预期覆冰厚度超过20 mm的地方,则需经制造厂和用户协商。

适用时,应考虑到GB/T 11022—1999中2.2.4规定的抗震水平。

对户外设备,湿度条件在GB/T 11022—1999中2.1.1e)给出。选择旁路开关时,要求有高的湿度和可能出现凝露的场合,应说明这些使用条件。关于GB/T 11022—1999的2.1.1e)注3中提到的预防出现凝露的措施的结果和数量应由用户与制造厂协商。

对户外旁路开关,任何特殊运行条件,例如:存在化学烟雾、腐蚀性大气、盐雾等时,应向制造厂咨询。

B.2.5 使用于高海拔地区

GB/T 11022—1999中的第2章规定了正常运行条件,适用于海拔不超过1 000 m的旁路开关。

对于安装在海拔高于1 000 m处的设备,外绝缘额定绝缘水平应按GB/T 20635—2006中的5.1进行校正。

B.2.6 额定直流转移电流的选择

额定直流转移电流应不小于2 h过负荷运行直流电流。

ICS 29.240.01
K 40

中华人民共和国国家标准

GB/T 25308—2010

高压直流输电系统直流滤波器

D.C. Filters for HVDC transmission system

2010-11-10 发布 2011-05-01 实施

中华人民共和国国家质量监督检验检疫总局
中国国家标准化管理委员会 发布

前　言

本标准由中国电器工业协会提出。

本标准由全国电力电子学标准化技术委员会(SAC/TC 60)归口。

本标准主要起草单位:西安高压电器研究院有限责任公司、南方电网技术研究中心。

本标准参加起草单位:机械工业北京电工技术经济研究所、西安电力机械制造公司、浙江大学、南方电网超高压输电公司、西安西电电力电容器研究所、西安西电电力电容器有限责任公司、西南电力设计院电网分公司、西安西电电力整流器有限责任公司、西安电力电子技术研究所、新东北电气(锦州)电力电容器有限公司。

本标准主要起草人:孙伟、黄莹、李璐、张万荣、蔚红旗、黎小林。

本标准参加起草人:苟锐锋、徐政、逍遥、饶宏、朱静、王蔚华、方晓燕、郭天兴、蔺跃宏、苏开云、李岩、田恩文、杨晓辉、周德才、黄超、李福成、戈兴茹、王国利。

高压直流输电系统直流滤波器

1 范围

本标准规定了高压直流滤波器的术语和定义、设计要求、结构、设备选择、试验要求等内容。

本标准适用于安装在±800 kV 及其以下电压等级高压直流(HVDC)输电系统中的无源直流滤波器。

2 规范性引用文件

下列文件对于本文件的应用是必不可少的。凡是注日期的引用文件,仅注日期的版本适用于本文件。凡是不注日期的引用文件,其最新版本(包括所有的修改单)适用于本文件。

GB 311.1—1997 高压输变电设备的绝缘配合(neq IEC 60071-1:1993)

GB 1094.1—1996 电力变压器 第 1 部分:总则(eqv IEC 60076-1:1993)

GB 1094.2—1996 电力变压器 第 2 部分:温升(eqv IEC 60076-2:1993)

GB 1094.3—2003 电力变压器 第 3 部分:绝缘水平、绝缘试验和外绝缘空气间隙(IEC 60076-3:2000,MOD)

GB 1094.11—2007 电力变压器 第 11 部分:干式变压器(IEC 60076-11:2004,MOD)

GB 1208—2006 电流互感器(IEC 60044-1:2003,MOD)

GB 1985—2004 高压交流隔离开关和接地开关(IEC 62271-102:2002,MOD)

GB/T 10229—1988 电抗器(eqv IEC 60289:1987)

GB/T 11024.1—2001 标称电压 1 kV 以上交流电力系统用并联电容器 第 1 部分:总则 性能、试验和定额安全要求 安装和运行导则(eqv IEC 60871-1:1997)

GB/T 13498—2007 高压直流输电术语(IEC 60633:1998,IDT)

GB/T 20993—2007 高压直流输电系统用直流滤波电容器

GB/T 22389—2008 高压直流换流站无间隙金属氧化物避雷器导则

IEC 60815:1986 污秽条件下绝缘子使用导则

3 术语和定义

GB/T 13498 界定的以及下列术语和定义适用于本文件。

3.1

直流滤波器 DC filter

直流滤波器通常由电容器、电抗器、电阻器等元件组成。与平波电抗器和中性母线电容器(如有时)配合,用于降低高压直流输电线路上和/或接地极引线上的谐波电流。

3.2

滤波器支路 filter branch

直流滤波器由连接在直流输电系统换流站直流极母线与中性母线之间的多个分支电路并联组成时,其中的任一支路称为滤波器支路。

3.3

特征谐波 characteristic harmonic

由谐波源本身的工作特性所决定的某些特定次数的谐波,称为该谐波源的特征谐波。对于脉动数

为 p 的换流器来说，换流器在直流侧产生的特征谐波次数为：kp，k 为正整数。

3.4

非特征谐波　non-characteristic harmonic

不同于所属谐波源的特征次数的各次谐波，称为该谐波源的非特征谐波。

3.5

主回路　main circuit

由直流滤波器一次主设备构成的电路。

3.6

辅助回路　auxiliiy circuit

用以完成测量、控制、保护等辅助功能的二次电路。

3.7

调谐频率　tuning frequency

使直流滤波器阻抗呈现只有纯电阻时的频率。

4　正常和特殊使用条件

4.1　正常使用条件

4.1.1　温度

当指定周围温度时，通常是指滤波器安装地点的干球空气温度。

安装运行地区的环境温度范围可为－40 ℃～＋45 ℃。在此温度范围内直流滤波器应能够正常运行。

4.1.2　污秽

应根据直流滤波器安装位置，分别对户内式直流滤波器和户外式直流滤波器分别提出各设备外绝缘的爬电比距要求，对于重污秽地区应适当加大爬电比距。原则上与直流场对设备爬电比距的要求一致。

4.1.3　海拔

安装运行地点的海拔高度为实际换流站的海拔高度。对于大于 1 000 m 的使用环境，应考虑海拔修正。

注：用于换流站海拔高度高于 1 000 m 地区的直流滤波器，各设备设计要求由用户与制造商协商确定。

4.2　特殊使用条件

4.2.1　高相对湿度

可能需要使用特殊设计的绝缘子。

4.2.2　霉菌生长迅速

金属、陶瓷材料及一些油漆与清漆都不助长霉菌生长。当使用杀菌剂时，其毒性保持时间最多几个月。总之在装置中灰尘等落积处霉菌有可能生长发展。

4.2.3　腐蚀性大气

在工业及沿海地区都会遇到腐蚀性大气。应该注意到，在较高温度的气候下，这种大气的作用要比在温和的气候下更为严重。甚至在户内也可能存在高腐蚀性大气。

4.2.4 地震地区

有些地区地震的概率较高，这将影响安装在这些地区的直流滤波器单元和（或）直流滤波器的机械设计。用户应说明加速度幅值和阻尼值。

5 设计

5.1 设计内容

直流输电系统在运行过程中，换流器会在直流侧产生谐波电压，谐波电压在直流极线和接地极引线上产生谐波电流。谐波电流将对直流极线和接地极引线附近的通讯线路产生干扰。一个脉波数为 p 的换流器，在直流侧产生 kp 次的特征谐波，k 是任意正整数。除特征谐波之外，换流器还会产生其他非特征谐波。

直流线路中的谐波电流对邻近通讯线路产生干扰的程度取决以下这些条件：

——直流线路沿线谐波电流水平；

——直流线路与附近通讯系统间的相互耦合程度；

——通讯设备的抗干扰能力。

为减小注入直流线路的谐波电流，减小直流输电系统对沿线通讯线路的干扰，就必须在两侧换流站直流侧装设滤波系统。直流侧滤波系统主要由直流滤波器、平波电抗器和中性母线电容器组成。一般来说，直流线路为电缆的直流输电系统不需要装设直流滤波器，采用架空线路的直流输电系统需要装设直流滤波器。直流滤波器、平波电抗器和中性母线电容器的参数应进行优化选择，以便能满足下列要求：

——将直流线路中的等效干扰电流限制到可接受的水平；

——避免直流系统在工频和低次谐波频率附近发生谐振。

直流滤波器设计主要包括以下几项工作内容：

——直流滤波器支路设置方案的确定及各支路元件参数计算；

——直流滤波器性能计算，具体计算直流极线及接地极引线沿线上的等效干扰电流，使其满足系统的要求；

——直流滤波器稳态定值计算，即：计算直流滤波器元件稳态应力，具体包括计算流过滤波器各元件的电流及元件端点间的电压、端点对地电压，为制定滤波器设备规范提供依据；

——直流滤波器暂态定值计算，计算在短路故障等最苛刻条件下流过电容器、电抗器、电阻器及避雷器的暂态电流，避雷器能耗等。在计算的基础上确定滤波器设备绝缘水平。

如果性能计算中发现滤波器与线路之间在某些谐波频率下发生明显的谐振，应考虑采用阻尼式滤波器。

5.2 直流滤波器型式与参数确定

直流滤波器的型式最常用的是双调谐滤波器和三调谐滤波器。其结构型式见附录 A，直流滤波器在直流系统中的位置见附录 B。

直流滤波器支路设置由谐波计算结果确定，一般直流滤波器调谐到 12 次、24 次和 36 次，但如果谐波计算结果显示其他次谐波较高时，需针对该次谐波调整滤波器的调谐点。

双调谐滤波器的元件参数主要由其调谐频率 f_1、f_2、高压电容器 C1 的电容值和滤波器中并联回路谐振频率 f_p 决定。电抗器 L_1 和 L_2 在对应频率下的品质因数对滤波效果也有一定影响。

确定直流滤波器元件参数是一个反复的过程，先确定一组滤波器元件参数，然后计算滤波器性能（即等效干扰电流），若性能不满足要求，就重新调整直流滤波器元件参数，进行优化，直到直流滤波器性能满足要求为止。滤波器的滤波效果基本上与高压电容器的电容值成正比，对于同样额定电压的电容器,其成本也基本上与其电容值成正比。在直流滤波器中,高压电容器所占费用最大,因而,在滤波性能满足要求情况下,高压电容器的电容值越小越经济。

5.3 性能和定值

5.3.1 直流滤波器性能

对于直流输电系统来说,直流滤波器的性能指标可用下列任一方式确定:

在假设的平行电话线上计算纵向感应电压。通常假设距直流输电线 1 km 处有一条与直流线路平行的 1 km 长的线路,计算该 1 km 长线路上的纵向感应电压。这一表述已在若干直流输电系统中采用。由于感应电压在实际系统中较难测量,这样会对直流滤波器性能验收造成一定的困难,因而,目前较少使用这种方法;

计算直流线路上最大等效干扰电流。该方法已广泛用于高压直流输电系统直流滤波器设计。

等效干扰电流定义为:线路上所有频率的谐波电流对邻近平行或交叉的通讯线路所产生的综合干扰作用与某单个频率的谐波电流所产生的干扰作用相同,这个单频率谐波电流就称作等效干扰电流。计算直流线路中的等效干扰电流时,基波电流与其他谐波电流按同样的方法处理,因此,在以后的叙述中,提到谐波时认为包含基波,把基波看成是特殊的谐波。

计算等效干扰电流时不仅应考虑直接流过直流极导线和接地极线路的谐波电流,而且还应考虑感应到直流线路和接地极线路中的谐波电流。

等效干扰电流包括所有谐波成分,从(1～50)次(即:50 Hz～2 500 Hz)的噪声加权残余电流,按照式(1)进行计算:

$$I_{eq}(x)=\sqrt{I_e(x)_R^2+I_e(x)_I^2} \quad \cdots\cdots(1)$$

式中:

$I_{eq}(x)$ ——沿线路走廊的任何点,噪声加权至 800 Hz 时的等效干扰电流,mA;

$I_e(x)_R$ ——整流站换流器谐波电压源产生的等效干扰电流均方根值,mA;

$I_e(x)_I$ ——逆变站换流器谐波电压源产生的等效干扰电流均方根值,mA;

x ——沿线路走廊的相对位置。

由整流站换流器或逆变站换流器的谐波电压所产生的沿线各点的等效干扰电流可按式(2)计算:

$$I_e(x)=\sqrt{\sum_{n=1}^{n=50}[I_r(n,x)\times P(n)\times H_f]^2} \quad \cdots\cdots(2)$$

式中:

$I_r(n,x)$——在沿线路走廊位置'x'的 n 次谐波残余电流均方根值,mA;

$P(n)$ ——n 次谐波的噪声加权系数,见表 2;

n ——谐波次数;

H_f ——耦合系数,表示典型明线耦合阻抗对频率的标幺化关系,见表 1。

表 1 典型明线网络的耦合系数

频率/Hz	耦合系数(H_f)
40～500	0.70
600	0.80
800	1.00
1 200	1.30
1 800	1.75

表 1（续）

频率/Hz	耦合系数(H_f)
2 400	2.15
3 000	2.55
3 600	2.88
4 200	2.95
4 800	2.98
5 000	3.00
注：对于其他频率，H_f 的值将采取线性插值方法求取。	

由于受直流线路干扰影响的主要是通讯明线，因而采用 H_f 来代表耦合阻抗与频率的关系。

加权系数是为了考虑人耳和电话设备对频率的敏感性而引入的系数。在国际上不同地区采用不同的加权系数。加权系数有两个定义：

① 1960 年 12 月 12 日发表由 IEEE 定义的，目前在美国和加拿大北美地区广泛使用的 C-MESSAGE 加权系数；

② 1963 年由 CCITT 定义的，在欧洲和其他地方广泛使用的噪声加权系数 P，见表 2。我国主要采用 CCITT 的噪声加权系数。

表 2　依据 CCITT 的噪声加权系数

频率/Hz	加权系数	频率/Hz	加权系数	频率/Hz	加权系数
50	0.000 71	1 050	1.109	2 050	0.698
100	0.008 91	1 100	1.072	2 100	0.689
150	0.035 5	1 150	1.035	2 150	0.679
200	0.089 1	1 200	1.000	2 200	0.670
250	0.178	1 250	0.977	2 250	0.661
300	0.295	1 300	0.955	2 300	0.652
350	0.376	1 350	0.928	2 350	0.643
400	0.484	1 400	0.905	2 400	0.634
450	0.582	1 450	0.881	2 450	0.625
500	0.661	1 500	0.861	2 500	0.617
550	0.733	1 550	0.842	2 550	0.607
600	0.794	1 600	0.824	2 600	0.598
650	0.851	1 650	0.807	2 650	0.590
700	0.902	1 700	0.791	2 700	0.580
750	0.955	1 750	0.775	2 750	0.571
800	1.000	1 800	0.760	2 800	0.562
850	1.035	1 850	0.745	2 850	0.553
900	1.072	1 900	0.732	2 900	0.543
950	1.109	1 950	0.720	2 950	0.534
1 000	1.122	2 000	0.708	3 000	0.525

噪声加权系数(Psophometric weighting factor)频率曲线见图1。

由换流器的谐波电压在线路沿线任意点产生的 n 次谐波残余电流如式(3)所示：

$$I_{r}(n,x)=\sum_{i=1}^{i=nc}I_{p}(n,i,x) \qquad \cdots\cdots(3)$$

式中：

$I_{r}(n,x)$ ——在沿线路走廊位置"x"处的 n 次谐波残余电流的方均根值，mA；

$I_{p}(n,i,x)$——在位置 x 处流过导体 i 的 n 次谐波电流均方根矢量值，mA；

i ——导体编号；

nc ——在线路走廊中导体总数，包括直流极线、接地极引线及其各自的架空地线。

计算时考虑以下几种直流系统运行方式：

——双极；

——单极大地回线；

——单极金属回线。

对于每一个高压直流输电系统，直流线路上的等效干扰电流限制值在工程招标文件中给出。

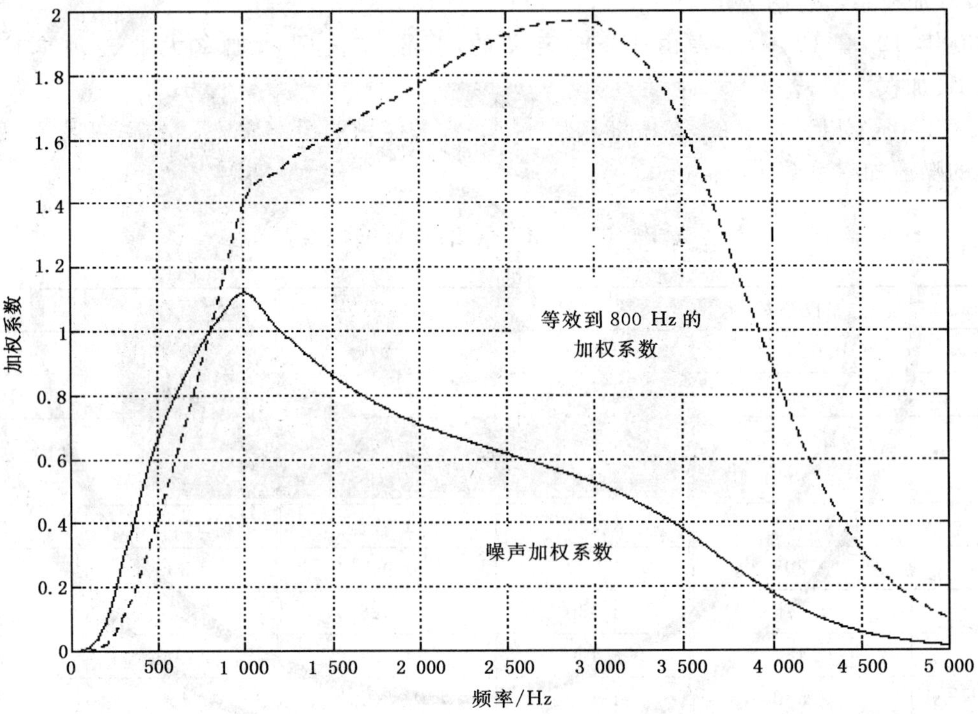

图1 噪声加权系数频率曲线

5.3.2 直流滤波器稳态计算

稳态定值是指直流滤波器元件、避雷器在稳态及短时运行条件下的应力。这里所说的滤波器元件应力就是指流过滤波器元件的电流、各元件端点间的电压及端点对地电压。稳态定值计算就是求在各种稳态及短时运行工况下有关滤波器元件的电流、电压最大值。计算结果为制定滤波器元件(电容器、电抗器、避雷器)设备规范提供依据。

计算直流滤波器稳态定值时，应考虑非理想因素的影响，如直流滤波器各元件、系统负序电压及频率偏差等。

5.3.2.1 电压

5.3.2.1.1 直流滤波器高压电容器端点之间的电压

高压电容器端点之间的电压按式(13)计算，其他元件(低压电容器、电抗器、避雷器)上的峰值电压也按式(13)计算，只是令 $U_{dc}=0$。中性母线电容器上的电压可按式(13)计算，但是，U_{dc}应改为中性母线电压 $U_{dc,neutral}$。

5.3.2.1.2 确定爬电距离的电压

决定电容器及电抗器端点之间、其他元件端点之间、端点对地爬电距离的电压计算公式见式(4)、式(5)和式(6)：

高压(HV)电容器端点之间：

$$U_{creepage,dc}=\sqrt{U_{dc\max}^2+\sum_{n=1}^{50}U_n^2} \quad\cdots\cdots(4)$$

式中：

U_{dcmax}——最大直流运行电压。

其他元件端点之间：

$$U_{creepage,rms}=\sqrt{\sum_{n=1}^{50}U_n^2} \quad\cdots\cdots(5)$$

端点对地：

$$U_{creepage,dc}=\sqrt{U_{dc,neutral}^2+\sum_{n=1}^{50}U_n^2} \quad\cdots\cdots(6)$$

计算端点对地电压时，公式(6)中 U_n 为端点对地各次谐波电压。

5.3.2.1.3 避雷器最大持续运行电压(*MCOV*)

避雷器最大持续运行电压按式(7)计算：

$$MCOV=\sum_{n=1}^{n=50}U_n \quad\cdots\cdots(7)$$

5.3.2.2 电流

电容器额定电流按式(8)计算：

$$I_{thc}=\sum_{n=1}^{50}I_n \quad\cdots\cdots(8)$$

电抗器额定电流按式(9)计算：

$$I_{thl}=\sqrt{\sum_{n=1}^{50}I_n^2} \quad\cdots\cdots(9)$$

式中：

I_n——n 次谐波电流。

用于噪声计算的电流：

用于计算电容器、电抗器噪声的电流按式(10)计算：

$$I_{audible}=\sqrt{\sum_{n=1}^{50}I_n^2} \quad\cdots\cdots(10)$$

式中：

I_n——n 次谐波电流。

确定直流滤波器稳态应力算例时应考虑以下因素：

——交流系统稳态频率偏差；

——不同的直流极线及地极引线长度；

——标书中规定的线路；

——线路长度缩短 10%；

——线路长度加长 10%；

——不同的直流系统运行模式；

——额定直流电压，功率正送；

——降低直流电压，功率正送；

——直流滤波器支路投入的不同组合（考虑直流滤波器支路退出）；

——直流滤波器全部投入运行；

——任一直流滤波器支路退出运行；

——直流滤波器元件参数偏差；

——直流滤波器元件参数取额定值；

——直流滤波器元件参数取最大值；

——直流滤波器元件参数取最小值。

5.3.3 直流滤波器暂态定值计算

直流滤波器暂态定值计算，就是求在故障情况下，滤波器元件可能受到的最大暂态应力。暂态定值计算包括：计算故障情况下流过滤波器各元件的暂态电流，确定滤波器避雷器参数，确定滤波器元件的保护及绝缘耐受水平。

5.3.3.1 直流滤波器暂态定值计算工况

在确定特高压直流输电系统直流滤波器设备暂态应力时，至少必须考虑三种典型故障类型：直流极线对地短路；直流极线上侵入操作波；直流线路故障后的再启动。

a) 直流极线对地短路

高压电容器被预充电至直流母线避雷器操作冲击保护水平。电容器充电之后，将电容器高压端对地短路，即：滤波器通过一个故障等效电感放电。由于故障点位置不同，该电感的取值也将随之变化。直流滤波器避雷器、换流站内的接地网、中性母线电容器及中性母线避雷器为故障电流提供回路。通过计算，可以获得滤波器元件及避雷器的放电电流及吸收能量等。低压电容器预充电对计算结果没有明显影响，因而在计算时低压电容器可不充电。可以对故障等效电感取不同的值，以找出最苛刻情况下滤波器元件及避雷器所承受的应力，取值范围在几个 μH 到几个 mH 之间。

b) 直流极线上侵入操作波

在直流极母线上施加一个（250/2 500）μs 的标准操作波，操作波峰值应等于直流极母线避雷器操作冲击保护水平。

c) 直流线路故障后的再启动

直流线路对地故障之后，直流线路保护会尝试几次重新启动，这样，如果故障点还未消失，再启动的时候，就会使故障重现，从而增加避雷器的吸收能量。因此，确定避雷器的吸收能量时，必须考虑直流线路或直流母线故障后保护重新启动时产生的能量。除首次故障之外，考虑 4 次直流保护的重新启动。计算时，首次故障前直流线路电压假设为直流极线的 SIPL，也就是说

DCF 中高压电容器予充电至 SIPL，然后对地短路。接着有 4 次重新启动，在前 3 次重新启动中，直流线路电压假设为最大直流运行电压，在第 4 次重新启动中，直流线路电压假设为降压运行值。

5.3.3.2 避雷器参数的选择

直流滤波器支路通常设有避雷器，对于双调谐滤波器，避雷器通常接于高压电抗器的高压端子与地之间，以及低压电抗器两端子之间和高压电抗器两端子之间。如选择三调谐直流滤波器支路，避雷器通常接于高压电抗器的高压端和电流互感器的低压端之间，以及低压电抗器的两端子之间。

避雷器的选择需考虑以下因素：

——被保护设备期望的最大绝缘水平；

——避雷器最大持续运行电压(MCOV)，包括谐波成分；

——滤波器放电时，在避雷器上出现的最大峰值电流；

——滤波器放电时，避雷器吸收的能量。

5.3.3.2.1 计算避雷器最大持续运行电压(MCOV)及参考电压(U_{ref})

避雷器的参考电压不应低于被保护设备应该承受的额定稳态运行电压及短时运行电压。施加于直流滤波器避雷器上的电压包括基波及谐波，对于避雷器 F1(见 A.1)来说还包括直流电压。计算避雷器的最大持续运行电压(MCOV)，需考虑最严重的基波和谐波电压组合。用式(11)可求出避雷器的持续运行电压：

$$U_{arr}(t)=U_{dc,neutral}+\sum_{n=1}^{n=50}U_n\cos(n\omega_0 t+\varphi_n) \qquad \cdots\cdots(11)$$

式中：

$U_{arr}(t)$ ——避雷器的 MCOV；

$U_{dc,neutral}$——中性母线直流电压；

n ——谐波次数；

U_n ——谐波电压；

ω_0 ——基波角速度；

t ——时间；

φ_n ——每次谐波的初相角。

对于与电抗器并联的避雷器来说，$U_{dc,neutral}$ 取为零。

不同运行情况下，初相角(φ_n)是变化的，一个保守的方法是对基波及所有被考虑的谐波，初相角(φ_n)都取为零。这就得到了一个峰值电压($t=0, 2\pi/\omega_0, 4\pi/\omega_0$, 等)，大小等于施加于避雷器上的直流电压、基波及谐波电压幅值的算术和。实际相角不可能全部为零，因而，施加于避雷器上的电压幅值要低得多。这种考虑是非常保守的。避雷器的最大持续运行电压在前面滤波器稳态应力计算时求出。

对于滤波器避雷器，最大持续运行电压方均根值(直流、基波和谐波电压的算术和)与参考电压(U_{ref})方均根值之间的关系见式(12)：

$$U_{ref}=\frac{MCOV_{rms}}{k_f} \qquad \cdots\cdots(12)$$

式中，系数 k_f 与主导频率有关，需要与避雷器厂家协商确定，一般为 0.6～0.8。

按避雷器的持续运行电压($MCOV$)求出的避雷器参考电压(U_{ref})，还需对避雷器放电电流及吸收能量进行校验。

5.3.3.3 避雷器放电电流和吸收能量

避雷器参考电压越低，放电电流就越大。对于初步选定的避雷器参数，通过计算可以求出避雷器的放电电流及能量。

确定避雷器参数的步骤是一个反复调整优化的过程。采用不同的避雷器参考电压(U_{ref}),经过多次反复计算,才能最终确定避雷器参数。

5.3.4 绝缘水平

保护水平和耐受水平应通过以下方式确定:

——按照5.3.3.1三种故障工况计算出避雷器的保护水平;

——在避雷器保护水平上加上绝缘裕度,可确定出最终的滤波器元件耐受水平。

6 直流滤波器部件设计要求

6.1 电容器

设计要求:

直流滤波电容器组的额定值。

6.1.1 额定电压

高压电容器组额定电压见式(13):

$$U_{bN}=k\times U_{dc}+\sqrt{2}\times\sum_{n=1}^{50}U_{n} \qquad \cdots\cdots(13)$$

式中:

U_{dc}——电容器组的最大持续直流电压;

U_{n}——第n次谐波电压(方均根值);

k——直流电压分布不均匀系数,一般取1.1~1.3。

直流滤波器用低压电容器组额定电压的确定见GB/T 11024.1。

6.1.2 额定电流

额定电流由式(14)给出:

$$I_{bN}=\sum_{n=1}^{50}I_{n} \qquad \cdots\cdots(14)$$

式中:

I_{n}——第n次谐波电流(方均根值)。

6.1.3 额定容量

额定容量由式(15)给出:

$$Q_{bN}=\sum_{n=1}^{50}Q_{n} \qquad \cdots\cdots(15)$$

式中:

Q_{n}——n次谐波产生的容量。

6.1.4 电容器单元的最大持续直流电压(U_{d})

电容器单元的最大持续直流电压(U_{d})由式(16)给出:

$$U_d = \frac{U_{dc}}{S} \qquad (16)$$

式中：

U_{dc}——电容器组的最大持续直流电压；

S ——电容器组中电容器单元的串联段数。

6.1.5 电容器单元的额定电压(U_N)

电容器单元的额定电压(U_N)由式(17)给出：

$$U_N = \frac{U_{bN}}{S} \qquad (17)$$

式中：

U_{bN}——电容器组的额定电压；

S ——电容器组中电容器单元的串联段数。

6.1.6 电容器单元的额定电流(I_N)

电容器单元的额定电流(I_N)由式(18)给出：

$$I_N = \frac{I_{bN}}{P} \qquad (18)$$

式中：

I_{bN}——电容器组的额定电流；

P ——电容器串联段中电容器单元的并联数。

进一步内容见附录C。

6.2 电抗器

6.2.1 额定值

滤波器电抗器额定电压为电抗器两端的基波电压(方均根值)和各次谐波电压(方均根值)的算术和。滤波器电抗器的额定电流为基波电流和各次谐波电流的方均根值。

6.2.2 直流滤波器电抗器的一般要求

通常采用低噪音的干式空心电抗器。

用于直流滤波器的电抗器,其结构应根据GB/T 10229的规定进行设计,绝缘等级应为B级干式。

直流滤波器电抗器在相应的负载条件和相应的环境温度下其热点温升应满足：

——直流滤波器电抗器连续额定负载:热点温升≤70 K；

——直流滤波器电抗器短时过载:热点温升≤90 K。

直流滤波器电抗器在连续额定负载下热点温度最高不应超过110 ℃,短时过负载下热点温度最高不应超过130 ℃。

电抗器应具有足够的机械强度以便在运行中和安装中能承受规定的机械应力而不损坏或降低使用寿命。

电抗器装有吊孔,便于快速安装和更换。如果需要,可配有载调节抽头,便于滤波器的初始调谐。

空气冷却、空气绝缘的电抗器应适合户外安装,采用的安装方式应使得相间或滤波器臂之间的相互耦合不会对滤波器性能产生不利影响。安装时应充分注意防止任何磁导材料或导体材料形成的闭合回路因位于电抗器磁场内而发生过热现象。

进一步内容见附录 D。

6.3 电阻器

6.3.1 额定值

电阻器的额定电流(方均根值)为基波和各次谐波电流的均方根值。

6.3.2 一般要求

直流滤波器电阻器采用无感设计。

电阻器上配有吊孔便于快速安装和更换,同时提供防鸟害的保护措施。

电阻器的结构具有足够的强度,以便在运行和安装中能承受所规定的机械力而不发生损坏或降低使用寿命。

进一步内容见附录 E。

6.4 避雷器

直流滤波器避雷器宜选用无间隙金属氧化物避雷器。

选择金属氧化物避雷器时,应考虑到避雷器的连接方式、可能出现的过电压倍数等。

金属氧化物避雷器应符合 GB/T 22389 的有关规定。

6.5 电流互感器

根据直流滤波器保护、测量的需要,通常在每个直流滤波器支路安装有电流互感器。

电流互感器应满足 GB 1208 的要求。

6.6 隔离开关

隔离开关具备开断额定谐波电流的能力。

隔离开关性能应满足 GB 1985 的要求。

6.7 接地开关

直流滤波器高低压侧均应装设接地开关。

接地开关性能应满足 GB 1985 的要求。

7 试验

7.1 试验要求

7.1.1 概述

本节给出了对直流滤波器整体及元件的试验要求。直流滤波器的试验分为构成直流滤波器各元件的试验及直流滤波器的现场试验,其中,元件试验包括:例行试验、型式试验及特殊试验,应符合各自相应的标准。

7.1.2 试验条件

直流滤波器的全部试验和测量,除另有规定者外,均应在下列条件下进行:

环境空气温度为 5 ℃～35 ℃。如需校正,则以 20 ℃时之值为准。

试验时，滤波器的温度应与环境空气温度一致，滤波器在不通电状态下在恒定的环境空气温度中放置适当长的时间后，即认为滤波器的温度与空气温度一致。

试验时的环境空气温度应作记录。

试验和测量所使用的交流电压的频率应为(50±0.5)Hz，其波形应为总电压畸变率不大于2%的正弦波。

7.2 元件试验

7.2.1 电容器

7.2.1.1 例行试验

7.2.1.1.1 外观检查

GB/T 20993—2007 中的2.3适用。

7.2.1.1.2 电容测量

1) 测量程序
GB/T 20993—2007 中的2.4.1适用。
2) 电容偏差
GB/T 20993—2007 中的2.4.2适用。

7.2.1.1.3 电容器损耗角正切(tanδ)测量

1) 测量程序
GB/T 20993—2007 中的2.5.1适用。
2) 损耗要求
GB/T 20993—2007 中的2.5.2适用。

7.2.1.1.4 端子间电压试验

GB/T 20993—2007 中的2.6适用。

7.2.1.1.5 端子与外壳间交流电压试验

GB/T 20993—2007 中的2.7适用。

7.2.1.1.6 内部均压电阻测量

GB/T 20993—2007 中的2.8适用。

7.2.1.1.7 密封性试验

GB/T 20993—2007 中的2.9适用。

7.2.1.1.8 短路放电试验

GB/T 20993—2007 中的2.10适用。

7.2.1.2 型式试验

7.2.1.2.1 热稳定性试验

7.2.1.2.1.1 概述

本试验是用来：

——确定电容器在过负荷条件下的热稳定性；
——确定电容器获得损耗测量再现性的条件。

7.2.1.2.1.2 测量程序

GB/T 20993—2007 中的 2.11.2 适用。

7.2.1.2.2 端子与外壳间交流电压试验

GB/T 20993—2007 中的 2.12 适用。

7.2.1.2.3 端子与外壳间雷电冲击电压试验

GB/T 20993—2007 中的 2.13 适用。

7.2.1.2.4 短路放电试验

GB/T 20993—2007 中的 2.14 适用。

7.2.1.2.5 电容随频率和温度的变化曲线测量

GB/T 20993—2007 中的 2.15 适用。

7.2.1.2.6 极性反转试验

GB/T 20993—2007 中的 2.16 适用。

7.2.1.2.7 电容器损耗角正切（$\tan\delta$）测量

GB/T 20993—2007 中的 2.17 适用。

7.2.1.2.8 局部放电试验

GB/T 20993—2007 中的 2.18 适用。

7.2.1.2.9 内部熔丝的隔离试验

GB/T 20993—2007 中的 2.19 适用。

7.2.1.2.10 套管及导电杆受力试验

GB/T 20993—2007 中的 2.20 适用。

7.2.2 电抗器

通用试验条件 GB/T 10229—1988 中的 33.1 适用。

试验结果需要温度修正时，参考温度为 6.2.2 中定义的温度值。试验对象为一台完整的电抗器，包括附件。

7.2.2.1 例行试验

7.2.2.1.1 绕组电阻的测量

GB 1094.1—1996 中的 10.2 适用。

7.2.2.1.2 电感测量

GB/T 10229—1988 中的 33.4 适用。

对于设有分接头的电抗器，应在最大、最小和额定电感抽头位置测量电抗器的电感值，其他可调电抗器，在极限调节情况下进行测量。

7.2.2.1.3 感应耐压试验

GB/T 10229—1988 中的 33.5 适用。

7.2.2.1.4 品质因数的测量

GB/T 10229—1988 中的 33.6 适用。

7.2.2.1.5 损耗测量

GB/T 10229—1988 中的 33.7 适用。

7.2.2.2 型式试验

7.2.2.2.1 温升试验

GB/T 10229—1988 中的 33.8 适用。

7.2.2.2.2 雷电冲击试验

GB/T 1094.3—2003 中的第 12 章适用。

本试验仅适用于装有分接头的电抗器、其他可调电抗器及装有或准备装外罩的电抗器。

对于装有分接头的电抗器，在最大及最小电感抽头位置进行试验，其他可调电抗器，则在最大及最小极限调节值下进行试验。

7.2.3 电阻器

7.2.3.1 例行试验

7.2.3.1.1 电阻值的测量

环境温度下，在直流及工频下分别测量电阻值，可忽略负载。测量结果加上温升引起的电阻变化，电阻值还应确保在规定的误差范围之内。

7.2.3.1.2 工频耐压试验

在电阻网与外罩之间施加 1 min 工频耐受电压。试验时电阻网与外罩壳之间的连接应断开。

如果对电阻组件进行试验，试验电压应按式(19)和式(20)确定：

$$U_{test}=\frac{U}{2\times n}\times k\text{(电阻器中点与外罩壳连接)} \qquad \cdots\cdots(19)$$

$$U_{test}=\frac{U}{n}\times k\text{(电阻器中点不与外罩壳连接)} \qquad \cdots\cdots(20)$$

式中：

U ——整个电阻的工频耐压；

n ——整个电阻中串联的组件数；

k ——考虑组件之间电压非线性分配系数。

7.2.3.2 型式试验

7.2.3.2.1 电感值测量

在滤波器支路额定调谐频率下测量电阻器的电感值,电感值应在规定的范围之内。

7.2.3.2.2 电阻值测量

a) 冷态电阻值。在直流、工频及额定谐波频率下分别测量电阻值,温度校正之后,其值在工程技术数据规定的误差范围之内。温升试验前、后,分别在环境温度下测量电阻值,电阻值的变化不允许超过±2%。
b) 热态电阻值。标称电流下的电阻值应在工程技术数据规定的误差范围之内,最大持续电流下的电阻值应在技术数据规定的误差范围之内。

通过测量电阻器两端电压及流过电阻器的电流可以计算出电阻值。

7.2.3.2.3 温升试验

在额定频率下,对于电阻值变化小于±1%的电阻器,试验电流按工程技术数据中的数值。

在额定频率下,对于电阻值变化大于±1%的电阻器,试验电流应按下列规定确定。

——标称和最大连续电流;

试验应在标称电流及最大连续电流下完成。

——短时电流。

短时电流线性升降时,校验电阻器的定值。校验可通过试验,或试验所得的时间常数通过计算进行。时间常数可以通过施加适当的过负荷电流测量得到。

等效的试验电流按式(21)计算得到:

$$I_t^2 R_t = I_F^2 \times R_F + \sum_{n=2}^{50} I_{Hn}^2 \times R_{Hn} \qquad (21)$$

式中:

I_t ——等效试验电流(50 Hz);

R_t ——在试验电流频率下的电阻值;

R_F ——在基波频率下的电阻值;

I_F ——最大连续基波电流;

I_{Hn} ——最大连续 n 次谐波电流;

R_{Hn} ——在 n 次谐波下的电阻值。

在常温及与安装环境相类似的条件下完成试验。试验持续时间为在温度达到稳态值情况下再加 0.5 h,但持续时间最短不小于 1 h。

温度测量点(但不限于这些)包括:

——实际电阻元件;

——内部绝缘子;

——套管;

——电阻网的金属支撑材料;

——顶棚;

——排气网;

——排出空气;

——环境温度。

稳定状态规定为5倍时间常数后的状态，测量点由用户与制造商双方协商决定。电阻元件的平均温升由热运行试验的实测数据计算得到。平均温度的计算方法提交给用户，并得到认可。

最高温度不能超过工程技术数据的规定值。在试验结束时测量温度，并且校正到20℃。

7.2.3.2.4 雷电冲击耐压试验

下列雷电冲击波加到电阻器的高压端子上，低压端子接地。

——半电压，正、负极性各1次；

——全电压，正、负极性各15次。

波形采用标准雷电冲击波，即(1.2/50)μs。如果由于电阻值小，无法得到适合的波形，优先保证波前时间，但波尾时间不能短于5 μs。对电阻模块进行试验，试验电压规定见式(22)：

$$U_{test}=\frac{U}{n}\times k \qquad \cdots\cdots(22)$$

式中：

U ——整个电阻的雷电冲击电压；

n ——整个电阻中串联的组件数；

k ——考虑组件之间电压非线性分配系数。

7.3 直流滤波器现场试验

7.3.1 电容器试验

直流滤波器用电容器应进行下列各项试验。

7.3.1.1 外观检查

GB/T 20993—2007 中的2.3适用。

7.3.1.2 绝缘电阻测量

GB/T 20993—2007 中的2.22适用。

7.3.1.3 电容测量

GB/T 20993—2007 中的2.23适用。

7.3.1.4 耐压试验

GB/T 20993—2007 中的2.24适用。

7.3.1.5 电容器损耗角正切(tanδ)测量

GB/T 20993—2007 中的2.25适用。

7.3.1.6 耐压后复测电容值

GB/T 20993—2007 中的2.26适用。

7.3.2 电抗器试验

直流滤波器的电抗器应进行下列各项试验。

7.3.2.1 绕组直流电阻测量

实测直流电阻值与同温下出厂试验值相比，应无明显差别。

7.3.2.2 电感测量

实测电感值与出厂试验值相比，应无明显差别。

7.3.2.3 支柱绝缘子绝缘电阻测量

应用 2 500 V 兆欧表测量支柱绝缘子的绝缘电阻，绝缘电阻值不应低于 500 MΩ。

7.3.3 电阻器试验

直流滤波器的电阻器应进行下列各项试验。

7.3.3.1 直流电阻测量

实测直流电阻值与同温下出厂试验值相比，应无明显差别。

7.3.3.2 绝缘电阻测量

实测绝缘电阻值与出厂试验值相比，应无明显差别。

7.3.4 滤波器调谐试验

对于品质因数等于或大于 10 的滤波器来说，安装完毕之后都需要进行滤波器的冷态调谐，换流站直流滤波器也不例外。通过调整滤波器元件参数，补偿元件制造公差及温度引起的元件值偏差，从而确保滤波器在整个运行温度范围之内都处于较理想的调谐状态，满足滤波性能要求。

一般情况下，通过改变电抗器分接头位置，调整电感值，实现滤波器的调谐。各别情况下，通过调配电容器组中的各台电容器，改变电容器组总的电容值，实现滤波器的调谐。

7.3.4.1 调谐方法

可采用两种不同的方法实现对滤波器的调谐，分别为相角测量法和阻抗幅值测量法。相角测量法较为常用，若不特别说明，以后所说的测量方法均指相角测量法。

7.3.4.1.1 相角法

测量滤波器回路阻抗相角，当相角等于零时，滤波器就处于最佳调谐状态。

7.3.4.1.2 阻抗幅值法

测量滤波器回路阻抗幅值，当阻抗幅值达到最小(串联回路)或达到最大(并联回路)时，滤波器就处于最佳调谐状态。

电容器的电容值随温度的变化而变化，因此，在滤波器调试时，要补偿环境温度变化引起的电容值变化，这可借助于调谐图来实现。调谐图显示出了一个滤波器的调谐频率随环温变化而变化的关系。调谐图可以在滤波器开始调试之前绘出来。

在更换滤波器电抗器或大部分电容器后，应重新对滤波器支路进行调谐。

测量滤波器的调谐频率，应符合设计的要求。

7.3.5 滤波器通电试验

测量直流滤波器总电流、分支电流和不平衡电流，并与设计值相比较。

8 结构和导体要求

8.1 防腐蚀层

直流滤波器各分设备及其构架的金属外露表面应有可靠的防腐蚀层。

8.2 母线和连接线

8.2.1 主回路母线和连接线

主回路母线的长期允许电流应不小于1.5倍额定电流；单台电容器单元之间的连接线长期允许电流应不小于1.5倍单台电容器额定电流；其余连接线按相应电路的额定工作电流或机械强度来选择；

母线及连接线的连接应牢固，不变形，接触良好，布置整齐、美观；

母线及连接线的材料、连接和布置方式应能满足直流滤波器在正常运行及事故情况下的机械强度要求；

母线支持绝缘子的机械强度、爬电距离应能满足相应的使用条件要求。

8.2.2 辅助电路连接线

连接线的截面应符合有关标准规定；

连接线的连接应牢固，不应自由晃动，布线应整齐、美观；

连接线的额定电压不得低于相应电路的额定工作电压。

8.3 电气间隙和爬电距离

直流滤波器内的各种电器设备的电气间隙和爬电距离应符合有关标准的规定。

9 标志

直流滤波器应装设有表明其名称和类型的标识牌，构成滤波器的各分设备应配有符合相应标准的铭牌。

附 录 A
（资料性附录）
高压直流输电系统常用直流滤波器(DCF)结构

A.1 双调谐滤波器(DT)

A.1.1 双调谐滤波器(DT)原理接线示意图

见图 A.1 和图 A.2。

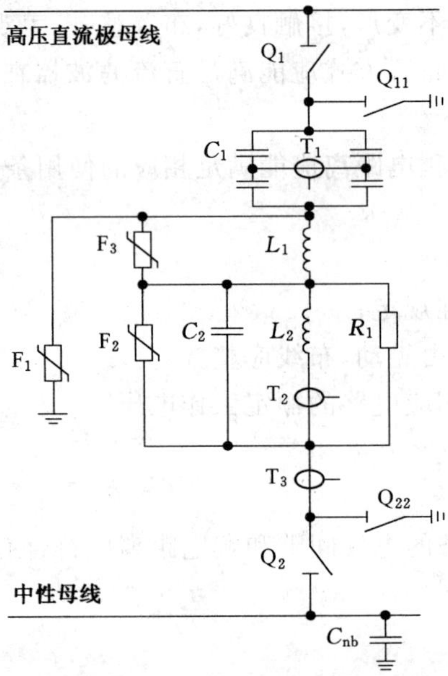

图 A.1 双调谐滤波器(DT)原理接线示意图(方案 1)

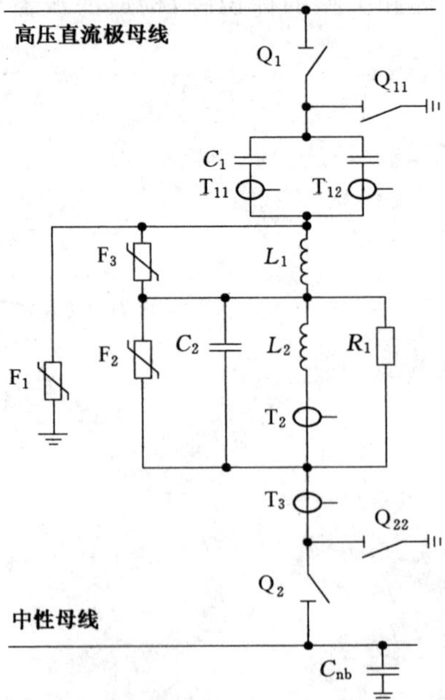

图 A.2 双调谐滤波器(DT)原理接线示意图(方案 2)

A.2　三调谐滤波器(TT)

高压直流输电系统三调谐滤波器有 3 个串联谐振频率，可以同时吸收三种不同频率的谐波，经过等效变换相当于 3 个单调谐滤波器，减少了滤波器支路数，基波损耗较小，与 3 个单调谐相比，电路元件承受电压小，绝缘水平相应降低，具有显著的优势，而且投资少，经济性好，因此有广阔的发展前景，日益受到关注。

三调谐滤波器(TT)原理接线示意图见图 A.3 和图 A.4 。

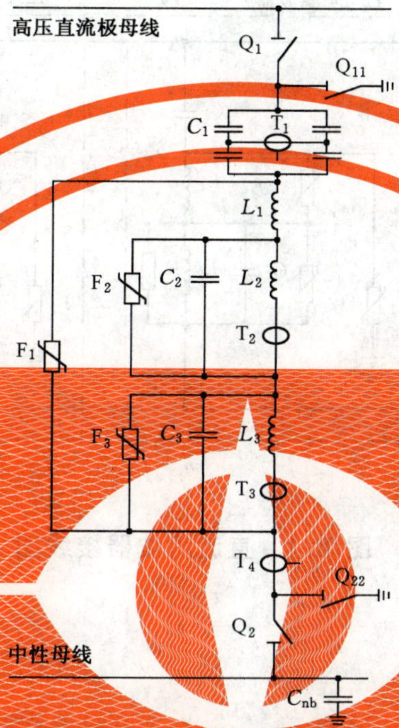

图 A.3　三调谐滤波器(TT)原理接线示意图(方案 3)

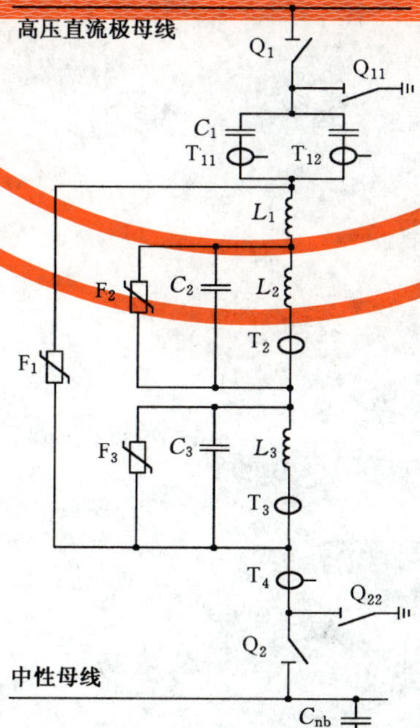

图 A.4　三调谐滤波器(TT)原理接线示意图(方案 4)

附　录　B
（资料性附录）
直流滤波器在直流系统中的位置

直流滤波器通常安装在高压直流极母线与中性母线之间，图 B.1 给出了典型的直流滤波器配置方案。

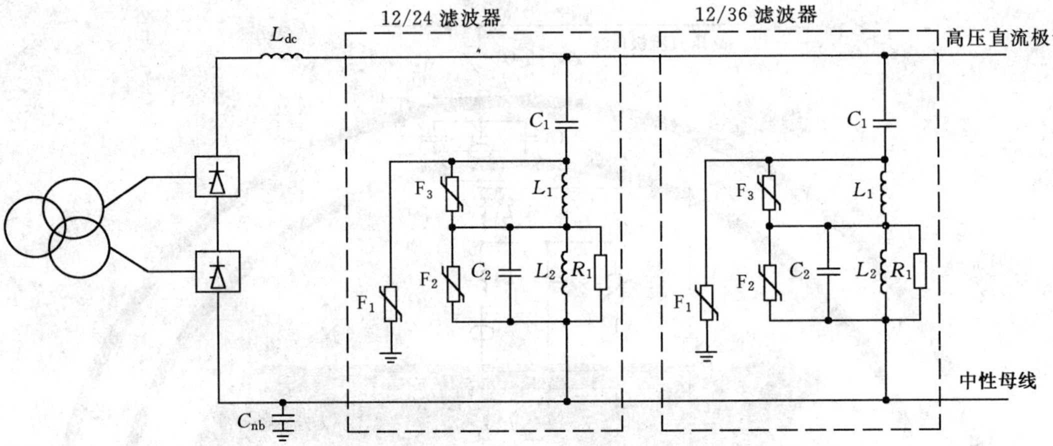

图 B.1　直流滤波器接线图

附 录 C
（规范性附录）
直流滤波器电容器规范

C.1 电气要求

C.1.1 额定电压

按 6.1.1 的规定。

C.1.2 绝缘水平

直流滤波电容器的绝缘水平见表 C.1。

表 C.1 直流滤波电容器的绝缘水平

额定电压/kV	设备最高电压/kV	雷电冲击耐受电压/kV	操作冲击耐受电压/kV	雷电冲击截波耐受电压/kV
由具体工程确定				

中性母线电容器绝缘水平由具体工程计算确定。

C.1.3 额定电流

按 6.1.2 的规定。

C.1.4 用于噪声计算的电流

按 5.3.2.2 的规定。

C.1.5 暂态应力

按 5.3.3 的规定。

C.1.6 过负荷

GB/T 20993—2007 中的第 5 章适用。

C.1.7 额定电容

直流滤波电容器和中性母线电容器的额定电容由具体工程计算确定。

C.1.8 电容偏差

高压电容器 C_1、低压电容器 C_2/C_3、中性母线电容器的偏差不大于工程文件规定值。

C.1.9 5 min 后剩余电压

要求 5 min 后 $C_1/C_2/C_3$ 剩余电压不大于工程文件规定值。

C.2 设计和结构要求

电容器按 GB/T 11024.1 的规定进行设计、选取额定值参数并进行试验。

C.2.1 电容器组

GB/T 20993—2007 中的 3.1 适用。

C.2.2 电容器台架

GB/T 20993—2007 中的 3.2 适用。

C.2.3 电容器单元

GB/T 20993—2007 中的 3.3 适用。

C.2.4 保护

GB/T 20993—2007 中的 3.4 适用。

C.2.5 噪声

GB/T 20993—2007 中的 3.5 适用。

C.2.6 机械设计

GB/T 20993—2007 中的 3.6 适用。

C.2.7 绝缘子

GB/T 20993—2007 中的 3.7 适用。

C.2.8 端子

GB/T 20993—2007 中的 3.8 适用。

C.2.9 爬电距离

GB/T 20993—2007 中的 3.9 适用。

C.2.10 无线电干扰(RIV)设计

GB/T 20993—2007 中的 3.10 适用。

C.2.11 焊接

GB/T 20993—2007 中的 3.11 适用。

C.2.12 表面处理

GB/T 20993—2007 中的 3.12 适用。

C.3 安全要求

C.3.1 放电器件

GB/T 20993—2007 中的 6.1 适用。

C.3.2 外壳连接

GB/T 20993—2007 中的 6.2 适用。

C.3.3 环境保护

GB/T 20993—2007 中的 6.3 适用。

C.3.4 其他安全要求

GB/T 20993—2007 中的 6.4 适用。

C.4 标志

C.4.1 电容器单元铭牌

GB/T 20993—2007 中的 7.1 适用。

C.4.2 电容器组铭牌

GB/T 20993—2007 中的 8.1 适用。

C.4.3 警告牌

GB/T 20993—2007 中的 7.2 和 8.2 适用。

C.5 故障率和损耗

保证电容器单元的最大故障率为 0.1%/年，损耗角正切 $\tan\delta$ 由双方协商确定。

C.6 可靠性

电容器单元的 MTBF(Mean Time Between Failure)：8.16×106 h。

C.7 试验

C.7.1 试验要求

C.7.1.1 概述

本章给出了对电容器单元的例行试验、型式试验和现场试验要求及对电容器组的特殊试验要求。

C.7.1.2 试验条件

除对特殊的试验或测量另有规定外，电容器介质的温度应在+5 ℃～+35 ℃范围内。

当必须进行校正时，使用的参考温度为+20 ℃，但制造商和用户之间另有协议时除外。

如果电容器在不通电状态下在恒定环境温度中放置了适当长的时间，则可认为电容器的介质温度与环境温度相同。

如果安装在高于1 000 m处，其外绝缘试验电压按GB 311.1进行校正。

C.7.1.3 试验总则

耐压试验中任何一个元件损坏，都将视为整台电容器未通过试验；在其他试验中，如果任何一项参数不满足设计要求，都将视为整台电容器未通过该试验。

C.7.2 试验分类

试验分为：例行试验、型式试验、现场试验和特殊试验。

C.7.2.1 例行试验

按7.2.1.1的规定。

C.7.2.2 型式试验

按7.2.1.2的规定。

C.7.2.3 特殊试验

C.7.2.3.1 最高内部热点温度试验

GB/T 20993—2007中的2.27适用。

C.7.2.3.2 抗震试验

GB/T 20993—2007中的2.28适用。

C.7.2.4 现场试验

现场试验主要是用户在安装前所需进行的试验，此项试验的目的是检验电容器在运输中有否受到损伤，以确保要安装的电容器是良好的。

按7.3.1的规定。

C.7.2.5 特殊试验

除完成上述相应试验外，按用户与制造商双方协议进行以下校核：

C.7.2.5.1 外部电晕

应对是否满足无外部电晕的技术要求予以校核。

如无其他判据时，测到的无线电干扰电压(RIV)不高于2 500 μV可认为满足要求。取高压端子与地间的最大持续电压U_{dc}乘以$1.1/\sqrt{2}$倍的工频交流电压为试验电压。

而端子间的外部连接方式选自制造商提出的方案。

C.7.2.5.2 噪音干扰

噪音干扰应满足设计要求。

如进行现场噪音干扰试验，可用噪声频谱分析仪进行测量，读取各点噪音干扰测值中的最高值。也可提出电容器组的噪音水平的计算报告及按已运行的相似电容器组的现场实测结果的对比分析报告。

C.8 直流滤波器电容器技术参数

直流滤波器电容器技术参数见表C.2。

表C.2 直流滤波器电容器技术参数

电容器技术要求	单　位
25 ℃ 介质温度下额定电容值(C_N)	μF
制造误差	%
温度从最低到最高电容值变化范围	%
额定谐波频率	Hz
电压：	
电容器组额定电压，持续(U_{Nb})	kV
最大持续直流电压(U_{dc})	kV
主要谐波	n/kV
最小爬距：	
端子之间	mm
高压端对地	mm
低压端对地	mm
外部电晕试验电压	kV
电流：	
额定电流	A
最大连续电流下的主要谐波	n/A
噪声要求：	
用于噪声计算的主要谐波电流	n/A
最大噪声水平	dB
绝缘水平：	kV
操作冲击耐受水平(SIWL)：	kV
高压端对地	kV
两端之间	kV
低压端对地	kV
雷电冲击耐受水平(LIWL)：	kV
高压端对地	kV
低压端对地	kV

附 录 D
（规范性附录）
直流滤波器电抗器规范

D.1 设计

电抗器采用户外、单相、干式空芯设计，采用耐风雨的人造树脂和纤维玻璃进行包装。

电抗器的设计应当使得允许快速安装和更换时能便利升降。电抗器应能在不受损坏和损失设备寿命的情况下承受运行中的机械应力。这些负荷包括电抗器外部故障时的电磁应力，风、雪和冰荷以及由于环境温度和负荷变化引起的膨胀和收缩产生的应力。

制造商应当提供绝缘子和置于坚实的基础上的支撑结构，采用金属加固，但不能构成电气的闭环。

绝缘子和支撑构件应足够高以提供对安装电抗器的基础的必要的磁间隔。

制造商应当提供关于对附近物件的必要的磁间隔的材料。

D.1.1 电抗器应力

对于电抗器来说，起决定性作用的参数是：热稳定电流和确定爬距的最大电压。计算公式如下：

电抗器热稳定电流见式(D.1)：

$$I=\sqrt{\sum_{n=1}^{50} I_{n}^{2}} \qquad \text{(D.1)}$$

式中：

I_n——通过电抗器的第 n 次谐波电流。

额定电压见式(D.2)：

$$U_{\text{rated}}=\sum_{n=1}^{50} U_{n} \qquad \text{(D.2)}$$

式中：

U_n——第 n 次谐波电压。

确定爬距的最大电压见式(D.3)：

$$U_{\text{creep}}=\sqrt{\sum_{n=1}^{50} U_{n}^{2}} \qquad \text{(D.3)}$$

式中：

U_n——第 n 次谐波电压。

D.1.2 绝缘子

电抗器应当安装在绝缘子上。绝缘子应为棕色，釉面瓷。绝缘子应按照 IEC 60815 进行设计。

绝缘子应按低压电抗器的额定连续运行电压进行设计和型式试验。

在所附的技术数据中应给出绝缘子的最小公称爬电距离。

D.1.3 调谐

在所附的技术数据中说明了用于滤波器调谐的电抗器分接头。制造商仍可提出其他得到规定的调谐范围的方法。该调谐范围应当考虑制造误差。

D.1.4　端子

与外部连接的端子排应与高压直流设备端子的形状相一致。为降低涡流，端子厚度应降至 10 mm 或 3/8 in。端子机械负荷应不小于：

沿轴线方向：2 000 N；

沿径向：1 000 N；

沿侧面：500 N。

D.1.5　可听噪声

电抗器设计应尽可能避免在主要的声音频带上可能出现的机械谐振。

如果在所附技术数据中提供了最大允许的声音功率水平要求，应当按如下提交所完成的计算：

制造商应当向用户提供每一种电抗器类型的声音功率水平。在所附技术数据中给出了用于可听噪声计算的谐波电流。计算过程应与高压直流换流站滤波器噪声要求中的一致。还可基于对运行中的类似电抗器的现场测量计算声音功率水平。

如果认为计算出的声音功率水平危及到整个换流站的噪声水平，用户可以要求安装噪声削减设备，减少一定的噪声，或者在以后的阶段再提供这种设备。在这种情况下，可能采用一种有效的噪音拟制技术，如：采用有顶盖及底的外罩，在绕组中设有吸音器。供货商还可以提出其他方法或其他方法的组合，以消减噪声。

D.1.6　电抗器外罩

如果电抗器带外罩或准备了外罩，外罩的设计应作为整个电抗器设计的整体的一部分。特别应考虑下列设计要求：

——在所有指定的运行条件和环境温度条件下，应当保证电抗器的冷却；

——所使用的材料最好是可以自熄灭的，如达不到的话，至少采用阻燃材料。对于声音吸收材料尤其如此，以使得炭化发展的危险最小。

外罩内部电气连接的设计中应特别注意，比如，在现场安装后，需用红外线相机测温的连接处。

在运输前，这些连接应按说明书要求紧固，或者，为了运输方便，而采用各部件分开运输，应当提供详细的安装指南。

D.2.2.2 中的一些型式试验，应当在完整组装的带外罩和其他安装了的噪声削减设备及其附件的电抗器上进行。

对于以后再提供外罩的情况，要求提供一份基于相同电抗器的试验和考虑了附加安装设备影响的足够安全裕度的认证报告。

另一种更进一步的办法是在试验中采用一个简化的带假外罩和其他噪声削减设备的试验物。这种认证报告或临时办法，一经批准，将作为和现场组装的电抗器一样的完整试验接受。

如果外罩或其他附件，对杂散磁场的影响到了使得其对电感和品质因数有影响的程度，应对一个完整安装的电抗器进行所有型式和例行试验。在这些试验的基础上，决定其他元件的例行试验中的修正参数。

D.1.7　地震要求

地震要求按实际工程要求确定。

D.1.8　冲击电流性能

电抗器应能承受所附技术数据中规定的冲击电流产生的机械和热应力。

D.1.9 温升

热点和温升的最大值在 D.2.2.2.3 中定义。

D.1.10 损耗

每一电抗器的损耗应在参考温度和额定电感值下进行计算。计算应基于测量结果。技术数据中给出了损耗计算中采用的谐波电流。

D.1.11 表面处理

表面处理要求应与高压直流系统设备的通用表面处理要求相符合。主回路装置的通用要求中给出了环境条件和其他工程特定要求。所有外表面应漆成淡灰色。

D.1.12 焊接

焊接应符合高压直流系统设备的焊接要求。

D.1.13 铭牌

铭牌上的信息应依照 GB/T 10229 中对滤波器电抗器和阻尼电抗器的要求。

除此之外，应给出滤波器电抗器的绝缘热等级。

D.1.14 环境

电抗器安装在直流场户外。环境条件见具体工程主回路装置的通用要求。

D.1.15 冷却

电抗器采用空气的自然对流方式冷却。

D.2 试验

D.2.1 试验要求

在无特殊说明时，试验在厂方进行或在实验室里进行。试验中凡能够影响电抗器性能的任何外部零件和附件均应安装于所在位置。除绝缘耐受试验以外的所有特性试验，均以额定条件为基础。

试验顺序为直流电阻，电感，损耗测量，绝缘耐受试验，直流电阻(重复)，电感(重复)，损耗测量(重复)。

型式试验，除非经过用户和制造商协议，否则将在多个电抗器中逐个进行。

特殊试验按照用户的要求，对一个或整数倍的电抗器进行。

温升试验的温升限值在超过工作高度 1 000 m 时每 500 m 减少 2.5%(除非在制造商和用户有其他协议)。如果制造商能证明温升试验材料和一个相同的应用单元一样，温升试验可以不做。

D.2.2 试验项目

——例行试验；

——型式试验；

——特殊试验；

——现场试验。

D.2.2.1 例行试验

通用试验条件按 GB/T 10229—1988 中 33.1 的规定。

D.2.2.1.1 绕组电阻的测量

按 7.2.2.1.1 的规定。

D.2.2.1.2 电感测量

按 7.2.2.1.2 的规定。

D.2.2.1.3 感应耐压试验

按 7.2.2.1.3 的规定。

D.2.2.1.4 品质因数的测量

按 7.2.2.1.4 的规定。

D.2.2.1.5 损耗测量

按 7.2.2.1.5 的规定。

D.2.2.2 型式试验

应向用户提交对类似器件以前进行的型式试验的试验认可报告，以及供货商的关于设计中的异同的详细资料以便得到用户的批准。该技术报告，一经批准，将被接受，从而代替进行新的型式试验。这些型式试验报告和技术报告应在检查和试验计划中提到。

通用试验条件按 GB/T 10229—1988 中 33.1 的规定。

D.2.2.2.1 电感和电阻值随频率变化的测量

应在额定电感和便利的环境温度下测量滤波器电抗器随频率变化的电感和电阻值。对电感值，频率变化范围为 50 Hz～3 000 Hz；对电阻值，频率为 3 000 Hz。测量值应校正至最大运行温度，并用于等值试验电流的计算。

D.2.2.2.2 电感测量

按 7.2.2.1.2 的规定。

D.2.2.2.3 温升试验

按 7.2.2.2.1 的规定。

如果电抗器带外罩或准备了外罩或其他噪声削减设备，应对整个电抗器，包括装在其上的外罩、其他噪声削减设备和附件一起进行试验。

在用户同意的基础上，对以后再安装外罩的电抗器，可采用认证报告中推导出的安全系数的形式，或通过采用一个仿制的外罩和其他噪声削减设备，把额外安装上的设备的影响在试验中考虑进去。

等效试验电流按照式(D.4)计算：

$$I_t^2 R_t = \sum_{n=2}^{m} I_{Hn}^2 \times R_{Hn} \qquad \text{(D.4)}$$

式中：

I_t ——等效试验电流；

I_{Hn} ——额定连续 n 次谐波电流；

R_t ——修正到最大运行温度，试验电流频率下的绕组电阻；

R_{Hn} ——修正到最大运行温度，n 次谐波频率下的绕组电阻；

m ——最高谐波次数。

对绕组的温升没有直接影响的损耗不应包括进去。

应在便利的环境温度下进行试验。所加试验电流的时间应为使得温度达到稳态情况的时间再加上 0.5 h，但不得少于 1 h。

应在最后阶段测量温度，并修正到最大环境温度。

试验电流一切断，按 GB 1094.2—1996 中 5.5 的规定，立即进行冷却期间的电阻测量，以决定绕组的平均温升。对例行试验，D.2.2.1 中采用的每一种类型的电抗器，平均温升加上 25 ℃就是其参考温度。

在试验的基础上，并且按照主回路装置的通用规定，以最大干球温度为环境温度，对下列情况的温度限制进行校验：

a) 在稳态环境温度条件下，如技术数据中所附，包括谐波的额定连续电流。

对 B 级和 F 级绝缘来说，可接受的最高热点温度分别是 110 ℃和 130 ℃，平均温升分别不超过 70 ℃和 85 ℃。

b) 施加如技术数据中所规定的包括谐波在内的额定连续电流，直到达到稳态温度，接着施加包括谐波在内的额定短时 30 min 电流。

对 B 级和 F 级绝缘来说，可接受的最高热点温度分别是 130 ℃和 155 ℃，这是 GB 1094.11 的正常绝缘系统温度。对 B 级和 F 级绝缘，平均温升分别不超过 90 ℃和 105 ℃。

c) 施加如技术数据中所规定的包括谐波在内的额定连续电流，直到达到稳态温度，接着施加包括谐波在内的额定短时 10 min 电流。

对 B 级和 F 级绝缘来说，可接受的最高热点温度分别是 130 ℃和 155 ℃，这是 GB 1094.11 的正常绝缘系统温度。对 B 级和 F 级绝缘，平均温升分别不超过 90 ℃和 105 ℃。

D.2.2.2.4 雷电冲击试验

按 7.2.2.2.2 的规定。

仅对带分接头的电抗器，其他类型的可调谐电抗器和带外罩或准备了外罩的电抗器进行该试验。

应在最大、最小电抗器电感抽头和其他可调电抗器的最大、最小极限调节值下进行试验。

如果电抗器带外罩或准备了外罩或其他噪声削减设备，应对整个电抗器，包括装在其上的外罩、其他噪声削减设备和附件一起进行试验。

在用户批准的基础上，对以后再安装外罩的电抗器，可采用认证报告中推导出的安全系数的形式，或通过采用一个仿制的外罩和其他噪声削减设备，把额外安装上的设备的影响在试验中考虑进去。

把低压端接地，在高压端分别施加正极性和负极性电压进行试验。

波形应为标准雷击脉冲(1.2/50)μs。对于低电感电抗器，可能难以得到标准波形。在这种情况下，经用户同意，可以采用更大的公差。此时，应优先考虑适当的波头时间。

D.2.2.3 特殊试验

如用户有要求，协商试验内容和方法。

D.2.2.4 现场试验

现场试验包括：

——外观检查；
——绕组电阻测量；
——绕组电感测量；
——主要谐波频率下的品质因数 Q。

D.3 直流滤波器电抗器技术要求

直流滤波器电抗器技术参数见表 D.1。

表 D.1 直流滤波器电抗器技术参数

电抗器技术要求	单　位
额定调谐频率	Hz
调谐频率下的额定电感	mH
电抗容差	%
调节范围：	
不包括制造容差的最小范围偏差	%
抽头每档最大调节量	%
额定调谐频率下的品质因数	
额定电流	A
额定连续运行电流(方均根值)，包含谐波。	A
主要谐波电流(方均根值)	n/A
30 s 短时电流	A
主要谐波	n/A
额定涌流电流	kA
第一个峰值	kA
谐振频率	Hz
时间常数	ms
用于爬距计算的额定连续运行电压	kV
高压端子对地(方均根值)	kV
跨电抗器(方均根值)	kV
低压端子对地(方均根值)	kV
最小爬距	mm/kV
雷电冲击耐受水平：	kV
高压端子对地	kV
跨电抗器	kV
低压端子对地	kV
操作冲击耐受水平：	kV
高压端子对地	kV

附 录 E
（规范性附录）
直流滤波器电阻器规范

E.1 技术要求

E.1.1 机械设计

电阻器外罩应采用抗腐蚀材料。电阻器钢框架至少应为镀锌的钢。侧面、顶蓬、防鸟保护的盖板以及电阻器排气网应采用不锈钢，至少应为等效的钢。

对于立方体模块电阻器，每个电阻器的两个相对的面板应装有活叶，以便于快速查看模块内部。

对于管状型设计的电阻器，应采取预先措施，以便于快速查看。

电阻器和/或电阻器模块应配备起吊眼，以便于快速安装及替换。

电阻器应安装在支架上，支架不是供货的一部分。固定支架的绝缘子及连接板应在供货范围之内。

电阻器模块内部的实际电阻器金属支架不允许电位悬浮。

电阻器为单相，忽略电感。

如果可能，电阻值应在 50 Hz～3 000 Hz 频率范围内不受频率影响。如果不可能，电阻值应在额定频率下是有效的。标称电阻值定义为在标称电流及环境温度为 25 ℃下的电阻值。

电阻器的电阻值误差应包括：制造公差及从最低环温下的最小电阻电流到最高环温下的最大电流范围内的温度变化。

电阻器的标称电阻值的偏差定义为标称电流及环温为 25 ℃下的值。

对于中点与外罩相连的电阻器，应采取预先措施，以便于测量套管与外罩之间的电阻值。对于管状设计的电阻器及串联的电阻器段，应采取预先措施以便于测量每一段的电阻值。

E.1.2 电阻模块

如果电阻器为模块设计，每个模块的电阻值应从整个电阻器的阻值推导出来。

供货商给出的误差水平对于模块的阻值是有效的。

电阻器模块应屏蔽起来，以防止外部直径 12 mm 或更大的物体进入屏蔽网。电阻器应保护起来免受水花影响。保护角度定义为：水花以竖直方向到最大 60 度夹角方向下落时都不能有足以引起危害的水量进入外罩。另外，在任何运行方式下，从任何方向进入的雨水都不能造成有害的影响。

E.1.3 保护

电流超过最大连续电流及短时电流时，电阻器应受到保护，这是 DCF 保护方案的一部分。为了合理的保护，供应商应提供下列有关电阻器的信息：

——电阻器的实际质量，单位为千克(kg)；

——电阻器的热时间常数，单位为秒(s)；

——对于网状电阻器，提供总质量，单位为千克(kg)；

——对于网状电阻器，提供总质量的时间常数，单位为秒(s)。

E.1.4 材料

电阻器供应商应提供实际电阻丝合金的详细信息，并说明潮气、盐及空气等不会对电阻丝合金造成腐蚀。更多的信息还包括：

——包括绝缘子及实际电阻合金在内的所有材料在持续电流下的最大允许运行温度；

——包括绝缘子及实际电阻合金在内的所有材料在短时电流下的最大允许运行温度；

——实际电阻材料的成分；

——实际电阻材料温度系数相对于温度的函数关系；

——实际电阻材料的热容量。

E.1.5 绝缘子及套管

电阻器应安装在绝缘子上，绝缘子为棕色的瓷绝缘子。绝缘子应合理设计，并按照它所在位置处所承受的电压，采用合理的耐受电压进行型式试验。依照最大运行电压，绝缘子及套管的最小爬电比距不应小于 54 mm/kV。

E.1.6 端子

与外部连接的端子应与端子排一起提供。

模块之间内部连接端子包括在供货范围在内。

E.1.7 冷却

电阻器为空气绝缘，空气自然对流冷却。

E.1.8 短路电流性能

电阻器在经受规定的暂态及短时电流时应能够承受所遭受的机械及热应力。

E.1.9 表面处理

表面处理要求应满足高压直流系统设备的通用表面处理要求。

E.1.10 焊接

焊接应符合高压直流系统设备的焊接要求。

E.1.11 无线电干扰电压(RIV)

电阻器在规定的用于计算爬电距离的最大运行电压下运行时不应出现外部电晕。

E.1.12 铭牌

铭牌的安装位置应便于人们站在地上阅读。铭牌应采用耐气候影响的材料制作，文字应难以消除。铭牌应包含下列信息：

——制造厂商；

——序号；

——设备类型(直流滤波器电阻器)；

——最大持续运行电流下的功率；

——标称电阻值；

——短时电流及持续时间；

——在 25 ℃空载条件下的电阻值；

——端子间的雷电冲击耐受电压；

——频率(基波及额定谐波频率)；

——制造年份；

——重量。

E.2 试验

E.2.1 例行试验

例行试验是为了检验材料和结构中的缺陷。对每台制成的设备进行，不会损坏试品的性能和可靠性，以保证产品与已通过型式试验的设备相一致。根据协议，任一项例行试验都可以在现场进行。

E.2.1.1 电阻值的测量

按7.2.3.1.1的规定。

E.2.1.2 工频耐压试验

按7.2.3.1.2的规定。

E.2.2 型式试验

E.2.2.1 电感值测量

按7.2.3.2.1的规定。

E.2.2.2 电阻值测量

按7.2.3.2.2的规定。

E.2.2.3 温升试验

按7.2.3.2.3的规定。

E.2.2.4 雷电冲击耐压试验

按7.2.3.2.4的规定。

E.3 直流滤波器电阻器技术要求

直流滤波器电阻器技术参数见表E.1。

表E.1 直流滤波器电阻器技术参数

电阻器技术要求	单　位
额定谐波频率	Hz
额定电流和频率下的额定电阻(环境温度20 ℃)	Ω
额定电阻公差[a]	±%
额定谐波频率时的最大电感	μH
电流额定值	A
包括谐波的最大连续电流，(方均根值)	A

表 E.1(续)

电阻器技术要求	单 位
谐波电流频谱[b],稳态,(方均根值)	n/A
包括谐波的最大持续电流下的运行温度	℃
包括谐波的最大暂时电流,(方均根值)	A
暂时谐波电流频谱,(方均根值)	n/A
持续时间	min
包括谐波的最大暂时电流下的运行温度	℃
暂态电流[c]	kA
幅值,peak	kA
峰值时间	μs
能量	kJ
额定交流电压(包括谐波),(方均根值)	kV
雷电冲击耐受水平(LIWL):	
高压端对地	kV
低压端对地	kV
高压端对低压端	kV
操作冲击耐受水平(SIWL):	
高压端对地	kV
低压端对地	kV
高压端对低压端	kV
施加的对地交流试验电压(50 Hz,1 min),(方均根值)	kV

[a] 规定的公差应该包括制造公差和随环境温度及工作温度的电阻变化。

[b] 谐波电流用各个谐波电流的次数和方均根值表示。

[c] 电阻器必须持久地耐受最大持续电流后的暂态电流。

ICS 29.130.10
K 43

中华人民共和国国家标准

GB/T 25309—2010

高压直流转换开关

High-voltage direct current transfer switches

2010-11-10 发布 2011-05-01 实施

中华人民共和国国家质量监督检验检疫总局
中国国家标准化管理委员会 发布

前　言

本标准的结构编制依据 GB/T 1.1。

本标准的附录 A、附录 B、附录 C 均为资料性附录。

本标准由中国电器工业协会提出。

本标准由全国高压开关设备标准化技术委员会(SAC/TC 65)归口。

本标准负责起草单位:西安高压电器研究所、南方电网技术研究中心。

本标准参加起草单位:机械工业北京电工技术经济研究所、国家电网特高压建设部直流处、西安西电高压开关有限责任公司、河南平高电气有限责任公司、新东北电气(沈阳)高压开关有限公司。

本标准主要起草人:任军辉、黎小林、朱静、苟锐锋、李福成。

本标准参加起草人:饶宏、张万荣、郭丽萍、游一民、高文、田恩文、杨晓辉、杜海燕、王天祥、王宇驰、阎关星、徐光辉、王学范、王琦、李岩、张化良、李宾宾、郭贤珊、王晶。

引　言

直流转换开关是高压直流输电系统中的重要设备。在我国,高压直流输电技术发展迅速,而现行国家标准、国际标准等均未涉及高压直流转换开关的内容,为使高压及特高压直流输电系统用直流转换开关的设计、制造、试验有所遵循,迫切需要制定高压直流转换开关国家标准。

本标准提出的直流转换开关的技术条件和试验要求是基于有关±800 kV电压等级直流输电系统用直流转换开关的科研结论并参考国内外高压直流输电工程直流转换开关的设计、运行及试验经验制定的。

高压直流转换开关

1 范围

本标准规定了高压直流转换开关的术语和定义、使用环境条件、额定值、技术要求、型式试验、例行试验、特殊试验、现场试验等。

本标准适用于±800 kV 及以下电压等级直流输电系统用直流转换开关,其中包括金属回线转换开关、大地回线转换开关、中性母线开关和中性母线接地开关。

本标准也适用于这些转换开关的操动机构及其辅助设备。

2 规范性引用文件

下列文件对于本文件的应用是必不可少的。凡是注日期的引用文件,仅注日期的版本适用于本文件。凡是不注日期的引用文件,其最新版本(包括所有的修改单)适用于本文件。

GB 1094.1—1996 电力变压器 第1部分 总则(eqv IEC 60076-1:1993)

GB 1984—2003 高压交流断路器(IEC 62271-100:2001,MOD)

GB/T 2900.20—1994 电工术语 高压开关设备(neq IEC 60050(441)、IEC 60056 等)

GB/T 5273—1985 变压器、高压电器和套管的接线端子(neq IEC 60518:1975)

GB/T 7354—2003 局部放电测量(IEC 60270:2000,IDT)

GB 10229—1988 电抗器(eqv IEC 60289:1987)

GB/T 11022—1999 高压开关设备和控制设备标准的共用技术要求(IEC 60694:1996,MOD)

GB/T 11024.1—2001 标称电压1 kV 以上交流电力系统用并联电容器 第1部分:总则 性能、试验和定额 安全要求 安装和运行导则(eqv IEC 60871-1:1997)

GB 11032—2000 交流无间隙金属氧化物避雷器(eqv IEC 60099-4:1991)

GB/T 12022—2006 工业六氟化硫(IEC 376:1971,IEC 376A:1973,IEC 376B:1974,MOD)

GB/T 13498—2007 高压直流输电术语(IEC 60633:1998,IDT)

GB/T 13540 高压开关设备和控制设备的抗震要求(GB/T 13540—2009,IEC 62271-2:2003,MOD)

GB/T 16927.1—1997 高电压试验技术 第一部分:一般试验要求(eqv IEC 60060-1:1989)

3 术语和定义

GB/T 2900.20、GB 1984 和 GB/T 13498 界定的以及下列术语和定义适用于本文件。

3.1

直流转换开关

3.1.1

直流转换开关 DC transfer switch

用于将高压直流输电系统中的直流运行电流从一个运行回线转换到另一个运行回线的开关装置。

3.1.2

有源型直流转换开关 active DC transfer switch

带有充电装置的直流转换开关。

3.1.3

无源型直流转换开关　passive DC transfer switch

不带充电装置的直流转换开关。

3.1.4

金属回线转换开关(MRTB)　metallic return transfer breaker (MRTB)

将直流电流从大地回线通路转换到金属回线通路的开关设备,见图1。

[GB/T 13498—2007,定义9.12]。

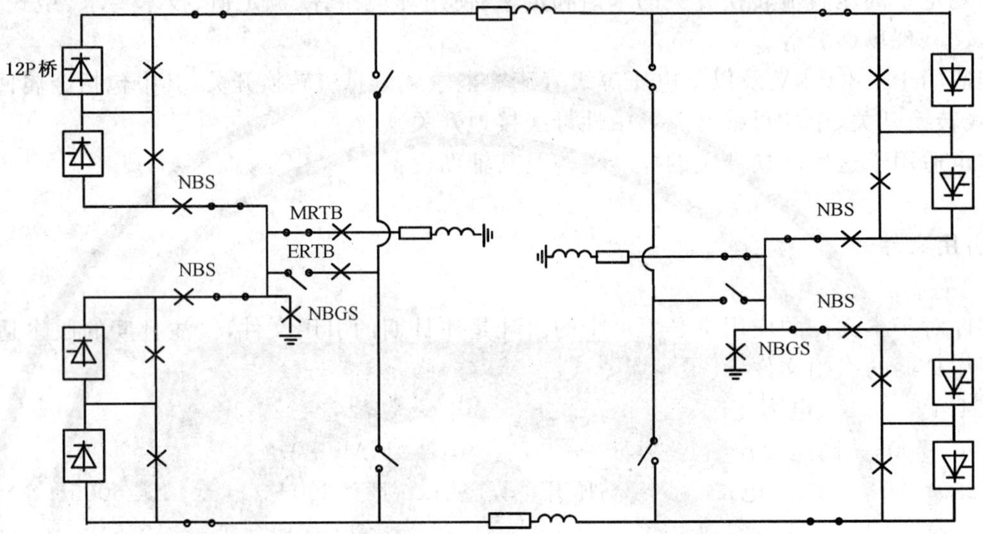

MRTB——金属回线转换开关;

ERTB——大地回线转换开关;

NBS——中性母线开关;

NBGS——中性母线接地开关。

图1　直流转换开关在高压直流输电系统中的位置

3.1.5

大地回线转换开关(ERTB)　earth return transfer breaker (ERTB)

将直流电流从金属回线通路转换到大地回线通路的开关设备,见图1。

注:改写GB/T 13498—2007,定义9.13。

3.1.6

中性母线开关(NBS)　neutral bus switch (NBS)

安装在换流站站内接地线上,用于把停运的换流桥与中性母线断开的开关设备,NBS还应能把直流极线故障所产生的故障电流转换到由接地极及其引线构成的接地回路中,见图1。

3.1.7

中性母线接地开关(NBGS)　neutral bus grounding switch (NBGS)

安装在换流站站内接地线上,用于提供站内临时接地的开关设备,见图1。NBGS最重要的作用是作为一个快速合闸开关;另外,在NBS转换失败(开断不成功)时,NBGS也可以提供暂时的大地回线通路。

3.2

直流转换开关的分设备

3.2.1

开断装置　interrupter

直流转换开关中用以开断电流的装置。

注:在工程应用中一般用交流断路器代替。

3.2.2

辅助回路　auxiliary circuit

直流转换开关中与开断装置并联的电路。无源型直流转换开关的辅助回路通常包括电容器、电抗器和避雷器。有源型直流转换开关的辅助回路还包括单极合闸开关和充电装置。辅助回路的作用是产生振荡电流，使流过开断装置的电流产生过零点。

3.2.3

单极合闸开关　one-pole closing switch

有源型直流转换开关中连接电容器和电抗器的开关装置，用于在规定时刻关合电抗器与已充电的电容器的回路以产生振荡。

3.2.4

绝缘平台　insulated platform

在直流转换开关中，满足一定对地绝缘水平，用于支撑直流转换开关辅助回路设备的平台。

3.2.5

充电装置　charging device

在有源型直流转换开关中给辅助回路中的电容器充电的装置。

3.3

特性参量

3.3.1

分闸时间　opening time

[GB 1984—2003，定义 3.7.133]。

3.3.2

燃弧时间　arcing time

从电弧起始时刻到电弧熄灭时刻的时间间隔。

注：改写 GB 1984—2003，定义 3.7.134。

3.3.3

开断时间　break time

[GB 1984—2003，定义 3.7.135]。

3.3.4

合闸时间　closing time

处于分闸位置的开断装置，从合闸回路带电时刻起到触头接触时刻的时间间隔。

注：合闸时间包括开断装置合闸必需的、并与开断装置构成一个整体的任何辅助设备的动作时间。

注：改写 GB 1984—2003，定义 3.7.136。

3.3.5

关合时间　make time

处于分闸位置的开断装置，从合闸回路带电时刻到主回路中电流出现时刻的时间间隔。

注：关合时间包括开断装置合闸必需的、并与开断装置构成一个整体的任何辅助设备的动作时间。关合时间可能随预击穿时间的变化而不同。

注：改写 GB 1984—2003，定义 3.7.137。

3.3.6

电弧耐受能力　arcing withstand capability

能够耐受的最长燃弧时间。

3.3.7

运行电压　operating voltage

直流系统运行时，直流转换开关端子对地的直流电压。

3.3.8

运行电流　operating current

直流系统运行时，流过直流转换开关的直流电流。

3.3.8.1

过负荷运行电流　overload current in operation

直流系统以超过系统额定输送功率方式运行时流过直流转换开关的电流。过负荷运行电流由直流系统的过负荷能力确定。

注：附录A中例举了国内两个高压直流输电工程系统过负荷电流。

3.3.8.2

最大持续运行电流　maximum continuous current in operation

直流系统持续过负荷运行时流过直流转换开关的电流。最大持续运行电流由直流系统的持续过负荷能力确定。

3.3.9

转换电流　current to transfer

在直流转换开关分闸时刻，流过该直流转换开关的直流电流。

3.3.10

断口间最大设计恢复电压　maximum design recovery voltage across the interrupter

计算模拟出的，电流转换到辅助回路中的电容器和避雷器后开断装置断口间可能出现的最大恢复电压。

4　正常和特殊使用条件

GB/T 11022—1999 中的第2章适用。

5　额定值

5.1　额定运行电压

额定运行电压从下列值中选取（直流，kV）：

10，25，50，100。

5.2　额定运行电流

额定运行电流从下列值中选取（直流，A）：

3 150，4 000，5 000（4 500）。

5.3　额定转换电流

直流转换开关需转换的直流电流由下列值中选取（A）：

200[1)]，1 250，2 500，3 150，4 000，5 000。

5.4　最大持续运行电流

最大持续运行电流一般为额定运行电流的1.05倍～1.25倍。

1）　如只要求NBGS转换双极运行的不平衡电流，NBGS的额定转换电流将远小于直流系统的额定运行电流。

5.5 额定操作顺序

直流转换开关的额定操作顺序分别为：

MRTB：分-t-合，t<电弧耐受能力；

ERTB：分-t-合，t<电弧耐受能力；

NBS：合-0.1 s-分-t-合，t<电弧耐受能力；

NBGS：分-t-合，t<电弧耐受能力。

5.6 绝缘水平

直流开关的额定绝缘水平应从表1给定的数值中选取。

表1 额定绝缘水平

额定直流电压/kV	60 min 直流耐受电压/kV	额定雷电冲击耐受电压/kV	
		对地	断口间
10	15	145	145
25	38	250	250
50	75	450	450
100	150	450	450
		550	550

5.7 额定时间参量

对于 MRTB、ERTB 和 NBS：

——合闸时间：小于 100 ms；

——分闸时间：小于 30 ms。

对于 NBGS：

——合闸时间：小于 55 ms；

——分闸时间：小于 30 ms。

5.8 机械操作次数

2 000 次。

5.9 开断最大直流电流时的电弧耐受能力

150 ms。

5.10 断口间最大设计恢复电压

端口间最大设计恢复电压从下列值中选取（直流，kV）：

60，145。

5.11 额定短时耐受电流

GB/T 11022—1999 中的 4.5 适用。

5.12 额定峰值耐受电流

GB/T 11022—1999 中的 4.6 适用。

6 技术要求

6.1 电气要求

——辅助电源
- 合闸和分闸回路控制电压:110 V(DC)或 220 V(DC);
- 操作机构电动机驱动电源电压:380 V/220 V(AC),50 Hz;
- 加热电源电压:220 V(AC),50 Hz。

——110 V(DC)辅助接点额定电流:5 A;或 220 V(DC)辅助触点额定电流:2.5 A;

——噪音水平:距开关及操动机构直线距离 2 m、对地高度 1.5 m 处,非连续性噪声不大于:

分闸:96 dB;

合闸:90 dB。

——套管要求:

应满足实际工程污秽等级要求。

采用复合外套时,最小公称爬电比距应不低于瓷质外套的 75%,爬电系数不宜大于 4.0。

——绝缘介质:
- SF_6 气体:含水量不大于 150 μL/L;
- SF_6 年漏气率小于 0.5%;
- SF_6 新气应符合 GB/T 12022 的要求。

——投切要求
- 在开关主触头之间不允许重击穿。
- 串联主触头(如果适用)之间的分闸同期性不大于 2.5 ms。

6.2 结构与性能要求

6.2.1 一般要求

每台开关应装设机械式位置指示器,其安装部位应清晰可见。

开关应在规定的各种工况下达到开断性能而不发生拒动或误动。对于安装有压力释放阀的,其排放方向应不会造成人员或设备伤害。SF_6 型开关应有气体取样阀和充气点。SF_6 型开关要配有 SF_6 气体密度继电器,并能在发生事故时报警及闭锁操作机构。

直流转换开关各组成设备均应具有抗腐蚀性或经过抗腐蚀处理。

6.2.2 抗震能力

本设备应能承受三周正弦波水平加速度和垂直加速度同时加于支持结构最低部分时在共振条件下所发生的动态地震应力,并且安全系数应大于 1.67。

6.2.3 端子机械负荷

开关应配用平板式的接线端子板,机械负荷应不小于:

水平纵向:2 000 N;

横向:1 500 N;

垂直：1 500 N；

弯矩：400 N·m。

静态安全系数应不小于2.75～3.5(当破坏应力的3δ值不大于0.75时可选用2.75)，事故状态下安全系数不小于1.67。开关端子型式和尺寸应满足GB/T 5273中的有关规定。

6.3 辅助和控制设备

GB/T 11022—1999中的5.4适用。

6.4 动力操作

GB/T 11022—1999中的5.5适用。

6.5 储能操作

GB/T 11022—1999中的5.6适用。

6.6 外壳的防护等级

GB/T 11022—1999中的5.13适用，并作如下补充：

外壳防护等级应不低于IP33D。

6.7 铭牌

GB/T 11022中的5.10适用，并作如下补充：

铭牌上的技术参数至少应包括如下参数：

——额定运行电压；

——额定运行电流；

——额定转换电流；

——最大持续运行电流；

——额定操作顺序；

——额定雷电冲击耐受电压；

——额定直流耐受电压；

——合闸时间；

——分闸时间；

——机械操作次数；

——开断最大直流电流时的电弧耐受能力；

——断口间最大设计恢复电压；

——额定短时耐受电流；

——额定峰值耐受电流。

6.8 电磁兼容性(EMC)

GB/T 11022—1999中的5.18适用。

7 试验

7.1 概述

直流转换开关的各分设备应通过附录C中规定的各项试验。

7.2 型式试验

7.2.1 雷电冲击电压试验

GB/T 11022—1999 中的 6.2.6.2 适用，并作如下补充：

直流转换开关处于合闸位置时，应在端子和地之间施加对地雷电冲击耐受电压。

直流转换开关处于分闸位置时，应施加断口间耐受电压。试验方法为：在一个端子施加断口间雷电冲击耐受电压，另一个端子施加一个极性相反的电压，电压大小等于完成电流转换后开断装置断口间出现的最大设计恢复电压。也可使用一个等效同步交流电压代替。

7.2.2 直流电压耐受试验，湿态

直流转换开关应进行直流电压湿耐受试验，GB/T 16927.1—1997 中的第 5 章适用，并作如下补充：

试验时直流转换开关应处于合闸状态，试验电压加在端子与地之间。试验持续 60 min。

7.2.3 主回路电阻的测量

GB/T 11022—1999 中的 6.4 适用。

7.2.4 温升试验

GB 1984—2003 中的 6.5 适用，并作如下补充：

试验电流应采用直流转换开关的最大持续运行电流或等效的 50 Hz 的交流电流。

7.2.5 短时耐受电流和峰值耐受电流试验

GB/T 11022—1999 中的 6.6 适用。

7.2.6 防护等级验证

GB 1984—2003 中的 6.7 适用。

7.2.7 密封试验

GB/T 11022—1999 中的 6.8 适用。

7.2.8 电磁兼容性(EMC)试验

GB/T 11022—1999 中的 6.9 适用。

7.2.9 周围空气温度下的机械操作试验

GB 1984—2003 中的 6.101.2 适用。

试验时直流转换开关可以不接辅助回路，只对开断装置进行机械操作试验。

7.2.10 端子静负载试验

端子受力应满足 5.2.3 的要求，参照 GB 1984—2003 中的 6.101.6 进行试验。

7.2.11 直流转换开关的电流转换试验

本试验的目的是检验直流转换开关是否具备转换规定的直流转换电流的能力。

通过本试验检验直流转换开关能够成功转换额定转换电流范围内的直流电流，并且开断装置能够耐受断口间出现的恢复电压上升率(RRRV)。

试验回路应能等效该类型直流转换开关的实际运行条件。

转换试验至少应包括以下 4 次连续转换：

——转换额定直流转换电流 50%水平 1 次；

——转换额定直流转换电流水平 3 次。

若其中 1 次未成功转换，则应重复上述试验，若连续 4 次转换成功，则视为通过该项型式试验。否则，视为未通过试验。

7.2.12 抗震试验

试验按 GB/T 13540 中的规定进行。

7.3 例行试验

例行试验通过对直流转换开关各分设备的例行试验进行验证。直流转换开关各分设备的例行试验应参考附录 C 进行。

7.4 特殊试验

制造厂和用户通过协商，可以考虑增加下述特殊试验项目：直流转换开关的连续转换试验。

7.4.1 直流转换开关的连续转换试验

在进行电流转换试验中可以考虑进行连续转换试验。连续转换试验仅对 MRTB 和 ERTB 进行。本试验是为了验证直流转换开关的连续转换能力。

按照电流转换试验的试验要求，先进行一次分合操作，在距第一次分闸操作 60 s 内再进行一次分闸操作。在连续转换电流试验中，直流转换开关应能成功转换该开关的额定转换电流范围内的直流电流。

7.5 现场试验

现场试验的目的在于检查直流转换开关及其辅助设备没有因运输和储存而损坏，并验证组装好的直流转换开关的整体性能。

现场试验包括对直流转换开关分设备以及直流转换开关整体的检查和试验。

7.5.1 直流转换开关分设备的检查和试验

7.5.1.1 开断装置和单极合闸开关的检查和试验

开断装置和单极合闸开关的现场试验按普通交流断路器的现场试验程序进行。

GB 1984—2003 中的 10.2 适用。

7.5.1.2 绝缘平台的验收试验

如直流转换开关中有专用的绝缘平台，则应做如下检查：

——在安装前检查各绝缘子是否完好；

——安装完成后，在安装其他附加设备前对绝缘平台进行外观检查，并检查其是否稳固；

——测量绝缘电阻，绝缘电阻值应不低于 500 MΩ。

7.5.1.3 电抗器的验收试验

——测量电抗器的直流电阻，实测直流电阻值与同温下出厂试验值相比，应无明显差别；

——测量电抗器的电感值，实测电感值与同温下出厂试验值相比，应无明显差别；

——如直流转换开关中没有专用的绝缘平台，需检测电抗器的对地绝缘电阻，绝缘电阻值应不低于

500 MΩ。

7.5.1.4 避雷器的验收试验

GB 11032—2000 中的 9.2 适用。

7.5.1.5 电容器组的验收试验

内容包括：

——应对每一台电容器、每一个电容器桥臂和整组电容器的电容量进行测量，实测电容量应符合设计规范书的要求；

——测量每台电容器端子对外壳的绝缘电阻，实测绝缘电阻值应与出厂试验值无明显差别；

——对装有内置放电电阻的电容器，进行端子间电阻的测量，测量结果与出厂值相比应无明显差别；

——如直流转换开关中没有专用的绝缘平台，需检测支柱绝缘子的绝缘电阻，绝缘电阻值应不低于 500 MΩ；

——检查有无发生泄漏。

7.5.1.6 充电装置的验收试验

7.5.1.6.1 安装过程中的外观检查

内容包括：

——检查设备是否发生泄漏；

——检查接线是否正确。

7.5.1.6.2 设备试验

只有绝缘平台上的其他工作完成后才能使充电装置带电。试验时应将直流转换开关与直流场其他设备隔离，直流转换开关两端接地。试验内容包括：

——接通交流或直流辅助电源，使充电装置带电。

- 检测输出电压和极性。

——进行充电装置的起动和功能试验

- 起动；
- 充电电流的设定；
- 就地控制电压限值；
  (充电装置的远端控制试验在子系统试验时进行)
- 检验充电时间。

7.5.2 整个直流转换开关的安装检查

内容包括：

——检查各设备位置是否正确；

——检查各设备间的接线是否正确、可靠；

——检查各设备间的绝缘距离；

——测量直流转换开关导电回路电阻。

8 运输、储存、安装、运行和维修规则

GB/T 11022—1999 中的第 10 章适用，并作如下补充：

8.1 运输、储存和安装的条件

GB/T 11022—1999 中的 10.1 适用。

8.2 安装

GB/T 11022—1999 中的 10.2.1～10.2.4 适用。

直流转换开关完成现场安装后，推荐按照 6.4 的要求进行现场试验。

8.3 运行

制造厂给出的说明书应当包括以下资料：

——设备的一般说明，要特别注意它的特性和运行的技术说明，使用户充分了解所涉及的主要原理；

——设备安全性能的说明；

——和运行有关的，为了对设备进行操作、隔离、接地、维修和试验所采取的行动的说明。

8.4 维修

维修的有效性主要取决于制造厂编写的说明书的内容和用户贯彻执行说明书的程度。

8.4.1 对制造厂的建议

制造厂应提供包括以下资料的维修手册：

a) 维修的范围和频度；

b) 维修工作的详细说明；

c) 对维修至关重要的开关设备和控制设备细节的全套图样，图样上要有总装、分装和重要零件的清晰标志；

d) 极限值和允许偏差，如果偏出，要进行必要的校正；

e) 辅助维修材料的规格，包括对已知的不相容材料的警告；

f) 专用工具、起吊和维修用设备的清单；

g) 维修后的试验项目；

h) 推荐的备件(说明、代号、数量)和存储建议；

i) 有效计划维修时间的估计；

j) 在设备操作寿命终了时，记及环境的要求，怎样对设备进行处理。

8.4.2 对用户的建议

如果用户希望自行维修，其工作人员应对相应的开关设备和控制设备有详尽的了解。

用户应做好设备在使用中的运行和维修记录。

9 安全性

GB/T 11022—1999 中的第 11 章适用，并做如下补充：

任何已知的化学危害和环境危害应在使用手册中说明。

附 录 A
（资料性附录）
直流系统过负荷电流

A.1 概述

直流系统过负荷水平与环境温度以及换流变压器、换流阀、油浸式平波电抗器的冗余冷却设备是否投入有关。

A.2 国内某个±500 kV 直流系统过负荷电流

见表 A.1。

表 A.1 国内某个±500 kV 直流系统过负荷电流

过负荷持续时间	环境温度(20 ℃)		最高环境温度(约 40 ℃)	
	冗余冷却设备投入运行	冗余冷却设备不投入运行	冗余冷却设备投入运行	冗余冷却设备不投入运行
连续	3 586 A	3 552 A	3 213 A	3 045 A
2 h	4 115 A	3 972 A	3 484 A	3 381 A
10 s	4 480 A	4 480 A	4 480 A	3 867 A
5 s	4 817 A	4 817 A	4 817 A	4 187 A
3 s	4 817 A	4 817 A	4 817 A	4 443 A

注 1：直流系统额定直流电流为 3 000 A；

注 2：冗余冷却设备是指换流阀、换流变压器等主设备的冗余冷却设备。

A.3 国内某个±800 kV 直流系统过负荷电流

见表 A.2。

表 A.2 国内某个±800 kV 直流系统过负荷电流

过负荷持续时间	环境温度(25 ℃)		最高环境温度(约 40 ℃)	
	冗余冷却设备投入运行	冗余冷却设备不投入运行	冗余冷却设备投入运行	冗余冷却设备不投入运行
连续	3 795 A	3 461 A	3 461 A	3 125 A
2 h	3 965 A	3 795 A	3 795 A	3 461 A
3 s	4 892 A	4 892 A	4 539 A	4 539 A

注：直流系统额定直流电流为 3 125 A。

附 录 B
（资料性附录）
直流转换开关的选用导则

B.1 概述

为使直流转换开关适合于指定的运行任务，应按负载条件和故障条件所要求的各个额定值进行选择。

本标准适用于±800 kV 及以下电压等级直流输电用直流转换开关，其中 MRTB、ERTB、NBS、NBGS，不包括旁路开关。直流转换开关的额定参数推荐值见第 4 章。

B.2 直流转换开关额定值的选择

B.2.1 额定运行电压的选择

直流转换开关一般位于直流系统的中性母线侧，因此其额定运行电压都不高。

直流输电系统一般采用逆变站接地方式，由于输电线路上存在电压降，所以整流站中性母线设备的额定运行电压一般高于逆变站。

直流转换开关的额定运行电压可以从 4.1 中选取。

B.2.2 额定运行电流的选择

直流转换开关的额定运行电流由直流工程的额定运行电流确定。

直流转换开关的额定运行电流可以从 4.2 中选取。

B.2.3 额定转换电流

直流转换开关的转换电流就是指经过分流后，在直流转换开关分闸前刻，流过该直流转换开关的直流电流。各直流转换开关由于其功能和所处位置不同，对其转换电流的能力的要求也不同。下面对各直流转换开关的转换电路进行说明。

B.2.3.1 MRTB

MRTB 位于接地极引线电路中。MRTB 的作用是将单极大地回线运行时的电流转换到单极金属回线中。在转换过程中，首先闭合 ERTB。当单极运行系统重新达到稳态时，断开 MRTB，也就是说，电流由接地极引线和极线两路分流状态转为只从极线流过的单路状态。MRTB 的等效转换电路如图 B.1 所示。

B.2.3.2 ERTB

ERTB 接在接地极引线和极线之间。ERTB 的作用是将单极金属回线运行时的电流转换到单极大地回线运行回线。在转换过程中，首先先闭合 MRTB。当单极运行系统重新达到稳态时，断开 ERTB，也就是说，电流由接地极引线和极线两路分流状态转为只从接地极引线流过的单路状态。ERTB 的等效转换电路如图 B.1 所示。

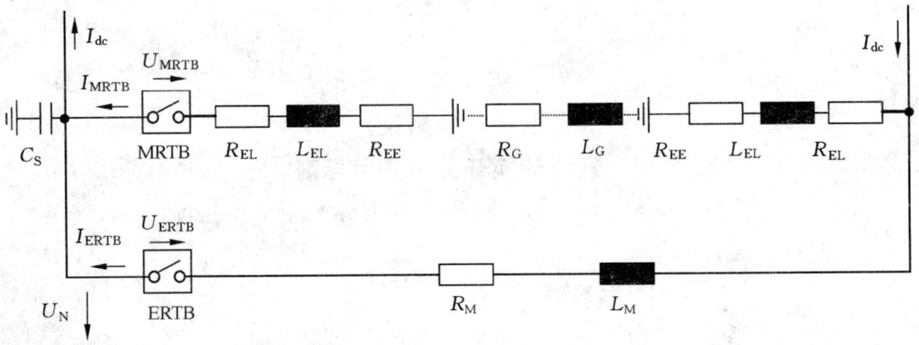

EL——接地极引线；

EE——接地极；

M——金属回线；

G——大地路径。

图 B.1　MRTB 和 ERTB 的等效转换电路

B.2.3.3　NBS

双极运行，发生单极换流器内部接地故障时，故障极在投入旁通对情况下闭锁。这时 NBS 的作用是将由正常运行极产生的、流经短路点和闭锁极的直流电流转换到接地极引线。NBS 的等效转换电路见图 B.2 所示。

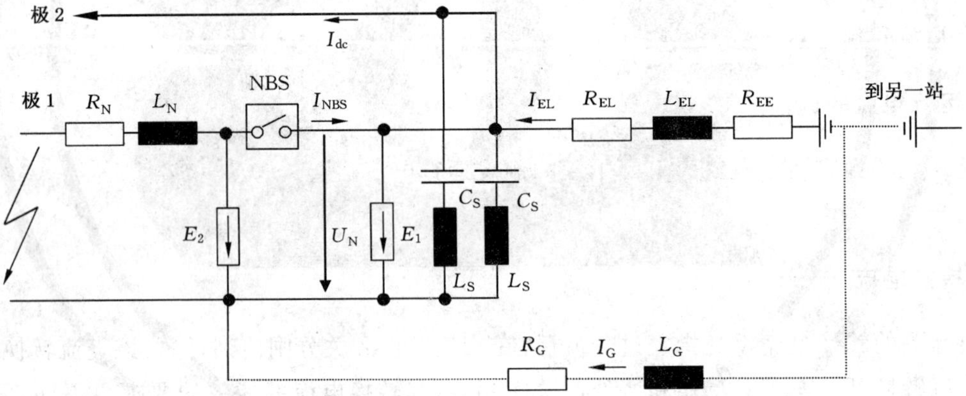

N——中性母线；

EL——接地极引线；

EE——接地极；

G——大地路径。

图 B.2　NBS 的等效转换电路

B.2.3.4　NBGS

使用 NBGS 的主要目的是防止双极停运闭锁以提高 HVDC 传输系统的可靠性。在接地极引线断开的情况下，不平衡电流将使得中性母线上的电压增加，NBGS 合闸为换流站提供临时接地，通过站内的接地系统重新连接到大地回线，这样就可以继续双极运行。当接地极引线可以重新使用时，NBGS 要能够将电流从站接地转换为接地极引线接地。NBGS 的等效转换电路见图 B.3 所示。

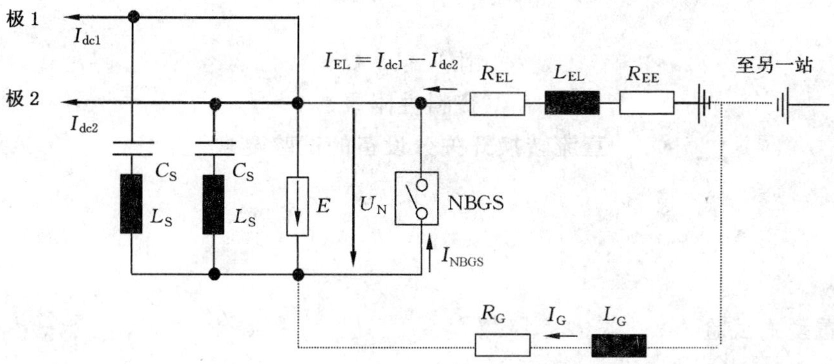

N——中性母线；

EL——接地极引线；

EE——接地极；

G——大地路径。

图 B.3　NBGS 的等效转换电路

B.3　直流转换开关型式选择

直流转换开关一般可分为两类：有源型和无源型。无源型直流转换开关一般由开断装置(B)、转换电容器(C)和避雷器(R)组成，有时还有电抗器(L)。有源型直流换开关设备还包括单极关合开关(S1)和充电装置，见图 B.4。

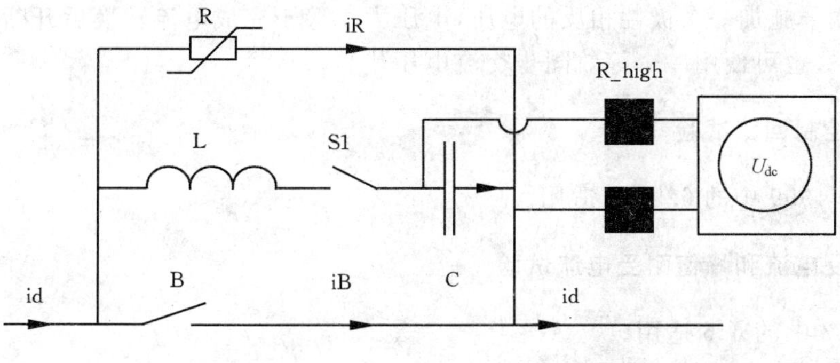

图 B.4　带充电装置的(有源型)直流转换开关

由于有源型直流转换开关中的电容器可以预先充电，因此有源型直流转换开关的直流电流转换能力较强。无源型直流转换开关也可以转换较大幅值的直流电流，而由于不带充电装置，其运行维护更加方便。

附　录　C
（资料性附录）
直流转换开关分设备的试验要求

C.1　开断装置

C.1.1　开断装置型式试验

C.1.1.1　雷电冲击电压试验

GB/T 11022—1999 中的 6.2.6.2 适用，并作如下补充：

开断装置处于合闸位置时，应在端子和地之间施加对地雷电冲击耐受电压。

开断装置处于分闸位置时，应施加断口间耐受电压。试验方法为：在一个端子施加断口间雷电冲击耐受电压，另一个端子施加一个极性相反的电压，电压大小等于完成电流转换后开断装置断口间出现的最大设计恢复电压。也可使用一个等效同步交流电压代替。

C.1.1.2　操作冲击电压试验

GB/T 11022—1999 中的 6.2.7.2 适用。对安装在户外的开断装置应进行湿试。

试验方法作如下补充：

开断装置处于合闸位置时，应在端子和地之间施加对地操作冲击耐受电压。

开断装置处于分闸位置时，应施加断口间耐受电压。试验方法为：在一个端子施加断口间操作冲击耐受电压，另一个端子施加一个极性相反的电压，电压大小等于完成电流转换后开断装置断口间出现的最大设计恢复电压。也可使用一个等效同步交流电压代替。

C.1.1.3　辅助和控制回路试验

GB/T 11022—1999 中的 6.2.10 适用。

C.1.1.4　短时耐受电流和峰值耐受电流试验

GB 1984—2003 中的 6.6 适用。

C.1.1.5　温升试验

GB 1984—2003 中的 6.5 适用，并作如下补充：

试验电流应采用最大持续运行电流或等效的 50 Hz 交流电流。

C.1.1.6　主回路电阻测量

GB/T 11022—1999 中的 6.4 适用。

C.1.1.7　环境温度下的机械操作试验

GB 1984—2003 中的 6.101.2 适用。

C.1.1.8　密封性试验

GB/T 11022—1999 中的 6.8 适用。

C.1.1.9 电磁兼容性(EMC)试验

GB/T 11022—1999 中的 6.9 适用。

C.1.2 开断装置例行试验

C.1.2.1 辅助和控制回路的耐压试验

GB/T 11022—1999 中的 7.2 适用。

C.1.2.2 主回路电阻测量

GB/T 11022—1999 中的 7.3 适用。

C.1.2.3 机械操作试验

GB 1984—2003 中的 7.101 适用。

C.1.2.4 密封性试验

GB/T 11022—1999 中的 7.4 适用。

C.1.2.5 设计和外观检查

GB 1984—2003 中的 7.5 适用。

C.2 单极合闸开关

本试验只适用于有源型直流转换开关。

C.2.1 单极合闸开关型式试验

C.2.1.1 雷电冲击电压试验

附录 C.1.1.1 适用,并作如下修改:

单极合闸开关处于分闸位置时,试验方法为:在一个端子施加断口间雷电冲击耐受电压,另一个端子施加极性相反的额定电压,也可使用一个等效同步交流电压代替。

C.2.1.2 辅助和控制回路试验

附录 C.1.1.3 适用。

C.2.1.3 短时耐受电流和峰值耐受电流试验

附录 C.1.1.4 适用。

C.2.1.4 环境温度下的机械操作试验

附录 C.1.1.7 适用。

C.2.1.5 电磁兼容性(EMC)试验

附录 C.1.1.9 适用。

C.2.2 单极合闸开关例行试验

C.2.2.1 辅助和控制回路的耐压试验

附录 C.1.2.1 适用。

C.2.2.2 主回路电阻测量

附录 C.1.2.2 适用。

C.2.2.3 机械操作试验

附录 C.1.2.3 适用。

C.2.2.4 密封性试验

附录 C.1.2.4 适用。

C.2.2.5 设计和外观检查

附录 C.1.2.5 适用。

C.3 转换电容器

C.3.1 转换电容器型式试验

C.3.1.1 动作负载试验

本试验的目的是检验电容器在实际运行状态下的性能。

供货商应通过一个模拟运行情况的试验或参考其他标准绝缘和短路试验检验电容器的操作次数是否满足要求。

C.3.1.2 热稳定试验

GB/T 11024.1—2001 中的第 13 章适用。

本试验适用于有源型直流转换开关中的电容器。

本试验包括两项试验，可以是在同一台电容器单元上进行，也可以分别在两台电容器单元上进行。被试电容器单元应能经受：

——可以产生 1.2 倍运行时最高损耗的交流电压；

——$1.2 \cdot U_{dc}$ 直流电压，U_{dc} 是最大持续直流电压。环境温度应不低于上一试验中的平均温度。

对于全膜型电容器，因为介电损耗较低，可以任选上述一项进行，但需要进行下述试验：

对试品单元施加不小于 $1.2U_N$ 的直流电压，U_N 是电容器运行时的最大直流电压。

C.3.1.3 短路放电试验

GB/T 11024.1—2001 中的第 17 章适用。

电容器的直流充电电压为 U_{SWL}/S，其中，U_{SWL} 为端子间操作冲击耐受水平，S 为电容器单元串联数。在试验后的 5 min 内，应对电容器单元进行一次端子间电压试验(见附录 C.3.1.2)。

在放电试验前和电压试验后均应测量电容，变化不能超过 2%。

C.3.1.4 端子与外壳之间的雷电冲击电压试验

GB/T 11024.1—2001 中的第 16 章适用。

试验电压由电容器组的雷电冲击耐受水平计算得到。试验方法按照 GB/T 11024.1—2001 中的 18.2.2 进行。

C.3.2 转换电容器例行试验

例行试验应由制造厂在交货前对每一台电容器进行。

用于有源型直流转换开关辅助回路中的转换电容器会经受一个持续运行电压，而无源型直流转换开关中的转换电容器则无持续运行电压。电容器单元等效交流额定电压(U_R)可由式 C.1 计算得到：

$$U_R = \frac{U_{LIWL}}{4.3 \times S} \qquad \cdots\cdots(C.1)$$

式中：

U_{LIWL}——直流转换开关断口间雷电冲击耐受水平；

S ——串联单元数。

C.3.2.1 电容测量

GB/T 11024.1—2001 中的第 7 章适用。

C.3.2.2 端子间电压试验

GB/T 11024.1—2001 中的 9.2 适用。

每一电容器端子间均应承受直流电压试验，试验电压为 $U_t = 4.3U_R$，持续时间为 10 s。在试验期间，应既不发生击穿也不发生闪络。

注：如果电容器在出厂后再次进行试验，则第二次试验推荐采用 75%U_t 的电压。有内部元件熔丝的电容器单元，有一根或多根元件熔丝动作，尽管电容仍在允许偏差内，也仅在购买方和制造厂达成协议后方可出厂。

C.3.2.3 端子与外壳间交流电压试验

GB/T 11024.1—2001 中的第 10 章适用。

所有端子均与外壳绝缘的电容器单元，试验电压应施加在连接在一起的端子与外壳之间，历时 10 s。

每个电容器单元的工频耐受电压应根据额定雷电冲击耐受电压从表 C.1 中选取。应选取最接近并且高于额定雷电冲击耐受电压的额定雷电冲击耐受电压所对应的额定短时工频耐受电压作为试验电压。

每个电容器单元的额定雷电冲击耐受电压见式(C.2)：

$$U_{LI} = U_{LIWL} \times \frac{n}{S} \qquad \cdots\cdots(C.2)$$

式中：

U_{LI} ——每个电容器单元的额定雷电冲击耐受电压；

U_{LIWL}——电容器组额定雷电冲击耐受电压；

S ——电容器组中串联单元数；

n ——相对于外壳连接电位的串联单元数。

有一个端子固定连接到外壳上的电容器单元，不作此项试验。

试验期间应既不发生击穿也不发生闪络。

表 C.1 绝缘水平

额定雷电冲击耐受电压 (峰值)/kV	额定短时工频耐受电压 (干试与湿试)、(方均根值)/kV
40	18/25
60	23/30
75	30/42
105	40/55
125	50/65
185	80/95
注:斜线下的数据为外绝缘的干耐受电压。	

C.3.2.4 短路试验

电容器单元应承受一次直流电压放电,电压值等于 $1.7U_R$。

试验时应将电容器单元两端直接短接。本试验应和端子间电压试验一起进行。

在试验前后均应测量电容,变化不能超过 2%。

C.3.2.5 内部放电器件试验

GB/T 11024.1—2001 中的第 11 章适用。

C.3.2.6 密封性试验

GB/T 11024.1—2001 中的第 12 章适用。

C.4 避雷器

C.4.1 避雷器型式试验

避雷器试验应在 3 个避雷器比例单元试品上进行。进行残压试验的比例单元应由一个暴露在空气中的单个避雷器电阻片构成。

因为用于直流转换开关的避雷器没有持续运行电压,所以进行能量释放试验的比例单元可以是由至少两个暴露在空气中的电阻片串联构成单柱试品。

C.4.1.1 残压试验

应对每 1 个试品施加 1 次波前时间不小于 250 μs 的电流冲击,以此来确定在最大规定电流下的残压。试验电流等于规定电流除以实际并联柱数,备用并联柱除外。

应测量每 1 个试品在(8/20) μs 电流下的残压,试验电流在 0.5 kA～10 kA 范围内选取适当的电流值。

使用这些测量结果,通过下述方法计算得到整只避雷器的特性:

整只避雷器的放电电流等于测量得的电流乘以避雷器的并联柱数。

整只避雷器在 250 μs 电流下的额定残压见式(C.3):

$$U_{250}=U_{8r}\times U_{250}/U_{8m} \qquad (C.3)$$

式中：

U_{8r} ——例行试验中在此电流幅值下测得的整只避雷器的额定残压；

U_{250} ——在 250 μs 电流下测得的比例单元试品的残压；

U_{8m} ——例行试验中在此电流幅值下测得的比例单元试品的残压。

整只避雷器的残压应在规定的范围内。

C.4.1.2 能量释放试验

本试验目的是验证避雷器的能量释放能力。

在能量释放试验之前，应完成雷电冲击电流(8/20)μs 残压试验。

本试验按照等效输电线路放电试验进行。在验证整只避雷器的能量耐受能力的时候，试品注入能量应以设计最大偏差电流与避雷器比例单元实测电流值之比进行增大。

放电时间应尽可能长，但不能超过设备规范中规定的转换时间。如果在要求的电流下一次电流冲击不足以释放总能量，则试验应选用更大的电流以满足这一要求。

对于 MRTB 和 ERTB 中配用的避雷器，能量释放试验应以 3 次冲击为一组进行。每组中各次能量冲击间隔时间不能超过 60 s，每组之间时间间隔应足够长以使试品冷却到环境温度。试验应进行 200 次。为了缩短试验时间，允许采用试验能量增大 20%而试验次数减少一半的试验方式。

对于 NBS 和 NBGS 中配用的避雷器，应对比例单元施加 7 次能量冲击，每次施加的能量等于设备规范中规定的值。7 次冲击应单独进行，允许试品温度在两次冲击之间冷却到室温。

所有试品完成能量释放试验之后需要再进行雷电冲击残压试验。能量释放试验后所测残压与能量释放试验前所测残压水平的变化不能超过±5%。

C.4.2 避雷器例行试验

C.4.2.1 能量耐受试验

本试验的目的是确保在组装避雷器时不使用能量不合格的电阻片。

本试验要求所有电阻片都要进行 3 个序列的大电流冲击，在各序列之间允许冷却到室温。每个序列由 3～4 个连续方波脉冲组成，每个方波宽度为 2 ms～6 ms。

在前两个序列中，以给电阻片注入 1.65 倍额定能量来选电流。在最后一个序列中降低电流，使注入电阻片的能量为 1.25 倍额定能量。

电阻片通过试验的判据是在试验中电流幅值不增加。能量性能不足的电阻片应被拒绝。

也可以提出不同于上述方式的其他合理的试验程序来证明在生产中没有使用能量性能不合格的电阻片。

C.4.2.2 避雷器伏安特性试验

在例行试验中，应通过测量每个电阻片在(8/20) μs 冲击电流下的残压验证电阻片的残压特性，电流大小在 0.5 kA～10 kA 范围内选取。供货商应提供 8/20 μs 冲击电流下的特性图表和某个波前时间为 250 μs 冲击电流下的放电特性。

在伏安特性试验中采用 8/20 μs 冲击电流波形。对于在避雷器上使用的每一个电阻片，都要测量其残压，电流在 0.5 kA～10 kA 范围内选取。

测得的避雷器每一柱中各电阻片的残压之和就是整个避雷器的残压。

整只避雷器的残压应在规定范围内。

C.4.2.3 电阻片单元试验

C.4.2.3.1 均流试验

所有均流试验中每一柱的试验电流应在100 A～1 000 A范围内。

对于多柱式避雷器，在例行试验中，均流偏差β应在工程规定的误差范围内。

并联柱同步试验应在电阻片单元上进行，电阻片单元由适当数量的电阻片串联和实际数量的电阻片并联组成。对于采用避雷器匹配单元设计的避雷器，此试验应分别在各单元上进行。

对于没有进行单元匹配，并且其并联柱数太多不能同时进行试验的避雷器，可以进行组匹配试验。

C.4.2.3.2 并联柱同步试验

每个电阻片单元都应进行柱间均流试验，试验时同时测量通过各柱的电流，电流偏差应在工程规定范围内。

C.4.2.3.3 组匹配试验

一个组里的各柱同时进行均流试验。这一组中电流最大的柱和最小的柱分别和下一组一起进行试验，每次试验应至少有4个柱并联。工程规定的均流标准适用于所有进行试验的组。

C.4.2.4 避雷器单元的试验

避雷器单元定义为一个组装好的避雷器部件。

C.4.2.4.1 参考电压试验

对于每个避雷器单元都应进行交流参考电压试验，参考电流由供货商选定。供货商应在试验前确定最小参考电压。

C.4.2.4.2 内部局部放电试验

此试验的目的是证明每个避雷器单元在试验电压下的内部局部放电水平小于20 pC，试验电压在0.75倍～0.85倍最小参考电压范围内选取。测量方法依照GB/T 7354进行。如果需要可以提供外部光晕屏蔽，这样可以使内部放电不会被外部放电掩盖。

C.4.2.4.3 并联避雷器单元之间的均流试验

本试验仅适用于并联数为两柱及两柱以上，并且没有按照C.4.2.3.1所述进行同步均流试验的避雷器。

对所有避雷器单元都要测量其在最大电流下的残压水平。残压最大的避雷器单元和残压最小的避雷器单元要进行均流试验。均流试验中，在100 A～1 000 A范围内，残压最大的避雷器单元和残压最小的避雷器单元中电流的比值不能超过最大允许系数。

注：相同避雷器中的各柱应满足附录C.4.2.3.1要求。

C.5 电抗器

C.5.1 电抗器型式试验

C.5.1.1 雷电冲击电压试验

电抗器须进行雷电冲击电压试验，GB 10229—1988中的19.10.1适用。

C.5.2 电抗器例行试验

C.5.2.1 绕组电阻测量

GB 1094.1—1996 中的 10.2 适用。

C.5.2.2 电感值测量

GB 10229—1988 中的 28.1.2 适用。

C.6 充电装置

C.6.1 充电装置型式试验

本试验只适用于带有充电装置的有源型直流转换开关。充电装置的型式试验中至少应包括以下几项试验。

C.6.1.1 端子对地雷电冲击电压试验

端子对地雷电冲击电压试验应采用(1.2/50)μs 波形。试验包括正负极性各三次全电压冲击和一次降低电压(50%)冲击,降低电压冲击波形用作参考。如果全电压下所记录的电压和电流瞬变波形图与降低电压下所记录相应的瞬变波形图无明显差异时,则此试验合格。

C.6.1.2 端子对地极性反转直流耐压试验(干试)和局放测量

进行试验前,先通过绝缘变压器将直流侧电压加到充电装置最大输出电压。试验时,正极性电压接负极端子,负极性电压接正极端子。这样做的结果是:未接线端子上的电压等于试验电压加上端子间的电压。

先给试品分压单元施加一个负极性的直流电压,持续 60 min。然后,极性转换为正极性再持续 60 min。然后,极性再转换为负极性持续 30 min。在整个试验中,局部放电的测量应依照 GB/T 7354—2003 中的第 11 章相关要求。判断试验成功与否的标准是:

最后一次极性转换完成后最后的 29 min 内,观测到的大于 1 000 pC 的局部放电脉冲不能超过 29 个;在最后 10 min 内,大于 500 pC 的局部放电脉冲不能超过 10 个。

在极性转换时出线放电现象是正常的,在完成最后一次极性转换后,在最初的 1 min 内观测到的局部放电次数应忽略不计。

C.6.1.3 端子间直流耐压试验(干试)和局放测量,60 min

判断试验成功与否的标准是:

在最后的 29 min 内,观测到的大于 1 000 pC 的局部放电脉冲不能超过 29 个;在最后 10 min 内,大于 500 pC 的局部放电脉冲不能超过 10 个。

C.6.2 充电装置例行试验

充电装置的例行试验中至少应包括以下几项试验。在整个试验过程中,应接上充电装置的低压部分并投入运行。

C.6.2.1 功能试验

充电装置在进行完高压试验之后应进行功能试验。输出数值应在规定的范围内。监控系统也应进行试验。

C.6.2.2 端子间操作冲击试验

本试验在进行时应使用陡波前(<250 μs)和长波尾(大于 50 ms)的波形。试验包括正负极性各三次全电压冲击和一次降低电压(50%)冲击,降低电压冲击波形用以参考。如果全电压下所记录的电压和电流瞬变波形图与降低电压下所记录相应的瞬变波形图无明显差异时,则此试验合格。

C.6.2.3 端子对地直流耐压试验,干试

本试验不适用于进行过型式试验的装置。

充电装置应进行 2 min 直流耐压试验,负极性。

试验时通过绝缘变压器将直流侧电压加到充电装置的最高输出电压 U_{m},试验电压施加在正极端子上。

C.6.2.4 端子间直流耐压试验,干试

本试验不适用于进行过型式试验的装置。

充电装置应在要求电压下进行 2 min 直流耐压试验,正常极性。

C.6.2.5 端子间交流耐压试验(干试)和局放测量

在充电装置的直流高压端子间施加工频耐受试验电压。试验电压从零开始上升,升压速度应尽可能的快。升到规定的端子间交流耐受电压后维持大约 1 s,然后降到零。之后对充电装置进行局部放电试验。在端子间交流耐压试验之后,通过降低电压来达到端子间局部放电交流测量电压,维持 1 min。在这个试验电压下测量局部放电水平。放电限制水平为 10 pC,测量结果应排除固有的、操作和外部噪音造成的影响。

C.6.2.6 端子对地交流耐压试验(干试)和局放测量

在充电装置端子和地之间施加工频耐受试验电压。试验时将高压直流电源输出电压增加到其额定值充电装置的额定输出电压,正负极输出端子之间接一个大约 5 MΩ 的负荷。

试验电压从零开始尽快上升到端子对地交流耐受电压,维持约 1 s,然后降到零。之后对充电装置进行局部放电试验。在端子对地交流耐压试验之后,通过降低电压来达到端子对地局部放电交流测量电压,维持 1 min。在这个试验电压下测量局部放电水平。放电限制水平为 10 pC,测量结果应排除固有的、操作和外部噪音造成的影响。

ICS 25.160.30
J 64

中华人民共和国国家标准

GB/T 25310—2010

固定式点、凸焊机

Stationary spot welding machines and projection welding machines

2010-11-10 发布 2011-05-01 实施

中华人民共和国国家质量监督检验检疫总局
中国国家标准化管理委员会 发布

前 言

本标准由中国电器工业协会提出。

本标准由全国电焊机标准化技术委员会(SAC/TC 70)归口。

本标准起草单位:广州松兴电器有限公司、成都三方电气有限公司、衡水市焊接设备有限公司、成都西南焊接设备制造有限责任公司、深圳市瑞凌实业股份有限公司、天津市科华焊接设备有限公司、凯尔达集团有限公司。

本标准主要起草人:刘国瑛、潘颖、刘兰锁、陈本林、邱光、陈振生、王世凯、王巍。

固定式点、凸焊机

1 范围

本标准规定了固定式点、凸焊机的通用技术要求、检验方法和检验规则。

本标准适用于不超过 GB/T 156—2007 中表 1 规定的电压供电或由机械设备驱动的各种类型固定式点、凸焊机(以下简称焊机)。

电阻焊机控制器(以下简称控制器)与焊机可以组成为一体,也可以分开为单独设备,但不论采取哪种结构形式,都适用于本标准。

注:本标准不包括电磁兼容性(EMC)要求。

2 规范性引用文件

下列文件中的条款通过本标准的引用而成为本标准的条款。凡是注日期的引用文件,其随后所有的修改单(不包括勘误的内容)或修订版均不适用于本标准,然而,鼓励根据本标准达成协议的各方研究是否可使用这些文件的最新版本。凡是不注日期的引用文件,其最新版本适用于本标准。

GB/T 156—2007 标准电压(IEC 60038:2002,MOD)

GB/T 2900.22 电工名词术语 电焊机

GB/T 8366—2004 阻焊 电阻焊机 机械和电气要求(ISO 669:2000,MOD)

GB/T 10249 电焊机型号编制方法

GB 15578—2008 电阻焊机的安全要求

JB/T 3158 电阻点焊直电极

JB/T 3946 凸焊机电极平板槽子

JB/T 3947 电阻点焊电极接头

JB/T 3948 电阻点焊电极帽

JB/T 4281 电阻焊电极和附件用材料

JB/T 5256 电焊机检查及抽样方法

3 术语和定义

GB/T 2900.22、GB/T 8366—2004、GB 15578—2008 确立的术语和定义适用于本标准。

4 产品分类及型号

4.1 分类

焊机按电极运动方式分为下列二种:

a) 圆弧运动式;

b) 垂直运动式。

4.2 型号

焊机型号按照 GB/T 10249 标准编制。

5 使用条件

5.1 环境条件

符合本标准要求的焊机应能在下述环境条件下正常工作。

a) 周围环境空气温度范围　5 ℃～40 ℃；

空气相对湿度　40 ℃时不超过 50%；

20 ℃时不超过 90%。

周围空气中的灰尘、酸、腐蚀性气体或物质等不超过正常含量，由于焊接过程而产生的这些物质除外。

b) 冷却介质的温度不应超过：

1) 液体冷却　进口处　30 ℃；

注：若添加防冻液，则最低环境温度可相应降低，以不凝固为条件。

2) 空气冷却　40 ℃。

c) 液体冷却液的进口压力范围　0.15 MPa～0.3 MPa。

d) 液体冷却液应符合相应标准，采用水冷却时水质符合工业用水的水质标准。

e) 海拔高度应不超过 1 000 m。

注：制造商和用户之间可以商定不同的环境条件，商定后的焊机要进行标注。

5.2 供电电源

供电电源应符合 GB/T 156 的规定。供电电网品质应达到下列要求：

a) 电压波形应为实际的正弦波。

b) 电网电压的波动不超过额定值的±10%。

c) 电网电压频率的波动不超过额定值的±1%。

d) 三相电压允许不平衡度≤±4%。

6 安全要求

焊机的安全要求应符合 GB 15578—2008 的规定。

7 技术要求

7.1 配套件的要求

7.1.1 凸焊机所用的电极平板槽子应符合 JB/T 3946 的规定。

7.1.2 点焊机所使用的直电极应符合 JB/T 3158 的规定。

7.1.3 点焊机所使用的电极接头应符合 JB/T 3947 的规定。

7.1.4 点焊机所使用的电极帽应符合 JB/T 3948 的规定。

7.1.5 焊机所使用的电极和附件用材料应符合 JB/T 4281 的规定。

7.2 次级空载电压

7.2.1 焊机的次级空载电压值由产品标准规定，其允差应≤±2%。

7.2.2 次级空载电压的调节可以是无级的或有级的。对于无热量控制的有级调节，每一级调节的电压增值不超过前一级的 20%。

7.3 刚度

焊机应有必要的刚度，可采用测量焊机工作电极表面的接触误差或电极臂的挠度的方法来检查焊机的刚度。

7.3.1 在采用测量接触误差的方法来检查时，其接触误差值（偏心（移）量 g、偏转角度 α、平行度偏差）应符合产品标准的规定。

7.3.2 在采用测量挠度的方法来检查时，其电极臂弹性挠度应不大于表 1 的规定。

表 1 挠度限值

单位为毫米

额定电极臂伸出长度 L	电极臂弹性挠度
$L \leqslant 500$	2.5
$500 < L \leqslant 1\,200$	3.0
$L > 1\,200$	3.5

7.4 加压机构

7.4.1 焊机的加压机构应保证电极间的压力稳定，额定气压时的电极力的实际值与额定值之差应不大于额定值的±8%。

7.4.2 焊机的加压机构应保证电极力在额定压力的30%～100%范围内连续可调。

7.5 次级最大短路电流

焊机的次级最大短路电流由产品标准规定。在采用间接测量方法时，其最大允差为规定值的－10%；在采用直接测量方法时，其最大允差为规定值的－5%。

8 检验方法

8.1 挠度的测定

8.1.1 垂直运动式点焊机的挠度试验应使焊机置于最大臂长和额定电极力下进行。

8.1.2 上电极臂弹性挠度试验如图1所示，调节压缩空气压力，使电极压力缓慢地上升至额定压力，然后如图1中A所示，用百分表测定上机架前端的挠度。

8.1.3 下电极臂弹性挠度试验如图1所示，调节压缩空气压力，使电极压力缓慢地上升至额定压力，然后如图1中B所示，用百分表测定下电极臂前端的挠度。

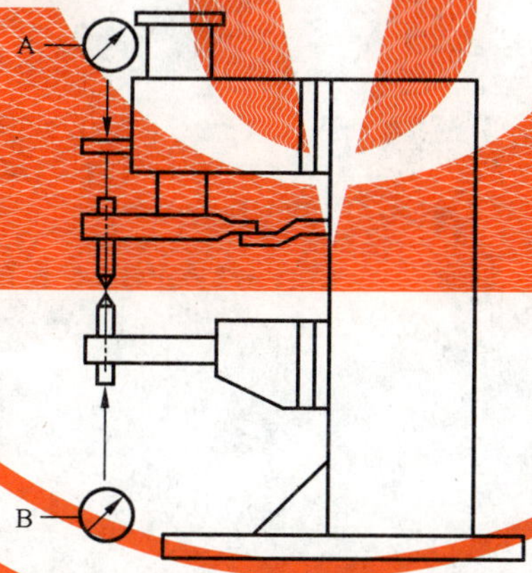

图 1 挠度测定

8.2 其他项目的检验方法

除本标准规定外，其他项目的检验方法应按照 GB 15578—2008、GB/T 8366—2004 的有关规定进行。

9 检验规则

9.1 试验条件及测量仪器

试验条件及测量仪器应符合 GB 15578—2008 的有关规定。

9.2 型式检验

除非另有规定，本标准中要求的检验项目均为型式检验项目。型式检验还包括 GB 15578—2008 规定的项目。

焊机应同与其配套的、可能影响检验结果的辅助设备一起进行试验。

除非有特殊规定，否则所有型式检验都应在同一台焊机上进行。

9.3 例行检验

每台焊机都应通过例行检验，检验项目如下：

a) 一般目测检验(见 GB 15578—2008 的 3.9)；

b) 与保护性导体的连接(见 GB 15578—2008 的 6.4)；

c) 绝缘电阻(见 GB 15578—2008 的 6.1.4)；

d) 介电强度(见 GB 15578—2008 的 6.1.5)；

e) 次级空载电压(见 7.2 和 GB/T 8366—2004 的第 9 章)；

f) 液体冷却系统(见 GB 15578—2008 的第 9 章)；

g) 气路系统(见 GB 15578—2008 的第 10 章)；

h) 液压系统(见 GB 15578—2008 的第 11 章)；

i) 加压机构(见 7.4)；

j) 一般目测检验(复检)(见 GB 15578—2008 的 3.9)。

10 铭牌

铭牌应符合 GB 15578—2008 的要求。

ICS 25.160.30
J 64

中华人民共和国国家标准

GB/T 25311—2010

固定式对焊机

Stationary resistance butt welding machines

2010-11-10 发布 2011-05-01 实施

中华人民共和国国家质量监督检验检疫总局
中国国家标准化管理委员会 发布

前　言

本标准由中国电器工业协会提出。

本标准由全国电焊机标准化技术委员会(SAC/TC 70)归口。

本标准起草单位:深圳市瑞凌实业股份有限公司、凯尔达集团有限公司、广州松兴电器有限公司、天津市科华焊接设备有限公司、成都三方电气有限公司。

本标准主要起草人:邱光、王仕凯、刘国瑛、陈振生、王巍、刘大文。

固定式对焊机

1 范围

本标准规定了固定式电阻对焊机及闪光对焊机的通用技术要求、检验方法和检验规则。

本标准适用于不超过 GB/T 156—2007 中表 1 规定的电压供电的各种类型固定式电阻对焊机及闪光对焊机(以下简称焊机)。

电阻焊机控制器(以下简称控制器)与焊机可以组成为一体,也可以分开为单独设备,但不论采取哪种结构形式,都适用于本标准。

注:本标准不包括电磁兼容性(EMC)要求。

2 规范性引用文件

下列文件中的条款通过本标准的引用而成为本标准的条款。凡是注日期的引用文件,其随后所有的修改单(不包括勘误的内容)或修订版均不适用于本标准,然而,鼓励根据本标准达成协议的各方研究是否可使用这些文件的最新版本。凡是不注日期的引用文件,其最新版本适用于本标准。

GB/T 156—2007 标准电压(IEC 60038:2002,MOD)

GB/T 2900.22 电工名词术语 电焊机

GB/T 8366—2004 阻焊 电阻焊机 机械和电气要求(ISO 669:2000,MOD)

GB/T 10249 电焊机型号编制方法

GB 15578—2008 电阻焊机的安全要求

3 术语和定义

GB/T 2900.22、GB/T 8366—2004、GB 15578—2008 确立的术语和定义适用于本标准。

4 产品分类及型号

4.1 产品分类

焊机按顶锻加压方式分为:

a) 弹簧加压式;

b) 杠杆加压式;

c) 凸轮加压式;

d) 气体加压式;

e) 液体加压式;

f) 气液加压式。

4.2 型号

焊机型号按照 GB/T 10249 编制。

5 使用条件

5.1 环境条件

符合本标准要求的焊机应能在下述环境条件下正常工作。

a) 周围环境空气温度范围 5 ℃~40 ℃;

空气相对湿度 40 ℃时不超过 50%;

20 ℃时不超过 90%。

周围空气中的灰尘、酸、腐蚀性气体或物质等不超过正常含量，由于焊接过程而产生的这些物质除外。

b) 冷却介质的温度不应超过：

1) 液体冷却　进口处　30 ℃；

注：若添加防冻液，则最低环境温度可相应降低，以不凝固为条件。

2) 空气冷却　40 ℃。

c) 液体冷却液的进口压力范围　0.15 MPa～0.3 MPa。

d) 液体冷却液应符合相应标准，采用水冷却时水质符合工业用水的水质标准。

e) 海拔高度应不超过 1 000 m。

注：制造商和用户之间可以商定不同的环境条件，商定后的焊机要进行标注。

5.2 供电电源

供电电源应符合 GB/T 156 的规定。供电电网品质应达到下列要求：

a) 电压波形应为实际的正弦波。

b) 电网电压的波动不超过额定值的±10%。

c) 电网电压频率的波动不超过额定值的±1%。

d) 三相电压允许不平衡度≤±4%。

6 安全要求

焊机的安全要求应符合 GB 15578—2008 的规定。

7 技术要求

7.1 次级空载电压

7.1.1 焊机的次级空载电压值由产品标准规定，其允差应≤±2%。

7.1.2 额定空载电压的调节可以是无级的或有级的。对于无热量控制的有级调节，其每一级的增长率应不超过 20%。

7.2 次级最大短路电流

焊机的次级最大短路电流由产品标准规定。在采用间接测量方法时，其最大允差为规定值的－10%；在采用直接测量方法时，其最大允差为规定值的－5%。

7.3 加压机构

7.3.1 焊机的加压机构应保证电极间压力稳定。夹紧力及顶锻力的实际值与额定值之差应不超过额定值的±8%。

7.3.2 除凸轮加压式焊机外，焊机的加压机构应保证顶锻力在最大顶锻力的 30%～100%之间连续可调。

7.4 刚度

焊机应具有足够的刚度。采用测量焊件挠度的方法来测定焊机的刚度。在最大顶锻力下，焊机的刚度应保证焊件纵轴线之间的正切值不超过 0.012。

7.5 结构

7.5.1 焊机的结构及可拆卸的部件应考虑到装卸、起重及运输的要求。

7.5.2 焊机变压器的初级绕组及滑动导轨的表面应加以保护，以防焊接时产生的火花和金属熔液溅于其上。

7.5.3 除人力加压的焊机外，对于额定容量大于 30 kVA 的通用焊机应具有沿垂直、水平方向调整被焊工件中心的机构。不允许采用薄垫片调整钳口的位置。

8 检验方法

8.1 刚度的测定

8.1.1 测定的一般条件

刚度测定时，焊机应调整在最大电极臂间距，最大电极臂伸出长度，最大顶锻力，最大夹紧力，最大焊接截面之下进行。

8.1.2 测量用工具

将两根截面积相同的钢棒，夹紧在钳口内，该钢棒与钳口的接触面积应尽可能大，钢棒的轴心线应在同一直线上，每根钢棒均应在 1 000 mm 长处标有刻度。其中一根钢棒的接触端面应是半球形的，见图 1。

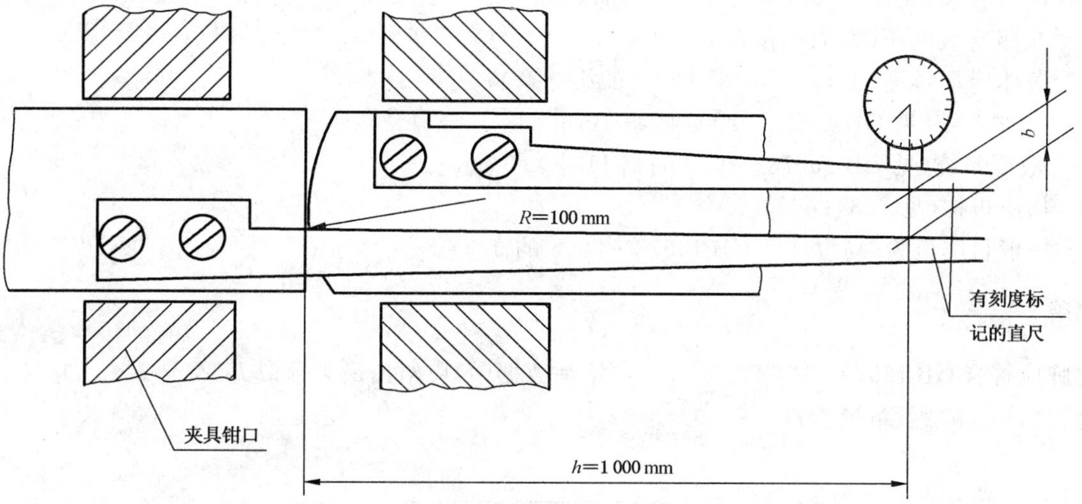

图 1 闪光和电阻对焊机刚度测量装置

8.1.3 测定方法

用准确度为 0.01 mm 百分表，在距离两根钢棒接触面 1 000 mm 处，先后测定没有加顶锻力时的尺寸 b_1 及加上最大顶锻力时的尺寸 b_2。

8.1.4 测定结果表示

8.1.4.1 当测量点离接触面处为 1 000 mm 时：

偏移量 $K=(b_2-b_1)\text{mm}$

正切值 $\tan\phi=\frac{K}{1\ 000}=\frac{b_2-b_1}{1\ 000}$

8.1.4.2 偏移量 K 值也可不在 1 000 mm 处，而在任意长度 h_1 处测量 b_1 和 b_2，此时偏移量

$$K=\frac{b_2-b_1}{h_1}\times 1\ 000\ \text{mm}$$

8.2 其他项目的检验方法

除本标准规定外，其他项目的检验方法应按照 GB 15578—2008、GB/T 8366—2004 的有关规定进行。

9 检验规则

9.1 试验条件及测量仪器

试验条件及测量仪器应符合 GB 15578—2008 的有关规定。

9.2 型式检验

除非另有规定，本标准中要求的检验项目均为型式检验项目。型式检验还包括 GB 15578—2008 规定的项目。

焊机应同与其配套的、可能影响检验结果的辅助设备一起进行试验。

除非有特殊规定，否则所有型式检验都应在同一台焊机上进行。

9.3 例行检验

每台焊机都应通过例行检验，检验项目如下：

a) 一般目测检验(见 GB 15578—2008 的 3.9)；

b) 与保护性导体的连接(见 GB 15578—2008 的 6.4)；

c) 绝缘电阻(见 GB 15578—2008 的 6.1.4)；

d) 介电强度(见 GB 15578—2008 的 6.1.5)；

e) 次级空载电压(见 7.1 和 GB/T 8366—2004 的第 9 章)；

f) 液体冷却系统(见 GB 15578—2008 的第 9 章)；

g) 气路系统(见 GB 15578—2008 的第 10 章)；

h) 液压系统(见 GB 15578—2008 的第 11 章)；

i) 加压机构(见 7.3)；

j) 一般目测检验(复检)(见 GB 15578—2008 的 3.9)。

10 铭牌

铭牌应符合 GB 15578—2008 的要求。在铭牌数据中，应给出最大顶锻力(符号 F_{1max}，单位 N)和最小顶锻力(符号 F_{1min}，单位 N)。

ICS 25.160.30
J 64

中华人民共和国国家标准

GB/T 25312—2010

焊接设备电磁场对操作人员影响程度的评价准则

The standardization for the evaluation of welder exposure to electromagnetic field of welding equipment

2010-11-10 发布 2011-05-01 实施

中华人民共和国国家质量监督检验检疫总局
中国国家标准化管理委员会 发布

前　言

本标准参考了世界卫生组织推荐国际非电离辐射防护委员会(ICNIRP)《限制时变电场、磁场和电磁场(300 GHz及以下)曝露的导则,1998》、电气与电子工程师学会/国际电磁安全委员会(IEEE/ICES)《关于人体曝露到0～3 kHz电磁场安全水平(IEEEC95.6-2002)》以及国内现行的相关标准,并结合我国国情,提出了在焊接环境下操作人员电磁场曝露限值的检测与评估的实施方法。

本标准附录A为规范性附录,附录B、附录C为资料性附录。

本标准由中国电器工业协会提出。

本标准由全国电焊机标准化技术委员会(SAC/TC 70)归口。

本标准起草单位:北京工业大学、唐山松下产业机器有限公司、深圳市瑞凌实业股份有限公司、成都熊谷电器工业有限公司、成都三方电气有限公司、深圳市佳士科技发展有限公司、成都电气检验所。

本标准主要起草人:宋永伦、陈颉、邱光、肖介光、尹显华、潘磊、杨庆轩、萧波、支楠、张军。

焊接设备电磁场对操作人员影响程度的评价准则

1 范围

本标准规定了焊接设备及其辅助装置在正常焊接条件下产生的电磁场对现场操作人员影响的评估。

本标准适用于焊接设备及其辅助装置。

本标准不涉及对焊接设备产品电磁兼容性的评定。

注 1：本标准所涵盖的焊接设备主要包括电弧焊设备、电阻焊设备及其外围辅助设备，包括焊接电源、送丝装置、水冷箱、输出线缆、焊炬、引弧和稳弧器等。

注 2：本标准不包含对所有已知焊接设备电磁环境的检测和评估。

2 术语和定义

下列术语和定义适用于本标准。

2.1

基本限值　basic limit

直接依据确定的健康效应，并对不确定的健康效应采取了预防性原则而制定的曝露在时变的电场、磁场和电磁场的物理量限值。在本标准中，根据场的频率，基本限值的物理量为电流密度(J)、比吸收率(SAR)、功率密度(S)。基本限值物理量通常难于直接测量。

2.2

导出限值　reference limit

用以评估在实际曝露条件下基本限值是否可能被超出。导出限值表示电场、磁场、电磁场与曝露个体的最大耦合状态，它通过基本限值用数学模型以及在特定频率下的实验研究结果进行推导出来的，该限值用电场强度(E)、磁场强度(H)、磁感应强度(B)、脉冲场为比吸收能(SA)、功率密度 S 等物理量表示。由于其便于直接测量，通常用于与实际测量值对比并进行安全评估。当实际测量值低于导出限值可以保证基本限值不超标；而当测量值超出导出限值时并不能说明其一定超出基本限值，还需对基本限值开展进一步的详细评估。由此可提供最有效的防护。

2.3

全身曝露　whole-body exposure

人体整体处于电磁场中的曝露。

2.4

局部曝露　partial exposure

人体表面的局部处于电磁场中的曝露。

2.5

电场　electric field

由电场强度与电通密度表征的电磁场的组成部分。

2.6

磁场　magnetic field

由磁场强度与磁通密度表征的电磁场的组成部分。

2.7

电磁场　electromagnetic fields

由四个相互有关的矢量确定的，与电流密度和体电荷密度一起表征介质或真空中的电和磁状态的场。

2.8

电场强度　electric field strength

电场矢量场量 $\vec{E}$ 的大小决定了静电荷 q 上作用的电场力 $\vec{F}$，具体可表述为：

$$\vec{F}=q\vec{E}$$

注：电场强度的单位是伏特每米（V/m）。

2.9

磁场强度　magnetic field strength

磁场强度矢量场量 $\vec{H}$ 的大小与磁感应强度向量 $\vec{B}$ 相关，他们之间的关系具体可表述为：

$$\vec{B}=\mu_r\mu_0\vec{H}$$

式中：

μ_r——介质的相对磁导率；

μ_0——自由空间磁导率。在给定点，等于磁感应强度除以磁常数，并减去磁化强度。

注：磁场强度的单位是安培每米（A/m）。

2.10

磁感应强度　magnetic induction

矢量场量 B，其作用在具有一定速度的带电粒子上的力等于速度与 B 矢量积，再与粒子电荷的乘积，其单位为 T。在空气中，磁感应强度等于磁场强度乘以磁导率 μ_0，即 $B=\mu_0 H$ 。

2.11

电流密度（*J*）　current density

表示在单位面积上流过的电流强度的物理量，或电磁场对人体内单位区域感应的电流强度。其单位为 A/m^2。

2.12

能耗环境场　environmental field

由焊接设备所产生的电场或磁场，且在人体不存在时所测到的值。

2.13

电磁场测量　electromagnetic field measurement

根据国际有关标准的规定，当辐射源的工作频率低于 300 MHz 时，应对工作场所的电场强度和磁场强度分别测量。

2.14

偶联因子 *K*　coupling factor *K*

偶联因子用于人体所处复杂电磁场情况的曝露评估，例如不均匀磁场或扰动电场。

注 1：偶联因子 K 有不同的物理解释，并依赖于它与电场或磁场曝露关联度。

注 2：偶联因子 K 的大小取决于应用的场源模型和人体模型。当曝露条件确定的情况下，例如在一个产品标准中，偶联因子的精确数值可直接确定，并且可以使用在类似产品标准的定义中。

3　曝露限值

3.1　曝露限值

曝露限值以导出限值作为判定依据。对不宜以导出限值进行测量时，以基本限值作为判定依据。

3.2 基本限值

不同频率选择的基本限值：

——100 kHz 以下，基本限值为电流密度(J)；

——100 kHz～10 MHz，基本限值为比吸收率(SAR)和电流密度(J)；

——10 MHz～10 GHz，基本限值为比吸收率(SAR)。

3.3 电场下的曝露

对于局域电场强度大约为 100 V/m 的交替的电场，其强度低于安全水平，在这样的曝露情况下，感应电流的计算是没有必要的。

3.4 综合评估方法

当电磁场为多个频率叠加时，应分别对多个物理量进行测量，不同频率电场、磁场对人体的作用具有累加效应。对于低频电磁曝露的安全评估，在低于 10 MHz 的频率下，磁场的评估应符合如下评估条件：

$$\sum_{j=1\ \mathrm{Hz}}^{65\ \mathrm{kHz}} \frac{B_j}{B_{L,j}} + \sum_{j>65\ \mathrm{kHz}}^{10\ \mathrm{MHz}} \frac{B_j}{b} \leqslant 1$$

式中：

B_j——测试点频率为 j 时的磁感应强度；

$B_{L,j}$——频率为 j 时规定的磁感应强度导出限值；

对于职业曝露，式中 b 取为 30.7 μT(见表 1)。

对于脉冲或非正弦(包括直流分量)的焊接电流应对其直流和交流成分单独进行评估。其中交流成分应按照时变场的限值条件进行评估。直流成分应该按照静态场的限值进行评估。交流部分可能含有一系列的频谱成分，尤其是基波成分(例如在脉冲 MIG 或逆变焊焊接过程脉冲重复率)和谐波成分。表 1给出了职业人员电磁曝露的导出限值。导出限值是曝露体全身的空间平均值，表示电场、磁场、电磁场与曝露个体的最大耦合状态，因此可提供有效的防护。焊接电磁曝露基本限值和导出限值见表 1。

表 1 焊接作业人员电磁曝露限值

基本限值		导出限值			
频带	电流密度 J mA/m² 头/躯干部分	频带	电场强度 E V/m	磁场强度 H A/m	磁感应强度 B μT
至 1 Hz	40	至 1 Hz	—	1.63×10^5	2×10^5
1 Hz～4 Hz	$40/f$	1 Hz～8 Hz	20 000	$1.63\times10^5/f^2$	$2\times10^5/f^2$
4 Hz～1 000 Hz	10	8 Hz～25 Hz	20 000	$2\times10^4/f$	$2.5\times10^4/f$
1 kHz～100 kHz	$f/100$	25 Hz～0.82 kHz	$500/f$	$20/f$	$25/f$
0.1 MHz～10 MHz	$f/100$	0.82 kH～65 kHz	610	24.4	30.7
—	—	65 kHz～1 MHz	610	$1.6/f$	$2.0/f$

注 1：f 是指频率(Hz)。

注 2：由于身体的电特性不均匀，电流密度取垂直于电流方向的 1 cm² 横截面的平均值。

注 3：对于 100 kHz 及其以下的频率，可通过将均方根乘以 2 的平方根得到峰值电流密度值。

4 试验与评估程序

4.1 焊接环境电磁场测量

在测试前，应尽可能地了解辐射源的性质和传播特性，以适当地选取测试仪器和准确地进行测量。

——辐射源类型和辐射功率；

——辐射源数目,如果多个辐射源存在,应确定是否属于同种辐射源,可否进行叠加;

——相关的时域和频域特性,以选取相对应的探头类型;

——辐射源到测试点的距离。

测量场所应是焊接操作现场并且应在辐射源正常工作时间内进行,同时要考虑电磁场对身体各个部位的影响。对于焊接设备(弧焊设备和阻焊设备)及其焊接过程中产生的磁场,为了准确地评估磁场对作业人员安全与健康的影响,在测试过程中尽量模拟焊接现场实际焊接情况,选取典型作业位置包括焊炬附近、电缆周围、电极附近等进行测量。这样才能真实地反映焊接作业人员所处位置的磁场大小。

焊炬所连接输出电缆距离身体最近,其产生的电磁场对人体影响最大。焊接作业人员现场作业时焊接电缆通常接近身体,所以选取距离电缆较近的测量点测量其磁感应强度,用来模拟电缆紧贴身体情况。

焊接电源本身也是辐射源,虽然电源外部机箱能起到一定的磁场屏蔽作用,但是由于屏蔽材料选取不当以及机箱设计不合理等因素的存在势必降低其屏蔽性能。由此产生的电磁辐射直接作用于人体,对人身安全造成了威胁。选取距焊接电源水平不同距离处分别进行测量其磁感应强度综合值,用来模拟焊工在焊接电源周围的情况。

阻焊设备的电极通过的电流较大,可达到几万安培,所以在电极周围将产生很大的磁场。焊接作业人员实施焊接时距离电极较近,由此产生的电磁辐射直接作用于人体头部、胸部以及手臂。电极附近的磁场强度可能超出测量设备的量程,为了保证测试设备及测试人员的安全,对阻焊设备的测量应采取从远处逐渐靠近电极的方式进行。

4.2 电磁辐射现场监测的质量保证

对电磁辐射监测事先必须制定监测方案及实施计划。监测点位置的选取应考虑使监测结果具有代表性,不同的监测目的,应采取不同的监测方案。

监测所用仪器必须与所测对象在频率、量程、响应时间等方面相符合,以保证获得真实的测量结果。监测时要设法避免或尽量减少干扰,并对不可避免的干扰估计其对测量结果可能产生的最大误差。监测时必须获得足够的数据量,以便保证测量结果的统计学精度。

监测仪器和装置(包括天线或探头)必须进行定期校准。监测中异常数据的取舍以及监测结果的数据处理应按统计学原则处理。

电磁辐射监测应建立完整的文件资料。仪器的校准说明书,监测方案,监测布点图,测量原始数据,统计处理程序等必须全部保留,以备复查。任何存档或上报的监测结果必须经过复审,复审者应是不直接参与此项工作但又熟悉本内容的专业人员。

4.3 测试设备

电磁场测量是采用各向同性的磁场探头将某一点的磁感应强度量值转化为电量(如电流或电压),该电量经采集系统转化为离散的数字信号,这些离散的数字信号经 FFT 变换,转换成磁感应强度的频谱,比较各频段的测量值和导出限值评估当前焊接环境电磁污染是否超标。一个典型的测量焊接电磁场分布的测量和评估的设备包括:各相同性的磁场探头、数据采集模块和分析软件等,并且具有对所测的焊接环境电磁场是否超标的评估功能。

4.4 焊接电磁曝露评估方案

焊接电磁曝露评估涉及到焊接设备及其所处的环境,不同的焊接电源在不同的环境下电磁曝露情况是不一样的。评估方案框图如图 1 所示。图中两个虚线框内的内容是焊接电磁场信息的获得途径,即得到由焊接电流引起的电磁场的空间分布情况。这一过程可以有测量和仿真两种方法获得,仿真的前提是焊接电流的参数明确,把焊接电流施加在焊接电源电磁模型中,计算电流引起的电磁场场强。而测量则是利用低频电磁场测量装置对焊接电源实际工作时产生的电磁场测量得到电磁场场强值。焊接电磁曝露评估分析软件,实现不同频率磁场强度测量值与导出限值的对比,给出是否超标提示;当不同频率分量磁场都不超标时,按照评估公式计算综合磁场曝露是否超标。

焊接电磁场评估过程中应注意以下问题:电磁场的场源主要是焊接电流,其幅值对电磁场曝露的影响是最大的,因此评估电磁场曝露应该基于以上参数,其中焊接回路的特点及构造、测试距离、运行状态和其他有关参数应给予详细的说明。除了采用测量方式对电磁曝露情况评估以外,还可以采用数值模拟的方法对焊接电磁场进行评估,这种方法基于焊接电源的结构和焊接参数进行计算和评估。适合于在焊接电源出厂时,对特定的焊接电源做电磁曝露的评估。

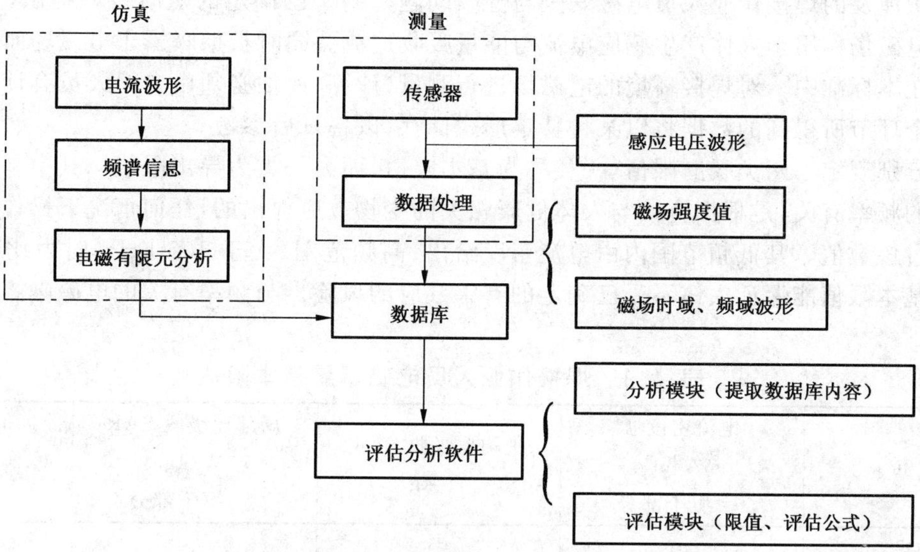

图 1 焊接电磁曝露评估系统流程图

附 录 A
(规范性附录)
关于焊接作业人员电磁曝露的限定值及评估限值

本标准所涉及的焊接作业人员电磁安全与健康问题是基于已确定的短时效应提出,这些对人体的不利影响由电磁场作用于人体产生感应电流与能量吸收造成。同时长期曝露于电磁场而造成的健康危害并不包括在本标准中。对焊接环境的电磁场进行测量、计算、评估必须由专门人员有计划并且定期进行实施。各个环节所得到的数据将以某种特定形式储存,以备日后参考。

本标准分别规定了两类曝露限值,一类称为基本限值,而另一类为导出限值。其中基本限值与焊接环境电磁场的频率有关,是根据直接与人体健康相关的生物效应提出的,任何情况下操作人员的电磁曝露均不得超过该数值。其低频范围内由电流密度给出;高频范围(大于 100 kHz)时由比吸收率(SAR)给出。遵从基本限值能保证人体不受已确定的有害效应的风险。与频率有关的电磁曝露基本限值由表 A.1 给出。

表 A.1 焊接作业人员电磁曝露基本限值

频 带	电流密度 J mA/m² 头/躯干部分	平均比吸收 SAR W/kg	局部比吸收 SAR W/kg 头/躯干部分	局部比吸收 SAR W/kg 四肢部分
至 1 Hz	40	—	—	—
1 Hz～4 Hz	$40/f$	—	—	—
4 Hz～1 000 Hz	10	—	—	—
1 kHz～100 kHz	$f/100$	—	—	—
0.1 MHz～10 MHz	$f/100$	0.4	10	20
0.01 GHz～10 GHz	—	0.4	10	20

注 1:f 是指频率(Hz)。

注 2:由于人体各部位的电特性不均匀,电流密度取垂直于电流方向的 1 cm² 横截面的平均值。

注 3:对于 100 kHz 及其以下的频率,可通过将均方根乘以 2 的平方根(约为 1.414)得到峰值电流密度值。对于周期为 t_p 的脉冲,基本限值可用等效频率 $f=1/(2t_p)$。

注 4:所有 SAR 值为任意 6 min 的平均值。

注 5:局部曝露 SAR 值为 10 g 组织的平均值。

1 Hz～100 kHz 范围内各频率的基本限值由电流密度给出,图 A.1 给出了低频电磁场感应电流密度的生物效应,以避免心血管和中枢神经系统等遭受的不利影响。在 1 Hz 至 10 MHz 频段内,电流密度限定值是为了保护中枢神经系统功能。大于 100 kHz 时,所规定的比吸收率(SAR,单位为 W/kg)限值是为了避免人体组织温度的过于升高,而电流密度限定值用来保护头和躯干部分的中枢神经系统组织免受剧烈的刺激。所以对于比吸收率的测量采取 6 min 内取平均值的方法,而电流密度的测量则不能计算平均值。复杂脉冲情况的评估应遵从更为严格的计算方法。SAR 值与体内感应电场强度的平方呈正比。平均 SAR 值和人体 SAR 分布可以通过实验测量和数值计算得到,SAR 值与以下因素有关:

a) 辐射场参数,例如频率、强度、近场区或远场区;

b) 曝露体特征参数,例如人体外形、几何尺寸、不同组织的电介质特性等;

c) 曝露体周围物体的屏蔽效应和反射效应。

在不同频率同时曝露的条件下,能否将这些频率曝露进行综合考虑是十分重要的。应分别对多个物理量进行测量,下式是针对于多源场下假设条件下曝露的情况:

$$\sum_{i=100\ \mathrm{kHz}}^{10\ \mathrm{GHz}} \frac{\mathrm{SAR}_i}{\mathrm{SAR}_L} \leqslant 1$$

式中：

SAR_i——由于频率 i 曝露的 SAR 值；

SAR_L——表 A.1 中给出的 SAR 限值。

导出限值用来同实际测量的物理数值进行比对。一般来讲，导出限值可以保证曝露限值不超标，如果测量值超出导出限值并不意味着曝露限值也同时超出，需要进一步的分析方可确认。在焊接作业人员实际曝露环境中，用于安全评估并且直接可测得物理量是电场强度 E、磁场强度 H、磁感应强度 B，各个频段导出限值由表 A.2 给出。

表 A.2 焊接作业人员各频段的导出限值(均方根值)

频带	电场强度 E V/m	磁场强度 H A/m	磁感应强度 B μT	功率密度 S W/m²
至 1 Hz	—	1.63×10^5	2×10^5	—
1 Hz～8 Hz	20 000	$1.63\times10^5/f^2$	$2\times10^5/f^2$	—
8 Hz～25 Hz	20 000	$2\times10^4/f$	$2.5\times10^4/f$	—
0.025 kHz～0.82 kHz	$500/f$	$20/f$	$25/f$	—
0.82 kHz～65 kHz	610	24.4	30.7	—
0.065 MHz～1 MHz	610	$1.6/f$	$2.0/f$	—
1 MHz～10 MHz	$610/f$	$1.6/f$	$2.0/f$	—
10 MHz～400 MHz	61	0.16	0.2	10
400 MHz～2 000 MHz	$3f^{1/2}$	$0.008f^{1/2}$	$0.01f^{1/2}$	$f/40$

注 1：f 是指频率(Hz)。

注 2：低于 1 Hz 的电磁场属于静磁场，此表未提供限值。

注 3：频率在 100 kHz～10 MHz 范围内，场强峰值是通过在 100 kHz 峰值的 1.5 倍和 10 MHz 峰值的 32 倍内插值得到。

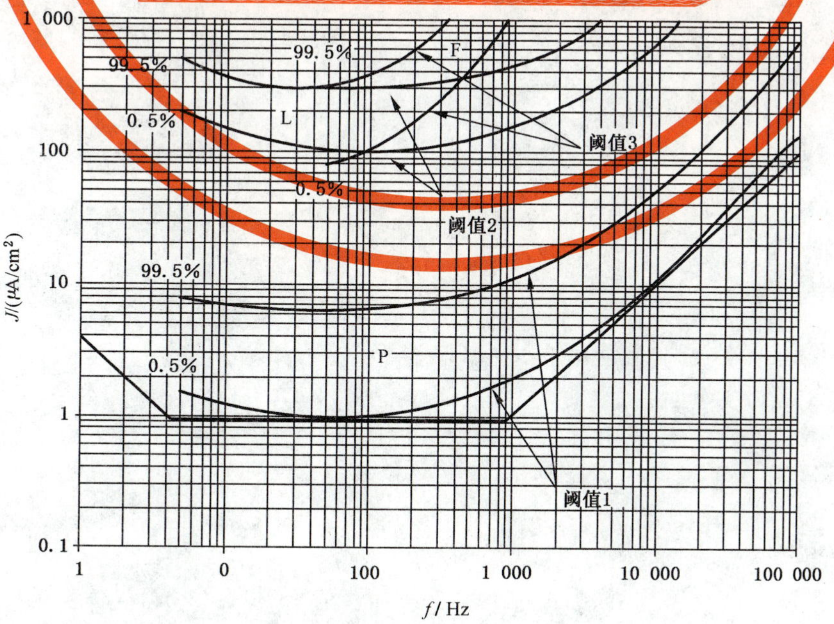

注：F——造成永久性损伤限值；P——感知限值；L——可承受限值。

图 A.1 低频电磁场感应电流密度生物效应(1 Hz～100 kHz)

对高频电磁辐射的测量参数分别为电场强度、磁场强度和电磁场功率通量密度。对于不同的测量应选用不同类型的仪器,以期获取最佳的测量结果。测量仪器根据测量目的分为:非选频式宽带辐射测量仪和选频式辐射测量仪。无论是非选频式宽带辐射测量仪还是选频式辐射测量仪,基本构造都是由天线(传感器)及主机系统两部分组成的。对电磁辐射源的测量主要是监测其近场区电磁辐射的强弱。由于近区场强很大,较远处的其他电磁辐射源的贡献可忽略不计,因此,对近区场强应选用综合场强仪测量。

对高频电磁辐射源的测试由如下环节着手:

a) 环境条件。对环境条件测量的仪器应按照规定的使用条件,测量记录表应注明环境温度和相对湿度。
b) 测量仪器。可选用各向同性响应或有方向性电场探头或磁场探头的宽带辐射测量仪。采用有方向性探头时,应在测量点调整探头方向以测出测量点最大辐射电平。测量仪器工作频带应满足待测场要求。
c) 测量时间。在电磁辐射源正常工作时间内进行测量,每个测点连续测 3 次,每次测量时间不应小于 15 s,并读取稳定状态的最大值。若测量读数起伏较大时,应适当延长测量时间。
d) 测量位置。测量位置取作业人员操作位置,距地面水平距离,对腹部、腰部、胸部三个部位。
e) 数据处理。求出每个测量部位平均电场强度值(若有几次读数),最好是 RMS 平均值。

附 录 B
（资料性附录）
关于焊接电磁场防护的一般信息

在焊接设备的操作手册上应提供以下关于电磁场防护的一般信息：

a） 当电流通过任何导体时将会产生局部电磁场（EMF），且分布在焊接设备及其回路的周围。

b） 电磁场对某些医学植入装置产生干扰，如心脏起搏器等。为此要采取相应的防护措施，例如，设置专用人员通道或对操作人员做出专门评估等。

c） 所有焊接人员必须遵从以下操作方法以便减少操作人员在焊接回路电磁场中的曝露。

——在可能情况下，把焊接电缆扎在一起走线；

——在焊接作业中使身体和头部尽可能远离焊接回路；

——不要把焊接电缆盘绕在身体上；

——避免在焊接电缆之间进行焊接作业，将焊接电缆置于操作人员的同一侧；

——与工件连接的地线应尽可能短，并靠近焊接实施的区域；

——在焊接作业中不可坐、靠或贴近焊接电源。

附 录 C
（资料性附录）
人体内感应的电流密度和内部电场的计算方法
——处于磁场中的人体的二维模型

本标准对人体内感应的电流密度和内部电场的计算方法适用于的频率范围，是依据人体处于电场和磁场中时人体内的感应电压或感应电流给出的接触限值，这一频率范围包括低频和中频，最大到100 kHz。在标准中所用的一些方法在一些具体情况下可以使用于更高频率场合。

根据生物和医学实验，得到关于这些基本感应现象的曝露限值通常称为"基本限值"，已经包含了安全因素。由于感应电量是不能直接测量的，因此提出了"导出限值"，这是根据外部电场或磁场与人体耦合作用的模型得到的，且所获得的限值是保守的。

C.1 范围

本附录介绍耦合因子 K，以对处于复杂磁场中的人体进行曝露评估，例如处于非均匀磁场或扰动电场中的人体，耦合因子 K 有不同的物理解释，这要依靠人体与电场或磁场曝露情况相关联。

本附录较详细地定义处于非均匀磁场中人体简化模型的耦合因子 K，因此，将其称为"非均匀的磁场条件下的耦合因子"。

本附录的所有计算均使用了低频率假定条件，即忽略了位移电流的存在。这一假设在处于低频率范围的人体是有效的，具体需要参数满足 $\varepsilon\omega \ll \sigma$。

对于频率到了几赫兹的情况，电导率与介电常数的比率应进行计算，以验证是否满足上面的假设条件。

C.2 分析模型

C.2.1 概述

处于频率在100 kHz以下磁场的人体组织通常依据感应电流密度或内部电场来进行定义的。这些电学参数不可能直接测量，在本附录中给出了由外部磁场来评估这些参数的方法和工具。

感应电流密度 J 和内部电场 E_i 由以下简化公式紧密地联系在一起：

$$J = \sigma E_i \qquad \cdots\cdots (C.1)$$

式中：

σ——生物组织的电导率。

本附录内容是根据感应电流密度 J 而提出的，生物组织内部电场的感应电流密度 J 很容易从上述公式中推导而来。

分析模型用于用以定量感应电流或内部电场和外部磁场之间的关系。这些均引入了高度简化的人体几何尺寸模型，假设人体具有均匀的电导率和处于均匀磁场的作用下。这样的模型有严格的限制。因为人体是一个非常复杂、非均匀结构，并且焊接电磁场通常是非均匀的。

C.2.2 均匀场的基本分析模型

根据单一频率的均匀外部磁场与给定电导率条件下均匀导电盘耦合假设的基础上，最简单的分析模型用于代表身体的研究部位，如图C.1示意。

这一模型的目标是提供一种简单的评估感应电流和内部场的方法。这一方法给出了计算电量的保守值。

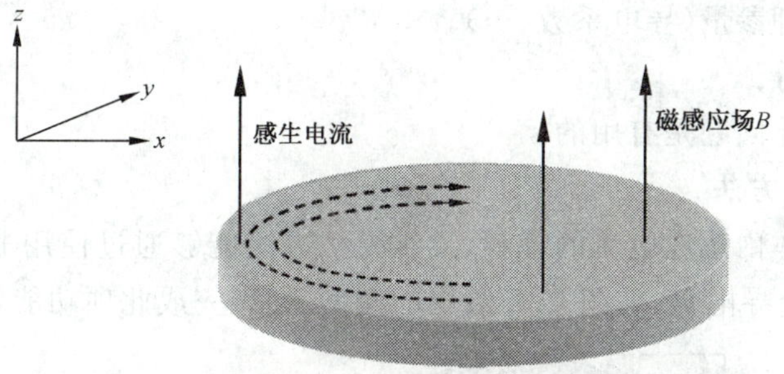

图 C.1　处于均匀磁感应强度的一个导电盘

对于交替变化的磁场，该计算假设身体或处于磁场中的身体部位是半径为 r、电导率为 σ 的圆柱体，计算条件采用了最大耦合条件，即均匀磁场垂直穿过圆盘。在这种情况下，在半径 r 处的感应电流密度可以由下式计算：

$$J(r)=\frac{r\sigma \mathrm{d}B}{2\mathrm{d}t} \qquad \text{(C.2)}$$

式中：

B——磁感应强度。

对于单一频率 f 条件下，该式可变为：

$$J(r)=\sigma\pi r f B \qquad \text{(C.3)}$$

如图 C.1 所示圆盘内部感应电流的分布，感应电流近似呈以圆盘中心轴的旋转对称状。感应电流的最小值(零)处于中心处，感应电流的最大值在圆盘边缘。

C.3　数值模型

C.3.1　数值模型的简介

电磁场由麦克斯韦方程式描述，通过运用各种数值方法，这些方程式能够精确地求解二维或三维结构(二维或三维计算)，例如：

——有限元法(FEM)；

——边界积分方程方法(BIE 或 BEM)，或者矩量法；

——有限差分法(FD)；

——阻抗方法(IM)。

其他方法是从这些方法衍生出来的，例如，从有限差分法衍生出来如下一些方法：

——时域有限差分法(FDTD)；

——频率依赖的时域有限差分法((FD)2 TD)；

——标量位有限差分(SPFD)。

通过考虑材料的真实几何结构和物理特性，来准确地求解麦克斯韦方程式，并且可在稳定或瞬变电流源情况下进行计算。

数值方法的选择是基于计算精度、计算效率和多个因素的综合考虑，这些因素例举如下：

——模仿人体所处的磁场；

——模型化人体对象的大小和形状；

——人体对象的描述水平(体素尺寸)，或适当的网格划分；

——频率范围，为了忽略麦克斯韦方程式的某些项(例如：低频率情况下的位移电流)；

——电源信号(正弦，周期性或者瞬时的)；

——解决类型(二维或者是三维的)；

——数学公式表达；

——线性或非线性物理参量(导电系数、…);

——数值方法的性能等。

这些方法对于解决具体问题是有用的。

C.3.2 二维模型——一般方法

为了迅速获取对在人体内感应电流的理解,二维模拟方法能够通过使用非均匀磁场中的一个简单的人体替代表示方法(一个导电盘,如图C.2给出的模型示意)完成此项功能,具体如图C.3所示意。

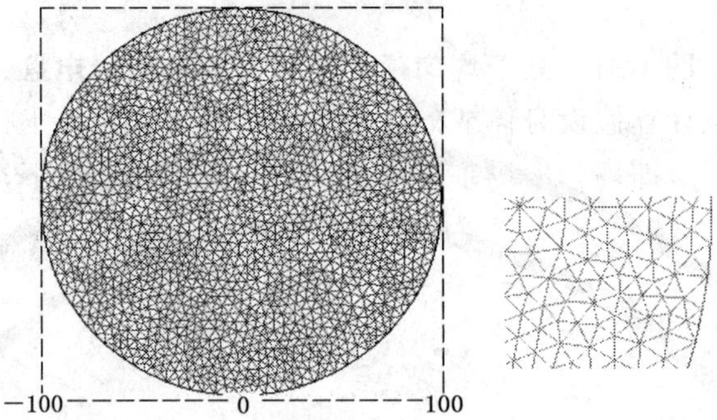

图 C.2 一个导电盘的有限元网格划分(2阶三角形)及细节

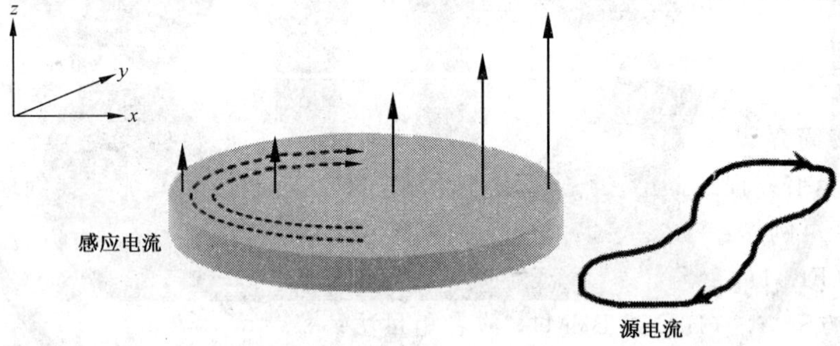

图 C.3 处于非均匀磁感应强度的一个导电盘

从麦克斯韦关系式(应用低频率假定),可得到一个如下的数学表达式:

$$\frac{1}{\sigma}\nabla^2\vec{H}_r-\mu_0\frac{\partial\vec{H}_r}{\partial t}=\mu_0\frac{\partial\vec{H}_{ex}}{\partial t} \qquad \text{(C.4)}$$

式中:

H_{ex}——由源电流产生的激发场;

H_r——由感应电流产生的反应场,感应电流可由下式确定:

$$\vec{J}=Curl(\vec{H}_r) \qquad \text{(C.5)}$$

方程(C.4)是用来使用有限元方法求解二维几何数值的,图C.2给出了一个导电盘的有限元网格划分(2阶三角形)与详情。

激发场 H_{ex} 包括了三个非均匀场源。三个场源分别是:通过一个无限长导线电流、两根相等电流的平行导线和一个电流的回路。

使用了 x、y、z 坐标。x-y 平面是研究导电圆盘产生感应电流的平面。除了一些 H_{ex} 均匀的特例情况外,源电流处于同一平面中,只考虑 H_{ex} 在 z 坐标方向上的分量,盘中的感应电流具有两个分量 J_x 和 J_y。

C.3.3 生物组织的电导率

从外部磁场进行人体中感应电流的计算，受身体不同组织的电导率和他们各向异性的强烈影响。在本附录中给出的结果是在电导率均匀和各向同性假定条件下得到的，取平均电导率为定值 0.2 S/m。

C.3.4 二维模型 —— 计算条件

二维计算代码用于模拟由具有频率 f 的交变磁场在一张导电盘中产生的感应电流，磁场源可分为以下四类：

——在所考虑空间中的均匀、定向的磁场；

——由通过一个无限长导线电流产生的磁场；

——由两根相等电流平行导线产生磁场；

——由通过一个电流回路产生的磁场。

为了方便分析模型的比较，在这个标准中计算参量的所有数值是固定的：

——圆盘半径：$R=100$ mm；

——圆盘电导率 $\sigma=0.2$ S/m；

——场源频率 50 Hz。

除以上四个场源之外，从场源产生的磁场是不均匀的，随着距离场源距离的增加而减少，在这些情况下，引用的磁场值是其接近场源圆盘边缘的磁场数值。

对盘中感应电流产生的反应场（由于盘的电导率非常小）可忽略不计。

C.3.5 非均匀磁场中的耦合因子

由局部磁场源（因此产生一个非均匀磁场）在盘中产生的感应电流密度，常常小于均匀磁场产生的感应电流密度，均匀磁场的大小与接近磁场源的非均匀磁场源盘子边缘处的磁场大小相等。非均匀磁场产生的感应电流减少，常常使用非均匀磁场耦合因子 K 来进行定量描述，非均匀磁场耦合因子 K 的物理定义如下：

$$K=J_{\text{非均匀}}/J_{\text{均匀}} \quad\quad (C.6)$$

式中：

$J_{\text{非均匀}}$——处于由当地磁场源产生的非均匀的磁场中的导电盘的最大感应电流密度。

$J_{\text{均匀}}$——处于均匀的磁场中的导电盘的最大感应电流密度。

$J_{\text{均匀}}$ 可由方程(C.3)得到下式：

$$J_{\text{均匀}}=J(r=R)=\sigma\pi RfB \quad\quad (C.7)$$

当处于均匀场中时，耦合因子 $K=1$。

注：耦合因子 K 是在频率为 50 Hz 条件下计算得到的。不管如何，由于低频率假定，这样的计算值对于本标准涉及的一直到 100 Hz 的整个频率范围都是有效的。同样，由于低频率假定，耦合因子 K 与电导率是无关的。

C.3.6 二维模型——计算结果

本条款是各类场源条件下的一些数值分析结果的汇总，无论对于那种磁场源，当人体模型作为一个均匀的圆盘予以处理。表 C.1 给出了在不同类型磁场源和不同磁场源与导电圆盘距离情况下，非均匀磁场耦合因子 K 的数值解($R=100$ mm；圆盘电导率 $\sigma=0.2$ S/m)，这些结果由图 C.4 给出了耦合因子随着与磁场源之间距离的变化。

表 C.1 中所有数值均小于 1，某些情况下远小于 1。这一结果表明，导电盘中的最大电流密度对应于盘边缘处的磁场，并且与磁场源的特征、导电盘与磁场源之间的距离等具有较宽的数值变化范围。只有在场源与“人体盘”之间的距离与盘自身尺寸（典型的是 10 倍的盘半径大小）相比很大的条件下，均匀场近似（这种情况下 $K=1$）是合适的。而当距离磁场源较近时（例如：操作人员靠近焊接电源），磁场不均匀性必须予以考虑。

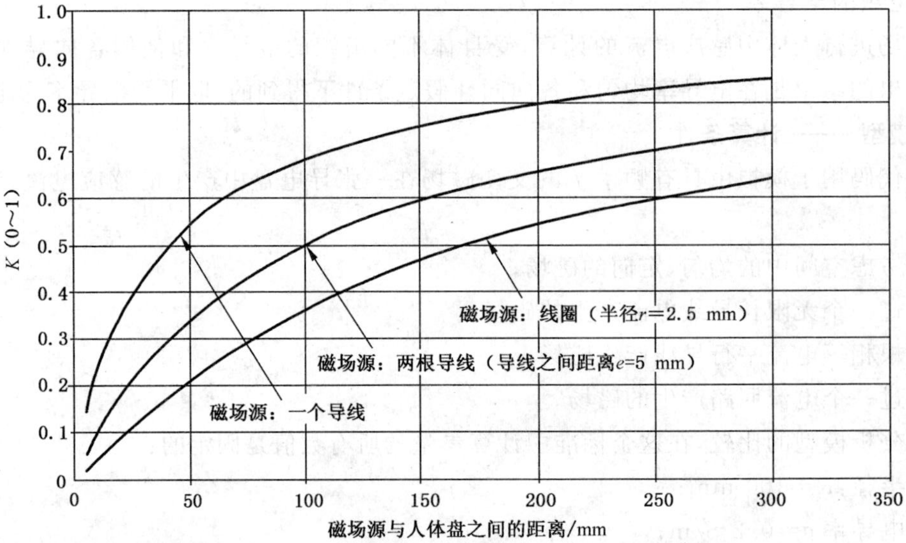

图 C.4　在三个磁场源中，非均匀磁场的耦合因子 **K** 随着与磁场源之间的距离而变化(可提供数据的最远距离为 1 900 mm，导电盘半径 R=100 mm)

表 C.1　在不同类型磁场源及其与导电圆盘的不同距离情况下，非均匀磁场耦合因子 **K** 的数值解(R=100 mm)

不同磁场源条件下的耦合因子 K			
场源与圆盘之间的距离 mm	一根无限长导线	两根相等电流平行导线 导线之间距离为 5 mm	一个环形回路 2.5 mm 半径
10	0.229	0.094	0.034
20	0.350	0.172	0.080
30	0.432	0.237	0.126
40	0.492	0.291	0.169
50	0.540	0.337	0.208
60	0.579	0.378	0.244
70	0.611	0.413	0.277
80	0.638	0.444	0.308
90	0.661	0.472	0.336
100	0.682	0.497	0.361
110	0.700	0.520	0.385
120	0.716	0.540	0.407
130	0.730	0.559	0.428
140	0.743	0.576	0.447
150	0.754	0.592	0.465
160	0.765	0.607	0.482
170	0.775	0.621	0.497
180	0.783	0.634	0.512

表 C.1（续）

不同磁场源条件下的耦合因子 K			
场源与圆盘之间的距离 mm	一根无限长导线	两根相等电流平行导线 导线之间距离为 5 mm	一个环形回路 2.5 mm 半径
190	0.792	0.645	0.526
200	0.799	0.657	0.539
210	0.806	0.667	0.552
220	0.813	0.677	0.563
230	0.819	0.686	0.575
240	0.824	0.695	0.585
250	0.830	0.703	0.595
260	0.835	0.711	0.605
270	0.839	0.718	0.614
280	0.844	0.725	0.623
290	0.848	0.732	0.631
300	0.852	0.738	0.639

ICS 25.160.30
J 64

中华人民共和国国家标准

GB/T 25313—2010

焊接设备电磁场检测与评估准则

The standardization for the evaluation of electromagnetic field distribution of welding equipment

2010-11-10 发布　　2011-05-01 实施

中华人民共和国国家质量监督检验检疫总局
中国国家标准化管理委员会　发布

前言

本标准的制定中，参考了世界卫生组织推荐国际非电离辐射防护委员会(ICNIRP)《限制时变电场、磁场和电磁场(300 GHz及以下)曝露的导则，1998》、电气与电子工程师学会/国际电磁安全委员会(IEEE/ICES)《关于人体曝露到0～3 kHz电磁场安全水平 (IEEEC95.6-2002)》以及我国环保部《电磁辐射曝露限值和测量方法》(2008年11月征求意见稿)，结合我国国情，提出了在无操作人员时、正常工作情况下焊接设备所产生的辐射电磁场的检测条件和评估方法。

本标准附录A为资料性附录。

本标准由中国电器工业协会提出。

本标准由全国电焊机标准化技术委员会(SAC/TC 70)归口。

本标准起草单位：北京工业大学、唐山松下产业机器有限公司、深圳市瑞凌实业股份有限公司、成都熊谷电器工业有限公司、深圳市佳士科技发展有限公司、成都三方电气有限公司。

本标准主要起草人：宋永伦、陈颉、邱光、肖介光、潘磊、苏东、萧波、张军。

焊接设备电磁场检测与评估准则

1 范围

本标准规定了电弧焊和电阻焊设备在正常工作情况下所产生的辐射电磁场场强的检测条件和评估方法。所涉及的电磁辐射频率为 1 MHz 以下。根据目前对电磁辐射检测的实际能力,检测的频率是从 10 Hz(或可更低)至 400 kHz(或可更高)的范围。

本标准适用于电弧焊和电阻焊设备。

2 规范性引用文件

下列文件中的条款通过本标准的引用而成为本标准的条款。凡是注日期的引用文件,其随后所有的修改单(不包括勘误的内容)或修订版均不适用于本标准,然而,鼓励根据本标准达成协议的各方研究是否可使用这些文件的最新版本。凡是不注日期的引用文件,其最新版本适用于本标准。

GB/T 6113.101 无线电骚扰和抗扰度测量设备和测量方法规范 第 1-1 部分:无线电骚扰和抗扰度测量设备 测量设备

3 术语和定义

下列术语和定义适用于本标准。

3.1

电场的均方根最大值 maximum r. m. s. value of electric field (maximum electric field)

在给定测量点的椭圆形电场半长轴的均方根值。

3.2

磁场的均方根最大值 maximum r. m. s. value of magnetic field (maximum magnetic field)

在给定测量点的椭圆形磁场半长轴的均方根值。

3.3

准静态场 quasi-static field

当被测的电磁场满足条件 $f << c \div l$,其中,f 是场频率,c 是光速,l 是场源与测量点之间的距离。

3.4

电场合成 resultant electric field

电场合成的表达式为:

$$E_{\mathrm{R}} = \sqrt{E_x^2 + E_y^2 + E_z^2}$$

其中:

E_x、E_y 和 E_z 分别是电场的三个正交分量的均方根值。

或表达为:

$$E_{\mathrm{R}} = \sqrt{E_{\max}^2 + E_{\min}^2}$$

其中:

$E_{\max}$、$E_{\min}$ 分别为椭圆形电场半长轴和半短轴的均方根值。

3.5

磁场合成 resultant magnetic field

磁场合成的表达式为:

$$B_R=\sqrt{B_x^2+B_y^2+B_z^2}$$

其中：

B_x、B_y 和 B_z 分别是磁场的三个正交分量的均方根值。

或表达为：

$$B_R=\sqrt{B_{max}^2+B_{min}^2}$$

其中：

B_{max}、B_{min}分别为椭圆形磁场半长轴和半短轴的均方根值。

3.6

振幅因数(振幅与有效值之比)　crest factor

在周期内波形峰值与均方根值之比。

3.7

噪声干扰　crosstalk

由交流电源或相邻电路产生的脉冲形信号。

3.8

频率响应　frequency response

检测仪器对不同频率电磁场的幅频特性。

3.9

响应时间　response time

检测仪器在测量时达到最终数值的某一规定百分率所需要的时间。

3.10

传输频带　pass-band

(1) 使数据低衰减传输的频谱范围；

(2) 电路或系统以较低的衰减通过某一频段的滤波(对其他频率相对于截止)。

3.11

校正检测器(对均方根值的误差)　rectified average (calibrated in r. m. s.) detector

用一给定频率正弦场均方根值标定的校正电路对来自探头信号进行校正。

注：如果探头信号正比于电磁场的时间导数，当存在谐波分量时仪器所探测的不是真均方根值；如检测器能对信号分段集成，误差会减少。其中，误差也是谐波和基波分量之间相位的函数。

3.12

检测距离　measuring distance

从设备的表面到检测传感器的最短距离。

3.13

检测位置　measuring positions

传感器以规定的距离围绕被检设备进行检测，所规定的检测距离是操作人员的工作范围。

3.14

标准不确定性　standard uncertainty

检测结果的不确定性用标准差表示。

4　检测方法

4.1　电磁辐射测量的一般要求

a)　测量时的环境条件应符合仪器的使用环境条件，测量记录应注明环境条件。

b)　测量点位置的选取应考虑使测量结果具有代表性。不同的测量目的应采取不同的测量方案。

c) 测量前应估计最大场强值，以便选择测量设备。测量设备应与所测对象在频率、量程、响应时间等方面相符合，以保证测量的准确。测量设备应定期校准。

d) 测量中异常数据的取舍以及测量结果的数据处理应按统计学原则处理。

e) 电磁辐射测量应建立完整的文件资料以备复查，文件资料包括测量设备的校准证书、测量方案、测量布点图、原始测量数据、统计处理方法等。

f) 场参数测量时，若用宽带测量设备进行测量，测量值没有超出限值，则不需用其他设备进行测量，否则应使用窄带测量设备进行测量，找出影响测量结果的主要辐射源。

g) 对固定辐射源进行场参数测量，应设法避免或尽量减少周边偶发的其他辐射源的干扰，对不可避免的干扰估计其对测量结果可能产生的最大误差。

4.2 测量方法

4.2.1 电场

凡工作电压在 1 000 V 以下的焊接设备，不需要做电场强度的检测。详见附录 A。

4.2.2 频率范围

检测频率范围从 10 Hz～400 kHz。如果在一次测量中不能覆盖所需的频率范围，则对每个频段的测量加权结果求和。

4.2.3 磁场传感器

通量密度的测量值是每个方向 100 cm^2 面积上的平均。该传感器由测量面积为 100 cm^2 的三个互相垂直同心线圈组成，其中 5 cm^2 提供各向同性的灵敏度。传感器的外直径不应超过 13 cm。

注 1：一种结合了适当总和方法的单方向传感器(非各向同性的)是允许使用的。

注 2：磁通密度的最终值是各个方向测量值的矢量和。由此保证测量值与磁场矢量方向的无关性。

4.2.4 磁场的检测步骤

对测量信号的评估依赖于频率。考虑到各独立场源，应取最高测量值。

持续时间低于 200 ms 的瞬态磁场，例如开关开闭过程，一般忽略不计。如果开关动作发生在测量进行过程中，则该测量必须重复进行。测量装置的最大噪声必须限制在 5%。任何测量值如低于最大噪声水平将不予采用。

测量的信号背景应低于 5%的噪声限值。测量装置达到最终值 90%的响应时间不超过 1 s。磁通密度用 1 s 的平均时间来确定。

4.3 测量不确定度

总测量不确定度由传感器位置，操作条件，噪声背景或信号超出测量仪器动态范围等因素构成。最大整体测量误差不应超出限值 25%。测量结果必须给出不确定度的估计范围。

对测量不确定度的处理如下：

——确定被测装置产生的磁场是否低于限值，通常适用于制造商的测量；

——确定被测装置产生的磁场是否超出限值，误差必须从结果中减去并且用差数与此限值相比较，通常适用于检测机构出于市场监督目的的测量。

5 测量设备与条件

5.1 宽带测量设备

具有各向同性或有方向性响应的带宽足以接收和处理特定发射的所有频谱分量的场强测量设备，如场强计、微波辐射与泄漏测量仪等。宽带测量设备应用于宽频段电磁辐射的测量，用有方向性的探头时，应调整探头方向以测出最大辐射电平。

测量设备的频率范围和量程应满足测量需要，测量设备的准确度应不超过±3 dB。

5.2 窄带辐射测量设备

能够对带宽内某一特定发射的部分频谱分量进行接收和处理的场强测量设备，如符合 GB/T 6113.101

要求的测量接收机、频谱仪和天线组合的场强测量装置等。窄带测量设备应用于单个频率或某种已知频率的电磁辐射的测量。

5.3 场参数的测量原则

5.3.1 测量时间

在辐射源正常工作时间内进行测量。每个测量点连续测量5次，每次测量时间不应小于15 s，并读取稳定状态的最大值。若测量读数起伏较大，则应适当延长测量时间直至6 min。

5.3.2 测量位置

以作业人员操作位置为参考，距离地面0.5 m、1 m和1.7 m三个部位。对焊接设备周围环境进行辐射测量时，以辐射体为中心，在一定间隔方位的延长线上，选取不同距离的点作为测量点，起始点的距离和测量点的距离间隔根据实际作业情况确定。

5.4 测量要求与条件

在测试前，应该尽可能的了解焊接设备的电磁传播特性。这有利于适当的选取测试仪器和准确的进行测量。以下是测量前需要了解的基本情况：

a） 焊接设备类型和功率；

b） 待测电磁场的时域和频域特性，以选取相对应的探头类型；

c） 被测设备到测试点的距离。

测量场所应是焊接操作现场并且应在设备正常工作时进行。选取典型作业位置测量，包括焊钳、焊枪(炬)附近、线缆周围、电极附近等。

弧焊电源外部机箱能起到一定的磁场屏蔽作用，但是由于屏蔽材料选取不当以及机箱设计不合理等因素的会降低其屏蔽性能。

点焊设备的电极通过的电流较大，可达到几万安培，所以在电极周围将产生很大的磁场。电极附近的磁场强度可能超出测量设备的量程，为了保证测试设备及测试人员的安全，对点焊设备的测量应采取从远处逐渐靠近电极的方式进行。

6 检测报告

当记录或报告测量结果时，所需信息可依据被测对象做相应的变化。被测对象应在最初给予明确。在所有检测情况下有关仪器和测量结果都应该提供的信息如下：

——制造商的识别；

——仪器类型的标注；

——测量日期与时间；

——测量总不确定度；

——在报告中应采用国际单位，其他常用单位可在括号内注明；

——探头尺寸/几何结构及最后校准/鉴定的日期。

必要时，应该提供的其他信息包括：

——仪器的通频带；

——采样频率；

——用图说明测量区域和测量点；

——统计信息，如最大值和最小值，中值，几何平均数等等；

——含有多个频率磁场的频率分解范围；

——测量人员的识别；

——电磁场源的情况，如电流负荷等。

对焊接设备电磁辐射的检测应建立完整的文件资料。仪器的校准说明书，检测方案，检测布点图，测量原始数据，统计处理程序等必须全部保留，以备复查。任何存档或上报的检测结果必须经过复审，复审者应是不直接参与此项工作但又熟悉本内容的专业人员。

7 豁免管理

额定功率在 2 kW 及以下的各类焊接设备。

附　录　A
（资料性附录）
低频电磁场的说明

A.1　对低频电磁场的定义说明

在ICNIRP的导则中，将100 kHz频率作为低频的上限。但对低频频段的另一种分类（无线电波段）为：

——极低频ELF　0～3 kHz；

——甚低频VLF　3 kHz～30 kHz；

——低频LF　30 kHz～300 kHz。

A.2　低频场的导出限值

低频场的导出限值不应超过表A.1的规定。

表A.1　时变电场和磁场的导出限值

频带	电场强度 E/(V/m)	磁场强度 H/(A/m)	磁感应强度 B/μT
至1 Hz	—	1.63×10^5	2×10^5
1 Hz～8 Hz	20 000	$1.63\times10^5/f^2$	$2\times10^5/f^2$
8 Hz～25 Hz	20 000	$2\times10^4/f$	$2.5\times10^4/f$
0.025 kHz～0.82 kHz	$500/f$	$20/f$	$25/f$
0.82 kH～65 kHz	610	24.4	30.7
0.065 MHz～1 MHz	610	$1.6/f$	$2.0/f$

注1：f为频率，单位Hz。

注2：当频率为100 kHz以上，E^2、H^2、B^2均是任意6 min的平均值。

注3：100 kHz至1 MHz之间的频率，场强的峰值限值通过100 kHz峰值的1.5倍与1 MHz峰值的32倍的插值算法得到。

注4：对于频率小于1 Hz没有提供E场限值，在此频率下为静电场。

ICS 27.120
F 23

中华人民共和国国家标准

GB/T 25314—2010

核电厂机械设备腐蚀管理大纲内容要求

Requirements of corrosion management program for mechanical equipment in nuclear power plants

2010-11-10 发布　　2011-05-01 实施

中华人民共和国国家质量监督检验检疫总局
中国国家标准化管理委员会　发布

前　言

本标准由中国电力企业联合会提出并归口。

本标准起草单位：苏州热工研究院有限公司。

本标准主要起草人：刘飞华、任爱、费克勋、陈汉明、赵万祥、王水勇、张忠伟、钟赵江、李岩。

核电厂机械设备腐蚀管理大纲内容要求

1 范围

本标准规定了核电厂机械设备腐蚀管理大纲的内容要求，包括腐蚀风险分析、腐蚀敏感关键设备筛选、预防性防腐蚀管理及文件体系等内容。

本标准适用于核电厂腐蚀敏感关键设备腐蚀管理大纲的制定。

2 术语和定义

下列术语和定义适用于本标准。

2.1

腐蚀风险　corrosion risk

在服役条件下，机械设备发生腐蚀的概率和危害性。

2.2

预防性腐蚀管理　preventive corrosion management

为避免或减缓设备发生腐蚀，对机械设备开展的计划性、周期性的主动防腐蚀管理活动。包括定期腐蚀检查、腐蚀缺陷处理、腐蚀状态评估等。

2.3

腐蚀敏感关键设备　key corrosion-sensitive equipment

腐蚀风险高且与机组安全性、可靠性、经济性相关的机械设备。

2.4

腐蚀管理大纲　corrosion management program

预防性腐蚀管理活动的集合。

3 总则

3.1 通用技术要求

3.1.1 对腐蚀敏感关键设备实施预防性腐蚀管理，应制定核电厂机械设备腐蚀管理大纲。

3.1.2 编写腐蚀管理大纲前应对全厂机械设备开展腐蚀风险分析。

3.1.3 核电厂机械设备腐蚀管理大纲应制定实施腐蚀管理的文件体系。

3.1.4 应定期开展腐蚀管理大纲的适应性和有效性评价，根据相关经验反馈和实施效果对核电厂机械设备腐蚀管理大纲进行修订。

3.2 内容要求

3.2.1 确定腐蚀风险分析的依据、内容和方法。

3.2.2 确定腐蚀敏感关键设备的筛选原则和范围，建立腐蚀敏感关键设备数据库。

3.2.3 确定预防性腐蚀管理的方法和内容。

3.2.4 确定实施腐蚀管理的文件体系，规定各类文件应该包括的内容和要点。

4 腐蚀风险分析

4.1 腐蚀风险分析背景

腐蚀风险分析至少应了解以下信息：

a) 核电厂机械设备服役条件，包括环境和运行工况；

b） 核电厂机械设备防腐蚀选材与结构设计；

c） 核电厂机械设备检修历史、防腐蚀维护历史；

d） 核电厂机械设备腐蚀状态信息；

e） 核电厂相关腐蚀经验反馈和相关研究。

4.2 腐蚀风险分析内容

腐蚀风险分析应综合分析以下两方面：

a） 核电厂机械设备腐蚀发生的概率；

b） 核电厂机械设备腐蚀产生的危害和影响。

5 腐蚀敏感关键设备

5.1 腐蚀敏感关键设备的筛选原则

同时符合以下两个条件的设备属于腐蚀敏感关键设备：

a） 与机组安全性、可靠性或经济性相关的机械设备；

b） 腐蚀风险高的设备。

5.2 腐蚀敏感关键设备的范围

腐蚀敏感关键设备与反应堆堆型和厂址有关，压水堆核电厂推荐的腐蚀敏感关键设备的范围：

a） 核电厂一回路高温高压硼酸水、大气环境下，存在应力腐蚀、硼酸腐蚀等腐蚀倾向的机械设备，典型的设备包括反应堆压力容器、稳压器、蒸汽发生器、反应堆堆内构件和一回路管道等；

b） 核电厂二回路高温高压汽水环境下，存在冲刷腐蚀、应力腐蚀等腐蚀倾向的机械设备，典型的设备包括蒸汽发生器、汽轮机、二回路中存在汽/液两相的高能管道等；

c） 滨海核电厂海水及海洋大气环境下，存在海水腐蚀、海洋大气腐蚀等腐蚀倾向的机械设备，典型的设备包括凝汽器、海水管道、海水泵、海水过滤器及滤网等；

d） 核电厂其他腐蚀环境下，可能遭受腐蚀的机械设备，典型的设备包括化学储存罐、离子交换器、油罐、水箱等。

5.3 腐蚀敏感关键设备数据库

编制核电厂机械设备腐蚀管理大纲时，应建立腐蚀敏感关键设备数据库，至少应包括以下信息：

a） 腐蚀敏感关键设备名称和(或)编码及其功能作用；

b） 腐蚀敏感关键设备材料；

c） 腐蚀敏感关键设备所处环境和运行工况；

d） 腐蚀敏感关键设备的防腐蚀措施；

e） 腐蚀敏感关键设备的防腐蚀维修、更换等运行历史记录；

f） 对腐蚀敏感关键设备采用的新防腐蚀工艺的评定、试验、验证等记录。

6 预防性腐蚀管理

6.1 定期腐蚀检查

6.1.1 腐蚀检查周期

腐蚀检查周期的制定要符合以下原则：

a） 基于设计、制造和安装的要求；

b） 基于机械设备腐蚀风险分析；

c） 结合停堆换料周期与设备腐蚀状态等因素统筹考虑；

d） 兼顾检修的经济性和经验反馈。

6.1.2 腐蚀检查内容

a） 应对以下防腐蚀措施进行有效性和完整性检查：

1） 涂镀层；

2） 衬里；

3） 阴极保护；

4） 其他防腐措施。

b） 金属腐蚀状况检查。

6.2 腐蚀状态评估

6.2.1 应进行腐蚀检查、试验、监/检测等工作，获取设备的设计、运行、维修历史等环节中与腐蚀相关的数据。

6.2.2 腐蚀程度达到或超过设计裕度，应对设备进行更换或修复处理。

6.2.3 对无明确腐蚀程度判据的情况，根据缺陷的级别提出相应的维修、更换建议，确定是否需要开展进一步的试验和检测工作。

6.2.4 对维修和更换计划做可行性和经济性分析。

6.3 定期防腐蚀维护

满足以下条件之一的机械设备或其防腐蚀措施，应采用定期防腐蚀维护管理方法：

a） 根据经验反馈能确定防腐蚀维护周期的机械设备；

b） 防腐蚀措施使用寿命可确定的机械设备。

7 文件体系

7.1 大纲文件

大纲文件包括大纲文本和腐蚀敏感关键设备数据库。

7.2 管理程序

管理程序应对腐蚀管理大纲实施所需要的人员、组织、接口作出规定。

7.3 技术程序

技术程序应对腐蚀检查、实施、评估、验收、记录、存档等活动作出规定。

ICS 33.040.40
L 78

中华人民共和国国家标准

GB/T 25315—2010

家庭控制系统　安全导则

Home control systems—Guidelines relating to safety

(IEC Guide 110:1996,MOD)

2010-11-10 发布　　2011-05-01 实施

中华人民共和国国家质量监督检验检疫总局
中国国家标准化管理委员会　发布

前　　言

本标准修改采用IEC指南110:1996《家庭控制系统　安全导则》。

本标准与IEC指南110:1996比较,技术要求协调一致,主要编辑性差异如下:

——删除了国际标准的前言,增加了国家标准的前言;

——增加了第2章"规范性引用文件",删除了国际标准的附录A:参考文献,将有关信息写入第2章;

——增加了4.1、4.2的标题;

——增加了5.2.1和5.3.5;

——对国际标准中有关技术委员会的技术协调职能的条款作了编辑性修改并加注说明;

——其他编辑性修改。

本标准由全国电气安全标准化技术委员会(SAC/TC 25)提出并归口。

本标准主要起草单位:海尔集团。

本标准参加起草单位:机械工业北京电工技术经济研究所、中国家用电器研究院、深圳标准研究院。

本标准主要起草人:冯承文、曾雁鸿、周林、李莉、李锋、李一、温利峰。

家庭控制系统　安全导则

1　范围

本标准旨在为相关专业标准和产品标准中，考虑和处理预定集成在家庭控制系统中产品的安全要求时提供背景信息。本标准包括与家庭控制系统有关的功能安全和传统安全方面的信息。

本标准定义了家庭控制系统的安全相关特性，家庭控制系统是指在家庭和类似场所通过低压或特低电压(ELV)的建筑物布线，通过光纤、空气或采用电磁波进行信号传输的系统。

本标准适用于在信息技术设备的互联领域所选用的家庭控制系统，并限定在单一家庭住所或具有类似复杂性的办公场所。

有关电磁兼容EMC方面的处理，应依据相关的标准规定，本标准不具体包括这方面的内容。

注1：有关信息技术设备的互联的国际标准归ISO/IEC JTC 1/SC 25负责；

注2：有关电磁兼容EMC的国际标准归IEC/TC 77负责。

2　规范性引用文件

下列文件中的条款通过本标准的引用而成为本标准的条款。凡是注日期的引用文件，其随后所有的修改单(不包括勘误的内容)或修订版均不适用于本标准，然而，鼓励根据本标准达成协议的各方研究是否可使用这些文件的最新版本。凡是不注日期的引用文件，其最新版本适用于本标准。

GB 4706(所有部分)　家用和类似用途电器的安全(对应IEC 60335)

GB/T 16499　安全出版物的编写及基础安全出版物和多专业共用安全出版物的应用导则(GB/T 16499—2008，IEC导则104:1997，NEQ)

GB/T 20000.4　标准化工作指南　第4部分：标准中涉及安全的内容(GB/T 20000.4—2003，ISO/IEC Guide 51:1999，MOD)

3　术语和定义

GB/T 20000.4确立的以及下列术语和定义适用于本标准。

3.1

家庭网络　home network

一个在家庭住所或具有类似复杂性的办公场所内进行数字或模拟信息传输的内部网络，它提供限定的访问点并使用任何形式的任何传输媒体。

3.2

家庭控制系统　home control system

家庭控制网络及其辅助装置的总和，包括应用过程的控制、通信和管理的规则。

3.3

应用协议　application protocol

在家庭控制系统中交流信息的应用程序所用的标准化语言，利用家庭控制网络资源进行无中断的传递。

3.4

功能安全　functional safety

为达到和维持正常条件及故障和危险情况下的安全水平，家庭控制系统采取必要措施的能力。

4 家庭控制系统

4.1 家庭控制系统应用实例

各种应用装置可在家庭和类似环境中有不同的应用，应用实例包括但不限于以下方面：

——照明；

——采暖；

——清洗；

——娱乐（音频/视频）；

——能源管理；

——水、电、气的控制；

——环境监测（失火报警、家电监控）；

——不同形式的安全控制（音频/视频）。

4.2 家庭控制系统概述

4.2.1 当几种应用装置能够通过家庭控制网络互联，由此产生的整个系统就被视为一个家庭控制系统。

4.2.2 家庭控制网络可以基于不同的传输媒体（例如，电力网、双芯绞合线、红外或无线电等）。

4.2.3 家庭控制网络也可以与其他外部网络相联，如：电话网络。

4.2.4 一个家庭控制系统通常首先要被组装成能包括某些基本应用功能，例如，照明控制，取暖和通风控制。它可以包括来自不同制造商的应用装置。在许多情况下，这些应用装置是由不同的产品标准来规定的。此外，将来这种系统有可能会被扩展成包括更多的应用功能，这些扩展在许多情况下不会由安装原系统的人来完成。

4.2.5 在一个传统的电气安装系统中，每一功能都需要有其自己的电缆，并且每一控制系统就是一个单独的网络。相反，一个家庭控制系统能够使用一条共用的线路完成对所有功能和程序的感应、转换、控制、监控和传输信号。应用装置可以直接接入电源，也可以由网络控制设备提供电源。

4.2.6 应用装置通过媒体接入单元（MAU）接入到家庭控制网络中，应用装置通过一个接口与MAU连接。MAU可集成在装置中，也可以与装置分离。所有连接在家庭控制系统上的应用装置可以由中心管理装置管理，也可以不通过中心管理装置直接进行应用装置对应用装置通信。家庭控制系统可以包括从几个到上百个被连接系统的应用装置。

4.2.7 家庭控制系统中的家庭网络可采用图1中的几种拓扑结构，也可以采用这些拓扑的组合。

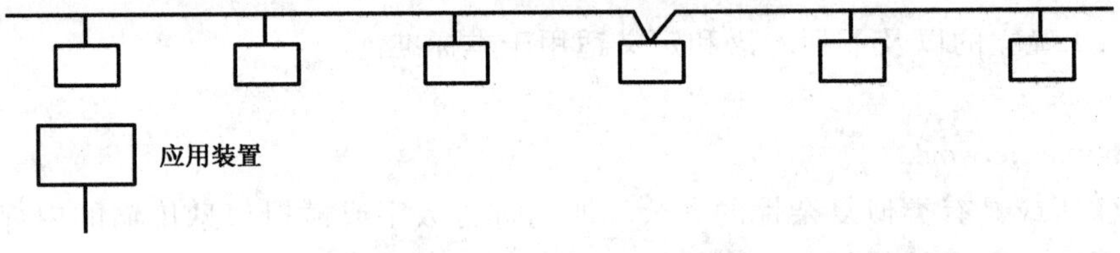

a）总线型拓扑

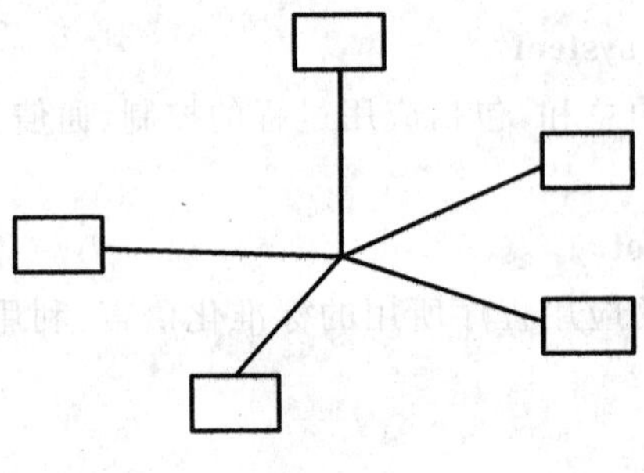

b）星形拓扑

图1 可能的拓扑示例

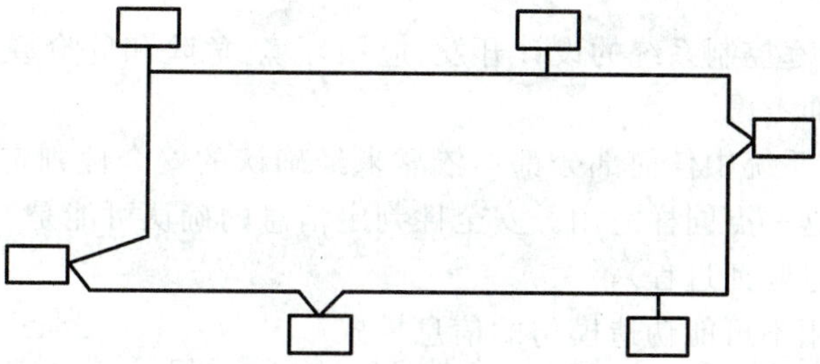

c) 环路或环状拓扑

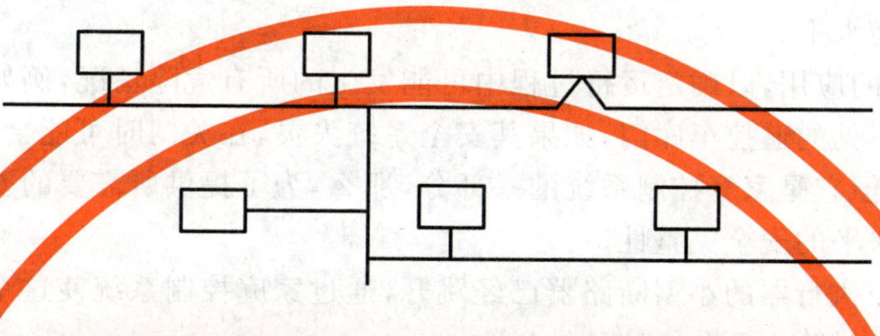

d) 树状拓扑

图 1（续）

4.2.8 接入家庭网络的应用装置可用不同方式供电，如图 2 所示。

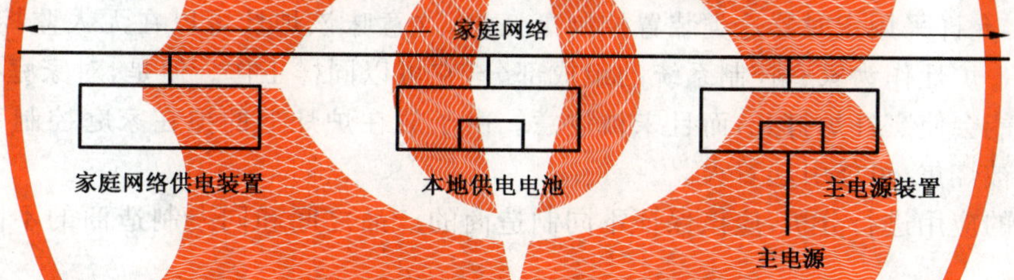

图 2 不同方式的供电装置示例

5 安全方面

5.1 一般考虑

产品、过程或服务的安全水平是免除不可接受伤害风险与其他诸如适用性和成本等要求之间的综合平衡点。

为确定安全要求，应该按下列 5 个方面考虑家庭控制系统：

a) 拟用于连接网络的装置；

b) 网络；

c) 网络中装置的安装；

d) 系统；

e) 家庭控制系统与其他系统的连接，诸如，电信系统或报警系统。

对于家庭控制系统，除所连接的装置的设计之外，系统的配置和安装对其安全方面也有很大影响。因此，需要提供这些系统的设计、安装、配置、扩展和维修指南，从而，避免潜在的安全问题。

当规定家庭控制系统的安全要求时，应考虑以下内容：

——功能安全方面；

——电气安全方面。

5.2 功能安全方面

5.2.1 功能安全建议从家庭控制系统的设计开发、应用环境、危险和危险事件的辨识、风险降低措施的实现以及安全完整性等方面考虑。

5.2.2 重要的是家庭控制系统中任何部分都不依靠未经确认的安全性判定信息，对于新的和修改(配置的扩展和改变)的系统，这一点同样适用。安全性判定信息的确认可能是：

——明确的(例如，通过验证过程)；

——隐含的(例如，使用不可能伪造模仿的信息模式)。

5.2.3 家庭控制系统的网络或任何其他部分都不应该影响应用装置的安全，应该符合该应用装置产品标准的所有安全要求。同样，应用装置的连接也不应该影响该家庭控制系统的安全。

5.2.4 如果一个应用装置的安全运行取决于其系统，但又不能验证该系统的功能是否正确，则该装置就必须维持适当的安全水平。

5.2.5 必须分析预定的应用，以确定运行过程中可能发生的所有危险情况，例如：

——操作人员看不见的遥控车库门，如果其安全系统失灵，在关门时可能会伤人。如果车库门未装上安全系统，但它是家庭控制系统的一部分，那么，为了提供所需要的安全水平，家庭控制系统必须具有高水平的安全完整性。

——带有总线遥控执行器的小型断路器已经跳开，通过家庭控制系统使这个小型断路器复位，应该从引起危险的风险方面分析这种结果。

——一些符合 GB 4706 系列标准的家用电器不能在无人监控的情况下用，但这些家用电器中有些可能被集成在家庭控制系统中。因此，为了符合无人监控设备的安全要求，可能需要修改有关产品标准。

——传统上，允许采用定时器这类装置控制烹饪炉，这意味该炉灶可以在无人监控的情况下工作。如果这一炉灶作为家庭控制系统的组成部分，它可以同样工作。但是，对家庭控制系统的无意操作可能会使烹饪炉打开，而且未被注意。由于放在炉灶上的拟在家庭控制系统控制下烹饪的食品被烧焦，可能引起着火。

——对预定的应用进行分析，应该保证不同制造商的产品之间和同一制造商的不同代的产品之间的兼容。

5.3 电气安全方面

5.3.1 家庭控制系统各部件的电气安全方面大部分包括在产品标准中。然而，要把不同的标准覆盖的产品连接在一个家庭控制系统上就需要对各种要求进行协调。因此，为使许多不同装置连接在家庭控制系统上，对一些安全方面，例如，泄漏电流累积或各种接地要求，应予以考虑。这样就导致在产品或系统标准中，特别是在建筑物电气装置的安装、信息技术设备的安全和能效方面的标准中，增加相关的要求。

注 1：有关建筑物电气装置的安装国际标准归 IEC/TC 64 负责；

注 2：有关信息技术设备的安全和能效国际标准归 IEC/TC 74 负责。

5.3.2 上述考虑同样适用于不同系统之间的相互连接，例如，家庭控制系统、电信系统，报警系统，局域网络(LAN)。

5.3.3 对于产品标准包括的其他项目，以一个兼容的方式对待安全性方面问题也很重要，例如：SELVPELV、爬电距离和间隙。

5.3.4 在不同电位区的两个不同建筑物中，使用的家庭控制系统的安全方面问题应予以研究。

5.3.5 应用装置的接入可能会影响应用装置本身以及控制系统的电磁兼容性能，可能会要求应用装置产品标准中对电磁兼容要求做出调整。

6 结论与建议

6.1 为了融合用于家庭控制系统、信息技术设备和电信设备的技术，相关的产品标准应根据

GB/T 16499的原则统一术语并协调有关要求。

注：GB/T 16499 是参照采用了 IEC 导则 104，该导则是由 IEC 安全咨询委员会(IEC/ACOS)制定，是 IEC 领域中协调各相关专业安全标准和产品安全标准的基础指南。

6.2 建筑物电气装置的安装标准中，应考虑家庭控制系统的布线和安装的安全要求，还应考虑泄漏电流的累积效应和不同的接地要求。

相关的产品标准也应关注有关建筑物电气装置的安装标准中的安全要求。

6.3 家庭控制系统的功能安全依靠使用的应用协议对信息的正确传递，以及涉及到所有软件的稳定性和兼容性。

6.4 根据上述原则，相关产品标准中应考虑，可能需要在其标准中包含对拟集成到家庭控制系统的产品的附加安全要求。可能涉及的相关产品领域如下：

——电能测量和控制用设备；

——低压开关设备和控制设备；

——低压成套开关设备和控制设备；

——低压电缆；

——电气附件；

——灯泡及有关设备；

——家用和类似用途电器的安全；

——测量、控制和试验室设备的安全；

——家用自动控制器；

——信息技术设备的安全和能效；

——报警系统；

——音频、视频及类似电子设备的安全；

——小型电力变压器、电抗器及电源装置和类似设备的安全。

ICS 29.200
K 81

中华人民共和国国家标准

GB/T 25316—2010

静止式岸电装置

Static shore power supply (SPS) system

2010-11-10 发布　　　　2011-05-01 实施

中华人民共和国国家质量监督检验检疫总局
中国国家标准化管理委员会　发布

前　言

本标准由中国电器工业协会提出。

本标准由全国电力电子学标准化技术委员会(SAC/TC 60)归口。

本标准负责起草单位:青岛经济技术开发区创统科技发展有限公司。

本标准参加起草单位:广东志成冠军集团有限公司、中船第九设计院工程有限公司、青岛北海船舶重工有限责任公司、江门市安利机电工程有限公司、广州市番禺金来电子技术工程有限公司、深圳市汇川技术有限公司、舟山中远船务工程有限公司、南京冠亚电源设备有限公司、湖南大学。

本标准主要起草人:隋学礼、陈达森、高小平、潘国强、吴毅强、李敏、柏子平、郑伟海、张海波、戴瑜兴、杨国栋、高孟良、吴维礼、刘同利、张振声。

静止式岸电装置

1 范围

本标准规定了静止式岸电装置的术语、使用条件、性能要求、试验方法、检验规则及标志、包装、运输和贮存。

本标准适用于静止式岸电装置。

2 规范性引用文件

下列文件中的条款通过本标准的引用而成为本标准的条款。凡是注日期的引用文件，其随后所有的修改单(不包括勘误的内容)或修订版均不适用于本标准，然而，鼓励根据本标准达成协议的各方研究是否可使用这些文件的最新版本。凡是不注日期的引用文件，其最新版本适用于本标准。

GB/T 191 包装储运图示标志(GB/T 191—2008,ISO 780:1997,MOD)

GB/T 2423.3—2006 电工电子产品环境试验 第2部分:试验方法 试验Cab:恒定湿热试验(IEC 60068-2-78:2001,IDT)

GB/T 2423.16—2008 电工电子产品环境试验 第2部分:试验J及导则:长霉(IEC 60068-2-10:2005,IDT)

GB/T 2423.18—2000 电工电子产品环境试验 第2部分:试验Kb:盐雾,交变(氯化钠溶液)(idt IEC 60068-2-52:1996)

GB/T 3859.2—1993 半导体变流器 应用导则(eqv IEC 60146-1-2:1991)

GB 4208—2008 外壳防护等级(IP代码)(IEC 60529:2001,IDT)

GB/T 6994—2006 船舶电气设备 定义和一般规定(IEC 60092-101:2002,IDT)

GB 7251.1—2005 低压成套开关设备和控制设备 第1部分:型式试验和部分型式试验成套设备(IEC 60439-1:1999,IDT)

GB/T 7260.3—2003 不间断电源设备(UPS) 第3部分:确定性能的方法和试验要求(IEC 62040-3:1999,MOD)

GB 12348—2008 工业企业厂界环境噪声排放标准

GB/T 14549—1993 电能质量 公用电网谐波

钢质海船入级与建造规范 2009 第4分册 中国船级社

3 术语和定义

GB/T 6994—2006、GB/T 7260.3—2003、《钢质海船入级与建造规范》(2009)第4分册中确立的以及下列定义和术语适用于本标准。

3.1

静止式岸电装置 static shore power supply (SPS) system

一种输入电压为三相、输入频率为50 Hz,输出电压为1 000 V及以下、输出频率为60 Hz,放置在岸上或浮船坞,用于向在场(厂)靠泊的船舶或其用电部件供电的静止式电源。

3.2

额定输出容量 rated output capacity

岸电装置的额定输出表观功率,单位为千伏安(kVA)。

3.3

效率 efficiency

岸电装置在额定输入，并达到额定输出容量情况下，输出有功功率与输入有功功率的百分比。

3.4

电压波动恢复时间 recovery time of voltage fluctuation

岸电装置负载电流在0～100%额定电流范围内突加或突减引起输出电压变化，由电压变化开始起，至稳定所需的过渡时间。

3.5

稳态运行 stable operation

在满足下列情况供电时，最终达到的稳定运行状态：

a) 输入电压、频率在规定的允差内；

b) 岸电装置连续运行；

c) 负载在额定范围内；

d) 输出电压、频率、波形在允差范围内。

3.6

可维修性 maintainability

可维修性是为了保证能在最短的时间、以最低限度的资源（人力与技术水平、备件、维修设备和工具等）和最省的费用，经过维修使产品恢复到良好状态。

4 使用条件

4.1 环境条件

4.1.1 概述

符合本标准的岸电装置应在4.1.2～4.2的规定条件下达到要求。购买者与供货商之间另有协议的除外。

4.1.2 正常使用的环境条件

4.1.2.1 大气条件

户内使用，空气清洁。岸电装置周围空气温度范围为0 ℃～+40 ℃，且24 h内平均温度不超过+30 ℃。

在温度+40 ℃时，空气相对湿度不超过50%。在较低温度时，允许有较大的相对湿度（例如：+20 ℃且相对湿度为90%时，偶尔产生适度的凝露是允许的）。

户外使用的岸电装置，其使用条件由购买者与供货商协商确定。

4.1.2.2 污染等级

岸电装置在污染等级不劣于3级的环境中使用。

4.1.2.3 海拔高度

海拔高度不超过1 000 m。

4.1.3 贮存环境和运输条件

若无其他规定，贮存和运输过程温度范围为−25 ℃～+55 ℃。有特殊要求的，由购买者与供货商协商确定。

4.2 正常使用的电气条件

与公用低压供电电源兼容。若无其他规定，符合本标准的岸电装置连接至符合下列条件的输入电源时，应能稳态运行：

a) 输入电压：岸电装置三相输入电压变化范围为额定电压的±10%。输入电压额定值从下列数值中选取：380 V、660 V、1 000 V。

b) 输入频率:岸电装置输入频率为 50 Hz,其变化范围为额定频率的±2%。

5 技术要求

5.1 一般要求

岸电装置输出为三相三线制式;输入和输出之间应进行电气隔离,其耐电强度应符合 5.5.3。

5.2 主要技术参数

5.2.1 额定输出容量

岸电装置处于稳态运行状态,负载功率因数为 $\cos\varphi=0.8$(滞后)情况下,其输出容量应达到额定值。

5.2.2 额定输出电压

岸电装置处于稳态运行状态,输出电压为额定值,其允差应不超过额定输出电压的±5%。

5.2.3 额定输出频率

岸电装置处于稳态运行状态,额定输出频率为 60 Hz,其允差应不超过额定输出频率±1 Hz。

5.2.4 输出电压波形失真度

岸电装置处于稳态运行状态,其输出电压波形失真度应不超过 5%。

5.2.5 瞬态电压变化范围

岸电装置处于稳态运行状态,输出端 $\cos\varphi=0.8$(滞后)的额定负载突加或突减,岸电装置的瞬态电压变化范围应不超过额定输出电压的±15%。

5.2.6 负载不平衡

岸电装置处于稳态运行状态,输出电压在规定的范围内,允许三相输出电流不平衡限值为 15%。

5.2.7 电压波动恢复时间

岸电装置在规定的输入条件下,负载($\cos\varphi=0.8$ 滞后)电流在允许范围(0%~100%额定电流)内突加或突减引起输出电压发生变化,从电压变化开始起,至稳定到额定输出电压允差范围内的时间应不超过 1.5 s。

5.2.8 过载能力

在规定的输入条件下,其输出电流等于额定输出电流的 110%时,应正常工作不少于 10 min。

5.3 保护功能

5.3.1 输出过载保护

岸电装置输出达到额定输出电流的 120%,且持续时间 1 min 时,应发出告警信号、切断输出,并保持故障显示。

5.3.2 输出短路保护

岸电装置输出端应具有短路保护功能。

5.3.3 输出缺相保护

岸电装置输出缺相时,应发出告警信号、切断输出,并保持故障显示。

5.3.4 输出电压欠压保护

岸电装置输出电压降至额定值的 80%(或用户要求的欠电压值)时,应发出告警信号、切断输出,并保持故障显示。

5.3.5 输出电压过电压保护

岸电装置输出电压达到额定值的 110%,且持续大于 1.5 s 时,应发出告警信号、切断输出,并保持故障显示。

5.3.6 逆变变压器过热保护

逆变变压器绕组过热保护限值根据其相应的绝缘等级设定,允差为±10 ℃。当温度超过规定限值时,应发出告警信号、切断输出,并保持故障显示。

5.4 计量装置和显示装置

岸电装置应配置便于观察的输入电压、电流、有功功率的显示装置。

岸电装置应配置满足测量并能远程传输信息的输出电压、电流、功率因数、有功功率、无功功率、频率和累积输出电能的装置，以及便于观察输出电压、电流、功率因数、有功功率、频率的显示装置。

显示装置的准确度应不低于1.0级。

5.5 绝缘配合

5.5.1 主汇流排的爬电距离和电气间隙

裸主汇流排(不包括主汇流排至引出线之间的导体)应具有表1所列的最小爬电距离和最小电气间隙。

表1 主汇流排的爬电距离和电气间隙

额定电压/V	最小爬电距离/mm	最小电气间隙/mm
$U_n \leqslant 250$	20	15
$250 < U_n \leqslant 690$	25	20
$U_n > 690$	35	25

5.5.2 其他部位的爬电距离和电气间隙

岸电装置其他部位的最小爬电距离应符合GB 7251.1—2005中的7.1.2及其表16的规定。

岸电装置一次电路的绝缘以及一次电路与二次电路之间的最小电气间隙应符合GB 7251.1—2005中的7.1.2及其表14的规定。

5.5.3 耐电强度

岸电装置应能承受表2规定的试验电压。试验电压波形为正弦波，频率为50 Hz或60 Hz。

表2 耐电强度试验电压

单位为伏

额定绝缘电压	试验电压	
	交流(方均根值)	直流
≤50	1 250	1 770
100	1 300	1 840
150	1 350	1 910
300	1 500	2 120
600	1 800	2 550
1 000	2 200	3 110

5.5.4 绝缘电阻

岸电装置的主回路与机壳之间的绝缘电阻应不低于1 MΩ。

5.6 冷却

5.6.1 岸电装置可采用自然冷却和/或强迫冷却。需要在安装场所采取特别的预防措施时，供货商应提供必要的资料。

5.6.2 岸电装置运行时，冷却媒质的极限温度为：

a) 空气：最低为：0 ℃，最高为：+40 ℃；

b) 冷却空气的日平均温度不超过+30 ℃，年平均温度不超过+25 ℃。

当岸电装置的工作环境温度或冷却媒质温度高于上述规定时，应对额定电流做适当的修正，见GB/T 3859.2—1993。

5.7 温升

表3和表4给出了温升限值。

一个元件或部件的温升是按照温度测量要求测得的该元件或部件温度与外部环境温度的差值。

5.8 可维修性

岸电装置的可维修性应满足下述要求：

所采用的主要零部件应是符合国家有关标准的定型产品。

易损和可更换的零部件、标准模块应安装在便于更换的位置。

岸电装置柜体前、后方向都应便于观察和维修，使用现场安装位置应便于维修人员工作。

岸电装置应具有输入缺相、输出缺相、过电流、过电压、半导体功率器件过热、短路故障查询功能。一旦出现故障，应能通过相关的告警显示装置或查询装置查找出故障的类型及相关的故障信息。

维护时人体易触及的带有剩余电荷的部(器)件附近应有清晰、醒目的警示标志。

必要时，应配备专用的维修工具。

表 3 岸电装置各部位的温升限值

岸电装置的部件	温升/K
内装元件[a]	根据不同元件的相关要求，或根据制造商的说明书(如有的话)，考虑岸电装置内的温度。
用于连接外部绝缘导线的端子	70[b]
操作手柄 ——金属的 ——绝缘材料的	 15[c] 25[c]
可接近的外壳和覆板 ——金属表面 ——绝缘表面	 30[d] 40[d]
分散排列的插头与插座	由组成设备的元器件的温升极限而定[e]。

[a] “内装元件”指：
——半导体功率单元；
——电子部件(印制电路等)。

[b] 温升 70 K 是根据常规试验而定。在安装条件下使用或试验的岸电装置，由于接线、端子类型、种类、布置与试验(常规)所用的不尽相同，允许端子的温升不同。如果内装元件的端子同时也是外部绝缘导体的端子，应采用较低的温升。

[c] 只有打开岸电装置外壳或覆板才能接触到的那些操作手柄。由于不是经常操作，允许有较高的温升。

[d] 除非另有规定，那些可接触但在正常工作情况下不需接触的外壳和覆板，允许温升提高 10 K。

[e] 就某些设备(如电子器件)而言，它们的温升不同于开关设备和控制设备。

表 4 变压器(电磁件)的温升限值

工作制等级	冷却媒质	绝缘等级	用电阻法测量的温升/K
I	空气	A	60
		B	80
		F	100
		H	125

5.9 噪声

岸电装置在稳态运行情况下，其噪声水平应不超过 75 dB(A)。

5.10 效率

在稳态运行状态，岸电装置在额定负载条件下的效率应不低于93%；单台容量在500 kVA及以上的岸电装置的效率应不低于95%。

5.11 机械性能

岸电装置应能承受规定的运输颠簸试验。试验后，其外观、结构不应有损伤，且能正常工作。

5.12 三防要求

若购买者有三防(防潮湿、防霉菌、防盐雾)需求，应在订货合同中提出。

5.13 谐波干扰

岸电装置运行时，从电网吸收有功功率和无功功率的同时也向电网注入谐波电流。对公共电网的谐波干扰应符合GB/T 14549—1993中的规定。

在稳态运行状态，岸电装置在额定负载条件下，向公共电网注入的电流总谐波畸变率为THDi≤35%，输入功率因数 $\cos\varphi \geq 0.9$。

5.14 外观和结构

5.14.1 外观

产品表面不应有明显的凹痕、划伤、裂缝、变形等现象；表面涂覆层不应起泡、龟裂和脱落；金属零件不应有锈蚀及其他机械损伤。

说明功能的文字符号及功能显示应正确、清晰、端正，并符合有关标准的规定。

5.14.2 结构

开关类元件操作应方便、灵活可靠；零部件紧固无松动，接插件插接牢固，电接触良好。

汇流排应有绝缘措施，并按表5要求标记。

5.14.3 相序和极性

岸电装置的输入和输出接口应按正相序排列，输入和输出汇流排排列按表5。

表5 汇流排安装排列顺序

类别		垂直排列	水平排列	前后排列	颜色
交流	第1相 L_1	上	左	远	黄
	第2相 L_2	中	中	中	绿
	第3相 L_3	下	右	近	红
	中性线 N	更下	更右	更近	蓝
	中性保护线 PE	最下	最右	最近	黄绿相间
注：表中系面向设备正面的顺时针排列顺序。					

6 安全性要求

6.1 外壳防护

外壳防护应满足使用场所的防护要求。供货者应按GB 4208—2008的规定选用相应的防护等级。一般情况下，其防护等级应不低于IP20。若有特殊要求，由购买者与制造厂商协商确定。

6.2 保护接地措施

为了便于设备安装时能有效的与外部接地电极方便可靠的连接，岸电装置内部应设置具有抗腐蚀措施的保护接地端子，且有明显、清晰的标志；装置的外露可导电部分均应与保护接地端子可靠连接；其有效连续电阻应不超过0.1 Ω。

7 试验方法

7.1 总则

如无特殊说明，各项试验均应在下述条件下进行：

a) 温度：+10 ℃～+35 ℃；

b) 相对湿度：45%～75%；

c) 大气压力：86 kPa～106 kPa。

7.2 一般检验

7.2.1 检查岸电装置的输出制式和输入、输出之间的电气隔离措施及符合性，应符合5.1的规定。

7.2.2 目测并检查岸电装置的外观，应符合下述要求：

a) 表面无锈蚀、涂覆层脱落、龟裂和起泡现象，无明显凹痕、划伤、裂痕、毛刺等机械损伤；

b) 相应设备及保护装置的标识正确、清晰、端正。

7.2.3 检查岸电装置的主要部件，应符合下述要求：

a) 电气元器件、部件应符合国家有关标准的要求，且安装正确、操作方便、动作可靠；紧固部位无松动；接插件插接牢固、电接触良好；

b) 机箱外壳和内部连线及接地端子的状况应规范；

c) 汇流排的安装、绝缘措施和颜色标记应符合规定要求；

d) 检查风道和过滤器等冷却系统组成部分的安装运行情况。

7.2.4 检查岸电装置配备的输入和输出计量、显示装置，应符合5.4的规定。

7.2.5 试验前应按5.4和5.14对试样进行检查，符合要求后方可进行试验。

7.3 输入特性试验

7.3.1 额定输入电压试验

岸电装置处于稳态运行状态，输入频率为额定频率，输入电压在规定的允差限值范围内，岸电装置应正常工作。

在规定的输入电压范围内，测量并记录输入电压和输出电压值。

7.3.2 额定输入频率试验

岸电装置处于稳态运行状态，输入频率在规定的允差限值范围内，岸电装置应正常工作。

7.4 输出特性试验

7.4.1 额定输出容量试验

a) 在稳态运行状态，输出端接100%额定输出表观功率的负载（$\cos\varphi=0.8$ 滞后），岸电装置应正常工作；

b) 在稳态运行状态，输出端接可调负载，在额定容量条件下，连续改变负载的功率因数（0.6～1滞后），岸电装置应正常工作。

7.4.2 额定输出电压试验

在稳态运行状态，负载大小分别为空载和额定输出电流的25%、50%、75%、100%情况下，输出功率因数为0.8（滞后），测量并记录稳态输出电压值。选取偏离额定值最大时的电压值，以额定输出电压为基准，按下式计算，其结果应符合5.2.2的规定。

$$电压稳定度=\frac{偏离额定值最大时的电压值-额定值}{额定值}\times 100\%$$

7.4.3 额定输出频率试验

在进行7.4.2试验的同时，测量并记录其频率的额定值和稳态值，选取偏离额定值最大时的频率值，以额定输出频率为基准，按下式计算，其结果应符合5.2.3的规定。

$$频率稳定度=\frac{偏离额定值最大时的频率值-额定值}{额定值}\times 100\%$$

7.4.4 输出电压波形失真度试验

在稳态运行状态，输出端接 $\cos\varphi=0.8$（滞后）的负载（其大小应满足额定输出容量），测量其输出电压波形失真度，应符合5.2.4的规定。

7.4.5 瞬态电压变化范围试验

在稳态运行状态，输出端接 $\cos\varphi=0.8$(滞后)的额定负载，用电压测量(记录)装置(或记忆示波器)监测其输出电压，突然断开负载，同时记录偏离额定值最大时的电压值。用下式计算瞬态电压变化率，应符合 5.2.5 的规定。

然后，输出端空载，用电压测量(记录)装置(或记忆示波器)监测其输出电压，突然连接输出端 $\cos\varphi=0.8$(滞后)的额定负载，同时记录偏离额定值最大时的电压值，用下式计算瞬态电压变化率，应符合 5.2.5 的规定。

$$\text{瞬态电压变化率}=\frac{\text{瞬态偏离额定值最大时的电压值}-\text{变化前的电压值}}{\text{额定值}}\times 100\%$$

7.4.6 负载不平衡试验

岸电装置处于稳态运行状态，输出电压在规定的范围内，按 5.2.6 规定的不平衡限值调节输出端负载，岸电装置应能正常工作。

7.4.7 电压波动恢复时间试验

在进行 7.4.5 试验时，测量其恢复时间，应符合 5.2.7 的规定。

7.4.8 过载能力试验

岸电装置处于稳态运行状态，调节其输出电流达到额定输出电流的 110%，岸电装置正常运行时间应不少于 10 min。

7.5 保护功能试验

7.5.1 输出过载保护功能试验

岸电装置处于稳态运行状态，调节输出电流至大于或等于额定输出电流的 120%，试验运行持续时间超过 1 min 时，应能发出告警信号、切断输出并保持故障显示。

7.5.2 输出短路保护功能试验

岸电装置处于稳态运行状态，在输出端三相之间施加短路，启动相应的输出开关，设备应能进行保护。

上述试验之后，岸电装置的保护装置应能复位和/或更换，再启动时应能正常工作(本试验允许在设备外加装适当的预保护装置)。

7.5.3 输出缺相保护功能试验

岸电装置处于稳态运行状态，模拟产生输出缺相故障，应能发出告警信号、切断输出并保持故障显示。

7.5.4 输出电压欠电压保护功能试验

岸电装置处于稳态运行状态，调整输出电压或模拟使输出电压值达到额定输出电压值的 80%(或用户要求的欠电压值)，应能发出告警信号、切断输出并保持故障显示。

7.5.5 输出电压过电压保护功能试验

岸电装置处于稳态运行状态，调整输出电压或模拟输出电压值达到额定输出电压值的 110%，应能发出告警信号、切断输出并保持故障显示。

7.5.6 逆变变压器过热保护试验

通过模拟，使逆变变压器绕组的温度传感器达到规定的过热保护限值(允差为 ±10 ℃)，岸电装置应能发出告警信号、切断输出并保持故障显示。

7.6 绝缘及安全试验

7.6.1 爬电距离和电气间隙检查

按 GB 7251.1—2005 附录 F 规定的方法进行检查，应符合 5.5.1～5.5.3 的规定。

7.6.2 耐电强度试验

耐电强度试验在输入主回路与机壳之间、输出主回路与机壳之间和输入主回路与输出主回路之间进行。

试验时，对设备施加的耐电强度试验电压应从零逐渐升高至5.5.3的规定值，然后在该电压值上保持1 min，无击穿或闪络现象。

半导体功率单元和控制单元可在试验前拆除或断开连接。允许不测(接)测量仪表、电容器、指示灯等附属设备。

7.6.3 绝缘电阻试验

在耐电强度试验之后，应立即用至少500 V直流高阻计，测量输入主回路与机壳之间、输出主回路与机壳之间和输入主回路与输出主回路之间的绝缘电阻(不含半导体功率单元和控制单元)，其值应不低于1 MΩ。

7.6.4 外壳防护等级检查

按GB 4208—2008的要求进行，应符合6.1的规定。

7.6.5 保护接地措施检查

出厂试验时，目测检查保护接地措施的连续性和标志。

型式试验时，用电阻测量装置(交流或直流电流值不小于10 A)检测岸电装置接地电阻的连续性，其结果应符合6.2的规定。

7.7 温升试验

温升试验的目的是验证岸电装置中各部件的温升限值是否超过了5.7的规定。

温升试验应在规定的工作制、额定输入输出条件以及规定的最严酷的冷却条件下进行。温升试验一般应结合额定输出容量试验进行。

试验时，岸电装置应按照正常使用条件放置，所有覆板都应就位。测温元件可使用温度计、热电偶、热敏元件、红外测温计或其他的有效方法。

试验的环境温度应在试验周期的最后四分之一期间内测量，至少用两个测温元件均匀地布置在岸电装置的周围，其位置高度约为岸电装置高度的二分之一，距离岸电装置外壳1 m远。应注意避免空气流动和热辐射对测温元件的影响。

如果试验时环境温度在+10 ℃～+40 ℃之间，则表3和表4给出的值就是温升的极限值。否则本标准不适用，购买者和供货商应另订专门的协议。

试验中，岸电装置各部件和电气元器件应在现有温度下，并在其规定电压限值范围内正常工作。试验结束时，温升应不超过表3和表4的规定值。

7.8 可维修性检查

为了保证岸电装置的可维修性，需验证其所采用的主要零部件应是符合国家有关标准的定型产品；易损器件和可更换的标准模块安装与更换应方便、安全、可靠。

检查岸电装置的柜体应采用前后方向都便于观察和维修的结构形式；验证维修人员实施维修操作应方便。检查在维护时，人体易触及的带有剩余电荷的部(器)件附近，均标有清晰醒目的警示标志，并配备专用的维修工具。

岸电装置处于稳态运行条件下，模拟故障状态，观察告警和显示装置应能发出5.8规定的相关信息。

7.9 噪声试验

在背景噪声不高于GB 12348—2008规定的环境中，岸电装置在稳态运行状态，其输出处于额定容量($\cos\varphi=0.8$，滞后)，将声级计放置在距岸电装置底平面高度为1 m，前、后、左、右各1 m处，测量噪声并计算其平均值，应符合5.9的规定。

7.10 效率试验

岸电装置处于稳态运行状态，将功率表分别接到输入端和输出端，测量额定容量($\cos\varphi=0.8$，滞后)输出时的输入有功功率、输出有功功率。计算输出有功功率与输入有功功率之比，应符合5.10的规定。

7.11 谐波干扰试验

谐波干扰试验按 GB/T 14549—1993 的规定进行，其结果应满足 5.13 的规定要求。

7.12 颠簸试验

颠簸试验用于评价岸电装置的结构在运输过程中防止损坏的能力。试验前后均应按表 6 判定岸电装置的电气特性。

表 6 电气特性判定

运行方式	参 数	试验条件
稳态运行状态	频率	额定输入、输出电压
	电压	额定输入、输出频率
	电流	空载和额定输出表观功率

a) 初始测量：按表 6 检查岸电装置的电气特征。

b) 实施试验：按正常装运要求进行包装。

将被试岸电装置直立固定在载重汽车后部，其质量应为汽车核定载质量的 1/3 左右，行车路面为三级公路，行车距离为 200 km，时速为 20 km/h～40 km/h。

试验期间，岸电装置不工作，也不进行测量。

c) 最终要求：试验后，拆除岸电装置包装，检查有无物理损伤痕迹或部件损坏，岸电装置应保持初始测量时达到的性能，并满足结构安全性要求。

d) 最终测量：与初始测量相同。

7.13 环境试验

7.13.1 工作环境试验

7.13.1.1 工作环境温度范围试验

断开岸电装置的输入电源，放入试验箱，使其温度升至 40 ℃±3 ℃，温度变化平均速率为 0.7 ℃/min～1 ℃/min。温度稳定后，存放 2 h。存放期满后，接通输入电源，使岸电装置满载工作，其外观、结构和工作应正常。

断开岸电装置的输入电源，使其恢复至环境温度并存放 2 h，放入试验箱，使其温度降至 0 ℃±3 ℃，温度变化平均速率为 0.7 ℃/min～1 ℃/min。温度稳定后，存放 2 h。存放期满后接通输入电源，使岸电装置满载工作，其外观、结构和工作性能应正常。

7.13.1.2 工作环境湿度上限试验

断开岸电装置的输入电源，放入试验箱，使其温度升至 40 ℃±3 ℃，温度变化平均速率为 0.7 ℃/min～1 ℃/min。

温度稳定后，输入水汽，使湿度在 1 h 内达到 95%，从湿度达到规定的上限值时起，接通输入电源满载工作 2 h，其工作应正常。然后，恢复 2 h，检查耐电强度及绝缘电阻应符合 5.5.4 和 5.5.5 的要求，检查外观和结构应符合 5.14 的要求。

7.13.2 贮存、运输环境试验

7.13.2.1 贮存、运输环境温度范围试验

断开岸电装置的输入电源，放入试验箱，使其温度升至 55 ℃±3 ℃，温度变化平均速率为 0.7 ℃/min～1 ℃/min。温度稳定后，存放 12 h。存放期满后，将试验箱温度降至规定的环境温度，并在此条件下恢复 2 h(试验箱降温时间不计入恢复时间)。试验完毕。

试验后，岸电装置外观和结构应正常，且能正常工作。

断开岸电装置的输入电源，放入试验箱，使其温度降至 −25 ℃±3 ℃，温度变化平均速率为 0.7 ℃/min～1 ℃/min。温度稳定后，存放 12 h。存放期满后，将试验箱温度升至规定的环境温度，并在此条件下恢复 2 h(试验箱升温时间不计入恢复时间)。试验完毕。

试验后，岸电装置外观和结构应正常，且能正常工作。

为防止出现冷凝，允许用防潮薄膜将岸电装置密封后进行试验。必要时，可在密封套内装入吸潮剂。

7.13.2.2 贮存、运输环境湿度上限试验

断开岸电装置的输入电源，放入试验箱，使其温度升至 55 ℃±3 ℃，温度变化平均速率为 0.7 ℃/min～1 ℃/min。

温度稳定后，输入水汽，使湿度在 1 h 内达到 95%，存放 48 h（当湿度达到规定的上限值时起开始计算）。存放期满后，先停止输入水汽，然后断开热源，在规定的条件下恢复 2 h。应首先将其温度调整到规定的要求。恢复期满后，检查岸电装置外观和结构符合 5.14 的要求后，通电运行，工作应正常。

7.14 三防试验

有三防要求时，潮湿试验按 GB/T 2423.3—2006 进行，霉菌试验应按 GB/T 2423.16—2008 进行，盐雾试验按 GB/T 2423.18—2000 进行。

8 检验规则

8.1 一般要求

试验应在与实际使用等效的电气条件下进行。如无法实现，则岸电装置功能单元应分别在能测定其规定性能的条件下试验。

注：提出试验大纲作为购买合同的一部分之前，购买者应注意 8.3 的注。出于经济上的考虑，试验宜限制在合适的范围内。

若购买者或其代表要求目睹供货商试验，则应在购买合同中明确规定。若在购买前获得此承诺，则可在合同中要求供货商提供试验报告。

以往在相同产品或类似产品上进行过的、试验条件至少与合同或购买者的技术规范要求相同的那些型式试验可作为参考。

在供货商工厂可完成的试验和最终在安装现场完成的试验，应由购买者与供货商协商确定。

必要的现场试验通常适用于大容量的岸电装置，或需要在现场最终装配才能交付使用的那种类型的岸电装置。

8.2 容差

除另有规定外，各项试验数据的容差为±5%。

8.3 型式试验

型式试验是在代表性样机上进行的试验，其目的在于确定岸电装置的设计和制造符合本标准的要求。

为了验证岸电装置设计符合本标准和/或供货商或购买者为特殊用途而单独规定的性能要求，遇到下列情况之一时，应进行型式试验：

a) 设计有重要更改或主要工艺变更时；

b) 主要元器件、零部件或主要材料发生改变时；

c) 设计定型和生产定型时；

d) 停止生产满一年，再恢复生产时；

e) 出厂试验结果与上次型式试验结果有较大差异，或者发生重大质量事故时；

f) 批量生产的产品，每隔一定的时间年应进行一次抽测，一般间隔时间不超过五年。

型式试验的样机（品）应在出厂试验合格的产品中随机抽取，其数量一般为 1 台/批～2 台/批。

注：购买者应认识到：对物理尺寸和/或功率额定值较大的设备来说，没有现成的商用模拟试验设备可供使用，或者这些试验所需要的特殊试验设施超出了供货商的工厂条件。这时，供货商可从下述方法中选择：

a) 供货商委托经认可的检验机构进行试验。应承认第三方的认可证书足以证明产品符合相关条款；

b) 用类似设计或类似条件下的局部装置计算、经验和/或试验结果证明设计符合要求。

8.4 出厂试验/现场试验

下列试验通常是购买合同的一部分，涉及发货前供货商对岸电装置或岸电装置功能单元进行试验的程度。因而供货商应与购买者协商。

完整的岸电装置应在工厂进行型式试验或出厂试验。与负载一起进行的运行试验可在现场进行。另一办法是，在工厂进行的出厂试验仅限于岸电装置功能单元或其组合，以现场进行的最终试验代替岸电装置的出厂试验。

8.5 试验要求

表7所示的岸电装置试验项目在功能单元组装成完整的岸电装置之后进行。试验可在工厂内进行，也可到安装现场再进行。试验次序可任意。

当试验在现场进行时，应使用现场可得到的、不超过完整岸电装置配置的额定负载的最大负载。

所有试验应全部在规定的功率因数0.8(滞后)的负载条件下进行。

8.6 选择性试验

选择性试验是指需要与购买者协商确定的试验项目和部分特殊要求的验证，可根据协议或相关文件的规定进行。

9 标志、包装、运输、贮存

9.1 标志

9.1.1 每台岸电装置应有清晰、耐久的标志，并标注以下内容：

a) 产品名称和型号规格；

表7 试验项目一览表

序号	试验项目		要求条号	试验方法条号	出厂试验/现场试验	型式试验
1	一般检验		5.1、5.4、5.9、5.14	7.2	△	△
2	输入特性试验	额定输入电压	4.2a)	7.3.1	△	△
3		额定输入频率	4.2b)	7.3.2		△
4	输出特性试验	额定输出容量	5.2.1	7.4.1	△	△
5		额定输出电压	5.2.2	7.4.2	△	△
6		额定输出频率	5.2.3	7.4.3	△	△
7		输出电压波形失真度	5.2.4	7.4.4	△	△
8		瞬态电压变化范围	5.2.5	7.4.5	△	△
9		负载不平衡	5.2.6	7.4.6		△
10		电压波动恢复时间	5.2.7	7.4.7	△	△
11		过载能力	5.2.8	7.4.8	△	△
12	保护功能试验	输出过载保护功能	5.3.1	7.5.1	△	△
13		输出短路保护功能	5.3.2	7.5.2		△
14		输出缺相保护功能	5.3.3	7.5.3	△	△
15		输出电压欠电压保护功能	5.3.4	7.5.4	△	△
16		输出电压过电压保护功能	5.3.5	7.5.5	△	△
17		逆变变压器过热保护	5.3.6	7.5.6		△

表 7（续）

序号	试验项目		要求条号	试验方法条号	出厂试验/现场试验	型式试验
18	绝缘及安全试验	爬电距离和电气间隙	5.5.1～5.5.3	7.6.1	△	△
19		耐电强度试验	5.5.4	7.6.2	△	△
20		绝缘电阻试验	5.5.5	7.6.3	△	△
21		外壳防护等级检查	6.1	7.6.4		△
22		保护接地措施检查	6.2	7.6.5		△
23	温升		5.7	7.7		△
24	可维修性		5.8	7.8		△
25	噪声		5.9	7.9		△
26	效率		5.10	7.10		△
27	谐波干扰		5.13	7.11		△
28	颠簸试验		5.11	7.12		△
29	环境试验		4.1	7.13		△
30	三防试验[a]		5.12	7.14		△

注：“△”表示该类检(试)验应做的项目。

[a] 只在合同有要求时进行。

b） 制造日期及产品编号；

c） 制造厂名和厂址；

d） 注册商标；

e） 执行标准；

f） 检验标志；

g） 合格标志。

9.1.2 包装箱的标志

包装箱的标志应包括以下内容：

a） 产品名称和型号规格；

b） 制造日期和产品编号；

c） 注册商标；

d） 制造厂名和厂址；

e） 运输、安全与防护标志；

f） 外形尺寸；

g） 质量。

9.2 包装

岸电装置包装箱应具有防潮、防尘、防振动的能力。运输和安全防护标志应符合 GB/T 191 的规定。包装箱内应装有装箱清单、产品合格证、附件或备件和随机文件等。

9.3 运输

长途运输时，不得装在敞蓬的车厢、船舱中，中途转运不得存放在露天仓库中。运输过程中不得与易燃、易爆、易腐蚀的物品混装，不应经受雪或液体物质的淋袭及其他机械损伤。

9.4 贮存

产品安装前应存放在原包装箱内，存放产品的仓库环境条件应符合 4.1.3 规定，远离各种有害气体、易燃、易爆的物品和有腐蚀性的化学物品，避免强烈的机械振动、冲击和强磁场作用。包装箱离地面应不少于 10 cm，距离墙壁、热源、冷源、窗口或空气入口应不少于 30 cm。

ICS 29.080.10
K 48

GB

中华人民共和国国家标准

GB/T 25317—2010/IEC 60471:1977

绝缘子串元件的槽型连接尺寸

Dimensions of clevis and tongue couplings of string insulator units

(IEC 60471:1977,IDT)

2010-11-10 发布　　2011-05-01 实施

中华人民共和国国家质量监督检验检疫总局
中国国家标准化管理委员会　发布

前　言

本标准等同采用IEC 60471:1977《绝缘子串元件的槽型连接尺寸》及其修改件1:1980(英文版)。修改件的内容已编入正文中并用双垂线(‖)在它们所涉及条款的页边空白处标识。

为了便于使用,本标准做了下列编辑性修改:

用小数点符号“.”代替了逗号“,”;

删除国际标准的前言。

本标准由中国电器工业协会提出。

本标准由全国绝缘子标准化技术委员会(SAC/TC 80)归口。

本标准起草单位:西安高压电器研究院有限责任公司。

本标准主要起草人:王云鹏、丁京玲。

绝缘子串元件的槽型连接尺寸

1 范围

本标准的目的是规定一系列槽型连接的尺寸，使不同制造厂提供的绝缘子或附件能够互换。

注1：GB/T 7253—2005《标称电压高于1 000 V的架空线路绝缘子　交流系统用瓷或玻璃绝缘子元件　盘形悬式绝缘子元件的特性》提供表1的标准尺寸和强度等级之间的配合。IEC 60433《长棒形绝缘子串元件特性》提供表2的标准尺寸和强度等级之间的配合。

注2：如果表1中所提供的尺寸不能满足，则推荐采用25 mm、28 mm和32 mm的连接销，该连接销可用于较高强度等级（见GB/T 7253—2005表2注）。

本标准适用于盘形悬式和长棒形绝缘子串元件以及与这些绝缘子一起使用的附件。

2 规范性引用文件

下列文件对于本文件的应用是必不可少的。凡是注日期的引用文件，仅所注日期的版本适用于本文件。凡是不注日期的引用文件，其最新版本（包括所有的修改单）适用于本文件。

GB/T 7253—2005　标称电压高于1 000 V的架空线路绝缘子　交流系统用瓷或玻璃绝缘子元件　盘形悬式绝缘子元件的特性(IEC 60305:1995,MOD)

IEC 60433　长棒形绝缘子串元件特性

3 术语和定义

下列术语和定义适用于本标准。

3.1

槽型连接　clevis and tongue coupling

由扁脚、帽槽和连接销等构成的连接。

3.2

帽槽　clevis

槽型连接的凹部件，具有"U"形的开口，扁脚能装入其中。U形槽有2个孔，连接销可通过这2个孔连接2个元件。

3.3

扁脚　tongue

槽型连接的凸部件，具有舌状的末端，它可装入帽槽的"U"形开口中，且有一个能穿过连接销的孔。

3.4

连接销　coupling pin

槽型连接的刚性元件，通过帽槽的U形开口和扁脚的孔，把它们连接在一起。连接销的一端为销子头，另一端可装一个安全装置（如开口销），用于固定连接销的位置。

4 标记

槽型连接是以与U形槽和扁脚相连接的连接销直径（以毫米表示）为标记的。

对盘形悬式绝缘子的连接标记，是在连接销的直径之后加上字母“C”，而对长棒形绝缘子则加上字母“L”。

注：在上述提供的槽型连接标记和球窝连接标记之间应避免混淆。球窝连接是以脚的公称直径为标记，在某些情况下可加上“A”或“B”(见 GB/T 4056—2008/IEC 60120:1984《绝缘子串元件的球窝连接尺寸》)。因此，连接型式总是应该准确地加以标记。

5 连接

推荐两种连接结构：

——有限转动连接；

——无限转动连接。

5.1 有限转动连接

按图 1 和表 1 的连接，能保证扁脚在 U 形帽槽内作有限的转动。

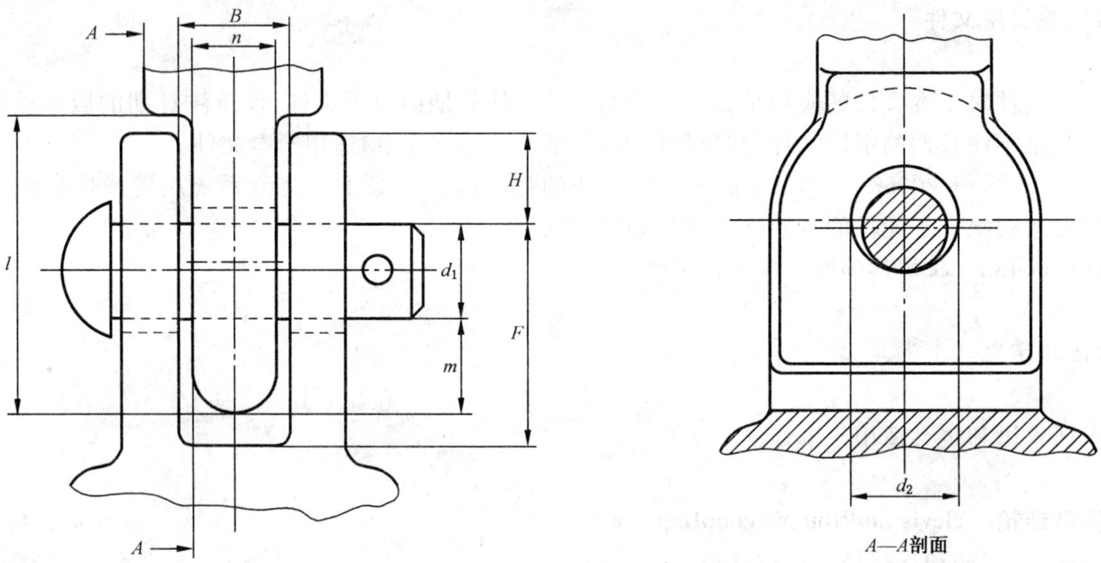

图 1 盘形悬式绝缘子的槽型连接尺寸

表 1

标　　记		16C			19C			22C		
尺寸/mm		最小	公称	最大	最小	公称	最大	最小	公称	最大
连接销直径	d_1	15.5	16	16.3	18.6	19	19.4	21.8	22	22.6
U 形槽和扁脚孔径	d_2	16.7	17.5	18.3	19.8	20.6	21.4	23	23.8	24.5
扁脚的厚度	n	12.7	12.7	14.3	19	19	20.6	22.2	22.2	23.8
U 形槽开口	B	17.5	18.5	20	22.2	23.8	25.4	25.4	27	28.6
扁脚	m	12.7	13.5	14.3	12	12.7	14.3	12.7	14.3	15.9
U 形槽	F	32.9	—	36.5	36.2	—	39.8	40.9	—	46
U 形槽	H	—	—	16.5	—	—	21	—	—	23
扁脚	l	48	—	—	56	—	—	63	—	—

有限转动连接用于盘形悬式绝缘子，保证两个相邻的绝缘子的绝缘件之间不可能相碰。推荐扁脚为矩形。

有限转动连接以连接销直径(以 mm 表示)加上字母 C 来标记。

5.2 无限转动连接

按图 2 和表 2 的连接，扁脚在 U 形槽内的转动不加以限制。

这种连接型式用于长棒形绝缘子，用连接销直径(以 mm 表示) 加上字母“L”来标记。

图 2 长棒形绝缘子的槽型连接尺寸

表 2

标记		13L			16L			19L			22L			25L			28L			32L		
尺寸/mm		最小	公称	最大	最小	公称	最大	最小	公称	最大	最小	公称	最大	最小	公称	最大	最小	公称	最大	最小	公称	最大
连接销直径	d_1	12.8	13	13.5	15.5	16	16.3	18.6	19	19.4	21.8	22	22.6	24.2	25	25.6	27.2	28	28.6	31.2	32	32.6
U 形槽和扁脚孔径	d_2	14	14	15	16.7	17.5	18.3	19.8	20	21.4	23	24	24.6	26	27	28	29	30	31	33	34	35
扁脚厚度	n	12	13	13.5	15	16	17	17.5	19	19.5	17.5	19	19.5	23	24	25.5	23	24	25.5	23	24	25.5
U 形槽开口	B	14	14	15.5	18	18	20	20	20	22	20	20	22	26	26	28	26	26	28	26	26	28
扁脚	m	10	13	15	12	15	18	14.5	18	22	17.5	22	25	18	23	26.5	21.5	26	30	24.5	29	33
U 形槽	F	32	—	34.5	38.5	—	41	46	—	48.5	53	—	55.5	57.5	—	60	67	—	69.5	77	—	79.5
U 形槽	H	—	—	15	—	—	19	—	—	22	—	—	25	—	—	26.5	—	—	30	—	—	33
扁脚	l	45	—	—	55	—	—	65	—	—	75	—	—	80	—	—	90	—	—	100	—	—

6 尺寸

表 1 和表 2 所示尺寸以 mm 表示，且应为经过表面处理(例如镀锌)后的成品尺寸(见图 1 和图 2)。

扁脚一般用钢制成，U 形槽用可锻铸铁或钢制成。如果其他材料符合 GB/T 7253—2005 或 IEC 60433 规定的机械性能，这些材料也可使用。

注 1：不规定 U 形槽的外部尺寸，因其取决于所用材料的机械性能。因此，也不规定连接销的长度。除非另有协议，连接销和 U 形槽应一起交货。安全定位装置必须装上，用于固定连接销的位置。

注 2：对于盘形悬式绝缘子(见 GB/T 7253—2005)，要选择绝缘子的结构高度，便于连接销的插入。但是，对于下端靠近扁脚处具有深棱的盘形悬式绝缘子，插入连接销可能有困难，在此情况下，需检查连接销能否插入。

ICS 29.080.10
K 48

中华人民共和国国家标准

GB/T 25318—2010

绝缘子串元件球窝联接用锁紧销 尺寸和试验

Locking devices for ball and socket couplings of string insulator units—Dimensions and tests

(IEC 60372:1984,IEC 60372/AM2:2003,MOD)

2010-11-10 发布

2011-05-01 实施

中华人民共和国国家质量监督检验检疫总局
中国国家标准化管理委员会 发布

前　言

本标准修改采用 IEC 60372:1984《绝缘子串元件球窝联接用锁紧销　尺寸和试验》及其修正件 2:2003(英文版)。修正件的内容已编入正文中并用双垂线(‖)在它们所涉及条款的页边空白处标识。

本标准根据 IEC 60372:1984 及其修正件 2:2003 重新起草。有关技术性差异已编入正文中并用单垂线(|)在它们所涉及条款的页边空白处标识。其主要差异如下:

——在 3.3 抽样试验中增加了操作试验项目;

——在 3.5 中增加了操作试验的一般规则和试验方法。

为便于使用,本标准做了下列编辑性修改:

a) 删除 IEC 60372:1984 的前言;

b) 用小数点“.”代替作为小数点的“,”;

c) 增加了图和表的编号。

为便于比较,在附录 B 中给出了这些技术性差异及其原因的一览表,在附录 C 中给出了本标准与 IEC 60372:1984 章条编号对照的一览表,以供参考。

本标准的附录 A 为规范性附录,附录 B 和附录 C 为资料性附录。

本标准由中国电器工业协会提出。

本标准由全国绝缘子标准化技术委员会(SAC/TC 80)归口。

本标准起草单位:西安高压电器研究院有限责任公司、广州市迈克林电力有限公司、西安西电高压套管有限公司。

本标准主要起草人:丁京玲、赵卉、晏坚军、王婷婷。

绝缘子串元件球窝联接用锁紧销尺寸和试验

1 总则

1.1 范围

本标准规定了锁紧销的形状和标准尺寸、试验方法、供货的验收条件，以及仅作为指导制造的其他尺寸。本标准适用于GB/T 4056中绝缘子串元件的球窝联接以及相应的金属附件上单独供货的锁紧销。

当这些锁紧销与绝缘子或金属附件一起供货时，应认为这些锁紧销是绝缘子或金属附件的一个组成部分。在这种情况下，相关的试验应包括在GB/T 1001.1中。当有要求时，应提供合格证书，以证明锁紧销按本标准的规定进行过试验。锁紧销通常与绝缘子或相应的金属附件一起供货。

本标准不包括材质的技术要求，但推荐材料不应有防腐蚀表面层。此外，材料不应在锁紧销和球窝联接之间产生明显的接触蚀损(化学反应)。

1.2 规范性引用文件

下列文件中的条款通过本标准的引用而成为本标准的条款。凡是注日期的引用文件，其随后所有的修改单(不包括勘误的内容)或修订版均不适用于本标准，然而，鼓励根据本标准达成协议的各方研究是否可使用这些文件的最新版本。凡是不注日期的引用文件，其最新版本适用于本标准。

GB/T 1001.1 标称电压高于1 000 V的架空线路绝缘子 第1部分：交流系统用瓷或玻璃绝缘子元件——定义、试验方法和判定准(GB/T 1001.1—2003,IEC 60383-1:1993,MOD)

GB/T 4056 绝缘子串元件的球窝连接尺寸(GB/T 4056—2008,IEC 60120:1984,IDT)

GB/T 4340.1 金属材料 维氏硬度试验 第1部分：试验方法(GB/T 4340.1—2009,ISO 6507-1:2005,MOD)

1.3 标准方案

1.3.1 关于“2 尺寸和一般规则”

有两种标准型式的锁紧销：第一种为R形销，第二种为W形销。

第一种型式为圆形销孔，第二种型式为矩形销孔。

推荐了两种R形销：

——标准型R形销：这种R形销与窝销孔为紧配合。

——另一种R形销：这种R形销与窝销孔为松配合。

注：如果紧配合结构中的永久应力可能对R形销的金属材料有应力蚀损时(例如：使用某种不锈钢)，经供需双方协议，可采用另一种R形销。

对标准型R形销和另一种R形销，安装锁紧销的窝销孔都是一样的，因此在为标准型R形销设计的窝中，另一种R形销也适用。

R形销尺寸列于2.2中的图1和表1，以及2.3中的图2和表2。

W形销尺寸列于2.4中的图3和表3。

1.3.2 关于“3 试验”

锁紧销的试验分为：

——外观检查；

——尺寸检验；

——耐弯曲验证；

——硬度试验；

——耐蚀损试验(在某些情况下)。

注：在通常情况下，如果锁紧销装在绝缘子或金属附件中供货，则仅进行操作试验(见 GB/T 1001.1)。

2 尺寸和一般规则

2.1 锁紧销形状

2.1.1 R 形销

R 形销的一支腿有一个驼背，且在插入窝后，其开口端应使其朝外弯曲。这种特点使 R 形销在锁紧和联接操作时有两个不同的位置，并能有效地防止从窝内完全脱出。

2.1.2 W 形销

W 形销的形状应使其在联接和锁紧操作时将保持两个不同的位置。W 形销的形状还应使其从锁紧位置转到联接位置时，能防止从窝内完全脱出(见 2.5)。

2.2 R 形销的标准尺寸(标准型和另一种)

R 形销的图示及标准尺寸见图 1 及表 1。

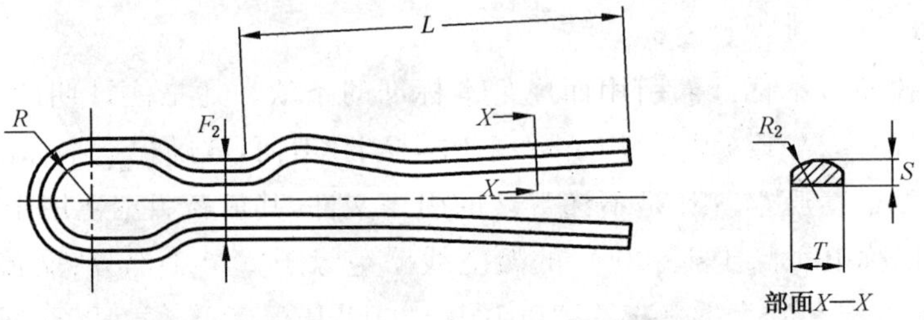

图 1 R 形销的标准尺寸

表 1 R 形销的标准尺寸

单位为毫米

连接标记	标准型 R 形销						另一种 R 形销[a]
	S	T	R_2	$F_{2\ min}$	R_{min}	L_{min}	$F'_{2\ max}$
11	2.2±0.1	$4.8^{+0.2}_{0}$	3.3	8.2	2.5	29	7.3
16A	3.2±0.1	$5.5^{+0.2}_{0}$	3.8	10.3	3.0	43[b]	9.2
16	3.2±0.1	$7.9^{+0.2}_{0}$	4.8	10.7	3.0	38	9.7
20	3.2±0.1	$7.0^{+0.2}_{0}$	4.8	10.7	3.0	49	9.7
24	4.0±0.1	$8.7^{+0.2}_{0}$	5.7	12.8	3.5	60	11.7
28	4.5±0.1	$10.0^{+0.2}_{0}$	6.2	13.8	3.5	71	12.7
32	5.2±0.1	$11.5^{+0.2}_{0}$	7.2	15.8	3.5	81	14.7

a 除 F'_2 代替 F_2 值外，其他所有的尺寸均与标准型 R 形销相同。

b 窝内现有许多设计仍使用较小的 L_{min} 值防止伸出，在此情况下 L_{min} 可以减小至 38 mm。

尺寸 L_{max} 应由 R 形销的需方规定(见 3.5.2.1)。

2.3 作为指导制造的其他尺寸

作为制造中可供选择的其他尺寸及图示如图 2 和表 2。

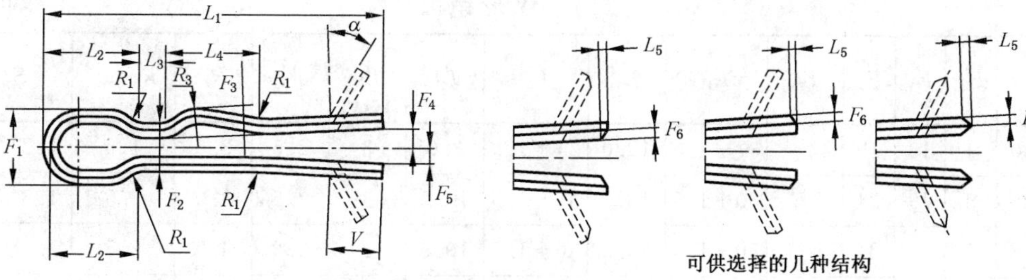

图 2　R 形销的其他尺寸

表 2　R 形销的其他尺寸

单位为毫米

连接标记	标准型 R 形销												另几种 R 形销[a]
	F_1	F_3	F_4	F_5	L_1	L_2	L_3	L_4	L_5[b]	F_6[b]	R_3	V[b]	F'_3
11	11.9	4.5	3.5	2.5	55	16.0	4.6	16	2	1.0	6.0	8	4.8
16A	14.5	5.5	4.5	3.0	70[c]	19.0	5.2	18	3	1.5	6.5	12	5.7
16	16.4	5.5	4.5	3.5	65	18.5	6.5	22	3	1.5	8.5	12	6.2
20	16.4	6.0	4.5	3.5	80	22.5	6.5	22	3	1.5	8.5	12	6.2
24	20.0	7.0	7.0	4.0	100	29.5	7.7	28	4	2.0	10.0	12	7.4
28	22.5	7.4	7.5	4.5	115	32.5	8.7	31	5	2.0	12.0	15	7.9
32	26.0	8.4	8.5	5.0	130	37.0	10.0	36	6	2.5	14.0	15	9.2

a　除 F'_3 代替 F_3 值外，其他所有的尺寸均与标准型 R 形销相同。

b　当绝缘子或金属附件上装 R 形销供货时，给出的是近似值，角度 α 可从 35°变化至 50°。

c　如果 L_{min} 值(第 5 章)减至 38 mm，则 L_1 值可减至 65 mm。

注 1：长度 L_2 可以缩小，只要 R 形销凸出的孔足以允许方便地使用带电工具操作 R 形销，在此情况下，总长度 L_1 也相应缩小。

注 2：在 R 形销的末端一边或两边可切成直角或倒角，如图 2 所示。

注 3：图 2 中示出的半径 R_1 由供需双方协议确定。

注 4：为了使 R 形销的销腿较易弯曲，可在距销腿末端“V”处做一压痕，压痕处的销腿长度应符合表 2 规定。

2.4　W 形销尺寸

W 形销的图示及尺寸见图 3 和表 3。

附录 A 的图 A.1 和表 A.1 给出用于 W 形销尺寸检查的量规图示及尺寸。

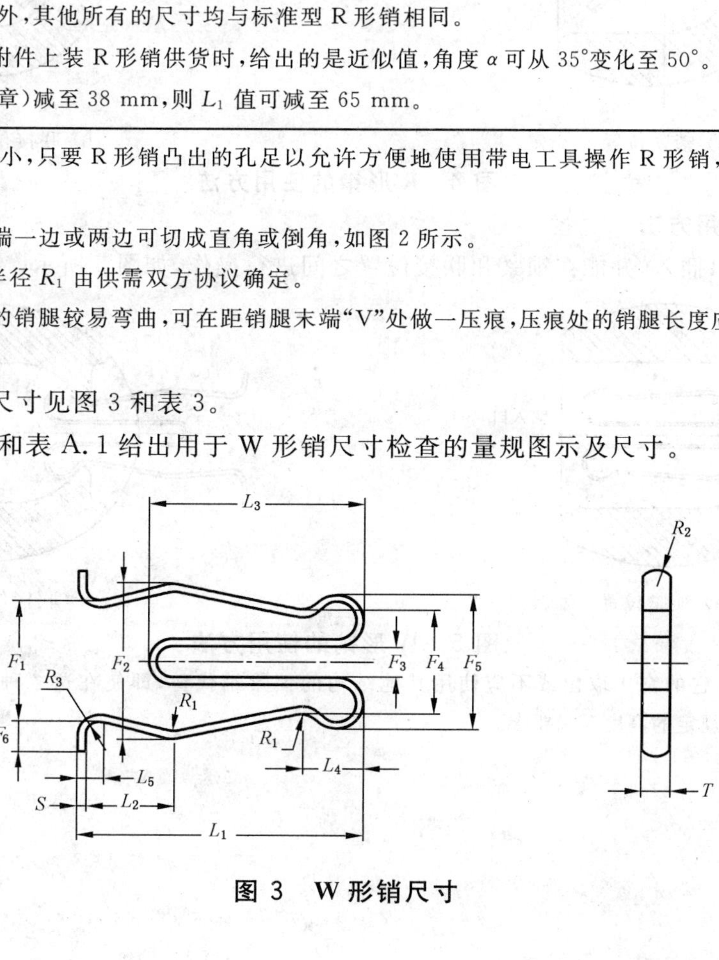

图 3　W 形销尺寸

表 3　W 形销尺　　单位为毫米

连接标记	F_1	F_2	F_3	F_4	F_5	F_6	L_1	L_2	L_3	L_4	L_5	R_1	R_2	$R_{3(\max)}$	S	T
11	15	20	4	13	19	$4^{+0.6}_{0}$	37±1.5	12.0	24±1.5	8.0	3	2.5	3.0	1.5	$1.2^{+0.2}_{0}$	$4.8^{+0.2}_{0}$
16A	22	28	5	19	24	5^{+1}_{0}	50±1.5	15.5	36±1.5	10.5	3	2.5	3.0	2.5	$1.5^{+0.2}_{0}$	$5.5^{+0.2}_{0}$
16	22	28	5	19	24	5^{+1}_{0}	50±1.5	15.5	36±1.5	10.5	3	2.5	4.5	2.5	$1.5^{+0.2}_{0}$	$7.9^{+0.2}_{0}$
20	22	30	5	19	24	5^{+1}_{0}	62±1.5	15.5	42±1.5	10.5	3	2.5	4.5	2.5	$2.0^{+0.2}_{0}$	$7.0^{+0.2}_{0}$
24	22	30	5	19	25	5^{+1}_{0}	72±1.5	15.5	50±1.5	10.5	3	2.5	5.0	2.5	$2.0^{+0.2}_{0}$	$8.7^{+0.2}_{0}$
28	32	32	6	21	28	6^{+1}_{0}	83±1.5	16.0	62±1.5	12.5	4	3.0	6.0	3.0	$2.0^{+0.2}_{0}$	$10.0^{+0.2}_{0}$
28B	22	30	5	19	25	5^{+1}_{0}	83±1.5	15.5	53±1.5	10.5	3	2.5	5.0	2.5	$2.0^{+0.2}_{0}$	$8.7^{+0.2}_{0}$
32	26	36	6	24	33	7^{+1}_{0}	96±1.5	18.0	71±1.5	16.0	4	3.0	7.0	3.0	$2.6^{+0.2}_{0}$	$11.5^{+0.2}_{0}$

2.5　锁紧销的使用方法

2.5.1　R 形销的使用方法

R 形销经窝销孔插入，随后将销腿弯曲成如图 2 所示。然后 R 形销便可在锁紧和联接位置之间进行操作，如图 4 所示。

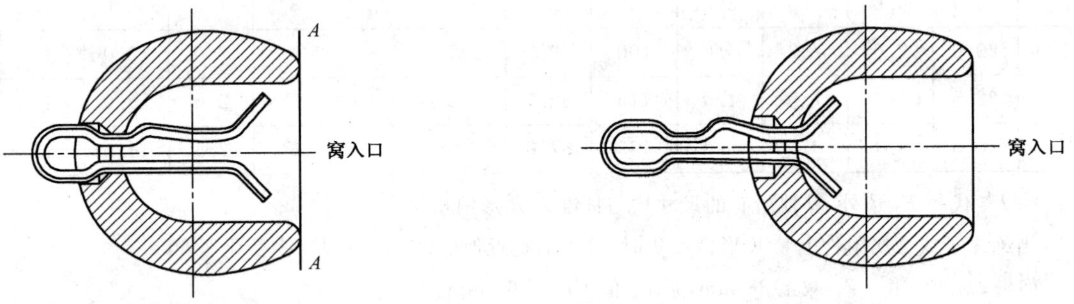

a）锁紧位置　　b）联接位置

图 4　R 形销的使用方法

2.5.2　W 形销的使用方法

W 形销经窝销口插入，并能在锁紧和联接位置之间进行操作，如图 5 所示。

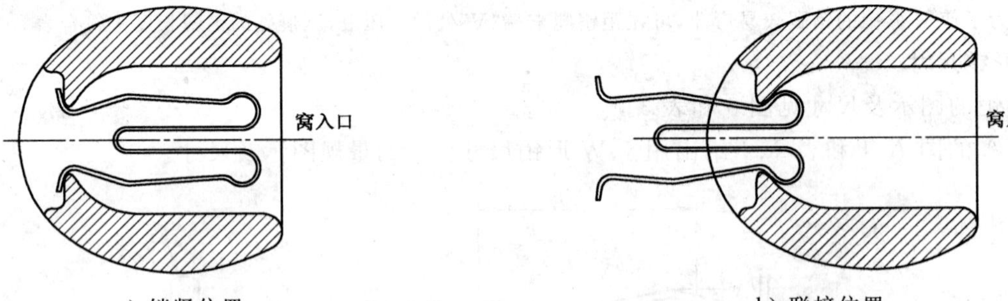

a）锁紧位置　　b）联接位置

图 5　W 形销的使用方法

注：锁紧销不应从它的窝中取出或不应使用其他结构的锁紧销代替，即使在这二种情况下，锁紧销都应满足 GB/T 4056 所规定的高度 $T_{\min}$ 要求。

3　试验

3.1　试验分类

试验分为两组：

——组Ⅰ:材料评定试验。评定试验是用来检验制造锁紧销所用材料类型是否合适；

——组Ⅱ:抽样试验。抽样试验是用来检验制造的质量；试验应从每批中随机抽取试品进行。

3.2 组Ⅰ试验(材料评定试验)

3.2.1 材料评定试验项目及试品

材料评定试验包括：

——硬度试验；

——耐弯曲验证(仅对R形销)；

——耐蚀损试验。

每种试验，试品数量5只。如果具有有效的材料评定试验合格证书，且锁紧销的制造者能够证明所用材料类同，则不必再进行这些试验。

3.2.2 硬度试验

对于铜合金锁紧销和钢锁紧销，硬度试验应按GB/T 4340.1进行。试验应在锁紧销的一个平面(对于R形销，为圆弧面的反面)上进行。每只锁紧销应进行三次测量。三次测量的平均值应大于或等于150。

注：经供需双方协议，硬度测量可采用其他方法：GB/T 231.1或GB/T 230.1。在这种情况下，其值应协商。

3.2.3 耐弯曲验证

a) R形销

本试验应在从R形销的直腿部分取下的试品上进行，或从制造R形销的型材中取下的试品上进行。

本试验试品应按规定的半径(见表4)弯曲，如图6所示。

试品的一端插入虎钳，一个钳牙用钢衬垫复盖，此衬垫表面与垂直位置约成75°角，用木槌把试品弯曲到贴着倾斜表面。

弯曲后，试品不应产生开裂。

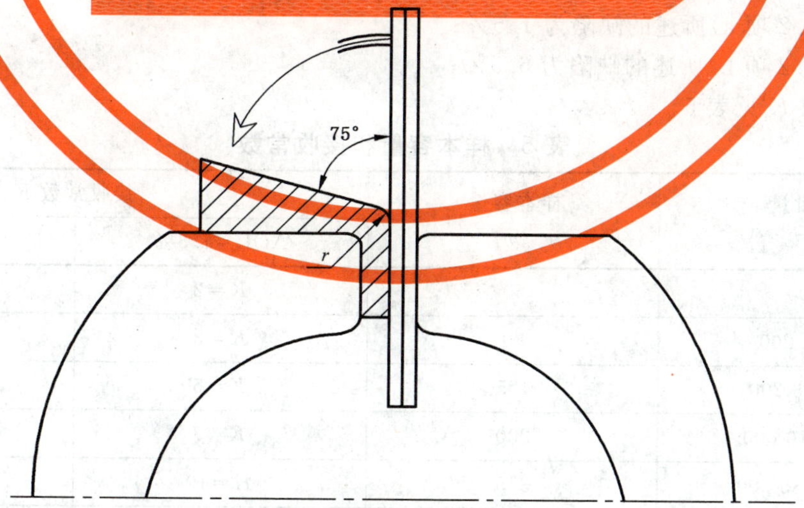

图6 弯曲试验

表4 弯曲试验半径

联接标记	11	16A	16	20	24	28	32
R/mm	2	3	4	4	5	6	7

b) W形销

W形销不需进行耐弯曲验证。因在抽样试验中的外观检查就足以查出在制造过程中的弯曲未曾引起任何开裂或初期裂纹,特别是在末端 F_6 的范围内。

3.2.4 耐蚀损试验

本试验涉及应力腐蚀开裂。如果机械应力和腐蚀性大气同时存在,才出现这种蚀损。

本试验既不涉及由于腐蚀性大气条件所引起的表面的蚀损,也不涉及由于不同金属之间可能引起的接触性蚀损。

是否需要进行耐蚀损试验,视用于制造锁紧销的材料而定。

对于下列材料,不需要进行蚀损试验:

——青铜和磷青铜;

——经适当的稳定退火处理的、含锌量不超过15%的铜合金;

——原型材已经过标准热处理的奥氏体不锈钢。

对于其他材料,如其他类型的不锈钢和含锌量超过15%的铜合金,应预先由供需双方商定一种合适的试验,对于铜合金,应避免要求用硝酸汞的方法。

3.3 组Ⅱ试验(抽样试验)

抽样试验包括:

——外观检查;

——尺寸检验;

——操作试验;

——硬度试验;

——耐弯曲验证。

3.4 外观检查的一般规则

3.4.1 外观检查的抽样规则及接收准则

应按计数抽样法进行检查,并使用下列控制方法:

——一次抽样;

——样本容量见表5;

——接收质量水平(AQL):

对于3.4.2项a)所述的缺陷为1.5%;

对于3.4.2项b)所述的缺陷为6.5%;

——接收常数 K 见表5。

表5 样本容量和接收常数

锁紧销的批量 N	样本容量 n	接收常数 K	
		AQL=1.5%	AQL=6.5%
$<N\leqslant500$	50	$K=2$	$K=7$
$500<N\leqslant1\,200$	80	$K=3$	$K=10$
$1\,200<N\leqslant3\,200$	125	$K=5$	$K=14$
$3\,200<N\leqslant10\,000$	200	$K=7$	$K=21$
$10\,000<N\leqslant35\,000$	315	$K=10$	$K=21$
$35\,000<N\leqslant150\,000$	500	$K=14$	$K=21$

如果缺陷数小于或等于接收常数 K,则认为该批符合本标准。

如果该批不符合本标准,则可退回,并由制造厂重新检查,随后可再提交验收。

注:本条所述的"批"是指在相同条件下制造或生产并提交验收的锁紧销的量。GB/T 1001.1所规定"批量"可以分成若干符合上述定义的批。

3.4.2 外观检查

锁紧销不应有任何有损于运行性能的缺陷。

a) 适用接收质量水平(AQL)为1.5%的缺陷为表面开裂或初期裂纹。

b) 适用接收质量水平(AQL)为6.5%的缺陷为粗糙表面(桔皮表面)、气泡。

3.5 尺寸检查、操作试验、硬度试验和耐弯曲验证的一般规则和试验

3.5.1 试验规则和样品抽取

本规则包括:

——尺寸检查(见3.5.2);

——硬度试验(见3.5.3);

——耐弯曲验证(见3.5.4);

——操作试验(见3.5.5)。

为试验而抽取的锁紧销数量 p 应是大于下式算得数的最接近的整数(N 为锁紧销的批量):

$N<500$ p 应由供需双方协议;

$500 \leqslant N \leqslant 20\,000$ $p=2+\dfrac{0.75N}{1\,000}$;

$N>20\,000$ $p=10+\dfrac{0.35N}{1\,000}$

抽取的试品先经尺寸检查。然后分成相等的两部分,第一部分用于硬度试验,第二部分用于操作试验。耐弯曲验证用操作试验后的试品。

如果有一只试品未能通过上述试验之一,允许按3.6进行重复试验。

3.5.2 尺寸检查

锁紧销的尺寸应符合本标准第2章的要求。

3.5.2.1 R形销

对于R形销应检查 S、T、F_2、R 和 L 尺寸。

L 尺寸检查:

为了检查 L_{min} 和 L_{max} 尺寸,R形销应置于图7所示的样板内,与A点相接触,K 和 D_4 见表6。

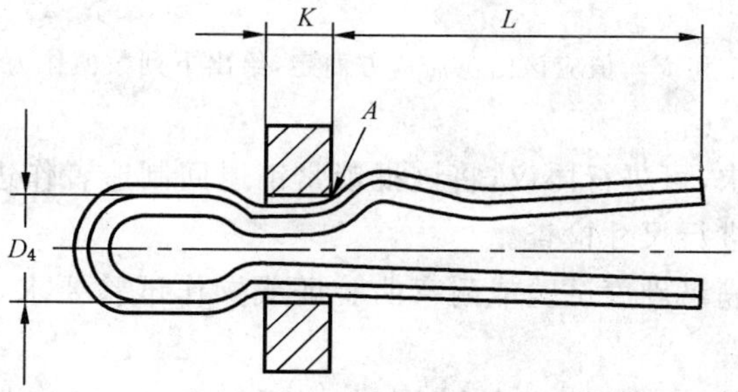

图7 L 尺寸检查

表6 K 和 D_4 尺寸

联接标记	11	16A	16	20	24	28	32
K/mm	3.5±0.6	4±0.7	5±1	5±1	6±1	7±1.2	8±1.4
D_4/mm	7.5±0.4	9.5±0.5	10±0.5	10±0.5	12±0.5	13±0.5	15±0.5

处于锁紧位置时,R形销不应伸出窝入口AA面之外,如图4a)所示。

注:对于联接标记11,允许R形销伸出窝入口之外,但不应超过5 mm。

3.5.2.2 W形销

对于W形销,所有尺寸均应检验。

关键是当W形销成形时，应使W形销在锁紧状态下末端 F_6 要大致与其轴线垂直。

附录A给出可用于检查W形销尺寸的量规。

3.5.3 硬度试验

试验应按3.2.2规定进行。

3.5.4 耐弯曲验证（仅对R形销）

试验应按3.2.3规定进行。

3.5.5 操作试验

3.5.5.1 操作试验的程序

使锁紧销处在锁紧位置。

对R形锁紧销：

用合适的装置沿其轴线方向将拉伸负荷 F 施加在R形销的孔眼上。

对W形锁紧销：

用一根截面尺寸为 $F_5 \times T$（其尺寸见表3）矩形钢棒，沿轴线方向将负荷 F 施加在W形销的两个弧形端头上。

负荷逐渐增大，直至锁紧销移动到连接位置。从锁紧位置移动到连接位置的操作应连续进行三次。记录每次使锁紧销从锁紧位置移动到连接位置的负荷 F。应施加下面判定准则中所示的负荷 F_{max}，锁紧销不应从窝里完全拉脱。

3.5.5.2 操作试验的判定准则

三次操作的负荷值 F 都应在下面所给出的 F_{min} 和 F_{max} 值之间。

	R形锁	W形锁
对标准连接11	$F_{min}=30$ N	$F_{min}=25$ N
	$F_{max}=300$ N	$F_{max}=250$ N
对标准连接16A,16,20,24	$F_{min}=50$ N	$F_{min}=25$ N
	$F_{max}=500$ N	$F_{max}=250$ N

注1：R形锁用很硬的不锈钢制造时，300 N和500 N的负荷有时可能不足以引起销子从锁紧位置移动到连接位置。由供需双方商定，如果采用带电作业法允许这样较高的负荷，则可规定较高的负荷值 F_{max}（对于标准连接16～24，增大到650 N）。

注2：对标准连接28～32，F_{min} 和 F_{max} 值应该由供需双方商定，给出下列数值作为参考：$F_{min}=100$ N，$F_{max}=650$ N。

3.6 重复试验程序

如果尺寸检查不符合要求，可进行协议，将该批锁紧销退回制造者作进一步检查。然后抽取第一次试品数量3倍的新试品重新进行尺寸检查。

如果仅有一只锁紧销不满足硬度试验或耐弯曲验证或操作试验要求，则应抽取第一次试品数量两倍的新试品进行重复试验。

如果有两只或更多的锁紧销不满足上述中的任何一项试验要求时，或重复试验时又有一只不符合试验要求，则认为整批锁紧销不符合本标准规定。

附 录 A
（规范性附录）
W 形销用的量规

注：尺寸 B,C,D,E 和 H 应对称于轴线。
——一般公差±0.1；
——全部尺寸：mm。

图 A.1 W 形销用的量规

表 A.1 W 形销用的量规尺寸

单位为毫米

W 形销	A	B	C	D	E	F	G	H	J	K	L	M	N	P	R	S
11	0.6	23	15	20	4	50	3	19	18	24	4.5	32	12	3	9	32
16A	1	32	22	28	5	60	2.5	24	20	30	8	44	15	4	9	32
16	1	32	22	28	5	60	2.5	24	20	30	8	44	15	4	9	32
20	1	32	22	30	5	60	2.5	24	20	30	8	55	15	4	9	40
24	1	32	22	30	5	60	3	25	20	30	8	65	15	4	9	42
28	1	36	24	32	6	65	3.5	28	22	30	8	75	15	5	12	42
32	1	40	26	36	6	70	4.5	33	22	35	10	85	15	5	12	45

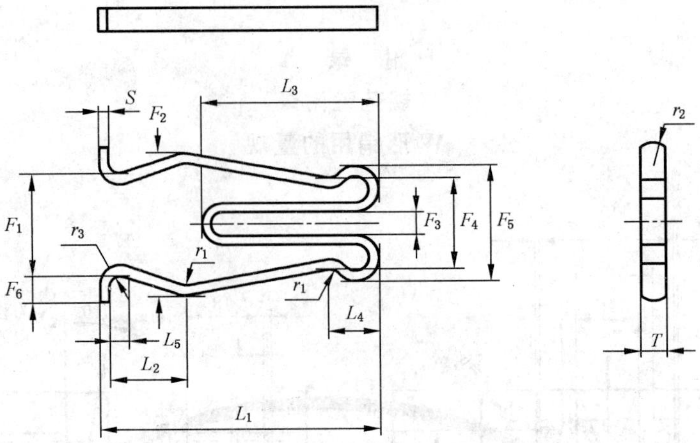

图 A.2 W 形销尺寸

W 形销所用量规的使用说明：

1） 把 W 形销按图 A.2 置于量规中，其公称尺寸 F_1 和 F_5 分别由定位柱和销加以限定。

2） 宽度为 A 的槽相对于尺寸 F_6 的允许公差。W 形销的“耳部”末端必须处在这两个沟槽所限定的范围内。

3） 尺寸 D 相对于 W 形销的公称尺寸 F_2，凹槽用于 W 形销与公称尺寸之间相比较。

4） 尺寸 E 相对于内圈的公称尺寸 F_3。凹槽用于 W 形销与公称尺寸之间相比较。

5） 宽度为 G 的凹槽相对于公称尺寸 F_5 和 F_4 之差。两个凹槽的内侧用于 W 形销与公称尺寸 F_4 之间相比较。

6） W 形销与公称尺寸 L_1、L_2、L_3 和 L_4 的比较，用直接测量方法进行。

7） W 形销的尺寸 S 和 T，用直接测量方法检测。

附 录 B
（资料性附录）
本标准与 IEC 60372:1984 技术性差异及其原因

表 B.1 给出了本标准与 IEC 60372:1984 技术性差异及其原因的一览表。

表 B.1 本标准与 IEC 60372:1984 技术性差异及其原因

本标准的章编号	技术性差异	原　　因
3.3,3.5,3.5.5,3.6	在抽样试验中增加了操作试验项目	锁紧销操作试验是对其使用性能的一项重要的验证性检查，在我国已实施多年，效果良好。同时，增加本试验也便于和 GB/T 1001.1 的规定协调
表 1、表 2、表 3、表 4、表 6、表 A.1 以及 3.5.5.2	将连接标记号由“16B”改为“16”	就具体尺寸参数而言，我国使用的锁紧销主要为 IEC 60372:1984 中的 16B 标记产品，但国内一直标记为 16。这一修改符合国内习惯，有利于本标准的实施

附 录 C
（资料性附录）
本标准与 IEC 60372:1984 章条编号对照

表 C.1 给出了本标准与 IEC 60372:1984 的章条编号对照一览表。

表 C.1 本标准与 IEC 60372:1984 章条编号对照

本标准章条编号	IEC 60372:1984 章条编号
1	第 1 章
1.1	1
1.2	2
1.3	3
1.3.1	3.1
1.3.2	3.2
2	第 2 章
2.1	4
2.1.1	4.1
2.1.2	4.2
2.2	5
2.3	6
2.4	7
2.5	8
2.5.1	8.1
2.5.2	8.2
3	第 3 章
3.1	9
3.2	10
3.2.2	10.1
3.2.3	10.2
3.2.4	10.3
3.3	11
3.4	12
3.4.1	12
3.4.2	12.1
3.5	13
3.5.1	13
3.5.2	13.1
3.5.2.1	13.1.1

表 C.1（续）

本标准章条编号	IEC 60372:1984 章条编号
3.5.2.2	13.1.2
3.5.3	13.2
3.5.4	13.3
3.5.5	—
3.5.5.1	—
3.5.5.2	—
3.6	14
附录 A	附录 A
附录 B	—
附录 C	—

参 考 文 献

[1] GB/T 230.1—2009 金属材料 洛氏硬度试验 第1部分:试验方法(A、B、C、D、E、F、G、H、K、N、T标尺)(ISO 6508-1:2005,MOD)

[2] GB/T 231.1—2009 金属材料 布氏硬度试验 第1部分:试验方法(ISO 6506-1:2005,MOD)

ICS 27.070
K 82

中华人民共和国国家标准

GB/T 25319—2010

汽车用燃料电池发电系统　技术条件

Fuel cell power system used for motor vehicles—Technical specification

2010-11-10 发布　　2011-05-01 实施

中华人民共和国国家质量监督检验检疫总局
中国国家标准化管理委员会　发布

前　言

本标准的附录 A 是资料性附录。

本标准由中国电器工业协会提出。

本标准由全国燃料电池标准化技术委员会(SAC/TC 342)归口。

本标准负责起草单位:上海神力科技有限公司。

本标准参加起草单位:机械工业北京电工技术经济研究所、上海攀业氢能源科技有限公司等。

本标准主要起草人:胡里清、张若谷、卢琛钰、孙婷、张黛、董辉等。

汽车用燃料电池发电系统　技术条件

1　范围

1.1　概述

本标准规定了汽车用质子交换膜燃料电池发电系统的术语与符号、要求、试验方法、检验规则和标识、说明和技术文件。

本标准适用于汽车用质子交换膜燃料电池发电系统(以下简称发电系统)。

1.2　系统边界

系统边界见图1。图中粗实线框内部分为发电系统,相对框内的进出箭头所指为发电系统的输入和输出。

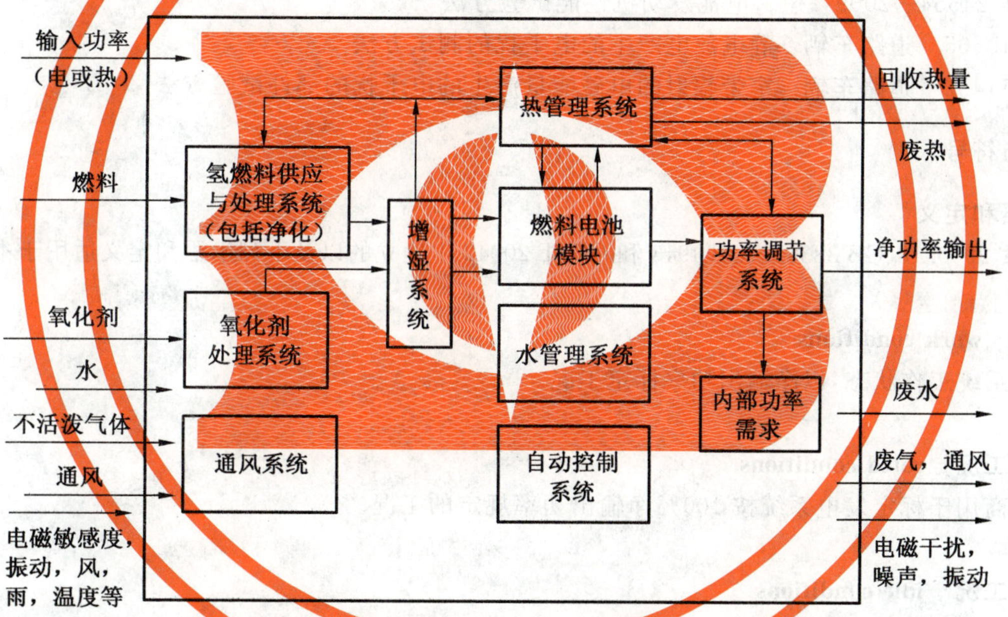

图1　发电系统的边界示意图

2　规范性引用文件

下列文件中的条款通过本标准的引用而成为本标准的条款。凡是注日期的引用文件,其随后所有的修改单(不包括勘误的内容)或修订版均不适用于本标准,然而,鼓励根据本标准达成协议的各方研究是否可使用这些文件的最新版本。凡是不注日期的引用文件,其最新版本适用于本标准。

GB/T 2900.18　电工术语　低压电器

GB/T 3512　硫化橡胶或热塑性橡胶　热空气加速老化及耐热试验(GB/T 3512—2001,eqv ISO 188:1998)

GB 3836.1　爆炸性气体环境用电气设备　第1部分:通用要求(GB 3836.1—2000,eqv IEC 60079-0:1998)

GB/T 4942.1—2006　旋转电机整体结构的防护等级(IP代码)-分级(IEC 60034-5:2000,IDT)

GB 4943　信息技术设备的安全(GB 4943—2001,eqv IEC 60950-1:1999)

GB/T 15329.1 橡胶软管及软管组合件 织物增强液压型 第1部分：油基流体用(GB/T 15329.1—2003,ISO 4079-1:2001,MOD)

GB/T 17045 电击防护 装置和设备的通用要求(GB/T 17045—2008,IEC 61140:2001,IDT)

GB/Z 18333.1—2001 电动道路车辆用锂离子蓄电池

GB 18655—2002 用于保护车载接收机的无线电骚扰特性的限制和测量方法(idt IEC 60025:1995)

GB/T 20042.1 质子交换膜燃料电池 术语

GB/T 20438.1 电气/电子/可编程电子安全相关系统的功能安全 第1部分:一般要求(GB/T 20438.1—2006,IEC 61508-1:1998,IDT)

GB/T 20972.1—2007 石油天然气工业 油气开采中用于含硫化氢环境的材料 第1部分:选择抗裂纹材料的一般原则(ISO 15156-1:2001,IDT)

GB/T 21437.2 道路车辆 由传导和耦合引起的电骚扰 第2部分:沿电源线的电瞬态传导(GB/T 21437.2—2008,ISO 7637-2:2004,IDT)

GB/T 24549—2009 燃料电池电动汽车 安全要求

GB/T 24554—2009 燃料电池发动机性能试验方法

ISO 10605 道路车辆 静电放电产生的电干扰的测试方法

ISO 11452 道路车辆 窄带辐射的电磁能量产生的电干扰的部件试验方法

3 术语与符号

3.1 术语和定义

GB/T 2900.18、GB 3836.1、GB 4943 和 GB/T 20042.1 确立的以及下列术语和定义适用于本标准。

3.1.1

工况 work conditions

发电系统工作状态,以净输出功率标定工况。

3.1.2

额定工况 rated conditions

制造商用于标定发电系统按100%净输出功率规定的工况。

3.1.3

怠速工况 idle conditions

发电系统处于工作状态,能维持自身工作,但不对外输出功率。

3.1.4

有效功率 effective power

燃料电池堆输出功率减去辅助能耗所剩的功率,即发电系统净输出功率。

3.1.5

额定功率 rated power

发电系统在额定工况时的有效净输出功率,并能够在此功率下稳定持续工作。

3.1.6

过载功率 overload power

发电系统在规定的时间内持续工作的最大有效净输出功率。

3.1.7

效率 efficiency

发电系统单位时间内所消耗燃料的能量转化为有效功率的份额,单位为%。规定用燃料的低热值(LHV)计算。

3.1.8

体积比功率　volume power density

发电系统最大有效净输出功率与发电系统总体积之比(不包括散热器与燃料贮存容器),单位为kW/L。

3.1.9

质量比功率　mass power density

发电系统最大有效净输出功率与发电系统总质量之比(不包括散热器与燃料贮存容器),单位为kW/kg。

3.1.10

燃料消耗量　fuel consumption

特定工况下发电系统在规定时间内消耗的燃料量,单位为kg/h。

3.1.11

燃料消耗率　fuel consumption rate

发电系统单位时间、单位功率消耗的燃料量,单位为g/(kW·h)。

3.1.12

怠速启动时间　idle start-up time

发电系统由待机状态启动至怠速工况所经历的时间,单位为s。

3.1.13

燃料利用率　fuel utilization

发电系统的实际燃料耗量与输入发电系统中的燃料量的比值,单位为%。

3.2　符号及状态规定

符　号	含　义	单　位
P_E	发电系统额定功率	kW
P_F	发电系统功率	kW
P_S	燃料电池电堆输出功率	kW
P_A	辅助支持运行系统消耗的功率	kW
P_I	怠速辅助功率	kW
T_{SIC}	怠速冷启动时间	s
T_{SIH}	怠速热启动时间	s
T_{SC}	额定功率冷启动时间	s
T_{SH}	额定功率热启动时间	s
$T_{10\text{-}90}$	从10%P_E到90%P_E的响应时间	s

4　要求

4.1　正常使用条件

a)　环境温度:−10 ℃～45 ℃;

b)　海拔:<1 000 m。

4.2 安全性要求

4.2.1 通用安全性

发电系统中使用诸如易燃物质、加压介质、电能、机械能等部分应符合相关标准要求，主要部分包括：

a) 外壳防护，应符合 GB/T 4942.1—2006 规定 IP55 等级；

b) 控制装置部件及安全功能，应按 GB/T 20438.1 的规定进行设计开发，具有过流、过压、欠压、氢泄漏以及控制失效等非正常运行状态下的安全保障功能；

c) 软管及软管组合件至少应符合 GB/T 15329.1 中 1 型软管的规定；

d) 金属管路及其连接件应符合 GB/T 20972.1—2007 的规定；

e) 硫化橡胶和热塑性橡胶部件应按 GB/T 3512 的规定的进行热空气加速老化试验和耐热试验（老化时间为不低于 96 h），试验后的性能仍能满足发电系统的使用要求；

f) 材料和元器件以及结构设计应符合 GB 3836.1 中Ⅱ类设备的防爆安全规定；

g) 电机防护结构设计应符合 GB/T 17045 中Ⅰ类设备的规定。

4.2.2 发电系统燃料供应与处理子系统的安全性

4.2.2.1 燃料供应安全性

发电系统燃料供应端口（燃料贮存容器出口）采用至少两种不同的控制装置（如自动或手动）控制燃料的供应，以确保燃料供应的安全性。

4.2.2.2 燃料排放安全性

发电系统排放燃料时应设有直通车外的排放口，并有安全保护装置。

4.2.2.3 燃料泄漏安全性

发电系统燃料供应管路不得通过乘员舱。燃料贮存和燃料应用端应有泄漏监测传感器，当燃料泄漏时，控制系统应能自动切断燃料供应。

4.2.3 发电系统的电路系统安全性

发电系统的电路系统安全应符合 GB/T 24549—2009 要求。电路系统中应有短路或漏电保护装置，可自动切断发电系统总输出。

4.2.4 安全监控、保障子系统

发电系统中的各子系统如燃料供应子系统（不包括燃料贮存容器）、氧化剂供应子系统、水/热管理子系统、控制子系统等均应与安全监控、保障子系统相连。安全监控、保障子系统自动控制各子系统安全运转，并可根据发电系统运转情况的变化提供相应声、光提醒和自动开启与关闭控制，保证发电系统运行正常与安全。

4.3 燃料供应

供给发电系统的燃料应符合相关特定燃料电池发电系统标准和要求，其所含可能对发电系统产生有害影响的杂质含量应在制造商规定范围内。

4.4 燃料供应子系统

发电系统燃料供应子系统包含的管路、阀门、传感器、燃料处理装置等，应符合相应标准和使用要求。

连接发电系统和燃料贮存容器的连接装置应适合使用要求。补给燃料时与燃料供应站的快速燃料接插管件连接方法应符合相关压力、安全等标准和规定。非标准燃料贮存容器的补给端口与标准燃料贮存容器的接续器必须是不能相配的。

无论是固定的或可更换的，一次性的或可再充装的燃料贮存容器（加压或不加压），这些燃料贮存容器应符合国家相关压力、安全使用标准和规定要求。

4.5 氧化剂处理子系统

氧化剂处理子系统包括过滤器、管路、处理装置、传感器件、阀门等，应符合相应标准。氧化剂供应子系统中过滤器仅对颗粒级灰尘等进行过滤处理。

4.6 热管理子系统

热管理子系统包括散热器和配套风扇、管路、循环流体泵、阀门、传感器件、冷却流体储存箱与补充箱等，应符合相应标准。

4.7 水管理子系统

水管理系统包括管路、循环水泵、阀门、传感器件、水储存与补充箱等，应符合相应标准。发电系统生成水回收用作燃料或氧化剂增湿使用或其他使用用途时，应去除水中对发电系统有害的物理颗粒与金属离子。

4.8 自动控制子系统

自动控制子系统包括为保障发电系统正常运行进行调节与监控所必须的传感器件、线路、执行器件、控制器件、软件程序等，应符合相应标准。

4.9 功率调节子系统

燃料电池堆输出功率将根据发电系统内部装置所消耗的功率和对外输出功率的要求，通过 DC/DC 或 DC/AC 装置对电流、电压进行调节，提供符合使用要求的功率输出。

4.10 起动时间

发电系统按 5.2 进行起动试验时，从启动至怠速工况所需时间应符合制造商的规定。

4.11 动态响应

发电系统按照 5.4 进行动态响应试验时，最大输出功率与制造商标定的额定功率之比不小于 80%。

4.12 温度适应性

按照 5.5 规定进行高温适应性试验和低温适应性试验时，发电系统工作正常。

4.13 抗振可靠性

发电系统应具备一定的抗冲击振动的能力，满足标准 GB/Z 18333.1—2001，应保证正常使用中所产生的冲击振动不会对发电系统各个零部件产生损害，保证整个发电系统的正常运行。

4.14 防水防尘

发电系统中需要具备防水防尘能力的部件应按 5.7 的要求进行试验，试验结果符合 GB/T 4942.1—2006 中 IPX5 等级或 IP55 以上等级的要求。

4.15 电磁兼容性

发电系统的各控制器应满足标准 GB 18655—2002、GB/T 21437.2、ISO 11452、ISO 10605 的电磁兼容性要求，测试项目的发射限值应符合相关标准规定，抗扰度应达到 II 级。

5 试验方法

5.1 安全性试验

5.1.1 气体泄漏试验

将发电系统中的燃料电池堆中的燃料腔、氧化剂腔及冷却流体腔出口封闭；只通过一个电堆端板上燃料管路进口与压力表和流量计相连；将惰性气体（氮气、氩气等）按不超过电堆最大工作压力经过燃料进口通入电堆，保持压力稳定 60 s，使腔内气体压力达到平衡；用气体流量计测量单位时间内的气体流量，所得到的值为发电系统的燃料气体窜到氧化剂及冷却流体腔内与外泄漏量的总和，应符合制造商规定。

测试流程示意如图 2 所示：

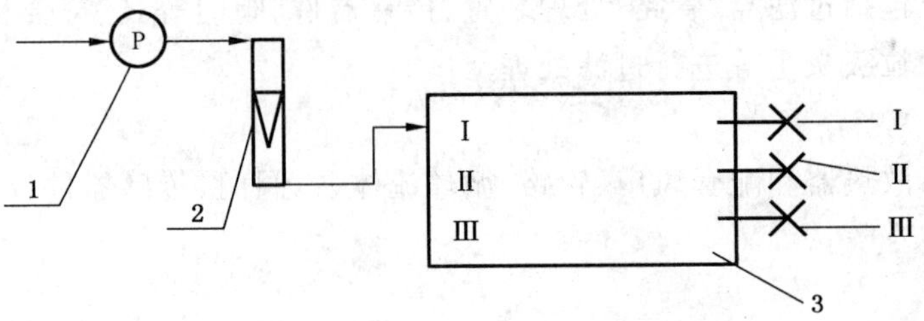

1——气体减压阀；
2——气体流量计；
3——燃料电池堆；
Ⅰ——电堆燃料气腔入口；
Ⅱ——电堆氧化剂气腔入口；
Ⅲ——电堆冷却流体腔入口。

图 2　气体泄漏测试方法示意图

5.1.2　绝缘强度试验

用兆欧表测量发电系统的燃料电池堆正负极分别引出的电流母板与发电系统封装架电阻，正负电极对车身绝缘电阻应大于 100 Ω/V。

5.2　起动特性试验

按 GB/T 24554—2009 的规定进行。应符合制造商规定。

5.3　工况试验

在怠速、部分加载、额定工况、过载工况等各个工况时，分别测取燃料消耗量；电池堆的输出电流和电压、发电系统净输出的电流电压；测量辅助支持运行系统的功耗；记录进气温度、进气压力、冷却水温度、环境温度和湿度等；在额定工况和过载工况时，记录发电系统输出电流和电压随时间变化的历程。

试验方法应符合 GB/T 24554—2009 的规定。

额定工况下发电系统稳定运行 1 h，过载工况下发电系统稳定运行 60 s。

5.4　动态响应特性试验

考核发电系统动态加载响应及加载冲击能力。主要进行动态响应时间测试和动态循环加载测试。

5.4.1　动态响应时间测试

试验方法应符合 GB/T 24554—2009 的规定。应符合制造商规定。

5.4.2　动态循环加载测试

试验方法应符合 GB/T 24554—2009 的规定。应符合制造商规定。

5.5　温度适应性试验

5.5.1　高温适应性试验

发电系统与散热器均置于环境温度 45 ℃±2 ℃，发电系统在标定功率工况下运行。发电系统稳定运行 60 min。

5.5.2　低温适应性试验

发电系统在正常操作至稳定状态后停机，然后将发电系统置于－10 ℃环境中 1 h，之后将环境温度升到 10 ℃进行解冻，此过程重复 10 次，再按制造商规定的要求启动发电系统，发电系统应能按制造商的规定正常启动。

5.6　耐振动性试验

发电系统耐振动性试验应符合 GB/Z 18333.1—2001 的规定。试验后，发电系统应能正常启动。

5.7　防水防尘试验

按照 GB/T 4942.1—2006 中试验方法进行检测，应符合 IP55 等级要求。

5.8　电磁兼容性试验

5.8.1　发射试验

按照标准 GB 18655—2002 中试验方法进行检测，检测结果应符合标准规定的发射限制。

5.8.2 抗扰度试验

5.8.2.1 传导抗扰度试验

按照标准 GB/T 21437.2 中试验方法进行检测，抗扰度应达到Ⅱ级。

5.8.2.2 辐射抗扰度试验

按照标准 ISO 11452 中试验方法进行检测，抗扰度应达到Ⅱ级。

5.8.2.3 静电放电抗扰度

按照标准 ISO 10605 中试验方法进行检测，抗扰度应达到Ⅱ级。

6 检验规则

6.1 每台燃料电池发电系统都须经检验合格才能出厂并附有产品合格证。针对不同的产品，检验分为型式试验、例行试验和验收试验。

6.2 凡遇下列情况的产品，应进行型式试验。型式试验试验样品应不少于两台。型式试验应符合第 5 章规定的试验方法。

a) 新产品试制或小批试生产；

b) 定期抽试，连续批量生产的产品每年不得少于一次；

c) 设计或工艺的变化足以引起产品的性能改变时；

d) 产品转厂生产或长期停止(超过定期抽试期限)生产后又恢复生产；

e) 上级质量监督部门有要求时。

6.3 对于在型式试验有效期内正常生产的每台产品，可仅进行产品的例行试验。例行试验的项目包括气密性检查和绝缘强度试验，试验方法按如下规定：

6.3.1 气密性检查

连接所有接受气密测试的发电系统每个子系统的管路、连接件和承受压力元件；只通过一个电堆端板上燃料管路进口与压力表和流量计相连；给燃料腔、氧化剂腔、冷却剂腔及管路、连接件和承受压力元件通入不超过电堆最大工作压力的试验惰性气体(氮气、氩气等)，保持压力稳定 60 s，使各腔内和管路内气体压力达到平衡；用气体流量计测量单位时间内的气体流量，所得到的值为发电系统的气体外泄漏量，应符合制造商规定。

发电系统的所有管路连接接头和各个元件联接部位涂上渗漏检测液，在发电系统通入惰性气体(如氮气、氩气等)，压力不超过最大工作压力的条件下进行试验，应不产生气泡。

检查流程示意如图 3 所示。

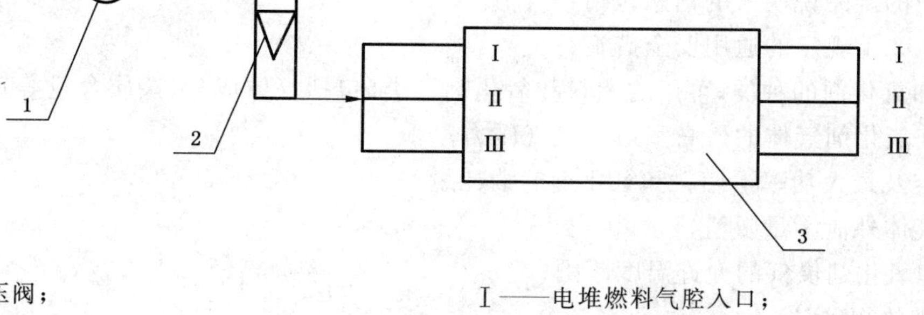

1——气体减压阀；

2——气体流量计；

3——燃料电池堆；

Ⅰ——电堆燃料气腔入口；

Ⅱ——电堆氧化剂气腔入口；

Ⅲ——电堆冷却流体腔入口。

图 3 气体气密性检查方法示意图

6.3.2 绝缘强度试验

在批量生产时，试验电压可提高到规定的1.2倍，试验时间可缩短至1 s，允许被试发电系统的试验在室温下进行，但应保证被试发电系统在最高运行温度下绝缘强度合格。

6.4 对于供需双方有合同规定的产品，如果合同对检验项目和试验方法有明确规定的，按合同规定进行验收试验；如果无明确规定，属于新产品，则应进行型式试验；如果属于老产品，可仅进行例行试验。

7 标识、说明和技术文件

发电系统产品上应有可靠固定的产品铭牌、各类标识牌及警示牌，这些标志牌上的标志信息在产品的整个使用期内应清晰易读，并且能抵抗环境条件侵蚀能力而不会被磨灭。

制造商向用户提供的技术文件或资料(包括产品的安装使用说明书等)可以视为供货合同的一部分。

7.1 产品铭牌

发电系统产品铭牌标识内容至少应包含以下信息：

a) 制造商名称或其注册商标；

b) 发电系统型号；

c) 发电系统生产日期或序列号。

7.2 标记

如果由于发电系统的连接件位置接错会导致危险的发生，则这些连接件都应给出明显的标志，电连接的正负极也应给予说明。

7.3 警示牌

警示牌的警示内容至少应包括：

a) 振动危险；

b) 高温；

c) 可燃气体或液体；

d) 腐蚀和有毒介质；

e) 高电压。

7.4 技术文件

产品说明书要对发电系统的系统集成、安装、操作和维护进行说明，其中包括安装手册、操作手册、维护手册和备品备件清单等文件或内容。这些信息可以图样、表格或说明的形式给出。

除非发电系统的制造商与客户另有协议，否则，每台发电系统都应附有一套完整的技术文件。

一套文件若由多个文件组成，每个文件都应列出其他文件的文件代号和名称。

7.4.1 产品说明书

提供给用户的产品说明书的信息包括：

a) 符合4.2.1规定的通用安全措施；

b) 燃料和氧化剂的种类，可用的燃料和氧化剂种类(包括气体成分，杂质含量等)；

c) 燃料和氧化剂气体的最高和最低供气压力；

d) 在额定及最大功率下燃料和氧化剂的消耗量；

e) 最大气体外泄漏量限值；

f) 燃料和氧化剂供气的允许温度范围；

g) 典型排放物；

h) 发电系统存储时的周围环境(温度和湿度范围)；

i) 正常运行时的周围环境条件(允许的海拔范围、温度、湿度范围)；

注：输出功率有赖于氧的浓度，在高海拔地区运行时可能降低性能。

j) 允许的冲击和振动水平；

k) 发电系统的正常运行温度，允许的最高和最低运行温度；

l) 冷却剂种类和品质；

m) 发电系统的启动时间(热启动时间、冷启动时间)；

n) 尺寸和重量；

o) 电气输出定额(额定电压、额定电流、额定功率、开路电压、满载电流时的端电压)；

p) 最大过载电流和过载时间；

q) 接地点的位置。

7.4.2 安装手册

安装手册应对发电系统的安装和固定，电气线路、燃料管路、氧化剂管路、冷却系统管路的连接，给出清晰、详细的说明。

安装指南包括的内容：

——装卸、运输和存储；

——安装前的准备；

——安装方位(向上或向下等)；

——固定方法；

——输气管路和冷却剂管路的连接方法；

——电路和传感器的连接方法；

——注意事项和禁止的操作；

——安装图。

7.4.3 操作手册

技术文件中应包含操作手册，详尽地说明发电系统正确启动和使用的程序，对安全措施和可能出现的不正确操作应予以特别提醒。

当发电系统编程运行时，应提供程序设计的详细资料和必要的安全规程的详细信息。

操作手册应包含：

——启动和操作规程；

——操作顺序；

——检测频次；

——正常和紧急关机规程；

——储存要求；

——注意事项和禁止的操作；

——自然环境(如振动烈度、冲击强度、大气污染物等)信息。

7.4.4 维护手册

技术文件应包含维护手册。维护手册应详尽地说明调试、维修和预防性检查、修理的要求和时间间隔。应详细说明正确操作的确认方法(如软件测试程序)。

维护手册中最好还应包括维修记录。

发电系统制造商还应对零部件和元器件的处置和再生利用加以说明。

附 录 A
（资料性附录）
产品型号编制办法

A.1 产品型号的构成

燃料电池发电系统的产品型号通常由产品代号、规格代号和补充代号三部分组成，每一部分之间用分隔符“-”分开。产品型号的编制除宜按 A.2 的规定外，其他代号可由燃料电池发电系统制造商自行确定。产品型号的含义宜在说明书中说明。

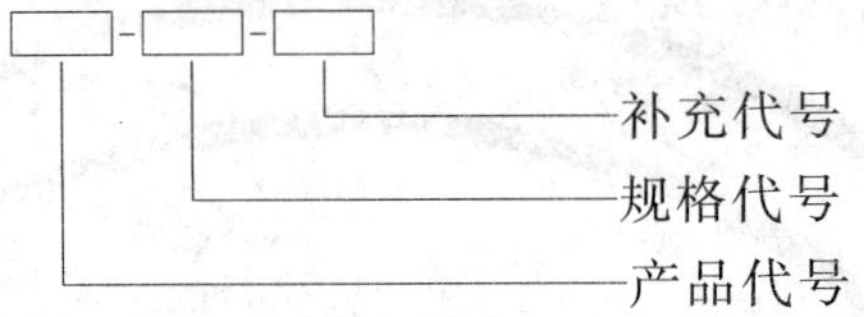

A.2 产品型号的要求

A.2.1 产品代号

产品代号一般用汉语拼音字母和阿拉伯数字表示，汉语拼音字母一般用大写字母，具体含义如下：

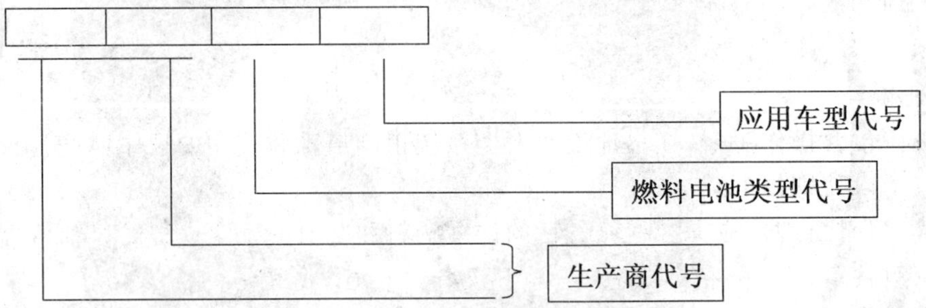

A.2.2 规格代号

规格代号用数字、字母和分隔符“/”表示：第一段为额定功率，1 kW 及以上的规格，用千瓦数加字母“K”表示，1 kW 以下的规格，用瓦数表示；第二段为电压范围，以伏特数表示。

A.2.3 补充代号

补充代号由制造商自行确定，但应在说明书中加以说明。

A.2.4 型号示例

例：神力科技制造，氢燃料电池客车发电系统，额定功率 80 kW，电压范围 320 V～560 V

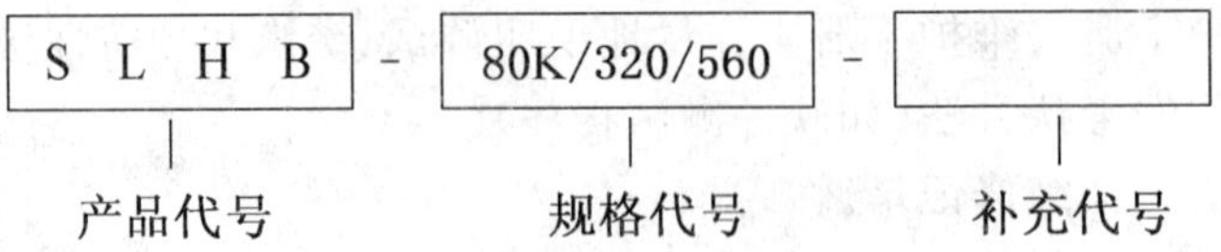

ICS 29.240.30
F 21

中华人民共和国国家标准化指导性技术文件

GB/Z 25320.1—2010/IEC TS 62351-1:2007

电力系统管理及其信息交换 数据和通信安全 第1部分:通信网络和系统安全 安全问题介绍

Power systems management and associated information exchange—Data and communications security—Part 1: Communication network and system security—Introduction to security issues

(IEC TS 62351-1:2007, IDT)

2010-11-10 发布

2011-05-01 实施

中华人民共和国国家质量监督检验检疫总局
中国国家标准化管理委员会 发布

前言

国际电工委员会57技术委员会(IEC TC 57)对电力系统管理及其信息交换制定了IEC 62351《电力系统管理及其信息交换　数据和通信安全》标准。我们采用IEC 62351,编制了GB/Z 25320指导性技术文件,主要包括以下部分:

——第1部分:通信网络和系统安全　安全问题介绍;

——第2部分:术语;

——第3部分:通信网络和系统安全　包含TCP/IP的协议集;

——第4部分:包含MMS的协议集;

——第5部分:IEC 60870-5及其衍生标准的安全;

——第6部分:DL/T 860的安全;

——第7部分:网络和系统管理的数据对象模型;

——第8部分:电力系统管理的基于角色访问控制。

本部分等同采用IEC TS 62351-1:2007《电力系统管理及其信息交换　数据和通信安全　第1部分:通信网络和系统安全　安全问题介绍》(英文版)。

本部分增加了资料性附录NA,以反映规范性引用文件IEC 60870-5(所有部分)中的各部分与对应的我国标准以及一致性程度。

本部分由中国电力企业联合会提出。

本部分由全国电力系统管理及其信息交换标准化技术委员会(SAC/TC 82)归口。

本部分起草单位:国网电力科学研究院、国家电力调度通信中心、中国电力科学研究院、福建省电力有限公司、华中电网有限公司、华东电网有限公司、辽宁省电力有限公司。

本部分主要起草人:许慕樑、南贵林、邓兆云、杨秋恒、韩水保、李根蔚、曹连军、袁和林、林为民。

本指导性技术文件仅供参考。有关对本指导性技术文件的建议或意见,向国务院标准化行政主管部门反映。

引　言

计算机、通信和网络技术当前已在电力系统中广泛使用。通信和计算机网络中存在着各种对信息安全可能的攻击,对电力系统的数据及通信安全也构成了威胁。这些潜在的可能的攻击针对着电力系统使用的各层通信协议中的安全漏洞及电力系统信息基础设施的安全管理的不完善处。

为此,我们采用国际标准制定了 GB/Z 25320《电力系统管理及其信息交换　数据和通信安全》,通过在相关的通信协议及在信息基础设管理中增加特定的安全措施,提高和增强电力系统的数据及通信的安全。

电力系统管理及其信息交换 数据和通信安全 第1部分:通信网络和系统安全 安全问题介绍

1 范围和目的

1.1 范围

GB/Z 25320 的本部分范围是电力系统控制运行的信息安全。本部分的主要目的是“为 IEC TC 57 制定的通信协议的安全,特别是 IEC 60870-5、IEC 60870-6、IEC 61850、IEC 61970 和 IEC 61968 的安全,承担标准的制定;承担有关端对端安全的标准和技术报告的制定”。

1.2 目的

具体目的包括:

- GB/Z 25320.1 介绍了 GB/Z 25320 的其他部分,主要向读者介绍应用于电力系统运行的信息安全的各方面知识;
- GB/Z 25320.3～GB/Z 25320.6 规定了 IEC TC 57 通信协议的安全标准。可以用这些标准提供各种层次的协议安全,这取决于为一个特定实现所选定的协议和参数。同样它们已被设计为具有向后兼容能力并能分阶段实现;
- GB/Z 25320.7 涉及端对端信息安全的许多可能领域中的一个领域,即加强对支持电力系统运行的通信网络进行全面管理;
- GB/Z 25320 后续的其他部分涉及更多的信息安全领域。

电力行业中安全性、安全防护和可靠性始终是系统设计和运行的重要问题,随着该行业越来越多依赖于信息基础设施,其信息安全正变得日益重要,这就是制定信息安全标准的理由。一些新威胁已经影响到解除管制的电力市场,因为对竞争对手的资产和其系统运作的了解可能是会从中得益的,于是截获此类信息是十分可能发生的。此外,无意的行为(如不小心和自然灾祸)能够像蓄意行为一样对信息造成危险。当前恐怖主义的外加威胁已经变得非常明显。

虽然存在“端对端”安全的许多定义,一个标准定义(多种陈述)是:“1. 对采用密码技术的安全通信系统或被保护的分布系统中的信息进行安全防护意味着从起始点到目的点的防护。2. 对信息系统中的信息,从起始点到目的点进行安全防护”[1)]。以这个定义为基础开始的四个标准是针对 IEC TC 57 通信协议集的安全增强,因为这些通信协议集被认为是对电力系统控制操作进行安全防护明显的第一步。然而这些安全增强仅能解决两个系统之间的安全需求,并不解决包含内部安全需求的真正“端对端”安全,包括安全对策、安全防护执行、入侵检测、内部系统和应用的健壮以及更广泛的安全需求。

因此,本章的本结束语是非常重要的:认识到增设防火墙或仅简单使用协议的加密,例如增加链路端加密盒(bump-in-the-wire)或甚至虚拟专网(VPN)技术,在许多情况下似乎并不是足够的。安全是真正的“端对端”的要求,以确保对敏感的电力系统设备的认证访问、对敏感的市场数据的授权访问、可靠且及时的设备功能执行和设备故障信息、关键系统的备份以及容许检测和再现决定性事件的审计

---

1) ATIS(Alliance for Telecommunications Industry Solutions)[美国为通信和相关信息技术快速制定和促进技术和运行标准的组织。ATIS 得到了美国国家标准学会(ANSI)的认可。]:FS-1037C 的扩充,US 联邦政府电信项目的标准术语。

能力。

2 规范性引用文件

下列文件中的条款通过GB/Z 25320的本部分的引用而成为本部分的条款。凡是注日期的引用文件,其随后所有的修改单(不包括勘误的内容)或修订版均不适用于本部分,然而,鼓励根据本部分达成协议的各方研究是否可使用这些文件的最新版本。凡是不注日期的引用文件,其最新版本适用于本部分。

GB/T 18700(所有部分) 远动设备和系统 第6部分:与ISO标准和ITU-T建议兼容的远动协议(IEC 60870-6[2],IDT)

DL/T 860(所有部分) 变电站通信网络和系统(IEC 61850[3],IDT)

IEC 60870-5(所有部分) 远动设备和系统 第5部分 传输规约(Telecontrol equipment and systems—Part 5:Transmission protocols)

IEC TS 62351-2 电力系统管理及其信息交换 数据和通信安全 第2部分:术语(Power systems management and associated information exchange—Data and communications security—Part 2:Glossary of terms)

3 术语、定义和缩略语

IEC 62351-2中给出的术语和定义及缩略语适用于GB/Z 25320的本部分。

4 信息安全标准的背景

4.1 电力系统运行的信息安全所涉及的论据

通信协议是电力系统运行的最关键部分之一,它负责从现场设备取回信息和发送控制命令至现场设备。虽然通信协议具有关键作用,但迄今这些通信协议还很少加入任何安全措施,这些安全措施包括对无意错误,电力系统设备功能丧失,通信设备故障或蓄意破坏进行的防护。由于这些协议是非常专业化的,"依靠难以理解获得安全"一直是主要手段。毕竟,只有操作员才被允许从高度防护的控制中心去控制断路器。谁会去关心线路上的电功率,或者说对近百种通信协议中某个适用协议,谁可能具有如何读取其特殊比特和字节的知识,并且为什么有人会想破坏电力系统呢?

然而,依靠难以理解获得安全不再是有效的观念。特别是电力市场正迫使市场参与者去获取他们所能获得的任何优势。即使一点信息就有可能使失败的投标转变为成功的投标,或者说持有你竞争对手的信息就能使他们成功的投标变为失败的投标。因而破坏电力系统运行的欲望可能出自单纯的十来岁青少年对电力市场的竞争搏弈游戏吹牛式的恐吓行为,直到实际恐怖行动。

的确,不仅市场力使安全成为至关重要。运行电力系统的绝对复杂性在这些年一直在增加,这使设备故障和操作错误更有可能发生,并且影响的范围和代价更大。此外,较旧的,"难以理解"的通信协议正被标准化的、良好文本的协议代替,对骇客和工业间谍而言这样的协议更易攻击。

随着电力行业日益依赖信息来运行电力系统,现在必须管理两种基础设施:不仅应管理电力系统基础设施(Power System Infrastructure),还应管理信息基础设施(Information Infrastructure)。因为自

---

2) 也称为控制中心间通信协议(Inter-control Centre Communications Protocol,ICCP),使得能在电力部门控制中心与其他控制中心、其他公用事业部门、电力联营体、区域控制中心和非电力部门发电商之间经广域网(WAN)进行数据交换。

3) DL/T 860(IEC 61850,IDT)标准,用于继电保护、变电站自动化、配电自动化、电能质量、分布能源、变电站对控制中心和其他的电力行业运行功能。它包括为满足极其快速的继电保护响应时间和为被测值进行采样的协议集,以及专注于对变电站和现场设备进行监视和控制的协议集。

动化不断代替人工操作,市场要求更精确且更及时的信息以及电力系统设备变得陈旧,管理电力系统基础设施已经变得依靠于信息基础设施。因而信息基础设施可能遭受的任何问题都日益影响到电力系统的可靠性。

4.2 IEC TC 57 数据通信协议

国际电工委员会(IEC)的"电力系统管理及其信息交换"技术委员会(TC 57)负责制定电力系统数据通信协议的国际标准。它的范围是"为电力系统控制设备和系统,包括 EMS(能量管理系统)、SCADA (数据采集和监控)、配电自动化、远方保护,以及用于电力系统的规划、运行和维护的实时和非实时信息的相关信息交换制定国际标准。电力系统管理是由控制中心、变电站和个别一次设备内的控制组成,包括设备、系统和数据库的远动和接口,而这些接口可能是在 TC 57 所辖范围之外。在高压环境中的特殊工况必须要考虑。"

IEC TC 57 已经制定了三种广泛接受的协议标准并已是第四个协议的发起者。这三个协议是:

IEC 60870-5　在欧洲和其他非美国的国家广泛用于 SCADA 系统与 RTU 的数据通信。同时用于串行链路(IEC 60870-5-101,对应于我国的 DL/T 634.5101)和网络(IEC 60870-5-104,对应于 DL/T 634.5104)。DNP3 是为了在美国使用,从 IEC 60870-5 衍生出来而现在许多其他国家也广泛使用,主要用于 SCADA 系统与 RTU 的数据通信。

IEC 60870-6(对应于我国的 GB/T 18700)　也称为 TASE.2 或 ICCP,国际上用于控制中心之间通信,并经常用于控制中心内 SCADA 系统和其他工程系统之间通信。

IEC 61850(对应于我国的 DL/T 860)　用于继电保护、变电站自动化、配电自动化、电能质量、分布能源、变电站对控制中心和电力行业的其他运行功能。它包括为满足极其快速的继电保护响应时间和对被测值进行采样的协议集,以及专注于对变电站和现场设备进行监视和控制的协议集。

这些协议现在广泛地使用于电力行业中。然而,它们都是在信息安全成为该行业的主要问题之前制定的,所以原先标准中根本不包括任何安全措施。

4.3 制定这些安全标准的历史

直到 1997 年 IEC TC 57 才认识到对这些协议进行安全防护是必要的。因而,TC 57 首先成立研究安全防护问题的临时工作组。该组发布了关于安全需求的技术报告 IEC/TR 62210(对应于我国的 DL/Z 981)。该技术报告的一个建议是组成工作组,为 IEC TC 57 协议和它们的衍生协议制定安全标准。

最初国际标准化组织(ISO)的通用评估准则(Common Criteria)被选定为确定安全需求的方法。这种方法用评估对象(Target of Evaluation,TOE)的概念作安全分析的焦点。可是,在不同电力系统环境中多样性和多变的安全需求下,确定防护 TOE 的特征非常麻烦,因此最终这种方法没被采用。代之使用的是威胁减轻分析。该方法先确定最常见威胁,然后制定应对这些威胁的安全措施。

因此,IEC TC 57 WG15 在 1999 年成立并且已经承担了这项工作。WG15 的名称是"电力系统管理及其通信 数据和通信安全",它的工作范围和目的是"为 IEC TC 57 制定的通信协议的安全,特别是 IEC 60870-5、IEC 60870-6、IEC 61850、IEC61970 和 IEC61968 的安全,承担标准的制定,承担有关端对端安全课题的标准和技术报告的制定。"

这样做的理由是:安全性、安全防护和可靠性始终是电力行业中系统设计和运行的重要问题,随着该行业越来越多依赖于信息基础设施,该行业中计算机安全正变得日益重要。解除管制的电力市场已带来了新威胁,因为对竞争对手资产以及他的系统运作的了解可能会从中得益,于是收集此类信息是现实可能的。当前恐怖主义的外加威胁也已经变得更明显。

在范围和目的陈述中的结束语是非常重要的:认识到仅增加数据的简单加密,例如增加链路端加密盒(bump-in-the-wire)或甚至 VPN 技术,对于许多情况似乎并不是足够的。安全是真正的"端对端"的要求,以确保对敏感的电力系统设备的认证访问、可靠而及时的关于设备的功能及故障的信息、关键系统的备份和容许再现关键事件的审计能力。

5 GB/Z 25320 涉及的安全问题

5.1 安全的一般信息

本章内容是资料性的,提供与安全问题有关的额外信息。这些信息虽然并不被这些规范性标准明确论及,但可能有助于理解这些规范性标准的上下文和范围。

5.2 安全威胁的类型

5.2.1 概述

安全威胁通常被看作对资产的攻击是潜在的。这些资产可能是物理设备、计算机硬件、楼房甚至人员。然而,在计算机世界中资产也包括信息、数据库和软件应用。所以对安全威胁的应对措施应该包括对物理攻击和计算机攻击的防护。

对资产的安全威胁不仅可能是蓄意攻击,而且可能由无意事件导致。事实上,经常更实际的危险可能是安全性突降、设备故障、疏忽大意和自然灾害所导致的而不是蓄意攻击所造成的。然而,对成功的蓄意攻击的反应可能具有巨大的法律、社会和经济的后果,这些会远超过物理危险。

电力部门习惯于担心设备故障及与安全性相关的疏忽大意,自然灾害也包含在考虑范围内,特别对那些经常受飓风、地震、龙卷风、冰雹等自然灾害影响的电力部门。即使这些自然灾害被看作并非电力部门所能控制的。正在起变化的是对信息进行保护的重要性,信息正日益成为安全、可靠和高效电力系统运行的重要方面。

在正确确定对什么攻击需要防护什么和需要防护到怎样的安全级别时,安全风险评估是至关重要的。关键是决定于成本效益:要"量体裁衣"[4](变电站),多层次安全防护比单一方案更好,而且任何时候对攻击的防护都不是完全绝对的。尽管如此,为提供现代电力部门运行所需的安全等级,从什么不做到一切都做这两个极端之间存在相当大的空间。

安全防护在其他方面也能带来益处,如果对可能的蓄意攻击实现了外加的安全防护,就能够使用这种监视去改善安全性,使疏忽概率减至最小,并提高了设备维护的效率。

以下条款讨论一些最重要的威胁,以便了解和防护。这些威胁中的大多数包括在GB/Z 25320中,至少在监视层面上是如此。

5.2.2 无意威胁

5.2.2.1 安全事故

安全性始终是电力部门主要关心的,特别对那些工作于变电站的高电压环境中的现场人员。一些极其细致的规程已经被制定和一再反复地精心修改,以改进安全性。虽然这些规程是安全性步骤的最重要组成部分,然而通过电子手段对关键设备的状态进行监视和对符合于安全规程情况进行日志记录或告警,能把安全性提高到相当程度并且在其他方面带来益处。

特别是虽然主要出于安全性原因,已经实施了仅允许授权人员进入变电站的访问措施,然而对这些安全性措施进行电子监视同样能有助于防止某些蓄意攻击,比如故意破坏和窃取。

5.2.2.2 设备故障

对电力系统的可靠运行,设备故障是最通常且料想得到的威胁。多年来已经采取了有效措施去监视变电站设备状态,比如油温、冷却系统、频率偏差、电压水平和电流过负荷。除这些额外信息能提供更多的物理安全外,GB/Z 25320的本部分并不关心这些监视的类型。

然而,对设备的物理状态进行监视经常也能有利于维护效率,可能防止某些类型的设备故障,实时检测以前没被监视的故障以及对设备故障的处理和影响进行探讨分析。因此,考虑到这些额外价值,对物理安全进行某种监视的总成本效益就能有所提高。

5.2.2.3 疏忽大意

疏忽大意是对变电站资产进行防护的"威胁"之一,无论允许尾随进入变电站还是没锁门或不小心

---

4) "一个尺寸不会适合于所有",一种解决方案不可能用于所有情况。所以,在此意义上,应允许多种解决方案。

使得未经授权人员接触口令、钥匙和其他安全措施。这种疏忽大意经常是由于过于自信（“还从没有人破坏过变电站的设备”）或懒惰（“哎呀！关这门多麻烦，一会儿我就要去别的地方”）或愤怒（“这些安全措施正在影响我的工作”）所造成。

5.2.2.4　自然灾害

自然灾害，例如暴风雨、飓风和地震，能够导致大范围的电力系统故障、安全性破坏和为窃取、蓄意破坏和恐怖行为造成机会。对现场设施和设备的物理和信息状态的实时监视能够为电力部门提供“眼睛和耳朵”以了解什么正在发生，并采取纠正行为使这些自然灾害对电力系统运行的影响降至最小。

5.2.3　蓄意威胁

5.2.3.1　概述

相对于无意威胁，对变电站中设施和设备的恶意威胁能够导致更突出的危害。采用这些蓄意威胁的诱因正在增加，因为对攻击者来说，成功攻击的结果可能日益具有经济和“社会或政治”的益处。通过实时通告和司法追踪，对成功攻击的极坏影响有所抑制的同时，对设施和设备采用先进技术的监视能够有助于防范这些威胁中的某些威胁。

5.2.3.2　心怀不满的雇员

心怀不满的雇员是攻击电力系统资产的主要威胁之一。具有破坏知识的不满雇员实质上比非雇员的危险更大，特别是在电力系统行业中，那里的许多系统和设备是完全独特的。

5.2.3.3　工业间谍

在电力系统行业中工业间谍正成为更大的威胁，因为解除管制和竞争涉及数百万美元，这提供了对信息的未经授权访问的不断增长的动力，并进而出于邪恶目的可能危及设备。除了经济利益外，通过揭示竞争者的无能或不可信任，某些攻击者会获得“社会或政治”益处。

5.2.3.4　故意破坏

故意破坏行为能够危及设施和设备，而对攻击者而言，除了进行故意破坏的行为以及向他们自身和其他人证明了他们能够实施故意破坏之外，并不具有任何特定利益。故意破坏者常常意识不到或不关心他们行为的可能后果。

对进入已锁设施的通道和入口进行实时监视，和对任何访问异常进行实时告警能有助于防止大多数故意破坏。然而一些故意破坏，比如从变电站外对开关场中设备进行射击或关闭设备和软件应用，似乎需要另外的监视类型。

5.2.3.5　计算机骇客

骇客就是为获取利益寻求突破计算机安全防护的人。所获利益可以直接是金钱的、工业知识的、政治的、社会的利益，或仅是个人的挑战以证实该骇客能够获得访问。多数骇客使用因特网作为他们的主要进入通路，因此大多数电力部门使用各种防火墙、隔离技术和其他应对措施，把电力系统的运行系统和因特网隔离。

在公众眼中计算机安全常仅被看作是对骇客及其相关问题、计算机病毒和蠕虫进行防护。由于电力运行的计算机系统大概一直与因特网隔离，许多电力部门人员根本不理解在这些系统中增加安全措施的道理。然而正如从这些条款文字中可清晰看到的那样，这可能不再是正确的，因为网络化变得更普遍而且额外的信息访问需求也在增长（例如厂商远程访问、便携电脑的维护访问、继电保护工程师取回特殊数据的访问等）。

5.2.3.6　病毒和蠕虫

如同骇客那样，病毒和蠕虫通常通过因特网进行攻击。然而一些病毒和蠕虫能嵌入到软件里，而此软件却被装载进已经与因特网相隔离的系统中，或病毒和蠕虫有可能会从某个不安全的便携电脑或其他系统经过安全通信而传播。它们可能包括中间人病毒、截获电力系统数据的间谍软件和其他木马。

5.2.3.7　窃取

窃取有一个直接了当的目的，即攻击者取得他们无权得到的某种东西（设备、数据或知识）。通常就动机而言，此目的有经济利益，虽然其他动机也是可能的。

此外，对已锁设施的进入通道和入口进行监视和对设备的物理状态和状况的异常（如不响应或断连）告警是警示运行人员窃取可能正在发生的主要方法。

5.2.3.8 恐怖行为

恐怖行为是最少可能发生但却可能具有最严重后果的威胁，由于恐怖行为的主要目的就是要造成最大程度的物理、经济和社会、政治的危机。

对可能的恐怖分子袭击（比如物理上炸掉变电站或其他设施），对变电站设施（包括物理上靠近）的进入通道和入口进行监视和异常告警，可能是警示运行人员的最有效手段。然而，恐怖分子在他们的行动中会变得更有经验，而能够寻求对整个电力系统暗中做到比仅爆炸一个变电站更大损害的方式，来破坏特定设备或使得关键设备无效。所以额外增加监视类型（包括设备的状态和状况）是很重要的。

5.3 安全的需求、威胁、脆弱性、攻击和应对措施

5.3.1 安全需求

无论用户是人还是软件应用，他们或多或少都有四种基本安全需求，保护他们免于四种基本威胁。在每种情况中作为基本前提，授权要求认证用户：

- 机密性（Confidentiality）：防止对信息的未经授权访问；
- 完整性（Integrity）：防止未经授权修改或窃取信息；
- 可用性（Availability）：防止拒绝服务和保证对信息的授权访问；
- 不可抵赖性或可追溯性（Non-repudiation or Accountability）：防止否认已发生行为或伪称并没发生行为。

5.3.2 安全威胁

通常存在四种类型计算机安全威胁：

- 未经授权访问信息；
- 未经授权修改或窃取信息；
- 拒绝服务；
- 抵赖或不可追溯。

然而，存在许多不同类型的脆弱性和利用这些脆弱性使这些威胁得以成功的攻击方法。安全应对措施应该考虑这些不同类型的脆弱性和攻击方法。

5.3.3 安全脆弱性

计算机安全脆弱性指的是系统中的薄弱点或其他漏洞，会使有意或无意的未经授权行为实现威胁。脆弱性可能由系统中的程序错误或设计缺陷造成，但也可能由设备故障和物理动作造成。脆弱性可能仅在理论上存在或是已知的行为。

5.3.4 安全攻击

有多种不同类型的攻击能实现威胁，在图1中说明了一些攻击类型。正如看到的，同样的攻击类型常可能涉及不同的安全威胁。呈网状的各种潜在攻击意味着为满足一个特定安全需求并不存在恰好一种方法；对一种特定威胁的每种攻击类型都需要设法应对。

此外，虽在“攻击链”中存在一系列攻击，可能涉及不同资产以及可能随时发生；但是也还能认为“攻击链”是一种特定的威胁。

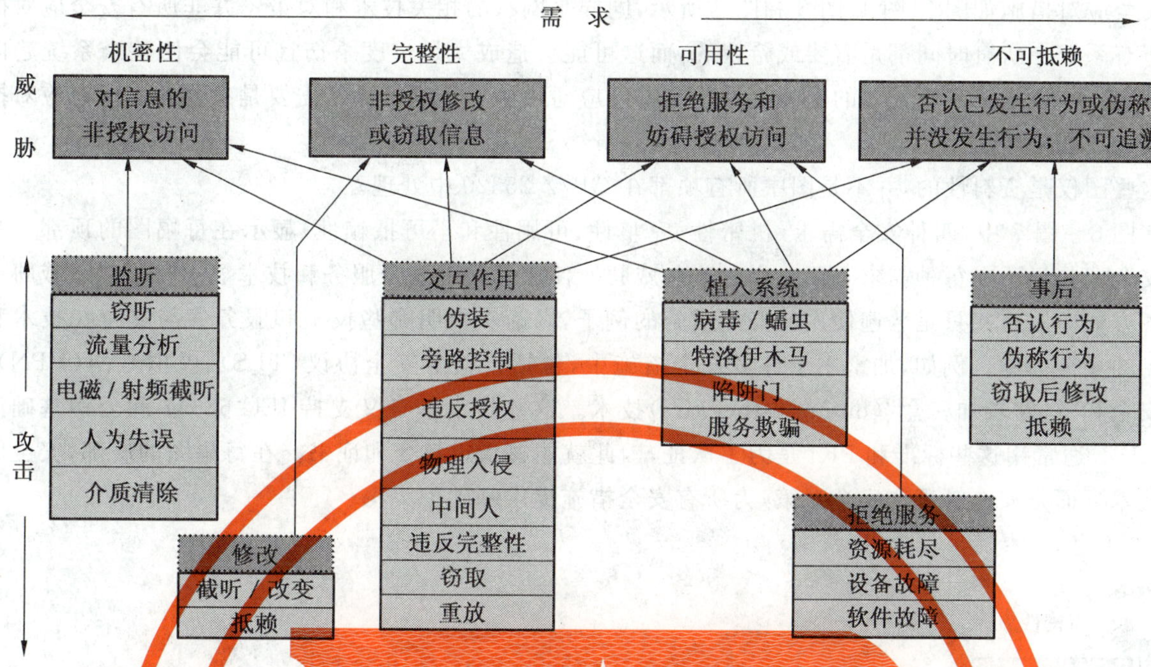

图 1　安全需求、威胁和可能的攻击

5.3.5　安全类别

出自一种安全观点，计算机安全能分为四个类别，见图 2。说明如下：

所有这四类通常都需要有为达到“端对端”安全所使用的安全措施。只对一类进行安全防护通常肯定是不够的。例如，只实现虚拟专网(VPN)，只处理对通信的传输协议的威胁，既不防止一个人伪装成另一个人，也不防止主计算机中恶意的软件应用经此 VPN 对现场装置进行通信。

这些安全措施很好地综合起来使用，就不会发生疏漏问题。

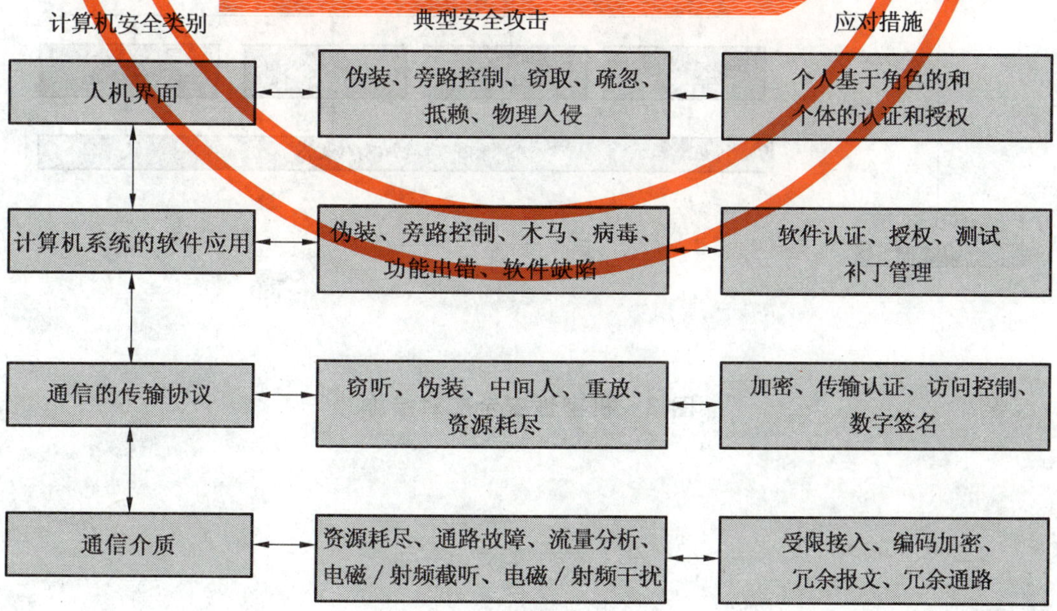

图 2　安全类别、典型攻击和通用应对措施

5.3.6 安全应对措施

安全应对措施如图3、图4、图5和图6所示,同样是网状的相关技术和对策。并非所有安全应对措施对所有系统在所有时间都是需要或希望的,而这可能会造成大量过度杀伤且可能会使整个系统趋向于不可用或非常慢。因而首要的一步就是确定哪些应对措施对于满足哪些需要是有益的。所有应对措施都表示在图7中。

这些图仅是资料性的,并不是图中所有项都在GB/Z 25320中处理。

在图3～图7中,四种安全需求(机密性、完整性、可用性和不可抵赖性)显示在每幅图的顶部。基本的安全威胁显示在每种需求下面。应对这些威胁所使用的关键安全服务和技术显示在紧接于威胁下面的各方框中。这些只是普遍使用的安全措施的例子,以箭头指明哪些技术和服务参与支持在技术和服务上的安全措施。例如,加密用于许多安全措施中,包括传输层安全协议(TLS)、虚拟专网(VPN)、无线安全和"链路端加密盒"(bump-in-the-wire)技术。这些技术本身又支持IEC 62351和公钥基础设施(PKI)。通常用这些标准和PKI是为了认证,因此就能够指定口令和证书。在每幅图的底部,安全服务和技术下面是安全管理和安全对策,为所有安全措施提供基础。

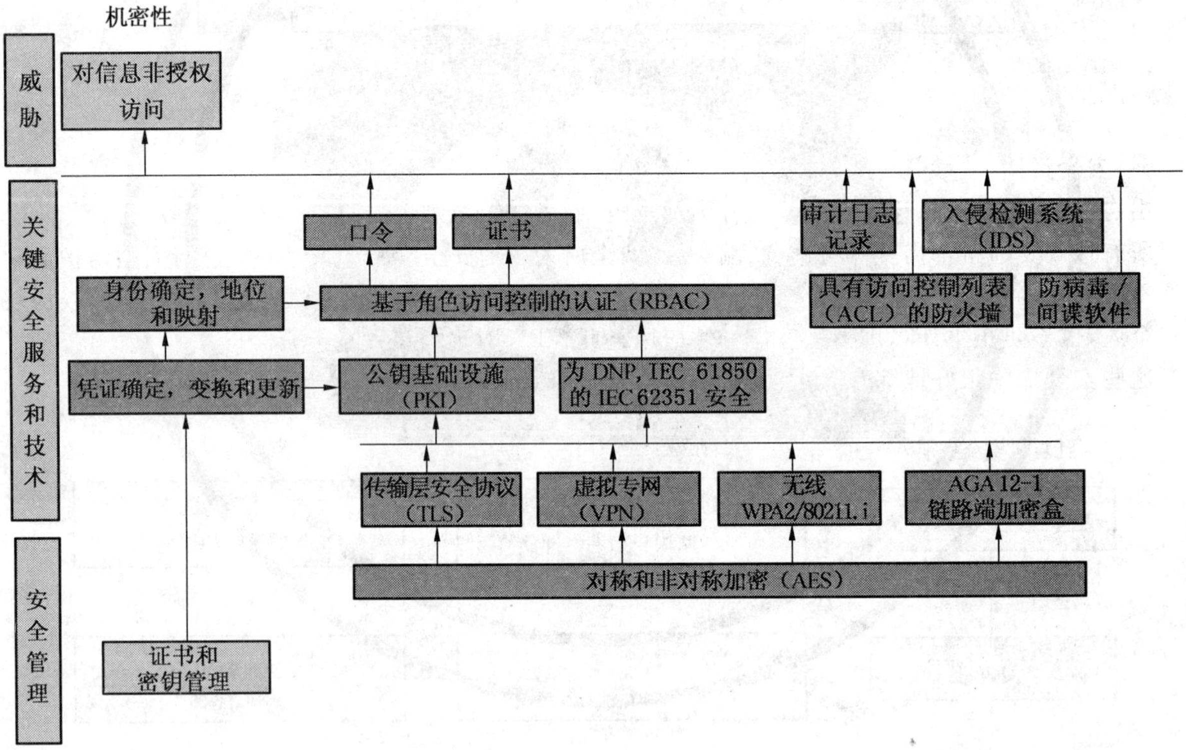

图3 机密性安全应对措施

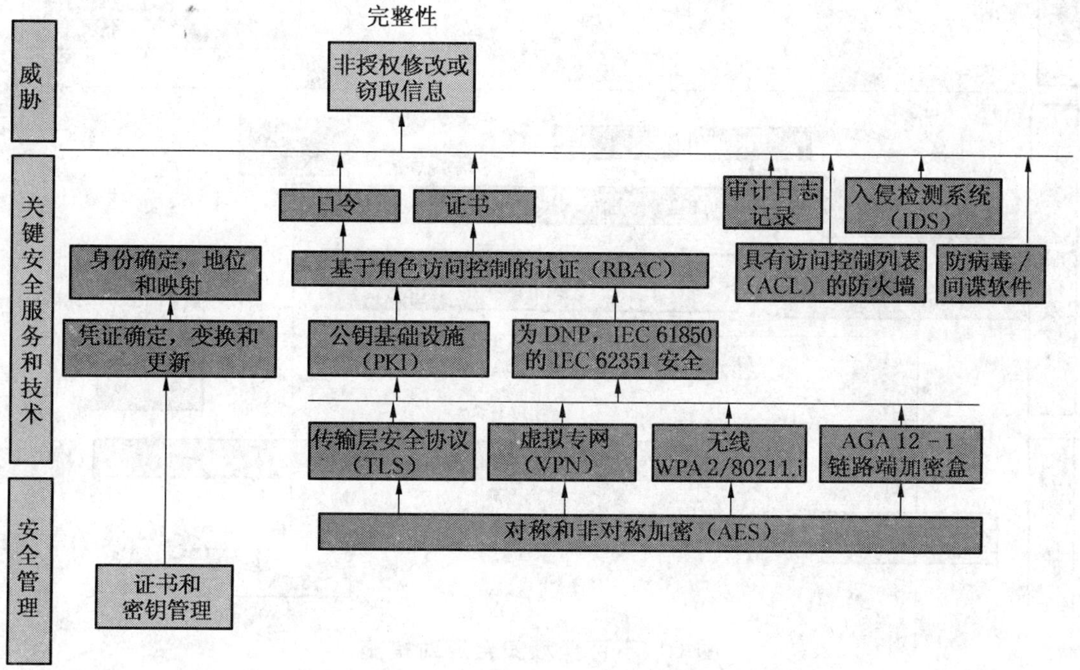

图 4　完整性安全应对措施

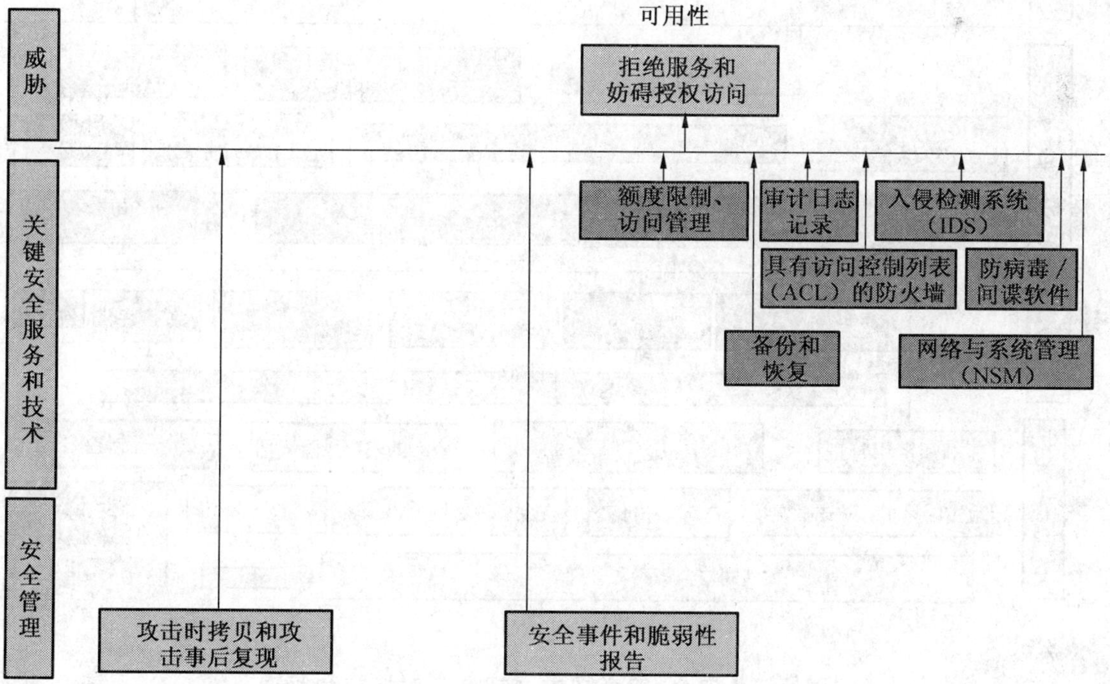

图 5　可用性安全应对措施

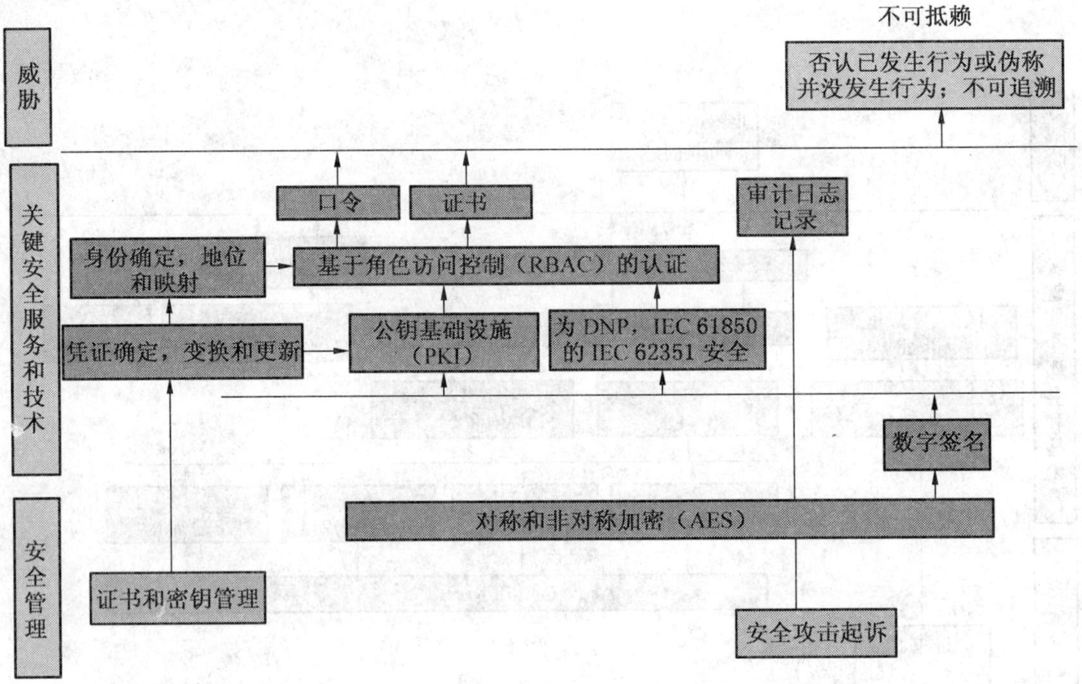

图 6　不可抵赖安全应对措施

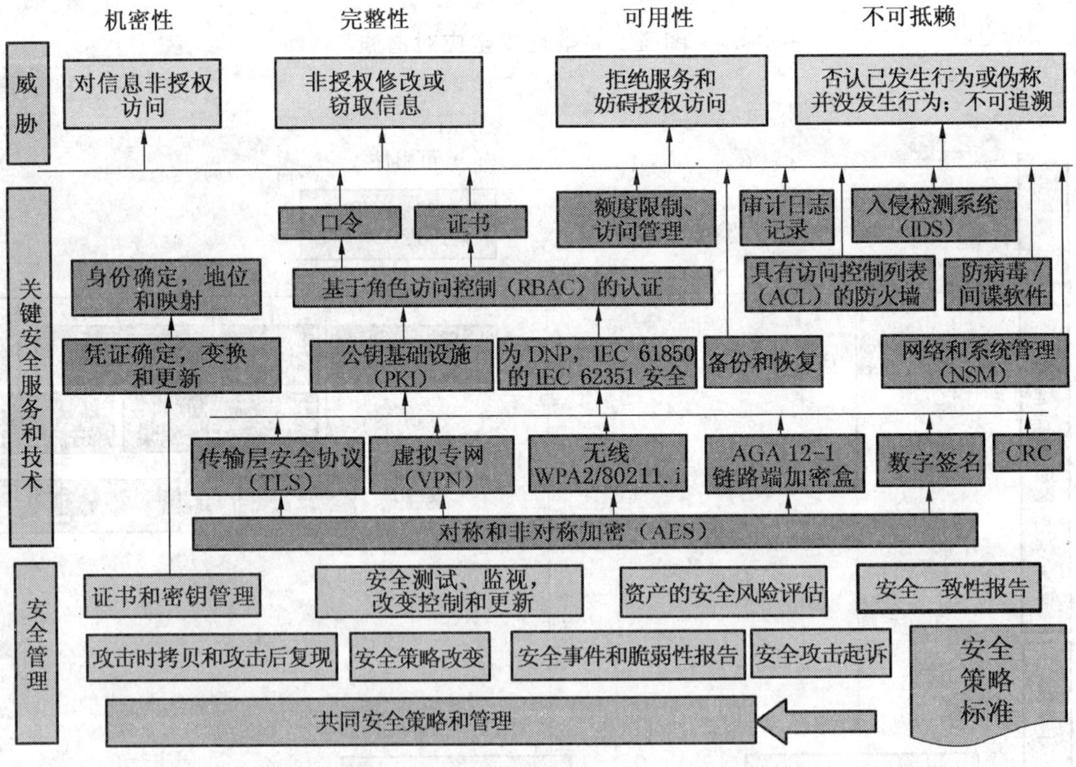

图 7　总安全：安全需求，威胁，应对措施和管理

5.3.7　分解安全问题空间

安全包括一套极其复杂且多维的问题。不存在任何标准化的或清晰规定的机制去分解安全问题空间，因此以成本效益方法分析和部署既适度又完善的安全措施，常会感到这是无法实现的。

例如，过去为分析安全需求已经使用过两种主要的探讨或分析方法：基于企业的分析(Enterprise-based analysis)(一套安全措施应用于整个企业)和基于技术/威胁的分析(Technology/Threat-based analysis)(一套技术，如口令和虚拟专网 VPN，应用于所有系统)。两种方法都包含明显的缺陷。试图为整个企业开发单独一套安全措施有可能导致企业一些区域的安全防护或过度或不足。此外，企业是不断发展和变化的，因此一个企业可包括一个以上的业务实体；在不同的业务实体中不可能强制执行单独一套安全对策和技术。基于技术/威胁的分析假定安全措施不会改变，从而一个解决方案就足以适用于所有情况。然而在电力系统运行环境中这根本是不正确的。一个尺寸并不完全适合于所有。此外，因为安全防护是正在进行且发展的过程，基于今天的技术去选择安全防护可能妨碍在未来采用更先进的安全技术。于是，任何安全决策要求大量的协调，并且往往会使安全防护过程夭折，这也并不是完全不可能的。

然而，安全问题有可能分解成更小的安全分析或安全管理区域。取决于所涉及的问题，已经使用了三种不同的分解处理。它们是：

- 物理安全边界(Physical security perimeter)：对计算机机房、通信机房、运行中心和其他放置关键计算机资产且访问受到控制的场所，物理安全边界是包围这些场所的物理六面体边界。此边界能被用于物理地保护资产；
- 电子安全边界(Electronic security perimeter)：对连接关键计算机资产且访问受到控制的网络，电子安全边界是包围此网络的逻辑边界。此边界能被用于采取计算机安全措施；
- 安全域(Security Domain)：该区域组织上属于一个科室、部门、公司或者安全需求是相同或至少在同一实体的控制之下的其他组合。从安全的角度，由于一个安全域内所有资产只属于一个组织，所以安全域概念特别使得资源能完全自主地进行管理。

安全问题空间划分成多个可管理小片能够大大有助于一个组织去制定适当且符合成本效益的安全措施。然而，这也产生了如何为域间交换即跨越安全边界提供安全机制的问题。为解决这问题，需要特定的域间安全服务以跨越这些边界。

5.4 安全对策的重要性

安全对策文件描述对公司设施的主要威胁，阐明在维护公司信息安全中涉及到雇员的理由以及规定公司雇员(包括用户和 IT 职员)的权利和责任。

为了处理与特定技术和应用相关的特定安全问题，包括 IT 网络配置考虑、网络性能问题、防火墙位置和设置、数据安全分级、协议安全需求和口令/证书分配，应制定详细的安全需求并且作为安全策略的伴随文件。

该文件的一个主要功用就是作为培训工具。如果雇员们理解了现实世界的各种威胁、与每天职责相关的安全风险以及为使这些风险降至最小，要求他们采取的安全措施的有效性，他们就会更自觉和更全面地支持安全措施。安全对策同样应明确规定不遵循对策有可能采取的处罚。

安全对策文件应是“活的”文件，反映新技术和新安全需求。正因如此，该文件应每当安全行业或IT 设施中出现新发展时，或每年至少进行一次评审和更新。

5.5 安全风险评估

另一个问题并且通常也是最难解决的问题，就是如何决定什么需要进行防护和需要防护到什么程度。有些人可能主张每一项资产都需要 100％地防护，但这常是不现实的。此外，这种做法会造成安全防护的部署或实施极其昂贵，因而即使是尝试部署最低程度的安全防护，也有可能会阻碍实体去实施。

再说，即使所有资产可能都要进行防护，“一个尺寸并不完全适合于所有”，所有资产也并不都需要进行完善且难以攻破的防护。然而，为了考虑资产的安全需要和防护程度，所有资产都应进行评估。

安全风险评估确定安全破坏可以导致的危害程度，并且相对于实施和维护安全应对措施的成本，对经济的、安全的和社会的危害进行分析。所以安全风险评估是在任何安全部署之前应执行的关键安全工作。

5.6 认识安全需求以及安全措施对电力系统运行的影响

5.6.1 电力系统运行中的安全挑战

电力系统运行引发出许多与大多数其他行业不同的安全挑战。例如大多数安全措施是为对付因特网上骇客制定的。因特网环境与电力系统运行环境是极其不同的。所以在安全行业中对安全需求以及安全措施可能影响电力系统运行的通信要求，通常是缺乏认识的。

特别是，已经制定的安全服务和技术主要是为了并不具有许多严格性能和可靠性要求的行业；而这些恰恰是电力系统运行所需要的。例如：

- 与授权客户不能访问其银行帐户相比，使授权调度员无法访问电力系统变电站控制有可能造成更为严重的后果。所以拒绝服务的威胁远比许多典型因特网交易更为巨大；
- 电力行业中使用的许多通信信道是窄带的而且端设备经常受到内存和计算机能力的限制，从而由于某些安全措施所需的开销而不允许采用，如加密和密钥交换；
- 大多数系统和设备是位于地域广大而分散、无人的远方场所，且根本没接入到因特网。这使得密钥管理、证书撤消和其他一些安全措施难于实现；
- 许多系统都由共线通信通道连接，所以工业通用的网络安全措施不能工作；
- 虽然无线通信正广泛为许多应用所使用，但对实施这些无线技术的场所和所实现的功能，电力部门一定需要非常小心。部分是因为变电站的高电噪声环境（对可用性的潜在影响），部分是因为一些应用要求非常快速且极其可靠的响应（吞吐量）。即使许多无线系统使用了安全措施，然而这些措施可能增加开销（尽管开销是类似于有线介质）。

5.6.2 密钥管理和证书撤销

在广大地域、窄带通信、一些端设备的能力受限并且许多设备远不是人员易于访问的情况下，密码的密钥管理是一个问题，这是多数其他行业（包括制造业）没有实际碰到的问题。无论公私密钥系统还是对称密钥系统或使用“链路端加密盒”设备，密钥都应该以安全方式置入端设备。

一种选择是技术人员实地来到设备所在的地方，并把每一密钥下装到每个设备。这一方法对初次安装是适宜的，但如密钥需要定期更新，则会成为严重的负担。另一种选择是“密钥服务器”与端设备共处一地且通过当地网络与那些设备互连。那么密钥服务器就有可能使用一些分散的、宽带的安全通信去下载新密钥，然后分发密钥至各个不同的设备。

证书撤销的问题类似于密钥管理，限制并不在于狭带通信而是根本没有任何运行设备能连接到因特网。正常的证书撤消由可信的证书管理员进行，在确定证书存在问题时他用因特网发出撤消公告。对电力系统操作，应该开发某种方法通过因特网安全地接收撤消公告，接着又安全地传递这撤消到适当的端设备，一切均以即时的方式进行。

5.6.3 系统和网络管理

通常并不把电力运行中的信息基础设施作为相互密切结合的基础设施来对待，而看作由单独的通信通道、分开的数据库、多个系统和不同协议所组成的集合体。通常 SCADA 系统执行某种最低限度的通信监视，如 SCADA 系统到 RTU 的通信是否可用，如果通信失败那么 SCADA 系统就把数据标示为“不可用”。然而维护人员面临的是为确定该问题，顺着“问题是什么，什么设备受到影响，设备在什么地方和应该做什么”的思路追踪。这一切是冗长而专业的过程，而在这期间并没充分监视电力系统并且一些控制行为可能无法执行。正如 2003 年 8 月 14 日美国东北海岸大停电的分析表明，在停电本身背后的主要原因是对处理停电人员来说在停电时缺乏使他们能有效工作的关键信息。

对各部门的维护人员来说，每一部门的有效信息是不同的。通信技术人员一般负责确定微波或光缆问题；通信服务供应商应追踪他们的网络；数据库管理员应确定数据是否从变电站自动化系统或地理信息系统（GIS）数据库正确地取回；协议工程师应进行协议纠错；应用工程师应确定应用是否已经崩溃，不收敛或处于无穷循环中；而运行人员则应透过大量数据来确定可能的“电力系统问题”是否实际上是“信息系统问题”。

将来，信息管理问题将会日益复杂。SCADA 系统将不再独占控制现场通信，现场通信可以由电信供应商或由公司网络或由其他公用事业部门提供。对于电力系统的可靠性起决定作用的软件应用，将在智能电子设备(Intelligent Electronic Device，IED)中执行，因而为避免软件"崩溃"和系统故障，软件应用本身就需要监视和管理。现场装置将通过没被任何 SCADA 系统监视的通道与其他现场装置进行通信。变电站中的信息网络将依靠当地的"自愈"过程，这同样将不被当今的 SCADA 系统显式地监视或控制。

5.7 五步安全过程

网络化通信、智能设备以及对未来能量系统的运行至关重要的数据和信息，三者的保护和安全防护是开发行业层面的体系结构的关键驱动因素之一。计算机安全面对出自以下主要趋势的大量制度上的和技术上的挑战：

- 需要更高层面的与各种业务实体的集成；
- 基于开放系统的基础设施的日益使用，这些基础设施将组成未来的能量系统；
- 需要已有系统(即"遗留"系统)和未来系统的适当集成；
- 集成化的分布计算系统不断增长的先进技术和复杂性；
- 不断增长的来自敌对组织的先进技术和威胁。

从一开始就应该进行系统的安全防护规划和设计。安全防护功能对于系统设计是必不可少的。在部署之前对安全防护进行规划将提供更完善和成本上更有效的解决方案。此外，先进的规划将保证安全服务是可以承受的(可以避免对无规划环境改造的花费)。这意味着在体系结构的所有层面都需要从事安全防护。

正如在图 8 中所展示的，安全防护是一个不断演进的过程，因而不是静态的。为了对安全过程跟上将在系统中实现的要求有所帮助，应采取不断的工作和培训。安全将不断在公司安全对策或安全基础设施与敌对实体之间竞赛。在将来，安全过程和系统将不断演进。按照定义，根本不存在 100% 安全的通信连接的系统。始终存在应该考虑和管理的剩余风险。因而为了维持安全，需要不断警惕和监视以适应全面环境的变化。

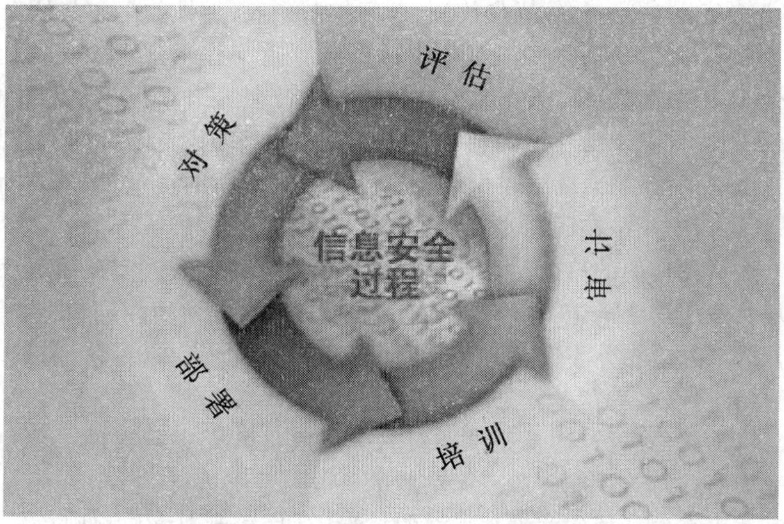

图 8　一般安全过程—不断循环

安全过程描述了作为鲁棒安全策略的一部分所需的五个高层过程。虽然实际上是循环的，但对这过程存在一定次序：

安全评估。为资产的安全需求、基于概率的攻击风险、与成功攻击有关的损失和为降低风险和损失的成本，对资产进行评估的过程。从安全需求分析得出的安全建议导致安全对策的创建、与安全防护相关的产品和服务的订购以及一系列安全防护步骤的实施。

这循环过程的含义就是要求周期地进行安全再评估。为了周期评审安全策略，需要预先确定再评价周期。然而，安全策略需要不断地评价技术变化和策略变化，这些变化可要求立即再评估。

安全策略。安全策略的产生是在安全域(Security Domain)内在管理、实施和部署安全防护方面创建安全对策的过程。对安全评估所提出的安全建议进行评审，从而制定对策以保证安全建议日后实施和维持。安全策略应在安全规划中详细描述，安全规划规定将要实施的详细安全措施、实施这些措施的日程以及测定效果和更新规划的检查评审过程。

安全部署。安全部署是购置、安装和测试安全产品和服务的总合以及在安全策略过程期间所规定的安全对策和过程的实施。作为安全对策部署方面的一部份，应该执行一些管理过程，可以提到的是考虑入侵检测和安全审计能力的管理过程。

安全培训。在安全威胁、安全技术以及影响安全的公司和法定的安全对策诸方面，不断的安全培训是必需的。安全威胁和技术是不断演进的，因而要求不断分析和培训人员以实施和维护必要的安全基础设施。

安全审计(监视)。安全审计是负责检测安全攻击、检测安全突破和对安装的安全基础设施进行性能评估的过程。然而，审计的概念通常适用于事后事件或入侵。正如活动的安全基础设施一样，安全域模型要求连续不断的监视。因而审计过程需要增强。

当试图评价基于企业的安全过程时，对各业务实体、安全对策以及隶属于该企业的各种实体所能选择的各种技术选项，即它们全部都进行考虑是不可能的。因而，讨论企业层面上的安全经常是一个可能永无终止的棘手任务。为了简化讨论，承认各种实体都能控制它们自己的资源从而使讨论能集中于重要方面，将讨论关于安全域的安全防护。

5.8 应用安全防护于电力系统运行

因为通信方法和性能特性各种各样以及没有单一的安全措施能够应对所有类型的威胁，所以寄希望于实施多层次的安全措施。例如，虚拟专网 VPN 仅防护传输层协议，但并不防护应用层协议，因此再增加的安全措施，如 GB/Z 25320.4，可能运行在 VPN 之上，提供应用层安全。此外，为提供增加的安全防护层次，采用基于角色的访问口令、入侵检测、访问控制列表、加锁的门和其他安全措施是必要的。

从图 3 到图 7 可明显看出，在许多安全措施中认证起了重大作用。事实上，对大多数电力系统操作，控制行为的认证远比用加密"隐藏"数据重要。仅授权的控制行为才允许发生是至关重要的。

同样，由于电力系统运行应该已经用隔离和防火墙很好地保护，与因特网的连接应该不是主要因素。所以，一些公共威胁反而比其他威胁较少危险。虽然特定威胁的严重性随着被防护的资产能够很大变化，但在电力系统运行中一些较危险的威胁是：

- 人员的疏忽：雇员把他们的口令粘在他们的计算机监视器上或人离开而门没锁上；
- 旁路控制：雇员关闭安全措施，没修改缺省口令或每个人都使用相同口令去访问所有变电站设备；或者自认为软件应用处于安全环境中，所以不对它的行为进行认证；或者不适当地使用厂商的后门链接；
- 不满的雇员：不高兴的雇员(甚至是试图对另一位雇员开无害玩笑的一位雇员)具有执行某些行为的知识，而这些行为可能有意或无意地危及电力系统运行；
- 违反授权：某些人采取了他们并没被授权的行为，有时是因为授权规则执行的疏忽或者是由于伪装、窃取或其他非法手段；
- 中间人：使某一个网关、数据服务器、通信通道或其他非端设备受损，因此被认为只是流过该中间设备的数据却被读出或修改后才沿着其路径发出；
- 资源耗尽：无意(或有意)造成设备过载，从而不能执行它的功能。或者证书过期并因此阻止对设备的访问。拒绝服务能对正努力控制电力系统的电力系统操作员造成严重影响。

6 GB/Z 25320 概述

6.1 GB/Z 25320 的范围

已经为 IEC 60870-5 及其衍生协议(主要对应于串行 DL/T 634.5101、DL/T 667 和 DL/T 719 以及网络 DL/T 634.5104)、GB/T 18700(对应于 IEC 60870-6 TASE.2)和 DL/T 860(对应于 IEC 61850)这三种通信协议的不同协议集制定了安全标准。此外,已经开展了网络和系统管理方面的安全工作。这些安全标准对不同协议应符合不同的安全目标,而安全目标会根据如何使用这些协议变化。一些安全标准能够适用于一些协议,其他安全标准却专门针对某个特定协议集。

6.2 认证作为关键安全需求

GB/Z 25320(IEC 62351)主要关注领域之一是认证。针对四种主要安全威胁中的三种威胁(机密性、完整性和不可抵赖性),认证是关键。GB/Z 25320 仅能够处理通信安全,但它试图提供一种机制,在具体实现内以这种机制支持基于角色的访问控制(Role Based Access Control,RBAC)。RBAC 能够提供直至用户和软件应用层面的应对这三种威胁的安全防护。为了提供 RBAC 的基础,最低要求是通信的应用层认证。

6.3 GB/Z 25320 的目标

不同的安全目标包括通过数字签名的实体认证、保证唯一授权访问、防窃听、防重放、欺骗以及某种程度的入侵检测。对一些协议集,所有这些目标都是重要的,而对其他一些协议集,如果给出某些现场装置的计算约束、通信介质速度约束、继电保护快速响应以及需要考虑安全装置和非安全装置共用同一网络,那么只有一些目标是可行的。

在其他章节中所描述的一些安全需求超出了 GB/Z 25320 的范围,因为它们涉及安全对策、雇员培训和系统设计以及实现决策。此外,在这些协议标准中已经包括事件和告警的日志和报告,所以期望这些日志和报告将用于提供审计跟踪。

因此,GB/Z 25320 已关注于提供以下类型的安全措施:

- 提供认证以最小化中间人攻击的威胁;
- 提供认证以最小化某些类型的旁路控制;
- 提供认证以最小化无意和恶意的雇员行为;
- 通过数字签名,提供实体认证:
  ——确保对信息的唯一授权访问;
  ——通信访问控制。
- 通过加密,提供验证密钥的机密性;
- 对那些具有处理额外负载资源的通信,通过加密,提供消息的机密性;
- 篡改检测,提供完整性;
- 防止重放和欺骗;
- 安全装置和非安全装置应被允许共存于同一网络中,虽然这可能引发某些“后门”的安全问题;
- 对通信基础设施本身进行监视,提供:
  ——一定程度的入侵检测;
  ——资源负荷监视;
  ——信息系统内各成分的可用性。
- 需要一整套一致性的管理策略(例如对所有协议集的相同机制);
- 希望使用主流的 IT 方法。

6.4 GB/Z 25320 各部分和 IEC 协议间的关系

在 GB/Z 25320 的每一部分中叙述了正被处理的安全需求(例如认证、机密性等)。此外,还包括了实现一致性声明(Proforma Implementation Conformance Statement,PICS)。PICS 为不同安全级别确定了必备的和可选的一致性。

GB/Z 25320 的第 1 部分到第 7 部分是：

- GB/Z 25320.1　安全问题介绍；
- GB/Z 25320.2　术语；
- GB/Z 25320.3　包含 TCP/IP 的协议集(该部分包括由 ICCP，IEC 60870-5-104，TCP/IP 上 DNP 3.0 和 TCP/IP 上 IEC 61850 所使用的那些协议集)；
- GB/Z 25320.4　包含 MMS 的协议集(该部分包括由 ICCP 和 IEC 61850 所使用的那些协议集)；
- GB/Z 25320.5　IEC 60870-5 及其衍生标准(即 DNP 3.0)的安全(该部分包括 IEC 60870-5 和 DNP 所使用的串行和网络协议集)；
- GB/Z 25320.6　IEC 61850 协议集安全(该部分包括 IEC 61850 中不基于 TCP/IP 的协议集 GOOSE,GSSE，和 SMV)；
- GB/Z 25320.7　网络和系统管理的数据对象模型(该部分涉及开发电力系统运行环境的管理信息库 MIB)。

GB/Z 25320(IEC 62351)　各部分和 IEC TC 57 标准之间的相互关系展示于图 9 中。

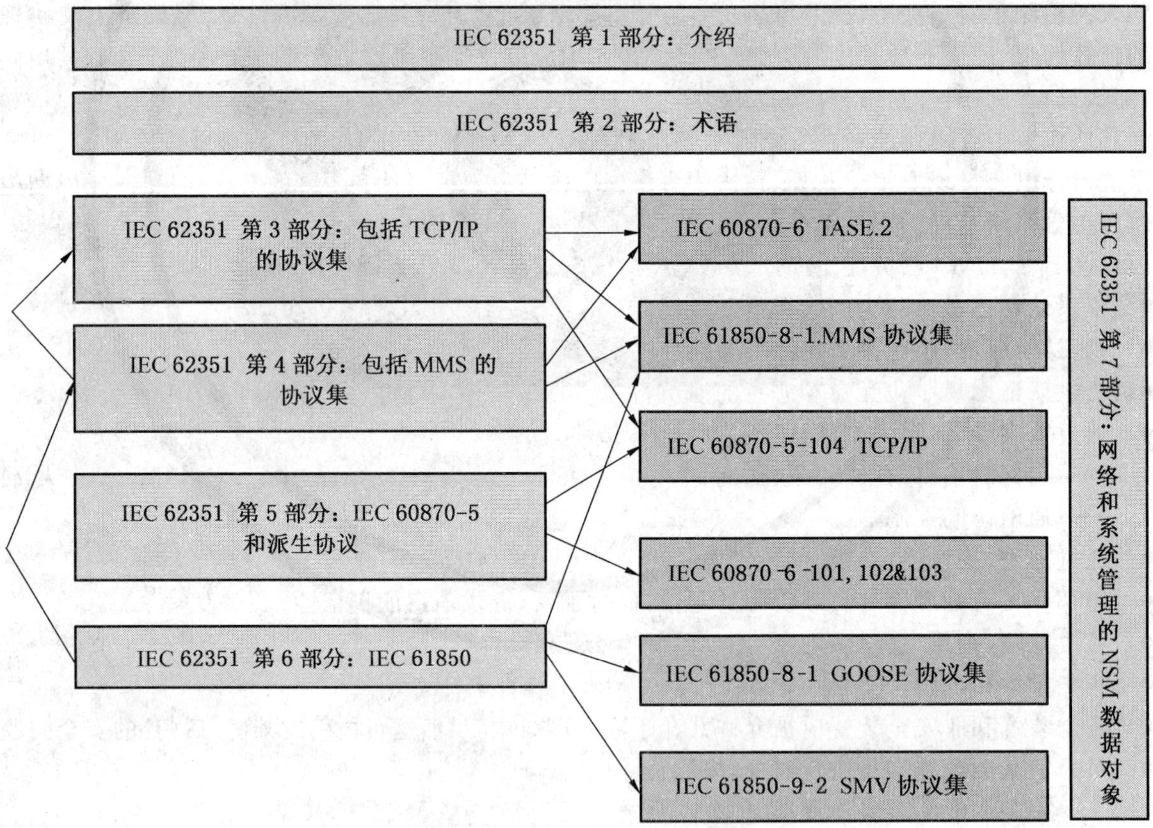

图 9　IEC 62351 安全标准与 IEC TC 57 其他协议集的相互关系

6.5　GB/Z 25320.1　安全问题介绍

GB/Z 25320.1(本部分)是资料性介绍，包括为电力系统运行进行安全防护的背景并提供 GB/Z 25320的概略信息。

6.6　GB/Z 25320.2　术语

GB/Z 25320.2 包括在 GB/Z 25320 中所用的术语、缩略语及其定义。由于在其他行业及电力系统行业中广泛使用安全术语，因而这些定义是尽可能多地以已有的安全和通信行业标准定义为基础。当采用行业标准定义时，应给出这些定义的出处。

6.7 GB/Z 25320.3 包含 TCP/IP 的协议集

6.7.1 应对的威胁和攻击类型

GB/Z 25320.3 为包括 TCP/IP 的任何协议集提供安全。它规定使用传输层安全协议(Transport Layer Security，TLS)而并不是另起炉灶，TLS 一般用于因特网上的安全交互，包括认证、机密性和完整性。该部分描述了 TLS 必备参数、可选参数以及为电力部门运行应该使用的 TLS 设置。

GB/Z 25320.3 的目的是为软件应用间的通信提供端对端传输安全。在确定满足这目的的最优方法时，曾分析了 IPsec 和 TLS。IPsec 通常用于防护在局域网两个网段间所交换的所有通信业务，而 TLS 提供基于端对端的加密和对中间人攻击的防护。为满足这目的，选择了 TLS 而不选 IPsec。IPsec 可以用于防护其他业务或者甚至与 TLS 一起使用，这是可以理解和采纳的。

GB/Z 25320.3 针对以下威胁和攻击进行保护：

- 通过 TLS 加密，防止窃听；
- 通过消息认证，防止中间人安全风险；
- 通过安全证书(节点认证)，防止欺骗；
- 通过 TLS 加密，防止重放攻击。

然而，TLS 并不能防止拒绝服务，这种安全攻击类型需要以特定的措施实现防护。

TCP/IP 的 TLS 为通信协议集的传输层提供安全。TLS 并不提供应用层安全，所以应用层安全应由其他安全措施提供。

6.7.2 安全需求和措施

为了支持不同安全级别，GB/Z 25320.3 规定声称具备一致性的产品必须支持以下能力：

- 与还没有实现 TLS 或应用认证的其他设备的互操作性：它对已有的实现和为朝着用安全防护逐步更新的系统提供了必要的向后兼容性；
- 与还没有实现 TLS 但确实支持应用认证的其他设备的互操作性：它能用于在 VPN 连接上的实现或控制中心内部的实现；
- 与已实现 TLS 但还没有应用认证的其他设备的互操作性：它只容许加密和节点级认证；
- 与既实现 TLS 又实现应用认证的其他设备的互操作性：它提供了完整的安全防护。

TCP/IP 安全措施的一些关键原则是：

- 由于已知的安全脆弱性，安全套接层(Secure Sockets Layer) SSL 1.0 和 2.0 已失去使用价值；
- 使用 TLS 1.0 或更高版本(相当于 SSL 3.1)；
- 严禁不提供加密的密码套件；
- 透明的基于时间和分组数的密钥再协商，这样，轻载网络并不会由于多数连接是长期的而在长时间内丧失认证；时间和分组数是可配置的，但推荐参数是时间为 10 min 和分组数为 5 000；
- 连接的实体负责密钥协商。这避免协议死锁；
- 支持至少一种公共密码套件的标准化，如高级密码标准 AES；
- TLS 消息验证的规范化，以避免欺骗和重放；
- 能够要求证书短小使负载最小。

6.7.3 使用 VPN 隧道和“链路端加密盒”技术

使用 VPN 隧道和“链路端加密盒”(如 AGA 12-2)的解决方案超出 GB/Z 25320 的范围。这并不排斥它们作为总安全解决方案的一部分使用，只要认识到它们只能保护一类安全。

6.8 GB/Z 25320.4 包含 MMS 的协议集

6.8.1 应对的威胁和攻击类型

GB/Z 25320.4 为包括制造报文规范(Manufacturing Message Specification，MMS)，

包括 GB/T 18700[对应于 IEC 60870-6 TASE.2(ICCP)]和 DL/T 860(对应于 IEC 61850)的协议集提供安全。

MMS(ISO 9506)的安全防护提供应用层安全,它要求配置 TLS 并启用 TLS 安全措施,特别是认证:相互交互的二个实体,它们都是它们所声称的那个实体。

如果没有使用加密,那么在 GB/Z 25320.4 中所应对的特定威胁包括:

对信息的未经授权访问。

如果采用 GB/Z 25320.3,那么在 GB/Z 25320.4 中所应对的各特定威胁包括:

- 通过消息层面认证和消息加密,防止对信息的未经授权访问;
- 通过消息层面认证和消息加密,防止信息的未经授权修改(篡改)或窃取。

以下安全攻击方法试图由 GB/Z 25320.4 应对。以下几项不包含通过 GB/Z 25320.3 所应对的攻击方法。在没采用 GB/Z 25320.3 的情况中,所应对的威胁被限定于在关联建立期间的防护:

- 中间人攻击:该威胁将通过使用在本文件中规定的消息鉴别码机制进行应对;
- 干预检测/消息完整性破坏:该威胁将通过用于创建在本文件中规定的认证机制的算法进行应对;
- 重放攻击:该威胁将通过使用在 GB/Z 25320.3 和 GB/Z 25320.4 内规定的专用处理状态机进行应对。

6.8.2 安全需求和措施

因而,GB/Z 25320.3 和 GB/Z 25320.4 结合提供直至通信应用层的端对端安全,包括以下类型的安全防护:

- 认证;
- 机密性;
- 数据完整性;
- 不可抵赖性。

GB/Z 25320.4 允许安全和非安全协议集同时使用,从而,不是所有系统需要在同一时间升级采用安全措施。

6.9 GB/Z 25320.5 IEC 60870-5 及其衍生标准的安全

6.9.1 应对的威胁和攻击类型

GB/Z 25320.5 为 IEC 60870-5 的串行版本[主要是 IEC 60870-5-101 (对应于 DL/T 634.5101),IEC 60870-5-102(对应于 DL/T 719)和 IEC 60870-5-103(对应于 DL/T 667)]和网络版本[IEC 60870-5-104(对应于 DL/T 634.5104)及其衍生协议,如在 TCP 上的 DNP 3.0]提供了不同的解决方法。

GB/Z 25320.5 特别提供应用层认证。应用层认证防止了欺骗、重放、修改和一些拒绝服务攻击,但不包括加密,所以并不防止窃听、流量分析或抵赖。

应用层认证是必要的,因为场所对场所的安全和在某些情况下传输层安全并不能解决下述问题:

- 每一当地的安全防护;
- 在非加密无线通信上串行协议(如 IEC 60870-5)的安全防护;
- 通过终端服务器,已被在 IP 网络上转发的串行协议的安全防护;
- 防止"流氓应用"或已被恶意软件感染的主机内的攻击;
- 基于角色的认证需要链接到远方场所。而目前基于角色的用户认证,其安全链通常停止在主机内,应用层认证就能够确保,只有那些为了解某一特定数据集已经授权的用户才能够访问此数据集,所以直至用户被认证之后才能从远方场所传回此数据集。

6.9.2 安全需求和措施

运行于 TCP/IP 之上的网络版本 IEC 60870-5-104(对应于 DL/T 634.5104)和衍生协议能够应用 GB/Z 25320.3 所描述的安全措施,而这些安全措施包括了由 TLS 加密所提供的机密性和完整性。因此，唯一的附加需求是由GB/Z 25320.5所提供的认证服务。

串行版本通常使用仅能支持低比特率的通信介质或使用受限于计算能力的现场设备。在这样环境中使用TLS会使计算和通信的强度过高。因此，为串行版本提供的唯一安全措施只是简化的认证机制。

6.9.3 GB/Z 25320.5 可附加的安全措施

如果要求加密，就能够增加其他基于加密的安全措施，如虚拟专网VPN或"链路端加密盒"技术，这取决于所涉及的通信和设备的能力。这些加密措施在传输层起作用。

6.10 GB/Z 25320.6 DL/T 860 的安全

6.10.1 应对的威胁和攻击类型

GB/Z 25320.6包括在TCP/IP上使用MMS的DL/T 860(对应于IEC 61850)协议集使用了GB/Z 25320.3和GB/Z 25320.4。

所应对的安全威胁包括中间人、数据未经授权修改、消息未经授权修改、篡改和重放攻击。对性能要求并不严格而要求机密性的那些功能，能够通过其他安全措施(如"链路端加密盒"或虚拟专网VPN)增加加密。

6.10.2 安全需求和措施

在TCP/IP上使用MMS的DL/T 860协议集使用了GB/Z 25320.3和GB/Z 25320.4。在TCP/IP上运行的外加DL/T 860协议集(web服务或未来其他协议集)将使用GB/Z 25320.3再加上由通信行业为应用层安全所开发的可能附加的安全措施。这些外部开发的安全措施的可能使用超出了本标准的范围。

DL/T 860也包括三个协议：面向变电站事件的通用对象(GOOSE)、通用变电站事件(GSE)和采样值(SMV)。这三个协议都是组播数据报和不可路由的，专为在一个变电站局域网LAN上或其他非路由网络上运行。在这环境中，报文必须在4 ms内被传输，所以大多数加密技术或者其他会影响传输速率的安全措施都是不可接受的。因而，经数字签名的认证是唯一安全措施。

这三个协议的特性见表1。

表1 DL/T 860的三个组播协议的特性

	SMV	GOOSE	MMS
PDU字节数	～1 500	～1 500	＞30 000
性能	数据流	4 ms	不要求
类型	组播	组播	面向连接

基于这些特性，确定下列安全措施见表2。

表2 DL/T 860的三个组播协议的安全措施

	SMV	GOOSE	MMS
X.509证书(身份)	否	否	是
加密(机密性)	不必需	仅当＞4 ms	是
篡改检测(入侵检测)	是	是	是

GOOSE和SMV安全措施的一些关键原则是：

- 认证是主要安全措施；
- 不包括加密，因为这使报文字节增加太多，而且并不是十分重要的(将来可能会增加某种硬件的加密)；
- 密钥再协商并不支持"带内"密钥协商，因为这可能会破坏高度实时的高速信息流；
- 由于安全防护随时都可能实施，而且因为对不同装置，安全防护可以需要也可以不需要，非安全 GOOSE 客户端可不理会安全 GOOSE 报文；

- 为了向后兼容，现把一个保留字段用作长度，这样扩展字段就可能增加到 GOOSE/SMV 报文的后端。这扩展字段包含认证值（数字签名—HMAC）。非安全客户端将简单地忽略这扩展。这增加大约 20 个字节；
- 为了支持证书交换，扩展了 DL/T 860 变电站配置语言（Substation Configuration Language，SCL）。

图 10 说明在 GOOSE/SMV 中的认证安全措施。

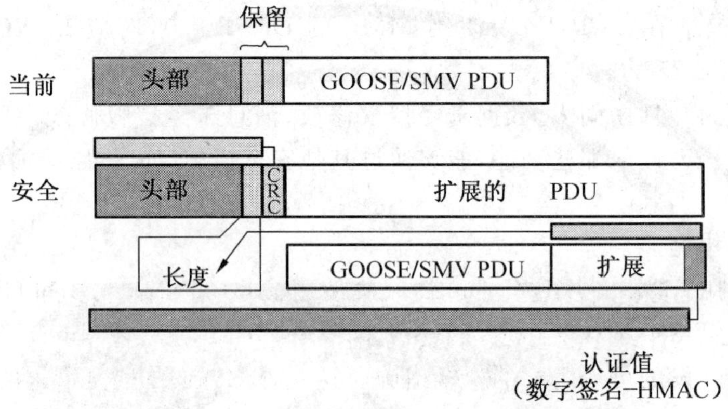

图 10 GOOSE/SMV 中的认证安全措施

6.11 GB/Z 25320.7 网络和系统管理的数据对象模型

6.11.1 GB/Z 25320.7 目的和范围

GB/Z 25320.7 涉及信息基础设施的网络和系统管理的安全防护。

电力系统运行日益依赖于信息基础设施，包括通信网络、智能电子设备（IED）和自定义通信协议。因此为了在电力系统运行中提供必要的高安全水平和可靠性，信息基础设施的管理是至关重要的。所以 GB/Z 25320.7 已经为电力系统运行环境制定了抽象的网络和系统管理（Network and System management NSM）数据对象。这些 NSM 数据对象反映了为管理信息基础设施所需的信息，如同管理电力系统基础设施那样可靠地管理信息基础设施。（见图 11）。

用于网络管理的 ISO 的公共管理信息协议（CMIP）和 IETF 的简单网络管理协议（SNMP）标准能够提供某种网络管理。在 SNMP 中，管理信息库（Management Information Base MIB）数据被用于监视网络和系统的运行状况，但是每个厂商将为他们的设备开发他们自己的 MIB。对于电力系统运行，SNMP MIB 仅可用于通用的组网设备，比如路由器。对于 IED 根本没有规定标准的 MIB，所以各厂商使用一些特别或专用方法来监视一些设备类型的运行状况。因而该部分为电力行业提供类似 MIB 的数据对象（称为 NSM 数据对象）。

NSM 数据对象表示了为支持网络和系统管理和安全问题检测，被认为是必备的、推荐的或可选的信息集合。这些 NSM 数据对象使用 IEC 61850 制定的命名规则，加以扩展以处理 NSM 问题。

虽在该文件中采用抽象的 SNMP 客户/代理模型，但并不认为 SNMP 就是选定的协议。相反，在 GB/Z 25320.7 中定义的抽象 NSM 数据对象可以映射到任何合适的协议，包括 GB/T 18700（对应于 IEC 60870-6）、DL/T 860（对应于 IEC 61850）、IEC 60870-5、SNMP、web 服务或其他合适的协议。

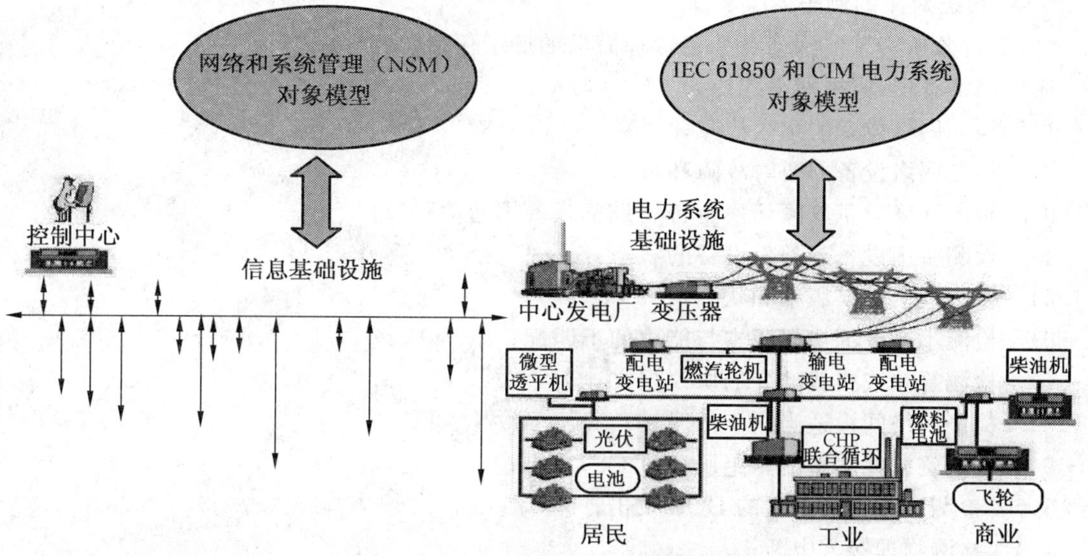

图 11　NSM 对象模型是信息基础设施，相当于电力系统基础设施的 CIM 和 IEC 61850 对象模型

6.11.2　NSM 要求

需要对电力行业特定的安全且可靠的 NSM 数据对象的要求进行规定。这些 NSM 数据对象将支持通信网络的完整性、系统和应用的运行状况、入侵检测系统(Intrusion Detection System，IDS)、防火墙以及其他对电力系统运行是独特的安全/网络管理要求。增加有安全监视架构的电力系统的运行系统的基本组成如图 12 所示。

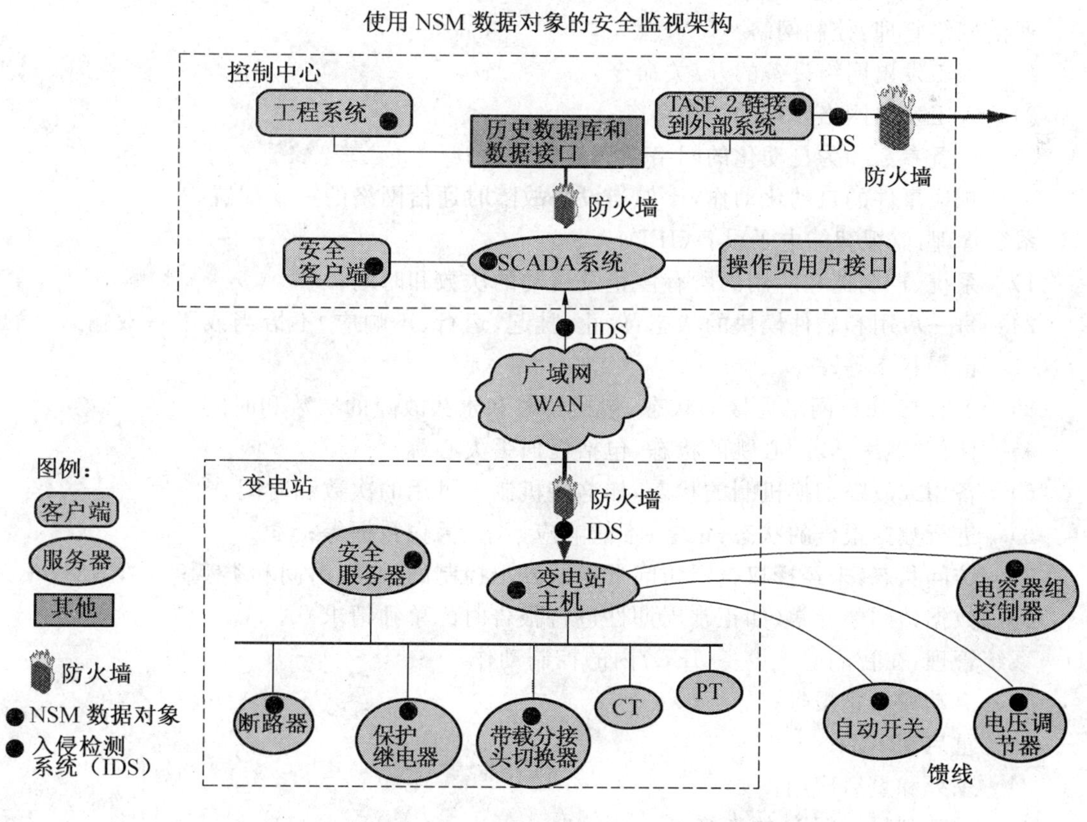

图 12　电力系统的运行系统，安全监视架构

6.11.3 NSM 数据对象的例子

NSM 数据对象所实现的网络和系统管理需求的例子包括：

a) 通信网络管理：监视网络和协议
   1) 检测网络设备的永久故障；
   2) 检测网络设备的暂时故障和重启；
   3) 检测网络设备故障切换至备用设备或备用通信路径；
   4) 检测备用设备或备份设备的状态；
   5) 检测通信协议版本和状态；
   6) 检测不一致的协议版本与能力的不匹配；
   7) 检测篡改或格式畸变的协议报文；
   8) 检测网络间没适当同步的时钟；
   9) 检测资源耗尽型的拒绝服务(DOS)攻击；
   10) 检测缓冲区溢出型的 DOS 攻击；
   11) 检测物理接入中断；
   12) 检测非法网络访问；
   13) 检测非法应用对象访问或操作；
   14) 对跨越多个系统的协调攻击的检测能力；
   15) 收集网络设备的统计信息：
      ——确定报文平均传递时间，最长传递时间和最短传递时间等；
      ——计算报文数、报文字节数。
   16) 提供审计日志和记录。

b) 通信网络管理：控制网络
   1) 人工发出网络设备的开/关命令；
   2) 人工发出网络设备的切换命令；
   3) 设置参数和为自动化的网络动作设定顺序；
   4) 响应事件的自动化动作，比如当设备故障时通信网络的重新配置。

c) 系统管理：监视智能电子设备(IED)
   1) 系统、控制器和应用的所有停止及启动的次数和时间；
   2) 每一应用和软件模块的状态：停止、挂起、运行、不响应、不恰当或不一致输入、输出错误、错误状态等；
   3) 所有与 IED 网络连接的状态，包括暂时和永久故障的次数和时间；
   4) 任何“继续活着”心跳的状态，包括任何丢失心跳；
   5) 备用或故障切换机制的状态，如这些机制不可用的次数和时间；
   6) 进行数据报告的状态：正常、不能响应请求、丢失数据等；
   7) 访问状态：未经授权企图访问数据或发出控制的次数、时间和类型；
   8) 数据访问中异常(如正常周期性进行报告时的单独请求)。

d) 系统管理：在智能电子设备(IED)内的控制动作
   1) 启动或停止报告；
   2) 重启动 IED；
   3) 杀死和重启应用；
   4) 重建到另一 IED 的连接；
   5) 关闭另一 IED；
   6) 提供信息事件的事件日志；

7) 修改口令;

8) 修改备用或故障切换的选项;

9) 提供审计日志和记录。

7 结论

从构思安全措施那时起,安全措施就应该内建于每个系统中。大多数人认为防火墙或“加密”是唯一必需的安全措施;然而安全不但包括防火墙或“加密”,还应该包括认证、基于角色的访问控制、防止拒绝服务、信息基础设施的监视和审计功能以及最后,但决不意味最不重要的,安全对策。安全对策强制执行补充了安全措施。

附　录　NA
（资料性附录）
IEC 60870-5 的各部分与对应的我国标准以及一致性程度

表 NA.1 给出 IEC 60870-5 的各部分与对应的我国标准以及一致性程度。

表 NA.1　IEC 60870-5 的各部分与对应的我国标准一览表

国际标准编号	我国标准名称	我国标准编号	一致性程度
IEC 60870-5	远动设备及系统　第 5 部分:传输规约	WG03	
IEC 60870-5-1:1990	第 5 部分:传输规约　第 1 篇:传输帧格式	GB/T 18657.1—2002	IDT
IEC 60870-5-2:1992	第 5 部分:传输规约　第 2 篇:链路传输规则	GB/T 18657.2—2002	IDT
IEC 60870-5-3:1992	第 5 部分:传输规约　第 3 篇:应用数据的一般结构	GB/T 18657.3—2002	IDT
IEC 60870-5-4:1993	第 5 部分:传输规约　第 4 篇:应用信息元素的定义和编码	GB/T 18657.4—2002	IDT
IEC 60870-5-5:1995	第 5 部分:传输规约	GB/T 18657.5—2002	IDT
IEC 60870-5-6:2006	第 5-6 部分:IEC 60870 配套标准一致性测试导则	DL/Z 634.56—2004	IDT
IEC 60870-5-101:2002	第 5-101 部分:基本远动任务配套标准（第 2 版）	DL/T 634.5101—2002	IDT
IEC 60870-5-102:1996	第 5 部分:传输规约　第 102 篇:电力系统电能累计量传输配套标准	DL/T 719—2000	IDT
IEC 60870-5-103:1997	第 5 部分:传输规约　第 103 篇:继电保护设备信息接口配套标准	DL/T 667—1999	IDT
IEC 60870-5-104:2006	第 5-104 部分:采用标准传输协议子集的 IEC 870-5-101 网络访问	DL/T 634.5104—2009	IDT
IEC 60870-5-601(2006-06)	第 5-601 部分:IEC 60870-5-101 相关标准的一致性试验		
IEC 60870-5-604(2007-02-09)	第 5-604 部分:IEC 60870-5-104 相关标准的一致性试验		

参考文献

North American Electric Reliability Council (NERC) Cyber Security Standard, CIP 002-009, 2006

ICS 29.240.30
F 21

中华人民共和国国家标准化指导性技术文件

GB/Z 25320.3—2010/IEC TS 62351-3:2007

电力系统管理及其信息交换 数据和通信安全 第3部分:通信网络和系统安全 包括TCP/IP的协议集

Power systems management and associated information exchange—Data and communications security—Part 3:Communication network and system security—Profiles including TCP/IP

(IEC TS 62351-3:2007,IDT)

2010-11-10 发布 2011-05-01 实施

中华人民共和国国家质量监督检验检疫总局
中国国家标准化管理委员会 发布

前　　言

国际电工委员会57技术委员会(IEC TC 57)对电力系统管理及其信息交换制定了IEC 62351《电力系统管理及其信息交换　数据和通信安全》标准。我们采用IEC 62351,编制了GB/Z 25320指导性技术文件,主要包括以下部分:

——第1部分:通信网络和系统安全　安全问题介绍;

——第2部分:术语;

——第3部分:通信网络和系统安全　包含TCP/IP的协议集;

——第4部分:包含MMS的协议集;

——第5部分:IEC 60870-5及其衍生标准的安全;

——第6部分:DL/T 860的安全;

——第7部分:网络和系统管理的数据对象模型;

——第8部分:电力系统管理的基于角色访问控制。

本部分等同采用IEC TS 62351-3:2007《电力系统管理及其信息交换　数据和通信安全　第3部分:通信网络和系统安全　包含TCP/IP的协议集》(英文版)。

本部分由中国电力企业联合会提出。

本部分由全国电力系统管理及其信息交换标准化技术委员会(SAC/TC 82)归口。

本部分起草单位:辽宁省电力有限公司调度通信中心、国网电力科学研究院、国家电力调度通信中心、中国电力科学研究院电网自动化研究所、福建省电力有限公司电力调度通信中心、华中电网有限公司电力调度通信中心、华东电网有限公司。

本部分主要起草人:曹连军、南贵林、许慕樑、韩水保、杨秋恒、邓兆云、李根蔚、袁和林、林为民。

本指导性技术文件仅供参考。有关对本指导性技术文件的建议或意见,向国务院标准化行政主管部门反映。

引　言

计算机、通信和网络技术当前已在电力系统中广泛使用。通信和计算机网络中存在着各种对信息安全可能的攻击，对电力系统的数据及通信安全也构成了威胁。这些潜在的可能的攻击针对着电力系统使用的各层通信协议中的安全漏洞及电力系统信息基础设施的安全管理的不完善处。

为此，我们采用国际标准制定了 GB/Z 25320《电力系统管理及其信息交换　数据和通信安全》，通过在相关的通信协议及在信息基础设施管理中增加特定的安全措施，提高和增强电力系统的数据及通信的安全。

电力系统管理及其信息交换
数据和通信安全
第3部分:通信网络和系统安全
包括TCP/IP的协议集

1 范围和目的

1.1 范围

GB/Z 25320的本部分规定如何为SCADA和用TCP/IP作为消息传输层的远动协议,提供机密性、篡改检测和消息层面认证。

虽然对TCP/IP的安全防护存在许多可能的解决方案,但本部分的特定范围是在端通信实体内TCP/IP连接的任一端处,提供通信实体之间的安全。对插入其间的外接安全装置(如"链路端加密盒")的使用和规范不在本部分范围内。

1.2 目的

GB/Z 25320的本部分规定如何通过限于传输层安全协议(Transport Layer Security,TLS)(在RFC 2246中定义)的消息、过程和算法的规范,对基于TCP/IP的协议进行安全防护,使这些协议能适用于IEC TC 57的远动环境。如其他IEC TC 57标准需要为它们的基于TCP/IP协议提供防护,则本部分预期作为这些IEC TC 57标准的规范性部分而被引用。然而,决定是否引用本文件是各个协议安全防护的自主选择。

本部分反映了目前IEC TC 57协议的安全需求。如果其他标准将来提出新的需求,本部分也许需要修订。

本部分的初期读者预期是在IEC TC 57中制定或使用这些协议的工作组成员。为使本部分描述的措施有效,对于使用TCP/IP的协议本身,其规范就应采纳和引用这些措施。本部分就是为了使得能这样处理而编写的。

本部分的后续读者预期是实现这些协议的产品的开发人员。本部分的某些部分也可以被管理人员和执行人员使用,以理解该工作的目的和需求。

2 规范性引用文件

下列文件中的条款通过GB/Z 25320的本部分的引用而成为本部分的条款。凡是注日期的引用文件,其随后所有的修改单(不包括勘误的内容)或修订版均不适用于本部分,然而,鼓励根据本部分达成协议的各方研究是否可使用这些文件的最新版本。凡是不注日期的引用文件,其最新版本适用于本部分。

GB/Z 25320.1 电力系统管理及其信息交换 数据和通信安全 第1部分:通信网络和系统安全 安全问题介绍(GB/Z 25320.1—2010,IEC TS 62351-1:2007,IDT)

IEC TS 62351-2 电力系统管理及其信息交换 数据与通信安全 第2部分:术语(Power systems management and associated information exchange—Data and communications security—Part 2:Glossary of terms)

RFC 2246 传输层安全协议(TLS)(RFC 2246:1999,The TLS Protocol Version 1.0[1)])

1) T. Dierks,C. Allen。通常该标准称为SSL/TLS(安全套接层/传输层安全协议)。

RFC 2712　外加于 TLS 的 Kerberos 密码套件[RFC 2712:1999,Addition of Kerberos Cipher Suites to Transport Layer Security (TLS)[2)]]

RFC 3268　TLS 的高级加密标准(AES)密码套件[RFC 3268,2002,Advanced Encryption Standard (AES) Ciphersuites for Transport Layer Security (TLS)]

RFC 3280　因特网 X.509 PKI 证书和证书撤销列表(CRL)格式[RFC 3280,2002,Internet X.509 Public Key Infrastructure Certificate and Certificate Revocation List (CRL) Profile]

3　术语和定义

IEC 62351-2 中给出的术语和定义适用于 GB/Z 25320 的本部分。

4　本部分涉及的安全问题

4.1　在远动环境中影响使用 TLS 的运行要求

与许多为提供安全防护而采用 TLS 的信息技术(IT)协议相比,IEC TC 57 的远动环境具有不同运行需求。就安全防护来说,最大的差异在于 TCP/IP 连接的持续时间,在此持续时间内需要为该连接维持安全防护。

许多 IT 协议连接的持续时间很短,这使加密算法能在连接重新建立时再协商。然而,远动环境中连接趋向于更长的持续时间,而且经常是"永久的"。正是 IEC TC 57 连接的长久性产生了特殊考虑的需要。关于这点,为了提供"永久"连接的机密性,本部分规定了加密密钥再协商的透明机制。

本部分解决的另一个问题是如何达到不同实现之间的互操作性。TLS 允许在建立连接时支持和协商各种密码套件。因而可以料想,两个实现可能各自会支持互斥的密码套件集合。所以本部分规定涉及标准必须指定至少一套允许互操作的公共密码套件和一组 TLS 参数。

此外,本部分还规定了使用特殊 TLS 能力,使得能应对特定的安全威胁。

4.2　应对的安全威胁

安全威胁和攻击方法的讨论,详见 GB/Z 25320.1。

TCP/IP 和本部分中的安全规范仅针对通信的传输层(OSI 第 4 层及以下)。本部分并不包括通信的应用层(OSI 第 5 层及以上)的安全或应用对应用的安全。

对该传输层,本部分要应对的特定威胁包括:

- 通过消息层面认证和消息加密,应对未经授权访问信息;
- 通过消息层面认证和消息加密,应对未经授权修改(即篡改)或窃取信息。

4.3　应对攻击的方法

通过本部分中规范和建议的适当实现,应对以下安全攻击的方法:

- 中间人:通过使用本部分中指定的消息鉴别码机制来应对该威胁;
- 重放:通过使用在 RFC 2246,RFC 2712 和 RFC 3268 中规定的专用处理状态机来应对该威胁;
- 窃听:通过使用加密来应对该威胁。

注:对于声称符合本部分的实现,其实际性能特性不在本部分的范围之内。

5　强制要求

5.1　严禁使用不加密的密码套件

不应使用任何规定加密为 NULL 的密码套件。

禁用的密码套件列表如下,但不限于这些:

TLS_NULL_WITH_NULL_NULL;

---

2)　A. Medvinsky,M. Hur.

TLS_RSA_WITH_NULL_NULL_MD5;

TLS_RSA_NULL_WITH_NULL_SHA。

5.2 版本协商

只有对应于安全套接层 3.1 版以上(SSL 3.1 或更高版本)的 TLS 1.0 是允许的。早于 SSL 3.1 的版本将导致无法建立连接。

5.3 密码再协商

声称符合本部分的实现应明确说明对称密钥将基于一个时间周期和最大允许发送分组数或字节数进行再协商。对引用本部分的标准,该引用标准的 PIXIT(Protocol Implementation eXtra Information for Testing,协议实现的测试附加信息)应给出对再协商限制的规定。

再协商值应是可配置的。

发起变更密码序列应是接收到 TCP-OPEN 指示原语的 TCP 实体(即被叫实体)的责任,而从主叫实体(即发出 TCP-OPEN 原语的节点)所发出的变更密码请求应不予理会。

应有一个与变更密码请求的响应相关的超时机制。变更密码请求超时应导致连接被终止。超时值应是可配置的。

5.4 消息鉴别码

应使用消息鉴别码。

注:TLS 具有使用消息鉴别码的能力,规定作为选项。本部分要求使用消息鉴别码,以有助于应对和检测中间人攻击。

5.5 证书支持

5.5.1 多证书机构(CA)

声称符合本部分的实现应支持一个以上的证书机构(Certificate Authority,CA)。实际数目应在实现的 PIXIT 声明中说明。

证书机构(CA)的标准和选择不是本部分的范围。

5.5.2 证书长度

确定使用本部分的协议应规定允许使用的证书最大长度。建议该长度不大于 8 192 个字节。

5.5.3 证书交换

证书的交换和确认应是双向的。如果任一方实体不提供证书,连接应被终止。

5.5.4 证书比对

证书应由主叫节点和被叫节点双方确认。证书验证有两种机制,机制应是可配置的:

- 接受出自授权的证书机构(CA)的任何证书;
- 接受出自授权的证书机构(CA)的个体证书。

5.5.4.1 基于证书机构(CA)的验证

声称符合本部分的实现应可配置为接受出自一个或多个证书机构的证书而不必配置个体证书。

5.5.4.2 基于个体证书的验证

声称符合本部分的实现应可以被配置为接受出自一个或多个授权的证书机构(例如已设定的证书机构)的特定个体证书。

5.5.4.3 证书撤销

应按 RFC 3280 的规定执行证书撤销。

证书撤销列表(CRL)的管理是一个当地实现的问题。关于 CRL 管理问题的讨论能够在 GB/Z 25320.1 中找到。

声称符合本部分的实现应有能力以可配置的时间间隔对当地 CRL 进行检查。检查 CRL 的过程不应导致已建立的连接终止。不能访问 CRL 不应导致连接终止。

在建立连接时不应使用已撤销证书。在连接建立期间接收到已撤销证书的实体应拒绝本次连接。

证书撤销应终止使用该证书所建立的任何连接。

引用本部分的其他标准应指定推荐的缺省评估时间间隔。如果当前正使用的证书已被撤销，该引用标准应决定将要采取的行动。

注：通过 CRL 的正常应用或发布，连接就可能被终止而造成无法进行通信。因而系统管理员应当规定证书管理过程，以减少此类事件的发生。

5.5.4.4 过期证书

证书到期不应导致连接终止。

在连接建立期间过期证书不应使用或接受。

5.5.4.5 签名

应支持使用 RSA 和 DSS 算法进行签名。在引用本部分的标准中可指定其他算法。

5.5.4.6 密钥交换

密钥交换算法应支持密钥的最大长度至少为 1 024 比特。应支持 RSA 和 Diffe-Hellman 两种机制。

5.6 与非安全协议通信流共存

各引用标准都应提供一个单独的 TCP/IP 端口，通过此端口交换经 TLS 防护的通信流。这将是考虑到完全明确的安全和非安全通信同时进行的可能性。

6 TC 57 引用标准的要求

引用本部分的其他标准应规定：

- 所支持的强制密码套件；
- 推荐的交换加密密钥时间周期；
- 关于基于协议通信流的密钥再协商的建议规范。这将规定用于度量该通信流的机制（例如，已发送分组数，已发送字节数等）和宜执行再协商的建议标准；
- 所支持的证书机构（CA）的建议数量；
- 为了区分安全（例如使用 TLS）通信流和非安全通信流所使用的 TCP 端口；
- 最大证书长度；
- 宜规定建议的缺省 CRL 评估周期；
- 对本部分所要求的一致性。

7 一致性

实现第 5 章的所有要求将决定符合于本部分的一致性。

ICS 29.240.30
F 21

中华人民共和国国家标准化指导性技术文件

GB/Z 25320.4—2010/IEC TS 62351-4:2007

电力系统管理及其信息交换 数据和通信安全 第4部分:包含MMS的协议集

Power systems management and associated information exchange—Data and communications security—Part 4:Profiles including MMS

(IEC TS 62351-4:2007,IDT)

2010-11-10 发布 2011-05-01 实施

中华人民共和国国家质量监督检验检疫总局
中国国家标准化管理委员会 发布

前　言

国际电工委员会57技术委员会(IEC TC 57)对电力系统控制的相关数据和通信安全制定了IEC 62351《电力系统管理及其信息交换　数据和通信安全》标准。我们采用IEC 62351,编制了GB/Z 25320指导性技术文件,主要包括以下部分:

——第1部分:通信网络和系统安全　安全问题介绍;

——第2部分:术语;

——第3部分:通信网络和系统安全　包含TCP/IP的协议集;

——第4部分:包含MMS的协议集;

——第5部分:IEC 60870-5及其衍生标准的安全;

——第6部分:DL/T 860的安全;

——第7部分:网络和系统管理的数据对象模型;

——第8部分:电力系统管理的基于角色访问控制。

本部分等同采用IEC TS 62351-4:2007《电力系统管理及其信息交换　数据和通信安全　第4部分:包含MMS的协议集》(英文版)。

本部分由中国电力企业联合会提出。

本部分由全国电力系统管理及其信息交换标准化技术委员会(SAC/TC 82)归口。

本部分起草单位:中国电力科学研究院、华东电网有限公司、国家电力调度通信中心、国网电力科学研究院、福建省电力有限公司、华中电网有限公司、辽宁省电力有限公司。

本部分主要起草人:杨秋恒、李根蔚、许慕樑、邓兆云、南贵林、韩水保、曹连军、袁和林、林为民。

本指导性技术文件仅供参考。有关对本指导性技术文件的建议或意见,向国务院标准化行政主管部门反映。

引　言

计算机、通信和网络技术当前已在电力系统中广泛使用。通信和计算机网络中存在着各种对信息安全可能的攻击，对电力系统的数据及通信安全也构成了威胁。这些潜在的可能的攻击针对着电力系统使用的各层通信协议中的安全漏洞及电力系统信息基础设施的安全管理的不完善处。

为此，我们采用国际标准制定了GB/Z 25320《电力系统管理及其信息交换　数据和通信安全》，通过在相关的通信协议及在信息基础设管理中增加特定的安全措施，提高和增强电力系统的数据及通信的安全。

电力系统管理及其信息交换
数据和通信安全
第4部分:包含MMS的协议集

1 范围和目的

1.1 范围

为了对基于GB/T 16720(ISO 9506)制造报文规范(Manufacturing Message Specification,MMS)的应用进行安全防护,GB/Z 25320的本部分规定了过程、协议扩充和算法。其他IEC TC 57标准如需要以安全的方式使用MMS,可以引用本部分作为其规范性引用文件。

本部分描述了在使用GB/T 16720(ISO/IEC 9506)制造业报文规范MMS时应实现的一些强制的和可选的安全规范。

注:在IEC TC 57范围内,有两个标准DL/T 860.81—2006(IEC 61850-8-1)及GB/T 18700(IEC 60870-6)会受到影响。

为了保护使用MMS传递的信息,本部分包含一组由这些引用标准所使用的规范。其建议是基于为传送MMS信息所使用的特定通信协议集的协议。

DL/T 860.81—2006(IEC 61850-8-1)和GB/T 18700(IEC 60870-6)在第7层的面向连接机制中使用了MMS。这些标准中每一个均是在OSI协议集或TCP协议集上使用。

1.2 目的

本部分的初期读者预期是制定或使用IEC TC 57协议的工作组成员。为了使本部分描述的措施有效,对于那些使用GB/T 16720的协议,协议本身的规范就必须采纳和引用这些措施。本部分就是为了使得能那样做而编写的。

本部分的后续读者预期是实现这些协议的产品的开发人员。

本部分的某些部分也可以被管理者和行政人员使用,以理解该工作的用途和需求。

2 规范性引用文件

下列文件中的条款通过GB/Z 25320的本部分的引用而成为本部分的条款。凡是注日期的引用文件,其随后所有的修改单(不包括勘误的内容)或修订版均不适用于本部分,然而,鼓励根据本部分达成协议的各方研究是否可使用这些文件的最新版本。凡是不注日期的引用文件,其最新版本适用于本部分。

GB/T 16720(所有部分) 工业自动化系统 制造报文规范(ISO 9506)

GB/T 18700(所有部分) 远动设备及系统(IEC 60870-6)

GB/Z 25320.1 电力系统管理及其信息交换 数据与通信安全 第1部分:通信网络和系统安全 安全问题介绍(GB/Z 25320.1—2010,IEC TS 62351-1:2007,IDT)

GB/Z 25320.3 电力系统管理及其信息交换 数据和通信安全 第3部分:通信网络和系统安全 包括TCP/IP的协议集(GB/Z 25320.3—2010,IEC 62351-3:2007,IDT)

IEC TS 62351-2 电力系统管理及其信息交换 数据和通信安全 第2部分:术语(Power systems management and associated information exchange—Data and communications security—Part 2:Glossary of terms)

ISO/IEC 9594-8:2005/ITU-T X.509建议:2005 信息技术 开放系统互连 目录:公钥和属性

证书框架(ISO/IEC 9594-8:2005/ITU-T Recommendation X. 509:2005,Information technology—Open Systems Interconnection—The Directory:Public-key and attribute certificate frameworks)

RFC 1006 版本 3　在 TCP 之上的 ISO 传输服务(ISO Transport Service on top of the TCP Version:3)

RFC 2246 版本 1.0　传输层安全协议(TLS)(The TLS Protocol,Version 1.0)

RFC 2313 版本 1.5　PKCS ＃1:RSA　加密(PKCS ＃1:RSA Encryption Version 1.5)

RFC 3447 版本 2.1　公钥密码标准(PKCS)＃1:RSA　密码技术规范[Public-Key Cryptography Standards(PKCS) ＃1:RSA Cryptography Specifications Version 2.1]

3　术语和定义

IEC 62351-2 中给出的以及下列的术语和定义适用于 GB/Z 25320 的本部分。

3.1

双边协议　bilateral agreement

两个控制中心之间关于被访问的数据元素及其访问方法的协议。

[GB/T 18700.1—2002,定义 3.3]

3.2

双边表　bilateral table

双边协议的计算机表示法。具体的表示方法是当地的事。

[GB/T 18700.1—2002,定义 3.4]

4　本部分涉及的安全问题

4.1　应用和传输协议集的安全

在本部分中规定的通信安全应按应用协议集和传输协议集讨论:

- 应用协议集(A-Profile):规定了 OSI 参考模型 5～7 层整套的协议和要求;
- 传输协议集(T-Profile):规定了 OSI 参考模型 1～4 层整套的协议和要求。

在 TC 57 涉及的通信协议中已规定了(1) A-Profile 和(2) T-Profile。本部分规定这些已确定的协议集的安全扩展,见图 1。

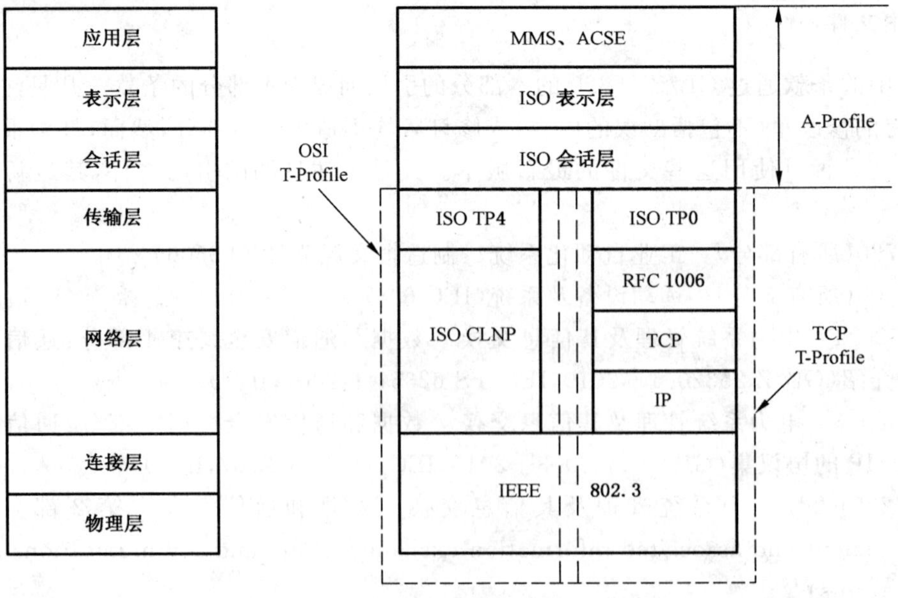

图 1　应用和传输协议集

4.2 应对的安全威胁

对安全威胁和攻击方法的讨论详见 GB/Z 25320.1。

如不用加密，则本部分需应对的特定威胁有：

未经授权的访问信息。

如用 GB/Z 25320.3，则本部分需应对的特定威胁有：

- 通过消息层面认证和消息加密，应对未经授权的访问信息；
- 通过消息层面认证和消息加密，应对未经授权的修改(篡改)或窃取信息。

4.3 应对的攻击方法

通过适当实现本部分的规范或建议，应对以下的安全攻击方法。以下内容未包含通过 GB/Z 25320.3 应对的攻击方法。在不用 GB/Z 25320.3 的情况下，所应对的威胁仅限于关联建立时的防护。

- 中间人：通过本部分规定的消息鉴别码(Message Authentication Code)机制应对该威胁；
- 篡改或破坏消息完整性：通过为创建本部分规定的认证机制而使用的算法应对该威胁；
- 重放：通过本部分规定的特定处理状态机应对该威胁。

5 应用协议集(A-Profile)安全

以下条款详细说明了声称符合于本部分的实现应支持的应用协议集(A-Profile)。

5.1 MMS

MMS 的实现必须提供配置和使用安全协议集能力的某些机制。通常需要提供以下机制：

- 配置证书信息和把证书信息与访问认证绑定起来的机制(例如：双边表)；
- 为实现的访问控制机制，配置呼入关联的可接受协议集的机制。建议提供以下选择：
  ——DON'T_CARE：安全协议集或非安全协议集都可以建立 MMS 关联。
  ——NON_SECURE：必须使用非安全协议集才能建立 MMS 关联。
  ——SECURE：必须使用安全协议集才能建立 MMS 关联。
- 为发起 MMS 关联，配置所用协议集的机制。建议提供以下选择：
  ——NON_SECURE：必须使用非安全协议集才能建立 MMS 关联。
  ——SECURE：必须使用安全协议集才能建立 MMS 关联。
- 传送或校验关联参数的机制。这些参数宜包括：表示层地址、所用协议集的标志(例如，安全或非安全协议集)，以及 ACSE(关联控制服务元素)认证参数。如果像本部分阐述的那样，已经协商把安全传输层作为 MMS 关联的一部分[1)]，那么应保留"secure profile"("安全协议集")的使用标志。

  应使用该关联参数信息且连同配置的 MMS 期望的关联值，以确定是否应建立 MMS 关联。确定实际接受的实体是当地问题。

上述讨论的配置参数的改变并不要求为使配置改变生效需终止所有的 MMS 关联，这是强制的要求。

对于因安全违例而被拒绝的被拒关联，强烈建议 MMS 实现应记录与该种被拒关联相关的事件和信息。

5.2 记录

重要的是，一定要把与安全有关的违例记录到一个单独的日志文件中。该日志文件的内容本质上是禁止操作的(例如，修改信息或删除信息)。实现者应力求保存足够多的信息，这样就便于安全审计和诉讼。此建议的实际实现是当地问题。

---

1) 为达到更强认证，在安全协议集或非安全协议集上都可使用 ACSE 认证。

5.3 关联控制服务元素(ACSE)

5.3.1 对等实体认证

对等实体的认证应发生在关联建立时。对 ACSE(关联控制服务元素)的 AARQ(关联认证请求)报文和 AARE(关联认证响应)报文,应在 AARQ 的 PDU(协议数据单元)的认证功能单元(认证 FU)的 calling-authentication-value(呼叫-认证-值)字段和 AARE 的 PDU 的认证功能单元的 responding-authentication-value(应答-认证-值)字段中携带认证信息。

在使用 ACSE 安全时为了包括认证 FU,对于认证 FU 的 sender-ACSE-requirements(发送者-关联控制服务元素-请求)和 responder-ACSE-requirements(应答者-关联控制服务元素-请求)字段的比特串应是 DEFAULTED;否则,不使用 ACSE 安全时,这些比特串虽仍应是 DEFAULTED 却是为了不包括认证 FU。这提供了向后兼容性。

Calling-authentication-value 和 responding-authentication-value 字段是 authentication-value(认证-值)类型,该类型作为 CHOICE 在 GB/T 16687(ISO 8650)中进一步定义。该 authentication-value 的 CHOICE 应是 EXTERNAL(外部的)。为此 EXTERNAL 使用了抽象句法,所以,表示层的上下文应包括对该抽象句法的引用。

为表示传递的 authentication-value(认证值)字段的格式,应使用 ACSE 的 mechanism-name(机制名)字段。AARQ 和 AARE 的 mechanism-name 字段定义应是:

应在 ACSE 的认证 FU 的 authentication-value 字段中携带 ICCP 的认证值(如下所述)。在要求对等实体认证时,该认证值将会被使用。该值应按"external"携带,按 ACSE 的 authentication-value 形式语法表达式(ACSE authentication-value production)(已复制在下面)以 SingleASN1 Type 类型定义。

注:以下形式语法表达式是从 GB/T 16687(ISO 8650)复制的,仅供参考。

```
Authentication-value::= CHOICE {
        charstring  [0] IMPLICIT GraphicString,
        bitstring  [1] IMPLICIT BIT STRING,
        external  [2] IMPLICIT EXTERNAL,
        other  [3] IMPLICIT SEQUENCE {other-mechanism-name
                    MECHANISM-NAME.&id({ObjectSet}),
                    other-mechanism-value
                    MECHANISM-NAME.&Type
            }
        }
        STASE-MMS-Authentication-value {iso member-body usa(840) ansi-t1-259-1997(0)
        stase(1) stase-authentication-value(0) abstractSyntax(1) version1(1)}
        DEFINITIONS IMPLICIT TAGS::= BEGIN
        -- EXPORTS everything
        IMPORTS
       SenderId, ReceiverId, Signature, SignatureCertificate
       FROM ST-CMIP-PCI {iso member-body usa (840) ansi-t1-259-1997 (0) stase(1) stasepci(1)
       abstractSyntax(4) version1(1)};
       MMS_Authentication-value::= CHOICE{
               certificate-based [0] IMPLICIT SEQUENCE {
               authentication-Certificate [0] IMPLICIT &SignatureCertificate,
               time [1] IMPLICIT GENERALZEDTIME,
               signature [2] IMPLICIT &SignedValue
```

},

…}

END

&SignatureCertificate

SignatureCertificate::= OCTET STRING—字节数应为 8 192 八位位组的最小的最大(minimum-maximum)字节数。

SignatureCertificate(签名证书)的 OCTET STRING(八位位组串)内容应按照基本编码规则(Basic Encoding Rule)编码的 X.509 证书(在 CMIP 中规定)。证书的交换应是双向的,且应提供来自某个已配置且可信的证书机构的个体证书。如果以上条件任何一项不符合,则连接应被适当地终止。

个体证书的身份证明至少应是基于证书的 Subject(主体)。

为了达到证书的互操作性,必须为 ACSE 交换的证书设定最大允许字节数。这个字节数应限于 8 192 个八位位组的最大编码字节数。

是否能接受更大的证书,这是当地问题。

如果证书的字节数超过最小的最大值(minimum-maximum)(例如 8 192)或当地的最大值,则应拒绝该连接且应拆除连接。

&SignedValue

SignedValue(签名值)的值按 PKCS#1 Version 2 规定应是签署的 time 字段的值。该值是 GENERALZEDTIME 编码串,但不包含 ASN1 的标记或长度。这个值在该规范中应是经 RSA 签名算法签署。应支持 1 024 比特的密钥长度作为最小的最大值(minimum-maximum)。

在 RFC 2313 中的数字签名(DigitalSignature)定义中规定了 SignedValue 的定义:

"作为数字签名,首先将要签名的内容用消息/摘要算法(例如 MD5)简化为消息摘要,然后包含消息摘要的八位位组串用该内容签名者的 RSA 私钥加密。根据 PKCS #7 的语法将内容和加密后的消息摘要一起表示而生成一个数字签名。"

注:在该定义中对 MD5 的引用并不是规范性的,这是 RFC 2313 引用文本中所给的例子。在下一段落中规定的实际算法是 SHA1。

RFC 3447(PKCS#1 规范 Version 2)规定以 RSASSA-PKCS1-v1_5 作为签名算法。该算法是声称符合本部分的具体实现都应使用的算法。RFC 3447 的使用应限于与 PKCS Version 1.5(RFC 2313)兼容的那些能力。哈希算法应是 SHA1。

Time

该参数应是创建 authentication-value 的时间,用 GENERALIZEDTIME 格式表示的格林威治时间(GMT)值。

该时间的精度是一个当地问题,但应尽可能的精确。在调用 MMS 的 Intiate.Request(启动请求)服务、Intiate.Response(启动应答)服务期间或在这些服务的 ACSE 的 PDU 编码期间,确定该时间参数值都是同等有效的。

5.3.2 关联认证请求(AARQ)

AARQ 的发送者应该对适当的 ACSE 的 AuthenticationMechanism 和 AuthenticationValue 字段进行编码并应通过使用 Presentation-Connect(表示层-连接)服务发送 AARQ。

AARQ-indication(AARQ-指示)原语的接收者应使用 AuthenticationMechanism 和 AuthenticationValue 字段去校验签名值。如果解码后的签名值不等于 time 字段的值,则应导致接收者发出 P-ABORT(表示层-异常终止)原语;如果 time 字段值与当地时间之差大于 10 min[2],则也应导致接收者发出 P-ABORT 原语。

如果该 AARQ 的接收者在最近 10 min 之内已经接收到包含相同签名值的 AARQ,则应导致接收

2) 这意味着存在一个 10 min 的脆弱性窗口,在此期间相同的签名值可能被攻击者利用。

者发出 P-ABORT 原语。

如果签名值没有导致 P-ABORT，则签名值及其他的安全参数就应传送给 ACSE 的用户（例如 MMS 或 TASE.2 或当地的应用）。传送这些参数的方法是当地问题。

5.3.3 关联认证响应(AARE)

AARE 的发送者应该对适当的 ACSE 的 AuthenticationMechanism 和 AuthenticationValue 字段进行编码并应通过使用 Presentation-Connect 服务发送 AARE。

AARE-indication 原语的接收者用 AuthenticationMechanism 和 AuthenticationValue 字段去校验签名值。如果解码之后的签名值不等于 time 字段的值，应导致接收者发出 P-ABORT 原语；如果 time 字段值与本地时间之差大于 10 min[3)]，也应导致接收者发出 P-ABORT 原语。

如果该 AARE 的接收者在最近 10 min 之内已经接收到包含相同签名值的 AARE，则应导致接收者发出 P-ABORT 原语。

如果签名值没有导致 P-ABORT，则应将签名值及其他安全参数传送给 ACSE 的用户（例如 MMS 或 TASE.2 或当地的应用）。传送这些参数的方法是当地问题。

6 传输协议集(T-Profile)安全

6.1 TCP 传输协议集

6.1.1 与本部分的一致性

声称符合本部分的实现应支持对 TCP T-Profile 的安全防护。

6.1.2 TCP 传输协议集中使用 TLS

TCP T-Profile 的安全建议并不试图为 TCP、IP 或 Ethernet 规定安全建议，而是本部分的各规范规定了如何适当地使用传输层安全协议(Transport Layer Security TLS)及对 RFC 1006 进行安全防护。

TCP T-Profile 嵌入了安全防护造成使用 TLS(由 RFC 2246 规定)提供在 RFC 1006 之前的加密和节点认证。

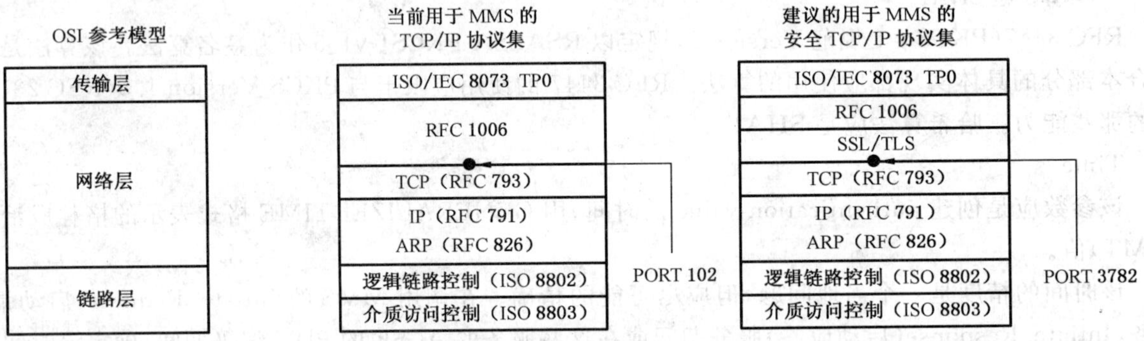

图 2 非安全和安全的 TCP T-Profile

图 2 展示了两个相关的 TCP T-Profile，一个是由互联网工程任务组(IETF)规定的标准的 RFC 1006 T-Profile，即非安全的 RFC 1006 T-Profile，另外一个是在本部分内所规定的安全的 RFC 1006 T-Profile。

6.1.3 传输协议 0 类(TP0)

6.1.3.1 强制的最大长度

TP0 规定了 TPDU(传输层协议数据单元)的最大字节数。建议实现用表 1 确保 RFC 1006 的长度不超过最大字节数。关于对 RFC 1006 字节数不正确的 TPDU 进行处理的问题是当地问题。

---

3) 这意味着存在一个 10 min 的脆弱性窗口，在此期间相同的签名值可能被攻击者所利用。

表 1 TP0 最大字节数

OSI TP0 原语	RFC 1006 头部	ISO TP0 LI 字段		ISO TP0 用户数据		RFC 1006 长度范围	
	字节	最小	最大	最小	最大	最小	最大
CR	4	7	254	0	0	11	258
CC	4	7	254	0	0	11	258
DR	4	7	254	0	0	11	258
DC	4	7	254	0	0	11	258
DT	4	3	3	1	2048 注	8	2056
ER	4	5	254	0	0	9	259
ED	由于 TP0 的限制，不允许						
AK	由于 TP0 的限制，不允许						
EA	由于 TP0 的限制，不允许						
RJ	由于 TP0 的限制，不允许						
注：基于 CR/CC 交换时协商的最大字节数。128 个八位位组是允许的最小字节数。							

6.1.3.2 对 TP0 不支持的 TPDU 的响应

建议不理会接收到的 ED、AK、EA 或 RJ 原语的 TPDU。

6.1.3.3 传输层选择段

MMS 的国际标准化协议集(International Standardized Profiles ISP)规定传输层选择段(Transport Selector TSEL)应具有 32 个八位位组的最大字节数。然而根据 ISO/IEC 8073，参数化的选择段可以具有 255 个八位位组的长度。

TSEL 的长度若大于 32 个八位位组，应导致接收该 TSEL 的实现将该连接异常终止。

6.1.4 RFC 1006

在安全或非安全 T-Profile 中使用 RFC 1006 时，建议对 RFC 1006 实现作以下增强。

6.1.4.1 版本号

当地实现应不理会 RFC 1006 的 version 字段的值。继续对 OSI 的 TPDU 进行当地处理，好像该字段值是 3 一样。

6.1.4.2 长度

RFC 1006 的 length 字段应限制为不大于 2 056 个八位位组的值。这个长度对应于允许的最大 TP0 的 TPDU(如：2 048 个八位位组)。

对大于 2 056 个八位位组的长度进行处理是当地问题；然而，强烈建议拆除该连接。

6.1.4.3 保持存活

声称符合于本部分的实现应使用保持存活(TCP-KEEPALIVE)功能。其超时参数应设置为大约 1 min 或少些。

6.1.5 TLS 要求

6.1.5.1 TCP 端口的使用

按 RFC 1006 规定，非安全 T-Profile 应使用 TCP 的 102 端口。

声称符合于本部分的实现应使用 TCP 的 3782 端口，以表明使用了安全的 TCP T-Profile。

6.1.5.2 同时支持

以下需求适用于声称支持一个以上的同时的 MMS 关联的实现。对于这样的实现，通过安全及非安全 T-Profile 同时进行通信应是可能的。

6.1.6 TLS的使用

应按GB/Z 25320.3规定使用传输层安全协议(TLS)。

6.1.6.1 TLS的停用

实现应允许暂时停用TLS。

6.1.6.2 密码再协商

如果自上次再协商之后已发送5 000个ISO TPU或已超过10 min,声称符合于本部分的实现应支持按最小的最大(minimum-maximum)密钥长度的密钥再协商。

6.1.6.3 证书长度

声称符合于本部分的实现应支持8 192个八位位组的最小的最大(minimum-maximum)证书字节数。是否支持更大的证书是当地问题。

实现接收到大于它所能支持字节数的证书,则该实现应终止这连接。

6.1.6.4 证书撤销

撤销证书的缺省评估周期应为12 h。该评估周期应是可配置的。

当用于建立连接的证书之一被撤消,声称符合于本部分的实现应终止这连接。

6.1.6.5 强制的和建议的密码套件

声称符合于本部分的所有实现应至少支持TLS_DH_DSS_WITH_AES_256_SHA。

引用本部分的其他标准可以增加另外的强制密码套件。

建议考虑使用表2所列的TLS密码套件。

表2 建议的密码套件组合

密钥交换		加密	哈希
算法	签名		
TLS_RSA_	—	WITH_RC4_128_	SHA
TLS_RSA_	—	WITH_3DES_EDE_CBC_	SHA
TLS_DH_	DSS_	WITH_3DES_EDE_CBC_	SHA
TLS_DH_	RSA_	WITH_3DES_EDE_CBC_	SHA
TLS_DHE_	DSS_	WITH_3DES_EDE_CBC_	SHA
TLS_DHE_	RSA_	WITH_3DES_EDE_CBC_	SHA
TLS_DH_	DSS_	WITH_AES_128_	SHA
TLS_DH_	DSS_	WITH_AES_256_	SHA
TLS_DH_	—	WITH_AES_128_	SHA
TLS_DH_	—	WITH_AES_256_	SHA

注:基于已配置的许可或现有的密码套件,TLS的协商机制选择为特定连接使用的实际密码套件。

6.2 OSI的传输协议集

OSI T-Profile的安全超出本部分范围。

6.3 证书机构支持

为支持四个不同证书机构所提供的证书,声称符合于本部分的实现应支持最小的最大(minimum-maximum)证书字节数能力。

7 一致性

7.1 一般的一致性

与本部分的一致性应由第5章和第6章的实现决定。

此外,应提供以下支持密码套件表:

- 强制的:应支持的;
- 可选的:可支持的。

表 3 支持的密码套件

密钥交换		加密	哈希	支持		
算法	签名			可互操作	出口限制	支持
TLS_RSA_	—	WITH_RC4_128_	SHA	可选	注 1	—
TLS_RSA_	—	WITH_3DES_EDE_CBC_	SHA	可选	注 1	—
TLS_DH_	DSS_	WITH_3DES_EDE_CBC_	SHA	可选	注 1	—
TLS_DH_	RSA_	WITH_3DES_EDE_CBC_	SHA	可选	注 1	—
TLS_DH_	DSS_	WITH_3DES_EDE_CBC_	SHA	可选	注 1	—
TLS_DHE_	RSA_	WITH_3DES_EDE_CBC_	SHA	可选	注 1	—
TLS_DHE_	DSS_	WITH_AES_128_	SHA	可选	注 1	—
TLS_DH_	DSS_	WITH_AES_256_	SHA	可选	注 1	—
TLS_DH_	—	WITH_AES_128_	SHA	可选	注 1	—
TLS_DH_	—	WITH_AES_256_	SHA	必备	注 1,注 2	—

注 1:在出口限制基础上,应支持至少一种密码套件。如不支持 TLS_DH_WITH_AES_256_SHA,TLS 互操作性也许就不可能。

注 2:如没有声明支持,实现就应提供一份禁止该密码套件出口的出口限制拷贝。如果且只有如果出口限制不准许任何途径出口,才不应支持该套件。如果不支持该套件,作为补充,实现应清楚地以文件说明是因遵守出口限制所致。该文件同样应详细说明不能支持的互操作要求或基本规范要求。该文件的样本应作为用户文件的一部分提供,这样用户就能够理解由于出口限制的原因,实现也许不是能互操作的。

7.2 GB/T 18700 TASE.2 安全的一致性

声称支持标准化安全防护的 GB/T 18700(IEC 60870-6)实现应符合本部分。

参 考 文 献

[1] GB/T 16687 信息技术 开放系统互连 面向连接的联系控制服务元素协议(ISO 8650,IDT)

[2] GB/T 16688 信息技术 开放系统互连 联系控制服务元素服务定义(ISO 8649,IDT)

[3] GB/T 16720.1—2005 工业自动化系统 制造报文规范 第1部分:服务定义(ISO 9506-1:2003,IDT)

[4] GB/T 16720.2—2005 工业自动化系统 制造报文规范 第2部分:协议规范(ISO 9506-2:2003,IDT)

[5] ISO/ISP 14226-1:1996 工业自动化系统 国际标准化协议集 AMM11:MMS 普通的应用基础协议集 第1部分:MMS 所使用的 ACSE、表示层及会话层的规范(Industrial automation systems—International Standardized Profile AMM11:MMS General Applications Base Profile—Part 1:Specification of ACSE,Presentation and Session protocols for use by MMS)

[6] ISO/ISP 14226-2:1996 工业自动化系统 国际标准化协议集 AMM11:MMS 普通的应用基础协议集 第2部分:公共的 MMS 要求(Industrial automation systems—International Standardized Profile AMM11:MMS General Applications Base Profile—Part 2:Common MMS requirements)

[7] ISO/ISP 14226-3:1996 工业自动化系统 国际标准化协议集 AMM11:MMS 普通的应用基础协议集 第3部分:特殊的 MMS 要求(Industrial automation systems—International Standardized Profile AMM11:MMS General Applications Base Profile—Part 3:Specific MMS requirements)

[8] FIPS-180-1 安全的哈希标准(Secure Hash Standard)

[9] RFC 3174 US 的安全哈希算法 1(SHA1)[US Secure Hash Algorithm 1 (SHA1)]

[10] RFC 3280 因特网 X.509 PKI 证书以及证书撤销列表(CRL)格式(Internet X.509 Public Key Infrastructure Certificate and Certificate Revocation List(CRL) Profile)

ICS 03.120.99
A 00

中华人民共和国国家标准

GB/T 25321—2010

消费品安全制造管理指南

Guidelines for manufacture management of safer consumer products

2010-11-10 发布　　2011-05-01 实施

中华人民共和国国家质量监督检验检疫总局
中国国家标准化管理委员会　发布

前　言

本标准由中国标准化研究院提出并归口。

本标准起草单位:中国标准化研究院、中国矿业大学(北京)、中国纺织科学研究院、中国建筑材料检验认证中心、中国电子技术标准化研究所、机械科学研究院总院。

本标准主要起草人:杨跃翔、汤万金、安景文、郑宇英、李镜、王立志、石新勇、刘霞、刘辉、宁燕。

引　言

消费品导致人身伤害的原因一般可分为三类，即人、环境和消费品自身。通过长期、大量的调查得出如下结论：

——大多数消费者难以在短期内显著改变使用习惯以适应某些消费品使用要求；

——大多数消费者不可能很快改善家庭环境以适应某些消费品使用要求；

——通过教育培训等方式提高消费者合理使用消费品知识水平，解决消费品安全问题的作用有限。

因此，解决消费品安全问题需充分发挥制造商的主动性。同其他组织相比，制造商更有能力在设计、制造消费品时考虑人与环境的因素，在付出较少的努力和费用的情况下，显著改善消费品的安全性。

本标准可单独使用，也可作为对制造商质量管理体系的补充，促使其形成更加完善的消费品安全制造管理体系，以生产更加安全的消费品。

消费品安全制造管理指南

1 范围

本标准确定了消费品制造过程中涉及消费品安全的因素，给出了控制这些因素的指南。

本标准适用于不同类型、不同规模和提供不同消费品的制造商，有助于其建立、实施和保持制造安全消费品管理体系。

2 术语和定义

下列术语和定义适用于本标准。

2.1

消费品 consumer product

为满足社会成员生活需要而销售的产品。

2.2

设计评审 design review

〈消费品安全〉对将安全要求转换为消费品特性或规范的设计过程进行评审，以确定消费品特性或规范是否达到安全要求所进行的活动。

2.3

可预见使用分析 foreseeable use analysis

对预期使用和合理预料到的误用情况下的消费品安全性的分析。

3 一般要求

3.1 消费品安全策略

制造商应向社会发布声明，明确阐述其消费品安全策略，通过各种途径和方式在企业内外进行宣传，并始终将其作为向社会提供安全消费品的出发点。

消费品安全策略至少应包含以下内容：

a) 保证消费品安全的法律因素和自愿因素；

b) 考虑设计、生产和销售过程对消费品安全的影响；

c) 对其供应商和销售商的要求。

3.2 管理职责

制造商有责任确保其制造的消费品符合相关法律法规的安全要求。企业一般应在其高层领导中指定一名成员，并授权负责：

a) 将本标准的内容形成文件，纳入相关管理体系；

b) 实施消费品安全管理；

c) 缺陷消费品召回；

d) 有关消费品安全外来文件的控制。

3.3 培训

3.3.1 培训范围

企业中从事与消费品安全有关工作的人员应接受消费品安全培训。

3.3.2 培训方式

消费品安全培训包括脱产培训和在岗培训，培训方式可以采用多种形式，如录像(录音)、刊物、公告或其他媒介。

3.3.3 培训内容

制造商对人员的培训应与其所承担工作的复杂程度和敏感程度相适应，使其了解消费品在设计、制造、销售或服务过程中涉及消费品安全的法律法规要求和本企业规定的要求，以及所承担的工作对消费品安全的影响。

例如，对高层管理人员的培训内容包括：

a) 企业的消费品安全策略；

b) 企业的消费品安全责任；

c) 消费品安全对企业的影响；

d) 设计、生产、销售安全消费品的程序及相关的管理原则。

对设计开发人员的培训内容包括：

a) 消费品的已知危害；

b) 可预见使用分析；

c) 消费品安全标准、消费品安全的测试方法和评价方法；

d) 消费品安全事故案例。

对销售人员的培训内容包括：

a) 与消费品有关的安全使用要求；

b) 消费品存在的潜在危害；

c) 有关安全标识、证书的知识及简便的安全测试方法。

3.3.4 培训考核

培训结束时，企业应采取适当方式对培训效果进行评价。对于合格的人员，可为其颁发合格证书或其他形式的认可。

3.4 文件控制

消费品制造商应对设计、生产和销售过程中与消费品安全有关的文件进行控制，以确保：

a) 更改文件时，对所涉及的相关文件进行更改，同时形成完整的更改记录；

b) 技术文件现行有效，如图样、零配件数据、生产加工程序、检验与试验方法、维修说明书以及各种有关的操作手册；

c) 及时从使用处清除失效文件，避免因疏忽而被误用；

d) 及时获取与消费品安全有关的外部文件，特别是包含强制性安全要求的法律法规、标准等，确保内部文件在安全性要求上与其保持一致。

3.5 记录

实施制造安全消费品管理体系应有种类齐全、内容详细的记录，以及时发现安全危害和倾向，必要时实施消费品召回，有效追溯所涉及的原材料、零部件和相关操作。制造商应至少保持以下记录：

a) 检测、试验和校准的结果；

b) 消费者的投诉、评论及其有关行为；

c) 企业为消除消费品缺陷和完善管理体系所开展的活动；

d) 消费品在生产加工或销售系统中的位置，以便需要时及时有效地实施召回；

e) 有关法律法规、标准所要求的记录。

3.6 内部评价

3.6.1 合规性评价

制造商应建立、实施并保持程序，对其生产消费品安全的合规性进行评价，包括：

a) 对是否符合适用的法律法规要求进行评价；

b) 对是否符合所签署协议中的消费品安全要求进行评价；

c) 对是否符合所承诺的消费品安全要求进行评价。

制造商应保持评价结果的记录。

3.6.2 内部审核

根据预先策划的时间安排，对消费品安全制造管理体系进行审核，以确保：

a) 符合本标准的要求；

b) 得到有效实施与保持。

为保证审核的公正性，审核人员不应审核自己的工作。审核结果应予以记录，并在企业内进行适当的通告。必要时，采取纠正措施或预防措施。

3.7 纠正和预防措施

为了防止将有潜在危害的消费品提供给消费者，制造商应在必要时采取及时的纠正措施。这些措施包括：

a) 查找导致消费品安全隐患的原因；

b) 从生产和销售渠道及时、彻底处置带有安全隐患的消费品；

c) 建立和保持有效的报告制度，使企业高层管理人员及时了解消费品的安全危害，以及导致这些危害的可能原因；

d) 严格遵守有关消费品安全的法律法规，若发现可能引起严重安全危害的缺陷消费品，应及时报告政府有关部门及相关机构。

4 过程要求

4.1 设计评审

4.1.1 可预见使用分析

可预见使用分析需采用有效的消费品安全评估方法和标准，评估时可以采用一系列标准对已被消费者接受的消费品进行测量，也可以采用消费品的一组目标或类似消费品进行测量，评估者应：

a) 确定消费品的使用环境；

b) 设定使用者的年龄、身体状况、认知能力等；

c) 分析使用者与消费品的交互方式。

在对消费品进行可预见使用分析过程中，可采用系统分析工具(如潜在失效模式及后果分析、故障树分析方法等)，找出潜在安全危害，并对伤害数据和安全研究报告进行全面分析。

4.1.2 小组评审

制造商应组建由高层管理者领导下的消费品安全设计评审组，承担消费品安全设计的评审工作。评审组应至少包括：

a) 质量部门人员；

b) 销售部门、售后服务部门和维修部门人员；

c) 确保消费品符合相关法律法规和标准的人员。

必要时，可考虑由获得认可的实验室或其他机构对消费品安全性进行评估。评审结果及任何必要纠正、预防措施的记录应予以保持。

4.2 采购控制

由于原材料、零部件可能对消费品安全产生影响，因此消费品制造商应对供方进行控制。控制活动包括：

a) 在采购文件中应清楚、准确说明对供方提供原材料、零部件的设计要求和安全要求，包括适用的法律法规要求和有关的标准要求，以确保其符合性；

b) 对供方进行评价，选择具备提供符合要求的原材料、零部件能力的供方；

c) 为确保供方提供的原材料、零部件符合规定要求，必要时，对供方的设施、设备、操作流程及辅助过程（如检验、包装、贮存和交付等）进行考察，并检查相关记录；

d) 供方的原材料、零部件一旦出现有可能造成最终消费品安全问题的情况，供方应及时通知制造商。必要时，制造商应及时采取纠正措施或预防措施。

4.3 生产控制

4.3.1 总则

生产的各个环节，对消费品安全性产生的影响各不相同，制造商应关注对消费品安全性影响较大的环节。

4.3.2 材料

原材料、半成品或成品应符合设计要求，同时采用下述方法进行控制：

a) 按4.2的要求从合格的供方采购；

b) 对运输、贮存和生产加工过程可能造成消费品安全隐患的材料，制造商应在适当时进行验证，以确保符合规定要求；

c) 在运输、贮存和生产加工过程中，应对材料进行明确标识，在转移、转交或使用前，应通过相关记录、标签、标记或其他方式进行确认。

4.3.3 程序

除不需要说明的简单操作外，所有影响消费品安全的操作应以书面文件的形式提供给相应的操作者，并确保其准确、完整地理解文件的内容，包括：

a) 工作指令；

b) 操作清单；

c) 检验记录表；

d) 维修记录表；

e) 测试程序；

f) 工艺规范等。

必要时，程序还可具体规定：

a) 具体操作应使用的设备；

b) 对人员操作行为进行追溯的记录；

c) 记录量化数据的表格。

4.3.4 设施

不同消费品的设计和生产过程需要不同精度的设备和工具，其精确度应和产品要求相适应。制造商应根据消费品安全性要求，安排和使用精确度配套的各类设备和工具，以确保最终消费品的安全性符合要求。

4.3.5 加工

制造商应确保整个加工过程在受控的状态下进行，以降低由于操作因素对消费品安全性的不良影响。其中主要包括对设备、操作方法和人员资质的控制：

a) 检查设备是否持续满足加工要求；

b) 监督操作过程是否符合规定的程序；

c) 确认操作人员是否胜任相应工作。

对加工过程的控制要进行记录并予以保持。

4.3.6 纠正

当消费品被确定存在安全隐患时，应对其进行纠正。对纠正的操作过程的控制程度不应低于对原生产操作过程的控制程度，适当时，可包括：

a) 消费品的某一部分被替换后，应对其进行安全测试，以确保风险已被有效降低和控制；

b) 安排更熟练的操作人员，使用更精确的设备和更好的材料；

c) 当纠正的过程外包时，应对外包方及相关过程进行有效控制。

上述纠正过程应编制形成文件的程序，以确保对其有效控制。

4.3.7 工作环境

生产安全的消费品由多种因素决定，其中符合要求的工作环境是生产安全消费品的必要条件，如良好的照明及可控制的温度和湿度。

4.3.8 搬运和贮存

生产中使用的原材料、半成品或成品，应在防止损坏和产生新的安全风险的情况下进行搬运、包装和贮存。对于有保存期限并且需要一定贮存条件的原材料、半成品或成品，应定期检查贮存条件，并在使用前确认其保存期。

有关原材料、半成品或成品的搬运、包装和贮存的注意事项，应在相关的作业指导书中予以说明。

4.4 成品检验

4.4.1 检验和试验

消费品应在销售前经过检验和试验，以确保其符合规定的要求。在检验和试验中应考虑：

a) 当无法对消费品内部的零部件进行检验时，应在组装前进行检验和试验。尤其对于流程性材料，应在使用前进行检验和试验；

b) 应制定形成文件的检验和试验程序，并确保所有从事这一工作的人员准确理解；

c) 记录并保存检验和试验的结果。

4.4.2 抽样

除了消费品的关键性能或相关标准要求对消费品的每个部件均进行检验和试验外，制造商可以使用统计技术进行检验、试验、过程控制以及技术审查。抽样时应考虑：

a) 抽样程序符合抽样标准和相应的预防措施；

b) 当采用不同的抽样方案时，需对方案的统计特点和程序细节进行记录。

4.5 交付控制

4.5.1 交付方式

制造商应对交付方式进行控制，如果制造商将交付过程外包，应向外包方提供现行有效的交付程序，并确保在制造商控制下得到有效实施。

4.5.2 包装与运输

制造商应对包装与运输进行控制，包括：

a) 选择合适的包装材料；

b) 设计并使用避免消费品在运输过程中受损的包装方法；

c) 选择适合消费品特点的运输方法。

4.5.3 安装

制造商应对安装方式和过程进行控制，确保安装后的消费品符合安全性要求，包括：

a) 对安装人员和安装程序进行事先确认；

b) 对组件、零配件进行合理标识。

4.6 售后服务

为了确保消费品安全，售后服务应至少包括以下内容：

a) 通过提供使用说明书或其他方式，指导消费者正确安装、合理使用和维护消费品；

b） 预先告知消费者获得售后服务的信息和渠道；

c） 采用书面方式说明对存在缺陷的消费品采取的措施，包括召回政策和程序等；

d） 在消费品存在缺陷或发生故障时，应根据可能导致的消费者人身伤害或财产损失的程度，及时提供相应的售后服务。

必要时，还应包括以下内容：

a） 建立和保持消费品安全信息收集渠道；

b） 建立和保持缺陷消费品追溯系统。

参 考 文 献

[1] 美国消费品安全委员会. Handbook for manufacturing safer consumer products. 2006,7.
[2] GB/T 19000—2008 质量管理体系 基础和术语(ISO 9000:2005,IDT)
[3] GB/T 19001—2008 质量管理体系 要求(ISO 9001:2008,IDT)

ICS 03.080.30
A 80

中华人民共和国国家标准

GB/T 25322—2010

消费品安全标签

Safety label of consumer product

2010-11-10 发布 2011-05-01 实施

中华人民共和国国家质量监督检验检疫总局
中国国家标准化管理委员会 发布

前　　言

本标准的附录A、附录B为资料性附录。

本标准由中国标准化研究院提出并归口。

本标准起草单位：中国标准化研究院、中国矿业大学(北京)、中国纺织科学研究院。

本标准主要起草人：王立志、汤万金、安景文、徐路、冯卫、杨跃翔、刘霞。

引　言

安全标签是控制和降低消费品潜在风险的基本措施之一。通过对消费品加贴安全标签，可向消费者传递潜在风险的程度、危害类型以及避免伤害的措施等信息，以保护消费者人身健康和财产安全。

设计安全标签时，应对消费品的安全性进行风险评估，评估时需考虑伤害发生的可能性和伤害的程度。在风险评估的基础上，最终决定是否需要加贴安全标签以及加贴何种形式的安全标签。

由于消费者个体之间在消费行为上存在较大差异，因此在设计安全标签时，需采用文字、图形符号和颜色等形式向消费者提示消费品的潜在风险信息，并确保安全标签的耐久性。本标准对安全标签的内容、版式和制作要求等进行了规范和示例，各行业可在本标准的基础上，制定具体产品的安全标签标准。

附录A给出了风险评估和警示词选择的指南，为设计“警示词区域”提供参考。附录B给出了文字信息区域的设计原则和要求，为设计“文字信息区域”提供参考。

消费品安全标签

1 范围

本标准规定了消费品安全标签的内容、版式和制作要求。

本标准适用于消费品安全标签的设计。

2 规范性引用文件

下列文件中的条款通过本标准的引用而成为本标准的条款。凡是注日期的引用文件，其随后所有的修改单(不包括勘误的内容)或修订版均不适用于本标准，然而，鼓励根据本标准达成协议的各方研究是否可使用这些文件的最新版本。凡是不注日期的引用文件，其最新版本适用于本标准。

GB/T 2893.1 图形符号 安全色和安全标志 第1部分：工作场所和公共区域中安全标志的设计原则(GB/T 2893.1—2004,ISO 3864-1:2002,MOD)

GB/T 2893.2 图形符号 安全色和安全标志 第2部分：产品安全标签的设计原则(GB/T 2893.2—2008,ISO 3864-2:2004,MOD)

GB 2894 安全标志及其使用导则

GB/T 20000.4—2003 标准化工作指南 第4部分：标准中涉及安全的内容

3 术语和定义

下列术语和定义适用于本标准。

3.1

消费品 consumer product

为满足社会成员生活需要而销售的产品。

3.2

伤害 harm

对物质的损伤，或对人体健康、财产或环境的损害。

[GB/T 20000.4—2003，定义 3.3]

3.3

危害 hazard

危害源

可能导致伤害的潜在根源。

3.4

风险 risk

对伤害的一种综合衡量，包括伤害发生的可能性和伤害的程度。

注：改写 GB/T 20000.4—2003，定义 3.2。

3.5

安全 safety

免除了不可接受的风险的状态。

[GB/T 20000.4—2003，定义 3.1]

3.6

安全标签　safety label

附着于消费品上的标志、标牌或标记等，用以提示潜在危害的类型、说明可能导致的伤害后果、描述避免伤害应采取的措施。

3.7

安全符号　safety symbol

采用图形方式，传达潜在危害、伤害后果、预防措施等安全信息及其组合的符号。

3.8

安全观察距离　safe viewing distance

消费者能准确阅读安全标签，并能按其要求及时采取相应行动所需的人与标签的距离。

注：确定安全观察距离时，应考虑合理的反应和躲避时间。

3.9

警示词　signal word

对风险等级进行划分的词语，包括“危险”、“警告”、“小心”和“注意”。

3.9.1

危险　danger

用于提示在事故发生时可能导致非常严重人身伤害的警示词。

注：该警示词只有在非常极端的危害环境下才能使用。

3.9.2

警告　warning

用于提示在事故发生时可能导致严重人身伤害的警示词。

3.9.3

小心　caution

用于提示在事故发生时可能导致一般或轻微人身伤害的警示词。

3.9.4

注意　notice

用于提示在事故发生时只会导致财产损失、不会导致人身损害的警示词。

注：该警示词不应与“注意安全”标志(见 GB 2894)同时使用。

3.10

版面　panel

在安全标签中，通过设置背景颜色、设定边界以传达特定安全信息的区域。

4　标签内容

4.1　一般要求

安全标签用以传达特定的安全信息，其内容应：

——有助于消费者正确使用消费品，并能帮助消费者避免或降低错误使用可能导致的伤害；

——对可合理预见的错误使用给予必要警示；

——醒目突出、颜色持久，易于消费者辨识；

——考虑特殊消费群体(如儿童、老年人、残疾人等)的需求。

4.2　内容要求

安全标签应采用警示词(背景颜色)、文字信息和安全符号等方式来传达安全信息，其内容应包括：

——潜在危害的类别；

——可能导致伤害的后果和程度；

——使用中的注意事项和(或)发生意外时的救护措施。

5 标签版面

5.1 构成

安全标签可采用两区域格式或三区域格式。两区域格式包括警示词区域和文字信息区域;三区域格式包括警示词区域、文字信息区域和安全符号区域。

5.2 版式

安全标签应采用横向或纵向格式,警示词区域应位于安全标签的顶部,表 1 和表 2 提供了安全标签的示例。

表 1 两区域格式示例

编号	标签示例	标签格式
1-1		两区域横向标签
1-2	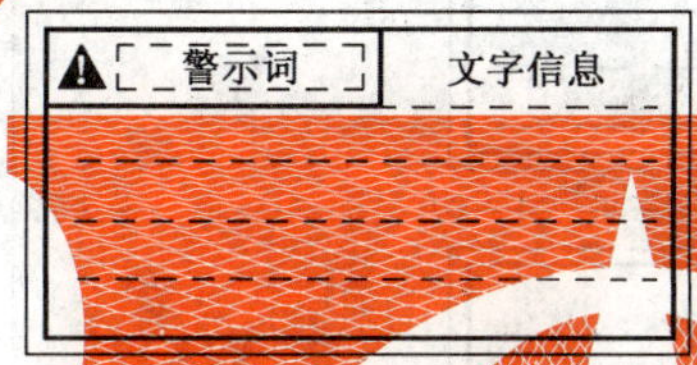	两区域纵向标签
1-3		

表 2 三区域格式示例

编号	标签示例	标签格式
2-1		三区域横向标签
2-2	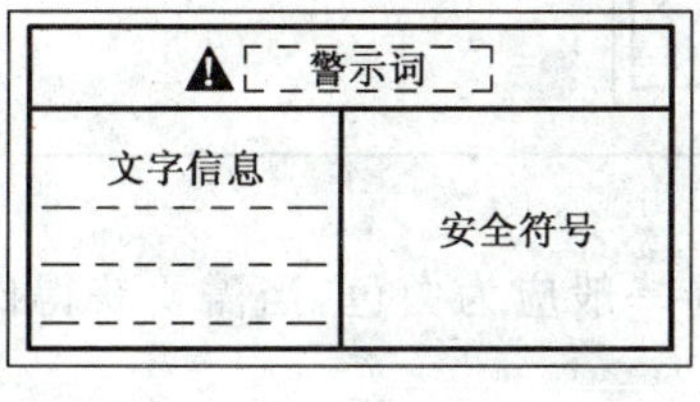	

表 2（续）

编号	标签示例	标签格式
2-3	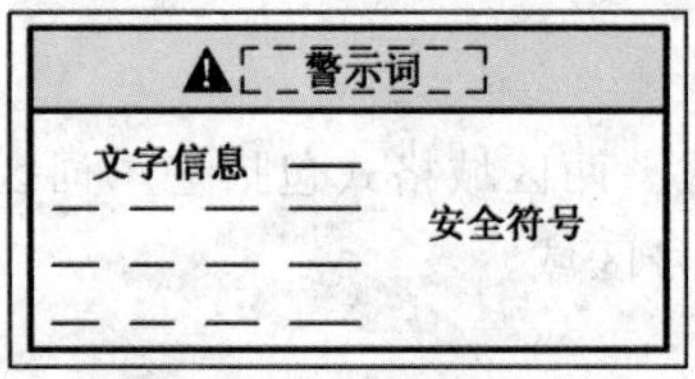	三区域横向标签
2-4		
2-5	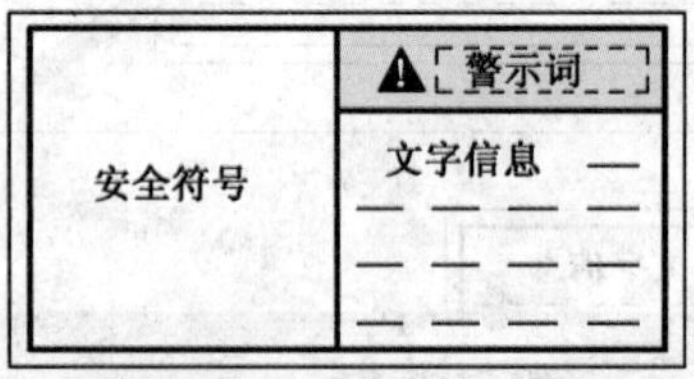	
2-6	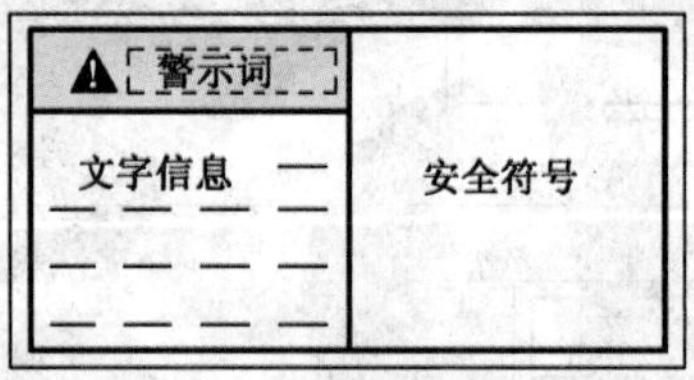	
2-7	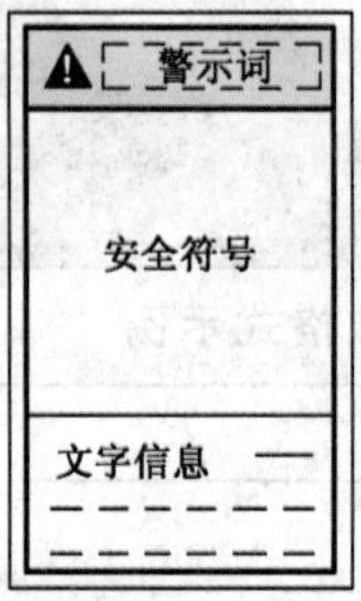	三区域纵向标签
2-8		

5.3 边框

标签边缘应加一个适当宽度的边框。边界一般应为白色，当需要获得比较好的对比效果时，也可采用其他颜色边界。

6 警示词区域

6.1 警示词

6.1.1 警示词分类

安全标签应根据消费品风险程度进行分类。对于消费品，包括“危险”、“警告”、“小心”和“注意”四种警示词。

6.1.2 警示词选择

选择警示词时，应在风险评估的基础上，根据 3.9.1～3.9.4 的定义，最终确定合适的警示词。附录 A 提供了选择警示词的指南。

当一种消费品存在多种危害，并且各种危害的风险程度处于不同等级时，警示词应选用最严重的级别。

6.1.3 警示词高度

警示词的高度应超出文字信息区域文字高度的 50%。

6.2 警示标志

6.2.1 警示标志使用

对于提示可导致人身伤害的“危险”、“警告”、“小心”警示词，在使用时应在其前面标示“注意安全”标志；对于提示只导致财产损失的“注意”警示词，在使用时不应在其前面标示“注意安全”标志。“注意安全”标志采用黑色三角形边框、黑色叹号和黄色安全色的背景，如图 1 所示。

图 1 “注意安全”标志

6.2.2 警示标志位置

当“注意安全”标志与警示词共同使用时，“注意安全”标志和警示词在警示词区域中应采用居中方式排列，“注意安全”标志的高度应等于或大于警示词的高度。

6.3 颜色

对于“危险”、“警告”、“小心”、“注意”，在警示词区域中应采用表 3 的文字颜色和背景颜色。其中红、黄、蓝、白、黑色应符合 GB/T 2893.1 的规定，橙色应符合 GB/T 2893.2 的规定。

表 3 警示词区域的颜色设置

警示词	文字颜色	背景颜色	警示词区域示例
危险	白色	红色	
警告	黑色	橙色	
小心	黑色	黄色	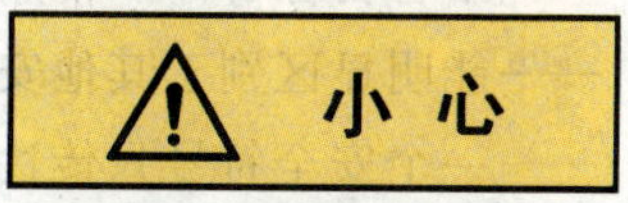
注意	白色	蓝色	

7 文字信息区域

7.1 文字内容

文字信息应包括伤害的类型、使用中的注意事项和(或)发生意外时简单有效的救护措施。在决定是否省略相关信息时,应考虑多种因素,这些因素包括是否可以从安全符号、其他文字资料、用户培训和文字内容上下文推断来获得相关信息。

7.2 文字表述

7.2.1 文字信息应采用规范汉字,可以同时使用有严密对应关系的汉语拼音或其他文字,但字体应小于相应的规范汉字。

7.2.2 文字信息的长短,取决于所需传达信息的多少。确定文字信息后,应以简洁扼要、容易理解的形式对其进行组织。文字信息的顺序可参见附录B。

7.2.3 当必要的操作说明、预防措施或伤害后果需要较长文字描述时,可以引导消费者阅读使用说明、用户手册等资料。

7.3 文字排版

7.3.1 文字颜色

正文应使用与底色反差明显的颜色,一般采用黑色文字白色背景。

7.3.2 文字尺寸

文字信息区域文字的尺寸,应使正常视力(包括矫正视力)的消费者在安全观察距离能清楚地辨识和阅读。文字尺寸可参见附录B。

7.3.3 文字间距

应选择合理的行间距和字间距,使文字信息容易阅读。文字间距可参见附录B。

8 安全符号区域

8.1 安全符号传递的信息

在设计安全符号时,应根据文字信息区域中的文字说明,确定需要强调或补充说明的信息内容。当文字说明能充分传达相关信息时,可以将安全符号区域省略。

8.2 安全符号的选择和设计

8.2.1 选择安全符号

根据所确定的安全信息,在GB 2894和其他标准中查找是否有相应图形符号。如果存在相应图形符号,应将其应用于安全符号区域中。

8.2.2 设计安全符号

如果不存在相应图形符号,应根据所需传达的信息,对安全符号进行设计。安全符号应:

——简单明了,便于理解和制作;

——与所要传达的信息相一致;

——结合目标群体非常熟悉的物体、概念、行动及其组合进行设计;

——能明显区别于其他安全符号;

——一个安全符号只传达一个信息。

8.3 安全符号的使用

安全符号区域一般采用白色背景和黑色安全符号。当需要强调安全符号时,可采用其他安全色。安全符号的含义应在使用说明、用户手册和培训材料等相关资料中进行解释。

9 标签的位置和耐久性

9.1 位置

安全标签的位置，应能够：

——使消费者容易看到并易于阅读；

——提醒消费者注意潜在危害并及时采取适当措施。

9.2 耐久性

产品安全标签应有一个合理的预期使用寿命，在寿命期内安全标签应具有良好的颜色稳定性，消费者在安全观察距离内应能够清楚阅读安全标签。

在选择安全标签所用材料和附着方式时，应考虑消费品的预期使用寿命和预期使用环境。必要时，应为安全标签提供保护措施，以避免由于磨损、日照、玷污等原因造成的破损、褪色和模糊。

附 录 A
（资料性附录）
风险评估和警示词选择

A.1 概述

消费品导致伤害的风险依据伤害发生的可能性和伤害程度进行划分，警示词的选择是依据未能按照安全警示信息操作可能导致风险的大小而定。风险的程度决定了警示词、背景颜色以及是否使用安全警示符号。本附录提供了仅适用于本标准的风险评估和警示词选择的指南。

A.2 风险评估

A.2.1 伤害发生的可能性

当危险处境存在时（如未遵守安全警示信息），应对伤害发生的可能性进行估计。估计伤害发生的可能性所需信息可通过相关历史数据、试验模拟、专家判断等途径获取。

A.2.2 伤害程度

消费品对人体的伤害程度一般可分为4级，即非常严重、严重、一般、轻微。

——非常严重：导致灾难性的伤害（如死亡、残疾），该类伤害一般需长期治疗和康复。

——严重：导致不可逆转的伤害（如疤痕），该类伤害需在急诊室治疗或住院治疗。

——一般：导致轻度的伤害（如表皮擦伤），该类伤害在门诊进行一般处理即可。

——轻微：导致人体某种程度的不舒适感觉，该类伤害可在家中自行处理，不需就医治疗。

A.3 警示词选择

警示词是在未遵守安全警示信息时所导致风险程度的基础上进行选择的，为最大限度保证消费者安全，在任何可能性的情况下，选择时都应依据伤害的最严重程度。表A.1给出了警示词选择的指南。

表 A.1 警示词选择

警示词	风险描述
危险	伤害程度为“非常严重”
警告	伤害程度为“严重”
小心	伤害程度为“一般”或“轻微”
注意	只会导致财产损失、不会导致人身损害

附 录 B
（资料性附录）
文字信息区域的设计原则和要求

B.1 文字顺序

文字信息的顺序可以比较灵活，该顺序取决于目标消费者的知识水平和伤害发生时所需的反应时间。当有多种伤害避免措施时，潜在危害信息应在前面；当仅有少数伤害避免措施时，伤害避免措施应在前面。

图 B.1 说明了在描述伤害避免措施之前，首先解释危害类别。当消费者需要知道存在什么样的潜在危害，然后才关注伤害避免措施时，这种顺序是合理有效的。这种格式存在一种前提，即消费者有时间阅读全部信息，同时还能采取适当措施。

图 B.2 说明了在文字信息中首先放置伤害避免措施，当消费者急于知道如何按照伤害避免措施采取相应行动时，这种结构非常适合。

移动部件可能导致挤压和剪切 操作时双手远离移动部件 保养时关闭电源

图 B.1 文字信息示例 1

禁止进入 电击危险 440 伏

图 B.2 文字信息示例 2

B.2 文字尺寸

在最小的安全观察距离下，为确保易读性，应确定合适的文字尺寸。文字尺寸可依据产品的大小来确定，其字号不应小于 5 号字。表 B.1 给出了中文字号、文字高度和磅值（点）之间的对应关系。

表 B.1 中文字号、文字高度、磅值（点）的对应关系

中文字号	文字高度/mm	磅值/point
初号	14.82	42
小初	12.70	36
一号	9.17	26
小一	8.47	24
二号	7.76	22
小二	6.35	18
三号	5.64	16
小三	5.29	15
四号	4.94	14
小四	4.23	12
五号	3.70	10.5

注：1 英尺（foot）＝12 英寸（inch）＝304.8 毫米（mm）；
1 英寸（inch）＝72 磅（point）。

遇下列情况，文字尺寸应大一些：

——为区别于产品上的其他信息，需要获得突出的显示效果；

——在光线微弱、不利的观察环境下便利阅读；

——警示使用者在安全距离之外阅读使用；

——传达信息中需重点强调的内容；

——使存在阅读困难的人群能够方便阅读(如老年人)。

安全标签设计完成后，应在预期使用的环境下(光线、背景、视角等)对其进行视觉检验，并由预期客户群体对其可读性进行测试。可以通过对不同大小的文字信息进行测试以确定最佳的文字尺寸。

B.3 文字间距

合理的行间距和字间距能使文字信息更容易阅读。安全标签中行间距一般应是字符高度的120%，当需要区分不同内容的文字信息时，还需要适当增加行距。为使文字容易阅读，应选择合适的字间距。

参 考 文 献

[1] GB/T 15565.1—2008 图形符号 术语 第1部分:通用
[2] GB 15258—2009 化学品安全标签编写规定
[3] GB 7718—2004 预包装食品标签通则
[4] GB 20464—2006 农作物种子标签通则
[5] GB 5296.5—2006 消费品使用说明 第5部分:玩具
[6] GB/T 22760—2008 消费品安全风险评估通则
[7] ANSI Z535.4—2007 Product Safety Signs and Labels